La naissance du savoir

Crédits photographiques :
P. 12 : © Jean-Luc Bertini ; p. 32 : © JM KRIEF ; p. 52 : © Pascal Ito ;
p. 72 : © Jean-François Dars ; p. 96 : © Patrick Delapierre ;
p. 120 : © Cyril Frésillon/CNRS Photothèque ; p. 146 : © Astrid di Crollalanza ;
p. 174 : © Valérie Lilette ; p. 194 : © Patrick Imbert/Collège de France ;
p. 218 : © REUTERS/Vincent Kessler ; p. 236 : © Frédérique Plas ;
p. 260 : © Sylvain Thiollier ; p. 284 : © Astrid di Crollalanza ;
p. 310 : © Olivier Ezratty pour l'association « Quelques Femmes du Numérique ! » ;
p. 332 : © Patrick Imbert/Collège de France ; p. 354 : © DR ; p. 376 : © By Clin

Les Arènes,
17-19, rue Visconti, 75006 Paris
Tél. : 01 42 17 47 80
arenes@arenes.fr
www.arenes.fr

Nicolas Martin

La naissance du savoir

Dans la tête des grands scientifiques

Les Arènes

Sommaire

Préface

Un scientifique est-il un humain comme les autres?

Si la question vous paraît saugrenue, je vous assure qu'elle n'a cessé de me hanter ces dernières années.

Pendant six ans, à la tête de « La Méthode scientifique », une émission quotidienne sur France Culture, j'ai eu la chance de m'être entretenu avec certains des plus grands esprits de notre temps, dont j'admire le travail, la précision, l'intelligence. En faisant un calcul rapide, quelque deux mille d'entre eux sont passés à mon micro.

Au fil de ces rencontres est apparue dans mon esprit une interrogation, qui s'est muée en curiosité: quelle différence y a-t-il entre eux et moi? Pourquoi n'ai-je pas suivi le même parcours? Enfant, j'étais fasciné par l'espace, par les planètes et les étoiles. Lycéen, je me suis découvert une passion pour la neurobiologie et l'immunologie. Mais quelque chose s'est bloqué et m'a emmené sur une voie tout autre: j'ai suivi des études littéraires et je suis devenu professeur de français. Est-ce à dire que je n'avais pas « l'esprit scientifique »? Y a-t-il un ticket d'entrée pour le devenir, quelque chose qui m'échappait et qui m'a interdit de suivre ce chemin? Je suis toujours resté curieux de l'actualité des sciences, mais condamné à la suivre de l'extérieur, par la presse vulgarisée, de loin, sur le côté, en simple visiteur.

En écoutant ces chercheuses et ces chercheurs, je guettais en quoi ils pouvaient être foncièrement différents de nous, *vulgum pecus*. Après tout, qu'est-ce qui caractérise un esprit scientifique? J'en suis donc venu à me demander comment naît cette vocation, s'il se produit à un moment donné de l'enfance un déclic, si elle est le fruit d'un héritage socioculturel ou, à l'inverse, d'une construction *ex abrupto*. S'il y a une spécificité, une conformation de la pensée qui n'appartiendrait qu'à eux. Il m'est souvent arrivé, au cours de l'émission, d'entrer dans ce que j'appelle les « sinuosités intellectuelles » et dans la complexité de certains sujets *a priori* ardus, comme la microbiologie cellulaire, la mécanique quantique, la topologie algébrique, la chimie moléculaire, la plasticité phénotypique, la nucléosynthèse primordiale, et j'en passe... Il est indéniable que ces champs de réflexion forgent l'esprit, nécessitent une compétence, un entraînement particulier pour en débloquer l'accès. J'ai voulu trouver lesquels.

J'ai également voulu savoir si ces scientifiques parlaient le même langage entre eux, si la pensée d'un mathématicien était structurée de la même façon que celle d'une anthropologue, si celle d'une généticienne était semblable à celle d'un botaniste, si une astrophysicienne réfléchissait comme une linguiste. Et *in fine*, je me posais la mère de toutes les questions : est-ce que consacrer sa vie à une science et à un domaine de recherche en particulier modifie la conception du réel ? Est-ce qu'on continue à percevoir le monde et à interagir avec lui de la même façon après des années de travail poussé en mathématiques, chimie, génétique, astrophysique, anthropologie, linguistique, etc.

Toutes ces questions m'ont habité, à bas bruit, et se sont renforcées dans mon esprit au cours de ces années d'émission. Bien sûr, de nombreux philosophes et épistémologues se sont penchés sur la question de ce qui caractérise l'esprit scientifique, et ce depuis l'Antiquité. Je suis parti chercher des éléments de réponse tant chez Aristote que chez Bachelard. Mais ces écrits n'arrivaient jamais à rassasier ma curiosité ni à répondre tout à fait à ces énigmes vivantes qui se succédaient, jour après jour, à mon micro.

Le point de départ de cet ouvrage a donc été d'élaborer un questionnaire unique, qui puisse s'appliquer à chacune et chacun de mes interlocuteurs, et qui parcoure l'intégralité de leur carrière, depuis l'apparition de la toute première curiosité scientifique pendant l'enfance jusqu'au moment présent. Il m'a également fallu dresser la liste des chercheuses et des chercheurs avec lesquels j'allais m'entretenir. Et ce choix n'a pas été simple : il me fallait sélectionner une seule personne par discipline, autant de femmes que d'hommes, et qu'ils soient représentatifs de plusieurs générations, tout en étant reconnus par leur communauté pour la qualité de leurs contributions. La sociologie des scientifiques de haut niveau étant ce qu'elle est, je n'ai pas réussi à aboutir à une parité exacte, à mon grand regret. Et il y a certainement des lacunes dans la représentativité des disciplines. Mais l'échantillon des dix-sept personnes qui sont au sommaire de cet ouvrage me paraît à la fois assez divers et assez mixte pour entrouvrir la porte de ces questionnements et avoir accès à quelques éléments de réponse captivants.

Une fois le casting achevé, il m'a fallu construire mon questionnaire. Bien sûr, ce livre ne s'apparente pas à un travail sociologique ou épistémologique. L'échantillon est trop petit, je ne suis pas un chercheur, je n'ai pas une méthodologie proprement scientifique. Outre les lectures que j'évoquais, mes deux principaux compagnons de route ont été l'indispensable *La Formation de l'esprit scientifique*, de Gaston Bachelard[1], et l'essai passionnant d'une linguiste américaine, Vera John-Steiner, *Notebooks of the Mind: Explorations of Thinking*[2], dans lequel j'ai trouvé une source d'inspiration et un écho à ma démarche. Vera John-Steiner a cherché à trouver les points de connexion et les similitudes entre la pensée scientifique et la pensée artistique. « Y a-t-il une explication rationnelle à l'apparition du génie, comme chez Mozart ou Einstein ? » Elle a interrogé, dans cet essai, une centaine de personnes, scientifiques, mais aussi musiciens, danseurs, artistes, journalistes, psychologues, etc. J'ai trouvé sa grille de lecture particulièrement opérante, et j'ai puisé dans certaines de ses conclusions la source de mes propres questions.

C'est ainsi que j'ai fini par découper mon questionnaire en trois grandes parties, plus une conclusion. Tout d'abord, l'apparition de la vocation : dans quel contexte socioculturel, avec quelle influence de l'éducation, de quelle façon s'est formalisée, progressivement ou soudainement, l'intérêt pour une discipline, depuis l'enfance jusqu'au début de carrière. Dans un deuxième temps, j'ai souhaité comprendre la nature de la formulation et de l'organisation de la pensée. Quels outils sont déployés pour permettre à la réflexion de suivre un

1. Gaston Bachelard, *La Formation de l'esprit scientifique*, Vrin, 1938.

2. Vera John-Steiner, *Notebooks of the Mind: Explorations of Thinking*, Oxford University Press, Oxford, 1997 [1985].

cheminement: les scientifiques pensent-ils en mots? en images? en concepts? à l'écrit? à l'oral? Puis, dans un troisième temps, j'ai interrogé les circonstances propices à l'élaboration de la pensée. Dans quel contexte travaillent-ils le mieux? Quelle est leur réaction lorsqu'ils sont confrontés à un obstacle? La recherche est-elle apaisée ou source de souffrance? Et, pour finir, quelques questions sur leur parcours personnel, leurs réussites, leurs échecs, et la façon dont ils envisagent l'évolution de leur discipline.

Vous verrez au fil de ces pages plusieurs de ces questions revenir; certaines disparaître, puis réapparaître. Si le questionnaire que j'ai soumis à chacun est commun, chaque conversation est unique. À défaut d'apporter une réponse claire et définitive aux questions que je me posais (mais ai-je une seule seconde imaginé que j'en obtiendrais une?), ces entretiens sont autant de plongées captivantes dans la pratique de la science par certaines et certains des scientifiques les plus intéressants de notre époque. Vous y verrez se dessiner des différences nettes, notamment entre les générations, entre les genres. Vous y trouverez des points communs saisissants. Je pense notamment au rôle central de l'éducation et des enseignants. Au travail, essentiel, acharné, de lecture, de compilation, d'accumulation de connaissances, avant de pouvoir ne serait-ce que prétendre commencer à défricher un espace vierge de savoir. Peut-être également un soupçon de comportement obsessionnel: se lancer dans la recherche, c'est être opiniâtre, accepter de laisser sa vie se faire envahir par la pensée, accepter de céder une partie de soi. Accepter aussi de se couper un peu des autres, de ne pas être compris par son entourage et de vivre, peut-être, dans une certaine forme de marginalité. Vous trouverez surtout dix-sept individualités captivantes, qui m'ont fait l'honneur et l'amitié de me laisser pénétrer leur jardin, et de me livrer le secret de la façon dont ils le cultivent.

Ai-je trouvé une réponse à ma question? Y a-t-il un ou plusieurs invariants de l'esprit scientifique? Je vous laisse libre de trouver votre propre réponse. Pour ma part, au moment où je rédige cette préface, mon cœur balance entre deux positions antagonistes. D'une part, je crois avoir discerné quelque chose qui me dit que, peut-être, dans un autre univers, dans une autre vie, j'aurais pu être astrophysicien et passer ma vie sur les hauts plateaux d'Atacama, des nuits entières dans les salles de contrôles des télescopes géants, avec toutes ces personnes formidables et attachantes que j'ai eu la chance de rencontrer pour le tournage d'un documentaire pour France Culture, « Un été dans les étoiles ». Qu'il n'y a pas de ticket d'entrée. Devenir chercheur, c'est accessible à tout le monde. Peut-être faut-il en effet commencer tôt. Encourager les enfants, les plus jeunes. Leur dire qu'il n'y a rien de plus beau que d'être la première personne sur Terre, le premier humain, à découvrir quelque chose, à apporter une pierre de plus, unique, à l'édifice collectif du savoir. D'autre part, je conserve cette immense admiration pour ces esprits affûtés, toujours humbles, passionnés, généreux, et je leur rends infiniment grâce de m'avoir transmis et, à travers moi, de vous avoir transmis leur passion insondable, qui est aussi un besoin vital. Un besoin vital de comprendre, d'avancer, de transmettre. Être le relais de ce besoin est sans nul doute une immense fierté.

Les sciences, c'est la vie. J'espère que ce livre achèvera de vous en convaincre.

Bienvenue dans *La Naissance du savoir*.

Nicolas MARTIN

Carlo ROVELLI

Physique théorique et philosophie des sciences

Carlo Rovelli est sans aucun doute l'un des physiciens les plus brillants de notre époque. Avec la gravitation quantique à boucles, il a proposé une théorie qui permet de réconcilier la relativité générale et la mécanique quantique. Ses travaux ouvrent des perspectives qui dépassent le simple cadre de la physique. Carlo Rovelli est en prime un remarquable conteur philosophe, et ses livres de vulgarisation sont autant de portes sur des interrogations fondamentales sur la nature de notre réalité, de notre Univers, du temps ou sur notre propre nature humaine.

Il est actuellement professeur émérite de classe exceptionnelle à l'université d'Aix-Marseille. Il est lauréat honoris causa *de l'université de San Martín, Buenos Aires, professeur honoraire à l'Université normale de Pékin, membre senior de l'Institut universitaire de France et membre de l'Académie internationale de philosophie des sciences. Il est le promoteur de la campagne « Peace Dividend » pour un désarmement négocié, soutenue par cinquante lauréats du prix Nobel.*

« La science, ce n'est pas résoudre des problèmes auxquels il n'y a aucune réponse, c'est trouver des problèmes que nous pouvons résoudre. »

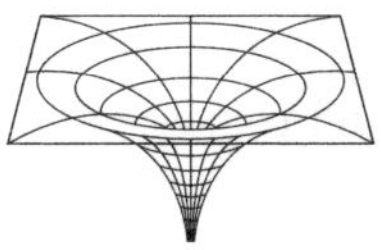

NICOLAS MARTIN : Y a-t-il un souvenir d'enfance, un événement ou une expérience, auquel vous liez l'apparition de votre curiosité scientifique ?

CARLO ROVELLI : Je n'ai pas de souvenir en particulier. J'ai toujours été très curieux. Jusque très tard, je n'étais pas particulièrement attiré par la science. Tout m'intéressait et je me suis toujours posé beaucoup de questions. J'ai eu une adolescence inquiète et agitée. C'est seulement lorsque j'ai étudié la physique moderne à l'université que j'en suis tombé amoureux. Ça m'a complètement fasciné. Après, ça a eu l'effet d'un trou noir et ça m'a absorbé !

N. M. : Einstein dit dans ses écrits : « Très jeune, j'avais le sentiment qu'il y avait quelque chose de profondément caché derrière les choses[1]. » Partagez-vous ce sentiment ?

C. R. : Tout à fait. J'ai toujours eu l'impression que nous ne savions pas vraiment comment les choses marchaient. Nous avons une vision

1. « *Something deeply hidden had to be behind things* », *in* « Autobiographical notes », *in* Paul Arthur Schilpp (dir.), *Albert Einstein, Philosopher-Scientist*, Open Court, coll. « The Library of Living Philosophers », LaSalle (Illinois), 1949.

du monde très approximative, très incomplète. Le monde autour de moi a toujours été plein de points d'interrogation, de mystères et de choses à découvrir.

N. M.: Qu'est-ce qui vous intéressait petit, si ce n'étaient pas les sciences?

C. R.: Quand j'étais enfant, j'étais curieux. Je ne pouvais pas m'empêcher de m'arrêter dans la rue pour observer les gens et comprendre ce qu'ils faisaient. Je voulais en savoir plus sur tout ce que je voyais, que ce soient les hommes et les femmes ou les objets, les structures, les montages, etc. Tout était source de curiosité. De 15 à 17 ans, j'étais en pleine confusion. J'ai commencé à ne plus croire ce que l'on me racontait. Ce qu'on m'apprenait à l'école ne tenait pas la route. Ce que les gens disaient n'était pas cohérent avec ce qu'ils faisaient. Leurs réponses à mes questions n'étaient pas du tout convaincantes. À l'adolescence, mon ambition a donc été de restreindre l'espace des questions, plutôt que d'en trouver de nouvelles. Je me suis alors focalisé sur des domaines qui me semblaient plus abordables. La science m'a semblé être un endroit qui questionne, qui ouvre des défis, qui challenge, où il est possible de progresser dans ce qu'on apprend. Et j'ai trouvé ça passionnant.

N. M.: Avez-vous été marqué dans votre enfance par une œuvre artistique, dont vous diriez qu'elle participe de l'éveil de votre curiosité?

C. R.: Ah! c'est une belle question. Peut-être *2001, l'Odyssée de l'espace*, de Stanley Kubrick. Je l'ai vu quand j'étais assez jeune et ça a fortement marqué mon imagination. C'est un film ouvert, qui ne raconte pas une histoire claire. C'est un film qui dit qu'il y a des mystères dans le monde que l'on ne comprend pas.

N. M.: Venez-vous d'une famille où il y avait des scientifiques, des artistes ou des créateurs?

C. R.: Ma grand-mère faisait de la peinture, c'était une miniaturiste remarquable. Elle connaissait un peu le milieu artistique italien des années 1930. Mais c'est le seul esprit artistique de la famille;

mon père était ingénieur et ma mère était femme au foyer. C'étaient les années 1950, c'était un autre monde. Ils étaient tous deux très intelligents et la maison était pleine de livres, mais eux n'étaient ni scientifiques ni artistes.

N. M.: Ont-ils encouragé votre curiosité scientifique ou auriez-vous tout aussi bien pu être artiste?

C. R.: Il y a eu une période où je rêvais de devenir poète. À Bologne, nous avions une radio universitaire et j'avais décidé d'aller y lire des poèmes. Je me suis rendu compte que c'était nul au possible et que je n'étais pas du tout un aspirant poète décent. Un peu plus tard, je me rappelle distinctement le moment où j'étais dans ma voiture et où je me suis dit: «Et si je faisais de la physique théorique?» À ce moment-là, je m'étais rendu compte que je n'étais pas trop mauvais. Je comprenais les problèmes de physique beaucoup plus vite que les autres. J'ai pensé que puisque ça me fascinait et que j'étais plutôt bon là-dedans, si j'oubliais cette idée de devenir un mauvais poète, peut-être avais-je une chance de devenir un bon physicien. Donc je suis un poète raté. (Rires.)

N. M.: Que se passe-t-il à ce moment-là, dans votre voiture, pour que vous vous disiez que vous voulez consacrer votre vie à la physique théorique?

C. R.: J'étais engagé en politique, je faisais un peu partie de cette génération rebelle des années 1960-1970. Il y avait un côté révolutionnaire en moi et la physique me semblait emplie de ça. Au centre de tout. J'ai perçu une fascination, une magie, de la pensée pure qui arrive à comprendre le monde. J'avais étudié Einstein, j'avais étudié Heisenberg; pour moi, c'était presque comme être poète. C'était mon deuxième choix de «pureté de l'esprit» après la poésie.

N. M.: Plus que la philosophie, par exemple?

C. R.: J'ai toujours lu beaucoup de philosophie. J'ai beaucoup hésité entre étudier la philosophie ou la physique. J'ai choisi la physique pour des raisons un peu étranges. Dans mon esprit rebelle, je ne faisais pas confiance à l'université. J'ai donc pensé, de manière un peu naïve évidemment, que je pouvais faire confiance à ce qu'on allait m'apprendre en physique, ce qui n'était pas le cas pour la philosophie. Quand j'ai fini mes études, je me suis à nouveau inscrit en philosophie. J'ai dû abandonner assez vite pour me consacrer à mes travaux scientifiques, mais dès que je suis arrivé aux États-Unis, je me suis mis à fréquenter le département de philosophie. Actuellement, je suis au Canada, et je suis plus souvent au département de philosophie qu'à celui de physique. J'ai toujours entretenu un dialogue ouvert et continu avec les philosophes, jusqu'à aujourd'hui. Ce dialogue a toujours été essentiel pour moi et pour mes travaux en physique.

N. M.: Avez-vous eu un mentor qui a permis de structurer votre pensée scientifique?

C. R.: Ma formation s'est davantage construite avec les livres qu'avec les personnes. Néanmoins, lorsque j'ai décidé de me consacrer à la science, un professeur d'université de physique mathématique m'a changé. J'étais un peu hippie, avec les cheveux longs, un peu gauchiste, je passais mon temps à fumer du hasch, à faire de la musique, à courir derrière les filles et à voyager. Un jour, il m'a tiré par les oreilles et m'a dit: «Carlo, arrête tes conneries, tu as des capacités et des atouts qu'il ne faut pas gâcher. Cesse d'être stupide et fais quelque chose d'utile dans la vie.» Ce discours m'a beaucoup remué et je lui en suis énormément reconnaissant. Il m'a donné confiance en moi et l'envie d'y aller. Plus tard, lorsque j'ai eu mon premier poste universitaire aux États-Unis, mon collègue Ted Newman[2], qui a écrit sur la métrique des trous noirs, a été un modèle de scientifique remarquable. C'était un scientifique exceptionnel, mais c'était avant tout un être humain extraordinaire, très généreux, très ouvert et très sincère. J'ai toujours essayé d'être comme lui.

N. M.: Comment jugez-vous aujourd'hui, avec du recul, votre début de carrière?

2. Ezra Theodore (Ted) Newman (1929-2021) est un physicien américain qui a travaillé sur la relativité générale, et plus spécifiquement sur les propriétés géométriques des espaces-temps.

C. R.: De 20 ans à 60 ans, tout change. Néanmoins, chez moi, certains aspects n'ont pas changé. J'ai toujours voulu faire à ma façon, être rebelle, curieux et ne pas faire trop souvent confiance à l'opinion des autres. Ce sont des choses qui sont restées et qui m'ont guidé toute ma vie. J'ai toujours été outsider. Je suis arrivé très tard dans les sciences, mais je pense que le fait d'avoir passé du temps à voyager et à tout lire a été important. Aujourd'hui, les jeunes doivent absolument écrire des articles et avoir des résultats dès qu'ils commencent leur thèse. Ça détruit des possibilités. Le temps pour flâner est nécessaire. C'est comme cela que l'on acquiert assez de connaissances et d'ouverture d'esprit pour avoir de bonnes idées nouvelles.

N. M.: Quel conseil donneriez-vous au Carlo Rovelli de 20 ans?

C. R.: Je lui dirais bravo et merci de m'avoir fait cadeau de cette vie merveilleuse. N'aie pas peur de faire le contraire de ce que tout le monde dit, tout ira bien!

N. M.: Lors de ce début de carrière, quelle était la part de compétition et de collaboration? Laquelle des deux était la plus stimulante?

C. R.: Ni l'une ni l'autre. Le système italien a très peu mis les étudiants en compétition les uns contre les autres et c'est très appréciable. Je ne me suis jamais senti en compétition avant mes 40 ans. Mes camarades à l'école ou à l'université étaient vraiment des copains, et l'idée que nous aurions pu être en compétition m'était complètement étrangère. La première fois qu'il y a eu un concours pour un poste de doctorat, le poste se jouait entre moi et un ami. J'ai dit que s'il fallait être en compétition contre un camarade, le poste ne m'intéressait pas, et que ce n'est pas comme ça que je voulais vivre. Finalement, deux postes ont été ouverts!

Pour ce qui est de la collaboration, il n'y en a pas eu beaucoup non plus, même avec les professeurs à l'université. Pour terminer l'université, il fallait assister à dix-huit cours. Je ne suis allé qu'à trois ou quatre. J'étudiais chez moi, et c'était beaucoup plus efficace. Il y avait deux ou trois enseignants formidables, mais la plupart des autres étaient beaucoup moins clairs et complets que les livres que je pouvais lire, donc je ne voyais pas de raisons d'aller suivre ces cours. Je suis resté assez solitaire tout au long de mes études. J'ai commencé à collaborer bien plus tard, vers 35 ans, mais je n'ai pas appris cela à l'école.

N. M.: Comment naît chez vous une idée nouvelle?

C. R.: Pour arriver à une idée nouvelle, il faut connaître, lire et apprendre encore et encore. Sans cette très grande partie d'apprentissage, les idées nouvelles sont toujours superficielles, non nécessaires et ont déjà été, pour la plupart, débattues de nombreuses fois. Il faut donc connaître en profondeur un domaine particulier et se rendre compte des problèmes ouverts à l'intérieur de ce domaine. C'est ce qui correspond à la frontière des connaissances. Elle est comme un mur, c'est très difficile d'aller au-delà. Un jour, d'un coup, à force de l'arpenter, on se rend compte qu'il y a un petit trou, une fissure à explorer. Ça peut être une petite ou une grande idée. Hélas, ça ne se passe pas souvent, mais lorsque ça se produit, c'est très beau: on se rend compte qu'on est sorti de cet espace de connaissances acquises, et qu'on bouge vers un nouvel endroit. Peut-être que ça marchera, peut-être pas. La recherche scientifique est faite d'un grand nombre de faillites, de recherches qui n'aboutissent pas. En revanche, quand ça fonctionne, on a fait un pas en avant. On a repoussé un peu le mur de cette frontière.

N. M.: Comment se formule votre travail de réflexion?

C. R.: Beaucoup en images. C'est très géométrique. Je ne dirais pas que ces images sont statiques, mais elles ne sont pas vraiment en mouvement non plus. Les physiciens se divisent entre ceux qui pensent en termes géométriques et ceux qui pensent en termes algébriques. C'est-à-dire ceux qui pensent en images et ceux qui pensent avec des mots ou des équations. J'ai eu la chance formidable d'avoir passé du temps avec Roger Penrose[3], un Prix Nobel de phy-

3. Roger Penrose (1931) est un mathématicien, cosmologiste et philosophe des sciences britannique, lauréat du prix Nobel de physique en 2020 pour ses travaux sur les trous noirs.

sique qui est un des plus grands mathématiciens, physiciens et théoriciens qui soient encore en vie, et Ted Newman, qui était mon chef à Pittsburgh. C'était merveilleux de les voir travailler ensemble, car ils étaient totalement opposés. Penrose a une imagination géométrique et spatiale étonnante ; Ted Newman, pas du tout. Il a en revanche une extraordinaire capacité à manipuler les équations. Il joue avec comme un circassien. Penrose, lui, n'est pas très bon avec ça. Il se trompe de signe, il ne sait pas si c'est un + ou un -, etc. Penrose commençait par exemple en disant : « Voilà, c'est facile, imagine un espace de quatre dimensions dans lequel il y a une structure complexe, qui est dans trois autres dimensions où je tourne l'autre. » Et Ted le regardait avec les yeux ronds, il n'y comprenait rien. Ils se parlaient longuement et, à un certain moment, Ted disait : « Ah oui, je vois ce que tu veux dire ! » Il allait au tableau noir et il écrivait trois lignes de calculs et Penrose le regardait et c'était lui qui ne comprenait rien. C'était merveilleux de les voir travailler et finalement arriver à se comprendre ; ensemble, ils ont fait de la physique merveilleuse. Moi, je ne suis pas Roger Penrose, mais je pense un peu comme lui. Einstein était comme ça aussi. Il s'est demandé par exemple ce qu'il verrait s'il était à cheval sur un rayon de lumière. Quand il a pensé l'espace-temps courbe de la relativité générale, je suis sûr qu'il avait des images de la courbure de l'espace en tête. En revanche, le deuxième plus grand scientifique du siècle, Paul Dirac[4], qui a fondé la mécanique quantique, fonctionne de manière opposée. Quand on regarde ses travaux, ce sont des équations. C'est impossible d'y voir des images, ce sont des structures. C'est abstrait. C'est très élégant, mais absolument pas visuel.

N. M.: La gravitation quantique à boucles dans la tête de Carlo Rovelli, ça ressemble à quoi ?

C. R.: J'ai des images très précises dans la tête. Elles changent selon ce que je suis en train de faire. La gravité quantique à boucles,

4. Paul Dirac (1902-1984) est un mathématicien et physicien britannique, et l'un des pères de la mécanique quantique. Il est récompensé en 1933, avec Erwin Schrödinger, par le prix Nobel de physique, pour la « découverte de formes nouvelles et utiles de la théorie atomique ».

c'est une théorie que j'ai développée avec Lee Smolin[5] pour proposer une quantification de la gravité[6]. Une partie importante de cette théorie repose sur le fait que l'espace est fait de grains et que ces grains ne sont pas immergés dans un autre espace mais forment l'espace lui-même. L'espace-temps n'est plus continu, il devient discret, c'est-à-dire discontinu. Pour moi, c'est une image très concrète. Je peux m'imaginer bouger dans cet espace en sautant d'un grain à l'autre, avec ces grains qui sont indivisibles. Ils sont connectés les uns aux autres sans qu'il y ait rien entre eux. Ce ne sont pas des images fidèles à la réalité, ce sont des métaphores, mais nous pensons en métaphores. Une pensée est toujours métaphorique, selon moi. Nous créons des images neuves en réinterprétant de manière différente des images précédentes. Quand Michael Faraday et James Clerk Maxwell[7] ont inventé le champ électromagnétique, le terme « champ » vient du champ de grains du paysan à la campagne. Évidemment, un champ électrique n'a rien à voir avec le champ de la campagne, mais l'image vient de là. Quand Joseph John Thomson[8] a découvert les électrons, il y avait l'image de petits cailloux électriques qui roulent. Nous utilisons des images pour en faire des métaphores avec lesquelles nous construisons des concepts nouveaux qui permettent de comprendre le monde.

N. M.: Ma question suivante était: l'usage de l'analogie est-il pertinent, mais je crois que vous venez d'y répondre!

5. Lee Smolin (1955) est un physicien théoricien américain. Il est le fondateur avec Carlo Rovelli de la théorie de la gravitation quantique à boucles.

6. Il y a actuellement deux théories concurrentes principales pour tenter de résoudre le problème de la quantification de la gravité – seule force des quatre forces fondamentales qui ne peut pas être traduite de la relativité générale vers la physique quantique: la théorie des cordes, émise dans les années 1960, et la gravitation quantique à boucles, au début des années 1990.

7. Michael Faraday (1791-1867) est un physicien britannique qui a contribué largement à la compréhension de l'électromagnétisme.
James Clerk Maxwell (1831-1879) est un physicien et mathématicien écossais qui a unifié dans ses équations l'électricité, le magnétisme et l'induction, prouvant qu'il s'agissait d'une seule force: l'électromagnétisme.

8. Joseph John Thomson (1856-1940) est un physicien britannique qui a découvert l'électron, les isotopes et qui a inventé la spectrométrie de masse. Il a été récompensé par le prix Nobel de physique en 1906.

C. R.: Oui ! Mais je peux en dire un peu plus. Ce qui rend la science puissante, c'est le fait qu'il y ait des façons rigoureuses de contrôler les résultats : les mathématiques, la technique expérimentale, le calcul des nombres, le contrôle des statistiques, etc. Tout cet aspect déductif et rationnel, ce n'est qu'une jambe de la science. L'autre jambe, c'est la créativité, reliée à la langue et à l'analogie. C'est ce qui consiste à mettre ensemble des choses séparées. Ce qui veut dire que les concepts que nous utilisons sont toujours fluides. Quand je parle d'un caillou, je peux penser à un petit morceau de pierre, mais le mot « caillou » a trois mille résonances et acceptions. Cette complexité et cette non-fixité du langage sont fondamentales pour la créativité. C'est de l'art que vient la créativité, et la science, un peu comme la poésie et la philosophie, consiste à élargir continuellement le spectre de signification du langage pour créer des concepts nouveaux qui nous permettent de mieux comprendre le monde. La science ne consiste pas à utiliser la structure conceptuelle dont nous disposons pour trouver de nouvelles lois, elle change la structure conceptuelle elle-même. Ce n'est pas valable seulement pour la physique. C'est pareil pour la biologie. Quand Darwin a établi sa théorie de l'évolution, il a complètement changé la structure conceptuelle avec laquelle nous pensons le vivant. Je pense que c'est valable pour toutes les sciences.

N. M.: Diriez-vous que votre raisonnement est plutôt inductif ou déductif ?

C. R.: Plutôt inductif. La science est une entreprise très collaborative. Il n'y a pas de scientifique global. Il y a ceux qui calculent, ceux qui dessinent, ceux qui modélisent, presque personne n'est très bon en tout. Il y a ceux qui sont capables de voir de façon très claire toutes les conséquences d'un problème en particulier, mais qui ont très peu de capacités pour inventer quelque chose de nouveau. D'autres, au contraire, sont très créatifs, mais moins capables de voir les conséquences. Je dirais que j'appartiens davantage à cette seconde catégorie. Mes étudiants se sont toujours moqués de moi parce que, disent-ils, j'arrive au résultat sans jamais être capable de démontrer que c'est vrai ; c'est donc à quelqu'un d'autre de démontrer que mon raisonnement est correct.

N. M.: Pensez-vous que la théorie peut ou doit contredire l'expérience?

C. R.: La théorie contredit tout le temps l'expérience. Non pas dans le sens où la théorie est plus importante que l'expérience. C'est juste que l'expérience est réinterprétée d'une façon différente. Je vais prendre un exemple: nous faisons tous une très belle expérience qui est l'observation du coucher du soleil. Il est haut dans le ciel puis il descend sur la mer. Si je suis à Marseille, par exemple, il entre dans la mer. C'est une très belle expérience. Est-ce que la théorie la contredit? Dans un sens oui, complètement, puisque le soleil ne bouge pas, donc il ne peut pas descendre ni entrer dans la mer. Il ne fait rien. Il reste là et c'est nous qui bougeons. Nous avons une théorie très claire, que nous avons apprise à l'école, c'est l'héliocentrisme de Copernic qui nous a tous convaincus que c'était vrai. Le soleil ne bouge pas et c'est la Terre qui tourne sur elle-même. Mais si on réfléchit un peu plus précisément, ce n'est pas l'expérience de voir le soleil dans la mer qui est contredite. Nous le voyons et c'est vrai. Ce que fait la science, c'est réinterpréter notre expérience d'une façon qui fonctionne mieux, qui est plus puissante, qui nous permet de mieux comprendre le monde même si elle semble contredire ce qui nous semblait vrai avec notre première interprétation.

N. M.: Quelle est la part de l'écrit? Avez-vous besoin d'écrire beaucoup et dans quel langage?

C. R.: J'ai toujours été très mauvais pour garder mes notes, les retrouver et les réutiliser. Je suis horriblement désordonné. Je perds beaucoup de choses et tout est assez confus. J'ai passé ma vie à me dire qu'il fallait que je sois plus ordonné, pour être capable de retrouver des calculs que j'avais effectués quelques mois auparavant. Pour faire de la physique, il faut faire des dessins et des équations tout le temps, donc je passe mes journées avec mon cahier ou des feuilles de papier et mon crayon. Mais je recommence trente fois le même calcul parce que je me trompe tout le temps, et je recommence sans arrêt. Du coup, beaucoup de feuilles sont jetées à la poubelle ou dans des cahiers que je ne regarde plus. Une fois que quelque chose se concrétise, que ce soit une idée, un calcul ou un morceau de théorie, je prends l'ordinateur, je commence à l'écrire et ça devient un article.

N. M.: Quelle est la part de l'oral dans votre réflexion?

C. R.: C'est très utile. J'ai certes beaucoup travaillé seul, mais parler et échanger des idées, c'est indispensable. Il y a toujours des éléments qui nous échappent, ou une erreur que d'autres vont remarquer. L'échange est donc très utile. Ça ouvre des perspectives nouvelles.

N. M.: Quel type de mémoire avez-vous?

C. R.: J'ai de sérieux troubles de la mémoire sur tout ce qui est en lien avec les noms et les visages. Je suis «borderline pathologique», même si je sais que je ne suis pas seul dans ce cas. C'est un sérieux problème d'un point de vue social parce que je rencontre des étudiants dans des conférences qui m'interpellent et je n'ai aucune idée de qui ils sont. J'ai toujours été comme ça, depuis que je suis jeune. En revanche, j'ai une très bonne mémoire des voix. Dès que les gens commencent à parler, je peux reconnaître qui ils sont. J'ai une grande mémoire pour les parfums et les odeurs aussi. Je ne me rappelle pas les noms de mes trente copains de classe, par exemple, mais je me souviens très bien de l'odeur de leur maison. Je me souviens également très bien de détails spécifiques. En science, cela m'aide beaucoup. C'est le cas de techniques de calcul, par exemple. Mais il y a beaucoup de choses que j'oublie. J'aimerais me souvenir de tout, ça serait beaucoup plus facile. Un jour, je lisais un article de physique et je le trouvais très intéressant. Après une page qui me semblait familière, j'ai regardé qui était l'auteur de l'article et c'était moi... (Rires.)

N. M.: Qu'est-ce qui est le plus important pour vous: l'intuition ou le rationnel?

C. R.: Je dirais l'intuition. Le rationnel, c'est la déduction, le calcul. Si je ne le fais pas aujourd'hui, je peux le faire demain. En revanche, l'intuition, c'est quelque chose qui ne peut pas s'acheter chez le boucher. Quand ça arrive, c'est un don de Dieu.

N. M.: L'émotion est-elle importante ? Doit-on la suivre ou au contraire la mettre de côté et viser l'objectivité ?

C. R.: L'émotion, c'est primordial. Ceux qui disent qu'ils ne laissent pas leurs émotions les dominer sont encore plus dominés que les autres. Les motifs qui expliquent notre activité ne peuvent pas être rationnels parce que la rationalité ne donne pas de motivation en soi. Les émotions sont donc cruciales et il faut construire sur elles. Il faut aussi y faire attention. Elles nous guident, mais elles nous font aussi tourner la tête. C'est très facile de tomber amoureux d'une idée et de ne pas vouloir voir ce qui la contredit parce que nos émotions nous rendent aveugles. Donc c'est un jeu continu entre des émotions qui alimentent notre motivation et la rationalité qui nous permet de nous défendre des erreurs qu'elles peuvent entraîner.

N. M.: Vous est-il difficile de penser en dehors du cadre pour faire émerger une idée nouvelle ?

C. R.: Je ne voudrais pas paraître arrogant ou excessif, mais j'ai toujours eu le problème inverse dans ma vie. Je me suis toujours trouvé hors du cadre. Dès mon plus jeune âge, j'avais la nette impression que les gens ne pensaient pas comme moi. Je me suis retrouvé dans la même situation avec mes collègues quand j'ai commencé la recherche. Mon principal problème a toujours été d'arriver à articuler ma façon de voir les choses avec ce que la majorité pense. Je dois faire un effort pour comprendre les autres, être compris et ne pas trop briser la communication.

N. M.: Quel est votre premier réflexe quand vous vous retrouvez face à une anomalie ?

C. R.: La plupart des anomalies que j'ai vues dans ma vie n'en sont pas. Nous tentons de sauter sur tout ce qui est nouveau en trouvant ça formidable, mais le plus souvent, ce n'est rien. Dans mon domaine scientifique, la physique fondamentale, nous avons eu, durant ces cinquante dernières années, des résultats spectaculaires : les ondes gravitationnelles, les images de trous noirs, la découverte de l'expansion accélérée de l'Univers ou encore la découverte du boson de Higgs. Ce sont des découvertes extraordinaires, mais ce ne sont pas des anomalies. Ce sont des choses que nous avions comprises avant de les voir. En revanche, lorsqu'on lit régulièrement en première page des journaux une grande nouvelle, par exemple qu'une nouvelle particule a été découverte au CERN ou que nous avons vu des neutrinos aller plus vite que la vitesse de la lumière..., l'immense majorité de ces annonces, sinon toutes, ne sont finalement pas ce qui était annoncé. Les anomalies sont donc bien plus rares que ce qu'on aime présenter.

N. M.: Quel est le cadre idéal pour penser librement?

C. R.: Chez moi. Je travaille la plupart du temps sur un sofa. Je ne suis donc pas assis, mais allongé avec les pieds en l'air et un petit cahier dans les mains. J'aime bien le silence. Quand je veux travailler, je cherche à tout fermer. J'ai aussi besoin de travailler seul. C'est très utile de parler avec les autres, mais il y a toujours un moment où il faut que je ferme la porte de mon bureau au département de physique, où je suis souvent dérangé, et que je mette les choses en ordre loin du bruit. Cela dit, j'ai toujours eu une grande capacité de concentration, je suis donc capable de travailler dans divers espaces, dans l'avion par exemple. Je suis capable de me refermer et de ne pas être dérangé par ce qu'il se passe autour de moi. Mes amis se moquaient de moi parce qu'un soir où nous étions à un concert de rock que je n'aimais pas particulièrement, je me suis mis dans mon coin, j'ai sorti un cahier et j'ai commencé à faire des calculs. J'arrive à me concentrer même dans un bruit infernal avec des gens très agités autour.

N. M.: La nuit est-elle réservée au sommeil ou est-ce un bon moment pour travailler?

C. R.: C'est réservé au sommeil. Je dors bien et longtemps, sauf dans les moments où je suis très pris par quelque chose qui m'accapare énormément.

N. M.: Quelle place accordez-vous au hasard ou à la sérendipité?

C. R.: Le hasard, c'est tout dans la vie. Pour faire des progrès, que ce soit en science ou dans la vie, c'est un jeu de combinaisons: il faut rassembler des connaissances, des circonstances, des idées et des rencontres. Mon principal accomplissement en physique, c'est la théorie de la gravité quantique à boucles. Pour réussir à construire cette théorie, je suis allé glaner des informations en plusieurs endroits: à Londres, j'ai appris une chose, puis à New York, puis ailleurs, etc. Je me suis retrouvé avec tous les instruments dans les mains. Si je n'étais pas allé dans ces endroits-là, à la rencontre de ces personnes-là, je n'aurais pas fait cette découverte, et ça, c'est le fruit du hasard. Évidemment, j'ai eu énormément de chance d'être devant toutes les pièces du puzzle.

N. M.: L'évolution de la technologie a-t-elle modifié votre façon de réfléchir?

C. R.: Non. Mis à part la facilité de communication avec les e-mails, les visioconférences, etc. Mais tout ça ne constitue absolument pas un changement majeur. J'utilise des logiciels comme Mathematica sur mon ordinateur pour faire des calculs, mais c'est marginal.

N. M.: Qu'est-ce qu'un obstacle pour vous?

C. R.: Tout est obstacle. Mon métier, c'est de faire de la science et donc de chercher à augmenter nos connaissances. Quelle que soit la direction dans laquelle nous cherchons, il y a des obstacles. Nous sommes en permanence devant l'obstacle. Nous sommes devant ce mur dont je parlais tout à l'heure, cette frontière de la connaissance. Les obstacles sont là parce que des gens avant nous ont fait un travail immense. Pour les contourner, je ne pense pas qu'il y ait une recette. S'il y en avait une, nous l'aurions déjà mise en place. La seule façon de procéder, c'est de s'inspirer de Galilée, qui disait au début de la science moderne: «Essayons et essayons encore.» Il faut regarder d'un côté, d'un autre, chercher la fissure ici et là, revenir trente mille fois au même endroit. Je ne connais pas d'autres façons de franchir l'obstacle.

N. M.: Est-ce facile pour vous de vous dire que vous faites fausse route, que cet obstacle est une impasse ?

C. R.: Se rendre compte qu'on a fait fausse route est primordial en science. Le pire est de s'entêter et d'essayer inlassablement. La science, ce n'est pas résoudre des problèmes auxquels il n'y a aucune réponse, c'est trouver des problèmes que nous pouvons résoudre. Il m'arrive donc souvent d'abandonner des idées, je me demande d'ailleurs si je ne devrais pas le faire plus souvent. C'est quelque chose que j'ai continuellement à l'esprit. Ça ne veut pas dire qu'il ne faut pas croire en ses idées. D'ailleurs, il ne faut pas abandonner une idée, même si elle a l'air d'être fausse, si on a la sensation qu'elle pourrait donner quelque chose. Einstein a publié plein d'équations fausses, avant de changer d'idée. Il est très souvent parti dans une direction pour finir par abandonner. Pour autant, il a formulé l'idée centrale de la relativité générale après avoir passé des années à travailler dessus. Il continuait sans cesse parce qu'il avait l'intuition profonde que ça devait marcher. Il lui a fallu dix ans pour trouver les équations que nous appelons aujourd'hui les « équations d'Einstein » – qui sont peut-être les équations les plus belles de la physique. Il était capable de faire deux choses : continuer à regarder dans des directions différentes et, en même temps, s'accrocher à son idée formidable et la mener à bien.

N. M.: Pour vous, la recherche est-elle génératrice d'anxiété ou de sérénité ?

C. R.: Belle question. Je dirais les deux. D'anxiété, parce que faire de la recherche, c'est une implication émotionnelle forte. Ce ne sont pas des choses anodines. Avec l'âge, c'est de plus en plus source de sérénité. C'est avant tout une source de plaisir. La sérénité arrive également parce que je n'ai plus rien à prouver dans un certain sens, donc je n'ai plus l'angoisse de ne pas réussir. Si j'arrive à développer encore mon travail et à obtenir de nouveaux résultats, je serai content, mais ça ne changera plus rien à ma vie. Je vous le disais tout à l'heure, j'ai toujours eu la sensation qu'il y a plein de choses que nous ne connaissons pas. C'est encore présent dans ma vie, mais aujourd'hui je suis parfaitement à l'aise avec ça. Nous pouvons très bien vivre dans le mystère et sans tout savoir.

N. M.: Quelle place accordez-vous à l'autocritique ? Est-ce un exercice facile ou compliqué ?

C. R.: Difficile à dire. Je pense que nous pensons tous être capables d'autocritique, mais personne ne l'est vraiment. Je suis comme tout le monde, je pense en être capable, mais je ne suis pas sûr que c'est ce que les autres diraient de moi. (Rires.)

N. M.: Le doute est-il fécond, nécessaire et utile ou est-ce au contraire un parasite ?

C. R.: Oh non ! Le doute est la source de tout savoir. Sans doute nous n'apprenons rien. Il faut douter continuellement. Si nous ne doutons pas, nous sommes stupides. C'est mon opinion. J'ai travaillé sur beaucoup de sujets dans ma vie, mais celui auquel je suis le plus attaché, bien évidemment, c'est la gravité quantique à boucles. Eh bien, j'y crois et je pense fermement que c'est vrai... quatre jours sur sept. (Rires.)

N. M.: Comment faites-vous pour qu'une idée nouvelle et isolée puisse se transformer en changement de paradigme collectif ?

C. R.: Ce n'est jamais rapide. Ça prend beaucoup de temps. J'ai fait des travaux qui ont été fortement critiqués et que personne ne comprenait ou qui sont passés complètement inaperçus. Puis lentement des gens y sont venus. Je pense que le processus scientifique est beaucoup plus lent que la façon dont il est présenté usuellement. La science avance, mais à un rythme de glacier. Les idées nouvelles prennent des années à s'imposer. C'est comme une goutte d'huile qui se répand lentement. Quelqu'un lit un papier, il y pense, il en parle avec un collègue et ainsi de suite, et parfois, au bout de vingt ans, une idée totalement marginale est devenue un consensus que les gens prennent au sérieux.

N. M.: La réponse est évidente, mais quelle est la découverte qui a marqué votre carrière ?

C. R.: C'est bien entendu la gravité quantique à boucles, même si ce ne sont pas mes seuls travaux. Cette découverte n'est pas seulement celle qui a fait ma carrière et qui a été la plus remarquée, c'est aussi celle à laquelle je suis le plus attaché. S'il s'avère que c'est vrai, ce serait un immense bouleversement.

N. M.: Pensez-vous que nous puissions en trouver un jour des preuves expérimentales?

C. R.: J'espère bien, oui!

N. M.: À l'inverse, quel est votre plus grand échec?

C. R.: Dans ma vie personnelle, ce serait plus facile. J'en ai plein! Il y a un échec très cuisant pour moi. À Pittsburgh, j'ai travaillé pendant une assez longue période sur les équations classiques d'Einstein et sur leur structure générale avec Ted Newman. J'ai proposé une nouvelle façon d'écrire ces équations qui m'a profondément enthousiasmé. Je m'étais convaincu qu'elle pourrait donner une solution générale à ces équations, ce qui aurait été un résultat très important. Mais finalement, il s'est avéré que c'était une erreur. Ça a été un double échec. D'abord parce que ça n'a pas marché, mais aussi parce que j'étais tellement convaincu d'avoir trouvé quelque chose de nouveau que lorsque j'ai vu que je m'étais trompé, je me suis senti particulièrement stupide.

N. M.: Diriez-vous que votre domaine de recherche a changé la façon dont vous percevez le monde ou le réel?

C. R.: Ah oui, complètement! Il n'y a pas un Carlo scientifique et un Carlo personnel. C'est toujours moi. Si je repense à moi lorsque j'étais jeune, je retrouve les mêmes questions, le même espoir et le même caractère, mais ma vision du monde, elle, a changé continuellement. Le monde me semble beaucoup plus compréhensible qu'auparavant. Il me semble à la fois plus étrange et plus riche. Je suis arrivé à une image beaucoup plus complexe, mais aussi plus sereine et plus acceptable du réel. Je pense que je perçois moins le monde brisé en morceaux incompatibles les uns avec les autres, comme je le craignais lorsque j'étais jeune. Il est possible d'avoir une vision du monde holistique, dans laquelle il y a la mécanique quantique, les atomes d'une part, mais aussi les êtres humains et les émotions de l'autre. Je n'ai pas nécessairement une vision du monde définitive, mais c'est une vision du monde cohérente dans laquelle je me trouve beaucoup plus à mon aise. Certaines questions qui m'apparaissaient très complexes il y a vingt ans ne m'apparaissent plus comme telles aujourd'hui. Le libre arbitre, par exemple, me semblait être un étrange problème ; maintenant, ce n'est plus le cas.

N. M.: Y a-t-il un chercheur ou une chercheuse d'une discipline autre que la vôtre dont vous vous sentiriez proche ?

C. R.: Je me sens très proche d'une philosophe américaine, Jenann Ismael[9], qui publie des problèmes de philosophie de la science notamment. J'ai beaucoup appris avec ses textes et je l'apprécie énormément. Nous avons une vision du monde et une compréhension des problèmes fondamentaux en physique et philosophie qui est assez similaire.

N. M.: Pensez-vous que le temps des grandes découvertes dans votre discipline est révolu, ou est-il à venir ?

C. R.: Il est encore à venir, et sous peu. Ma discipline, la gravité quantique, existe depuis un siècle, mais elle est encore jeune. Je m'attends à des avancées et des observations expérimentales qui nous éclairent dans les prochaines années. Elles nous montreront que les idées d'aujourd'hui sont tout simplement fausses, et ça va fortement changer la donne.

N. M.: Pensez-vous que nous puissions un jour arriver à une théorie du tout ?

C. R.: Ah non, la théorie du tout est totalement différente de la gravité quantique. Pour moi, c'est un rêve mal placé. Nous avons des questions ouvertes que nous pouvons résoudre une par une, mais nous ne pouvons concevoir une théorie du tout.

9. Jenann Ismael (1968) est professeure de philosophie à Columbia University, à New York. Elle a principalement travaillé en métaphysique et en philosophie de la physique.

Bibliographie

Qu'est-ce que le temps ? Qu'est-ce que l'espace ?, Bernard Gilson Éditeur, 2006.
Temps et Espace. De l'Antiquité à nos jours, De Vive Voix, 2007.
Anaximandre de Milet ou la Naissance de la pensée scientifique, Dunod, 2009.
Et si le temps n'existait pas ? Un peu de science subversive – édition revue et augmentée de *Qu'est-ce que le temps ? Qu'est-ce que l'espace ?*, Dunod, 2014.
Par-delà le visible. La réalité du monde physique et la gravité quantique, Odile Jacob, 2015.
Sept Brèves leçons de physique, Odile Jacob, 2015.
L'Ordre du temps, Flammarion, 2018.
Écrits vagabonds, Flammarion, 2019.
Helgoland, Flammarion, 2021.

Sabrina KRIEF
Primatologie et médecine vétérinaire

Depuis vingt-cinq ans, Sabrina Krief parcourt les forêts tropicales d'Ouganda pour comprendre, au plus près de leurs modes de vie, les comportements culturels des chimpanzés, et notamment leur capacité à utiliser certaines plantes pour s'automédiquer. Cette vie d'interminables marches dans la jungle et de veilles aux petites heures du matin, à guetter l'activité des grands singes, Sabrina Krief la transmet avec un sourire et une passion solaires. Elle a fondé en 2006 avec son mari, Jean-Michel Krief, photographe, l'association Projet pour la conservation des grands singes (PCGS) ayant pour objectif de protéger et faire connaître les grands singes et leur écosystème.

Sabrina Krief est docteur vétérinaire (Alfort, 1997), titulaire d'un DEA d'écologie et d'une thèse de doctorat en chimie des substances naturelles. Elle est aujourd'hui professeure du Muséum national d'Histoire naturelle. Elle travaille désormais sur la résilience des grands singes et des forêts tropicales aux activités humaines (pollution, fragmentation de la forêt tropicale, braconnage...). Elle pilote également le programme Forêt, Faune, Populations en Ouganda du MNHN, qui vise à concilier agriculture durable et réduction des conflits hommes-faune sauvage pour améliorer le bien-être et les revenus des populations locales grâce à la préservation des chimpanzés et des éléphants.

«Cela ne m'a jamais effleuré l'esprit qu'il me serait impossible de faire quelque chose parce que je suis une fille.»

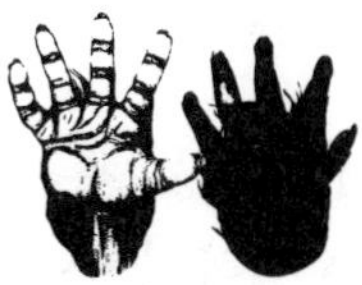

NICOLAS MARTIN: À quel souvenir liez-vous le début de votre vocation?

SABRINA KRIEF: Le fait de vouloir travailler au plus proche des animaux et de l'environnement vient de mon enfance. La plupart des week-ends, nous partions dans le Perche avec mes parents, dans un village très isolé. Vers 5-6 ans, j'ai passé beaucoup de temps à plat ventre dans l'herbe à regarder la biodiversité française: les petits animaux, les insectes, les sols et les vers de terre, les mares et les tritons. Tout ça me fascinait. Vers 10 ans, j'ai commencé à faire des tournées avec les vétérinaires de campagne qui travaillaient dans le village d'à côté. Ils soignaient principalement les vaches et les chevaux. Je pense que c'est à ce moment-là qu'est apparue cette curiosité qui m'a poussée à essayer de comprendre les maladies des animaux et comment améliorer leur santé. Ce qui m'a ensuite éloignée du métier de vétérinaire, c'est probablement le fait qu'on n'avait plus le temps d'aller chercher l'origine des pathologies et qu'on appliquait des traitements qui étaient efficaces, mais sans connaître la cause de ces maladies.

N. M.: À quel moment commencez-vous à vous intéresser aux grands singes ?

S. K.: J'avais des grands-parents qui voyageaient beaucoup et qui étaient particulièrement intéressés par l'Inde. J'ai des souvenirs merveilleux de moments où ils nous racontaient leurs rencontres avec les Indiens, les pèlerinages, les couleurs, les animaux. Ils aimaient les humains plus que tout mais pouvaient aussi prendre des photos de vaches, d'éléphants, de singes. Tout a commencé par un désir de voyager, de rencontrer les autres, de voir d'autres paysages. J'ai rencontré Jean-Michel, qui est devenu mon mari, en terminale. Peu après notre rencontre, nous sommes partis au Kenya. Nous avions envie de découvrir la faune africaine, mais nous nous sommes heurtés à un tourisme de masse.

L'année d'après, nous avons réussi à partir avec notre tente pour camper dans les jardins de lodges africains. Cette fois-ci, nous avons pu vraiment aller à la rencontre de la faune. Nous préférions passer dix jours de suite à regarder le même lion ou le même éléphant, plutôt que d'aller à toute vitesse et de cocher les cases des espèces rencontrées. De là a grandi, petit à petit, une curiosité – qui était déjà née par le biais de lectures comme *Tarzan* – pour la faune africaine et les grands singes. Le voyage qui a tout déclenché, c'est la découverte de Bornéo et de sa forêt, qui a été conjointe à la rencontre avec Pierre Pfeffer[1], un naturaliste qui travaillait au Muséum national d'histoire naturelle et qui m'avait proposé de faire ma thèse vétérinaire sur les éléphants. Il avait écrit un livre sur Bornéo[2] et j'avais beaucoup échangé avec lui sur cette île mystérieuse et différente. Cette rencontre puis celle avec Robert Barbault[3], pour l'aspect plus scientifique, ont été deux éléments qui m'ont permis de découvrir ce lieu incroyable qu'est le Muséum, et donné envie de faire de la recherche. Et il y a eu, bien sûr,

1. Pierre Pfeffer (1927-2016) est un zoologue et naturaliste français, longtemps directeur de recherche au Muséum national d'histoire naturelle. Il a été président du WWF France et président du conseil scientifique du parc du Mercantour.

2. *Bivouacs à Bornéo*, Flammarion, coll. « L'aventure vécue », 1963.

3. Robert Barbault (1943-2013) est un biologiste français, spécialiste de la biologie des populations et de l'écologie. En France, c'est l'un des pionniers de l'approche systémique de la biodiversité.

la rencontre avec les orangs-outans à Bornéo, qui s'est poursuivie par celle avec les chimpanzés au Congo.

N. M.: Vous vous souvenez très précisément de votre toute première rencontre avec un grand singe?

S. K.: Nous étions en expédition à Bornéo, hébergés dans une station de recherche au cœur de la forêt. Sans que nous nous y attendions, une femelle orang-outan est descendue d'un arbre qui était très proche de nous. Elle était complètement sauvage et portait sur son ventre un bébé. Sans venir nous voir, elle est passée à côté de nous sans nous éviter ni montrer le moindre signe d'anxiété. L'espace d'une seconde, nous avons croisé son regard doux et confiant. L'émotion a été très forte. Nous avons eu envie de renouveler l'expérience. À l'École vétérinaire, j'avais un collègue, Marc Ancrenaz, qui avait pour projet de développer une station de recherche à Bornéo, au bord de la rivière Kinabatangan où nous étions allés. Je lui ai parlé de mon souhait de faire ma dernière année vétérinaire pour étudier les orangs-outans. Il m'y a encouragée, mais son projet ne s'est pas mis en place à temps et il m'a proposé de travailler sur un autre projet en attendant, sur les chimpanzés au Congo. Et là, c'est fini. (Rires.) Non seulement j'ai rencontré les chimpanzés, mais s'est aussi immédiatement posée cette question qui m'anime encore aujourd'hui: comment les chimpanzés utilisent leur environnement et les substances naturelles pour améliorer leur santé?

N. M.: C'est amusant que vous disiez: « Et là, c'est fini », alors qu'en fait ça commence!

S. K.: J'ai un peu l'impression que c'est comme une fatalité, je n'ai plus le choix. En fait, la clé, c'est cette curiosité qui a besoin d'être satisfaite. Tant qu'elle ne l'est pas, je devrai poursuivre ma quête.

N. M.: Est-ce qu'un membre de votre famille était dans le domaine scientifique ou artistique?

S. K.: Pas du tout. Mon père était chef de chantier, électricien de formation. Ma mère travaillait à Air France, puis a rapidement cessé son activité professionnelle pour s'occuper de moi. Ils m'ont toujours laissée libre dans mes choix. J'avais le droit de passer le temps que je voulais dehors, de revenir sale si je le voulais. Vers l'âge de 3 ans, on s'est rendu compte que j'étais allergique aux poils de chien et de chat, également au foin, à la poussière, et à plein d'autres choses. Et que j'étais asthmatique. Mes parents ont dû se séparer du chat de la maison. J'ai eu envie de leur montrer que ce n'était pas parce que j'étais allergique que j'allais m'interdire de faire véto! C'est comme ça que je me suis construite, en essayant de repousser les limites.

N. M.: Vous évoquiez tout à l'heure *Tarzan*, de Rice Burroughs. Y a-t-il d'autres œuvres qui ont éveillé votre curiosité scientifique?

S. K.: J'ai toujours été beaucoup plus attirée par les disciplines littéraires que par les maths, la physique ou la chimie. Étonnamment, puisque j'ai fait une thèse en chimie. La littérature a participé à l'ouverture vers d'autres horizons, notamment en tant qu'enfant unique. Mes parents allumaient rarement la télé, mais il y avait certaines choses que j'avais le droit de regarder – entre autres, *Tarzan*. Je me souviens également de *Daktari*[4], de ces programmes dans lesquels la relation avec les animaux était représentée.

N. M.: Le *Tarzan* de Weissmuller?

S. K.: Oui, exactement. (Rires.) Celui avec les éléphants qui avaient les oreilles en carton et les lianes en corde.

N. M.: Vous avez déjà évoqué quelques noms. Avez-vous eu un ou plusieurs mentors? Quel rôle ont-ils eu dans la structuration de votre imaginaire scientifique?

S. K.: Il y a d'abord Nicolas Hulot et l'émission «Ushuaïa» pour l'inspiration et la compréhension des liens entre environnement, faune et humains. Quand, adolescente, j'ai eu envie de voyager, l'émerveillement a joué un rôle important. La vision que nous a donnée Nicolas Hulot de notre planète et de la diversité culturelle des humains m'a

4. ***Daktari*** **est une série américaine de la fin des années 1960, qui raconte les aventures d'un vétérinaire, Marsh Tracy, qui dirige un centre d'études sur le comportement des animaux au Kenya. La série a été rendue populaire par Clarence, le lion doté d'un fort strabisme.**

poussée à voyager. Ensuite, il y a Jean-François Courreau et Jacques Guillot, deux professeurs à l'École vétérinaire (École nationale vétérinaire d'Alfort), qui m'ont encouragée à travailler sur la faune sauvage et à partir pendant six mois au Congo – ce qui n'était pas habituel. Pierre Pfeffer et Robert Barbault ont développé mon appétence scientifique. Lorsque j'ai proposé de travailler sur les chimpanzés et les questions d'usage de plantes médicinales pour mon DEA (l'équivalent d'un master 2), Robert Barbault a été le premier à m'encourager, contre l'avis de ses collègues.

N. M.: Comment expliquez-vous, avec le recul, les oppositions que vous mentionnez?

S. K.: J'ai présenté pour mon travail de DEA une étude qui portait sur six chimpanzés nés en milieu naturel, mais élevés par des humains et relâchés en milieu forestier. Mon travail consistait à enregistrer chacune des plantes consommées et essayer d'y trouver des tanins, des alcaloïdes, des métabolites secondaires, afin d'appuyer l'hypothèse d'une automédication chez les chimpanzés. Je travaillais également sur les pratiques médicinales locales. Il y avait deux écueils: d'une part, on travaillait sur un très petit nombre d'individus; d'autre part, il s'agissait d'une espèce charismatique qui – ils l'avaient bien compris – faisait rêver les jeunes filles de mon âge. «On n'a pas besoin d'une seconde Jane Goodall», m'avaient-ils lancé. Et c'était vrai. D'ailleurs, elle est juste là!

N. M.: Une petite Jane Goodall en Lego à côté de votre bureau!

S. K.: Exactement, j'ai passé quelques heures à construire ce Lego où Jane Goodall est dans la forêt tropicale au milieu de chimpanzés et qui trône désormais à côté de mon ordinateur! (Rires.) Et donc, ils s'appuyaient sur le fait qu'une passion n'est pas suffisante pour faire de la recherche. En outre, j'avais une formation vétérinaire alors qu'il y avait des étudiants sortis de l'université à qui il fallait laisser la place. J'avais déjà quasiment un métier, pourquoi vouloir faire de la recherche? Ces choses m'ont été dites clairement. Et je les ai entendues, comprises. Aujourd'hui, j'en suis consciente, je travaille toujours sur un petit nombre d'individus, en essayant toujours de pallier ce problème. Les chimpanzés sont difficiles à observer. Ils vivent longtemps et en petits groupes. Étudier statistiquement la transmission de comportements, par exemple, n'est pas aisé. Comment faire en sorte que ce ne soit pas juste de l'anecdote?

La question de la santé n'est pas forcément abordée de la même façon par les écologues que par les vétérinaires. Certes, le travail en laboratoire est essentiel. Pour ma part, ce sont les individus dans leur environnement qui m'intéressent, quand ils sont en interaction avec des pathogènes, des plantes et des substances naturelles. Ça a été formateur dans le sens où ça a été un électrochoc, même si j'étais déjà consciente que ça n'allait pas être facile et qu'il allait falloir persuader.

N. M.: Dans le domaine de la primatologie, il y a trois grands noms féminins. Vous avez évoqué Jane Goodall, il y a également Diane Fossey et Biruté Galdikas. Vous ne les citez pas comme des modèles?

S. K.: Je ne suis pas venue à la recherche parce que j'avais lu Jane Goodall. J'ai découvert ces femmes *a posteriori*. Quand je suis revenue du Congo avec ces questions autour de la consommation de plantes médicinales par les chimpanzés, j'ai fait de la bibliographie et j'ai découvert ces femmes emblématiques. Mais j'étais partie en tant que vétérinaire, sans formation scientifique en écologie ou en primatologie. C'était l'aspect vétérinaire qui me guidait.

N. M.: Comment jugez-vous aujourd'hui, avec le recul, ce début de carrière?

S. K.: Ma façon de travailler a changé. Mon début de parcours a été très formateur. On se construit autant avec les échecs qu'avec les succès; avec les obstacles et les difficultés qu'avec les bons moments. Les études vétérinaires m'ont enrichie, bien que je ne m'en sois pas rendu compte sur le coup. J'étais vraiment frustrée parce que je ne trouvais pas du tout ce que j'attendais. Peut-être parce que j'avais découvert le métier de vétérinaire très jeune.

N. M.: Frustrée de ne pas avoir fait de carrière universitaire immédiatement?

S. K.: Les études à l'École vétérinaire représentaient pour moi une sorte de graal. J'ai assez rapidement fait des remplacements vétérinaires, des urgences, des consultations en ville, mais je me trouvais peu confiante, peu expérimentée. Je me suis rendu compte de la nécessité d'aller vite. On n'avait pas le temps d'aller chercher la cause, l'étiologie des maladies. En donnant des traitements standard, corticoïdes et antibiotiques, la plupart des animaux allaient mieux rapidement. J'avais aussi un problème de trop grande empathie avec les propriétaires. Leur tristesse m'affectait. Quand ils pleuraient la perte d'un animal, ça m'éprouvait. Je me suis rendu compte que ce n'était pas un métier qui était fait pour moi. En même temps, je commençais à croire que mes rêves pouvaient se réaliser. Ce que le métier de vétérinaire m'a apporté, ce que cette pluridisciplinarité m'a enseigné, c'est comment chercher les compétences auprès de collègues, travailler en équipe et comment s'adjoindre le meilleur de chacune de ces disciplines pour pouvoir vraiment répondre à une question de façon longitudinale. Ce que la recherche m'a appris, c'est la patience.

N. M.: Quelle était la part de collaboration ou de compétition dans cette première partie de votre carrière? Et laquelle des deux est, selon vous, la plus stimulante?

S. K.: J'ai ressenti la compétition au moment du master, quand il fallait obtenir une bourse de thèse. J'avais un sujet tellement original que j'étais rarement en compétition avec d'autres. Il me fallait plutôt faire mes preuves. Prouver que mon objet de recherche n'était pas si fantaisiste que ça. J'ai eu la chance qu'un de mes codirecteurs de thèse – Thierry Sévenet – trouve mon sujet original et y croie, malgré les moqueries de ses collègues qui lui disaient: « T'as une étudiante qui travaille sur les chimpanzés… dans un monde de chimistes. » Lui m'a toujours dit: « Dans trois ans, tu auras montré que je n'étais pas complètement fou en ayant trouvé des molécules nouvelles, et fait la preuve que ce que tu m'as vendu, ce n'était pas n'importe quoi. »

Par ailleurs, c'est la collaboration qui a permis le succès de mes premiers travaux. Quand je suis allée dans les facs de pharmacie ou dans d'autres labos de chimie, j'ai toujours rencontré des techniciens, des ingénieurs ou des chercheurs prêts à me transmettre leurs connaissances et leurs compétences pour m'aider à avancer dans mon sujet. Cette période de thèse m'a fortifiée.

N. M.: Le fait d'être une femme était-il un avantage ou un obstacle?

S. K.: Ça n'a jamais été une question. Petite, j'avais un tempérament de garçon manqué. Je me souviens d'avoir toujours grimpé aux arbres, d'être tombée, etc. Dans le métier de vétérinaire, il y a de plus en plus de filles. Mais en pratique rurale, je me souviens d'éleveurs qui, me voyant arriver, disaient: «Celle-là, elle va rien réussir à faire!» Et pourtant, ces vétérinaires de Normandie me laissaient pratiquer alors que je n'étais même pas étudiante en véto – j'avais à peine 15-16 ans. Ils me laissaient les aider pour lever une vache, faire le vêlage ou la recoudre après la césarienne. Ils m'appelaient en pleine nuit pour participer à un poulinage.

Aujourd'hui, mon équipe ougandaise est composée de vingt-cinq hommes. Je ne me dis jamais que je suis la seule femme. Cela ne m'a jamais effleuré l'esprit qu'il me serait impossible de faire quelque chose parce que je suis une fille. Cependant, au moment de mon premier départ sur le terrain en Ouganda, mon directeur de thèse me lança: «Tu ne vas pas partir toute seule comme ça en Ouganda!» Il est vrai qu'à partir de mes 20 ans j'ai beaucoup travaillé avec Jean-Michel, et nous partions au bout du monde ensemble. Lui faisait de la photo. Ça a été un confort, car c'étaient deux activités complémentaires; et savoir que je ne partais pas toute seule a rassuré tout le monde, à la fois mes parents, les encadrants et les institutions.

N. M.: Quel conseil donneriez-vous aujourd'hui à la jeune Sabrina Krief?

S. K.: Je referais exactement la même chose. Tous les problèmes, les obstacles et les échecs que j'ai pu rencontrer ont forgé mon caractère, m'ont donné le goût de l'effort. Un peu comme une épreuve sportive. Pour le plaisir de se retourner et de se dire: C'était dur, mais je l'ai fait. Je ne pense pas que je changerais quoi que ce soit.

N. M.: Comment naît chez vous une idée nouvelle?

S. K.: Elles ne naissent pas systématiquement de la même façon. Si je prends l'exemple d'un de mes travaux au long cours sur le paludisme, la question est née d'une observation, non d'une réflexion. J'ai vu un chimpanzé boiteux consommer une plante différente de celles consommées par le reste du groupe. En l'analysant, j'ai trouvé des propriétés antipaludiques. Au moment de mon observation, il était boiteux et ne présentait pas de symptômes de paludisme. Cela a commencé à me titiller. J'aurais pu m'arrêter là. Mais une question me taraudait: est-ce qu'il y avait potentiellement, en plus de cette boiterie, des symptômes qui pourraient évoquer le paludisme? Ou bien est-ce que les symptômes perçus par le chimpanzé – ici la douleur – lui faisaient utiliser la même plante, comme nous utilisons le paracétamol pour les maux de tête ou les entorses? Plus simplement, est-ce que ces chimpanzés souffrent du paludisme? Nous sommes à 1600 mètres d'altitude, une zone limite où les moustiques anophèles sont théoriquement vecteurs de *Plasmodium* – le protozoaire parasite responsable du paludisme. Après quelques laborieuses études, j'ai réussi à trouver deux nouvelles espèces de *Plasmodium* chez ces chimpanzés d'Ouganda. J'ai aussi enregistré toutes les interactions des chimpanzés avec cette plante et ses molécules, de façon à savoir s'il s'agissait juste d'une utilisation ponctuelle ou d'une utilisation récurrente. Ce qui m'a permis de découvrir qu'avec les feuilles de cette plante, ils mangeaient de la terre. Et donc de découvrir qu'en synergie les deux substances étaient plus actives que les feuilles seules ou la terre seule. C'est souvent l'observation qui suscite les questions. Mais, parfois, les résultats sont également générateurs de nouvelles interrogations. Voilà ce qui est formidable dans la recherche.

N. M.: Votre mode de réflexion est-il déductif ou inductif?

S. K.: Déductif. Je ne suis pas guidée par une question de recherche évolutive qui demanderait des collectes de données systématiques... Ce type de protocole m'ennuie profondément. Mon insatiable curiosité fait que, même quand j'ai une réponse à ma question originelle, j'en ai toujours une autre qui survient et enclenche une poursuite de l'investigation. Malgré tout, j'aime qu'il y ait de la cohérence et que mes travaux soient utiles.

N. M. : Pour vous, quelle est la place de l'écrit ?

S. K. : Elle est très importante. Sur le terrain, j'utilise des carnets de notes. Mais le visuel est aussi important : photos, vidéos. Je travaille avec les deux. La plupart des observations se passent très vite ; on n'a pas suffisamment de temps pour noter. Plus tard, même si c'est capturé sur la vidéo, j'ai quand même besoin de retranscrire ce que j'ai vu. Je ne suis jamais sûre d'avoir saisi exactement ce que j'ai perçu visuellement. Mon équipe consigne ces données. Dans mon bureau, il y a des tas de boîtes de fiches d'observation. Cet archivage est important, car il permet de revenir, *a posteriori*, sur des questions qu'on n'avait pas envisagées au moment où l'on prenait des notes.

Sur le terrain, huit personnes travaillent tous les jours avec les chimpanzés. Ainsi que cinq autres qui travaillent sur les activités illégales et recueillent aussi des données. Pour des raisons pratiques, il est impossible d'équiper tout le monde de tablettes. Je suis aussi attachée aux choses écrites pour des raisons affectives.

N. M. : Est-ce que vous avez conservé tous ces carnets précieusement ?

S. K. : Oui. J'en ai un peu partout. Lorsque je recherche quelque chose sur un individu ou sur un comportement, je me replonge dans des carnets parfois vieux de plusieurs années.

N. M. : Comment se formule votre réflexion ? Est-ce que vous avez une voix intérieure ? Réfléchissez-vous en images fixes, en images en mouvement, en concepts ?

S. K. : Quand la question naît sur le terrain, j'écris spontanément sur mes carnets. Ensuite, quand on saisit les données et qu'on voit des informations apparaître, on passe à la discussion. Soit j'en parle à des collègues, soit j'en parle à Jean-Michel, mon mari. C'est souvent de ces discussions que naît une envie de creuser un peu plus le sujet, ou pas.

N. M.: Est-ce que vous diriez qu'au cours de votre carrière vous vous êtes construit des outils invisibles, qui n'appartiennent qu'à vous?

S. K.: Oui, probablement. Parce que je travaille sur un petit nombre d'individus et que j'ai vu émerger des différences interindividuelles qui ne sont généralement pas celles recherchées par la science. On a plutôt tendance à vouloir trouver un *pattern* (un motif) un peu général. Or, moi, j'ai décidé de ne pas abandonner ce côté individuel, qui est parfois plus proche de l'émotionnel que de la rigueur scientifique. Je dois jouer sur ces deux tableaux, c'est-à-dire que je dois conserver une méthodologie rigoureuse tout en gardant présent à l'esprit le fait que l'on doit aussi prêter attention aux personnalités et aux individualités.

N. M.: Pour aller dans ce sens, quelle est chez vous la part de l'intuition et celle du rationnel?

S. K.: Je fonctionne beaucoup par intuition. Avec des questions qui sont peut-être parfois fantaisistes et qui peuvent paraître un peu décalées vis-à-vis de ce qui est habituellement recherché. Par exemple, cette histoire de terre et de feuilles qui ne sont pas des plantes consommées habituellement et qui se retrouvent avec la consommation usuelle de viande et de plantes. Le fait que les chimpanzés soient capables de faire des mélanges est à mon avis quelque chose de vraiment nouveau, qui n'est pas reconnu chez les animaux. Ce sont de petites observations que j'accumule en espérant qu'elles donnent, à un moment donné, quelque chose de cohérent. Je pourrais me dire que c'est n'importe quoi et qu'il faut que je laisse tomber, mais je les garde dans un coin de ma tête ou dans mes carnets de notes – ou les deux à la fois – et petit à petit, le puzzle se construit. À côté de ça, il y a aussi le fait que les chimpanzés utilisent des plantes ou des feuilles pour boire, pour récupérer de l'eau dans des trous parce que la forme de leur main ne le leur permet pas. Ils font donc des sortes d'éponges avec les feuilles, mais ils le font aussi dans des rivières. Ça m'intrigue: pourquoi font-ils ça? Est-ce juste pour le goût? Y a-t-il vraiment une raison médicinale? Est-ce que c'est les deux? Tout ça, je l'espère, donnera quelque chose de cohérent.

C'est aussi ça, l'intuition : ne pas laisser de côté les choses apparemment anecdotiques.

Aujourd'hui, je travaille de façon un peu plus conventionnelle sur la pollution de l'environnement. Ce sont des visages particuliers, quelques individus avec des figures bizarres, qui m'ont amenée à cette thématique.

N. M. : Des figures bizarres : cela signifie qu'elles ont été déformées suite à l'action de polluants dans la nature ?

S. K. : C'est une hypothèse. Mais il faut savoir que c'est extrêmement compliqué à démontrer, puisqu'on mène des recherches non invasives. On ne peut donc pas faire de prélèvements de sang. Là encore, il s'agit d'un jeu de piste. C'est une enquête qui progresse petit à petit. Au fur et à mesure, on va réussir à avoir un tissu d'informations qui vont nous permettre de mieux comprendre. Le temps de la recherche est parfois laborieux, jusqu'au jour où le déclic se fait.

N. M. : Justement, croyez-vous à l'*eurêka*, cette idée qui naît d'un coup et illumine tout ?

S. K. : Oui, j'y crois. En tout cas, je crois à quelque chose qui, en nous, génère une motivation, une flamme qui ne s'éteint pas, le plus souvent.

N. M. : Quelle place laissez-vous à vos émotions ?

S. K. : Je pense que les trois femmes primatologues que j'évoquais tout à l'heure répondent à votre question. Louis Leakey[5] est allé les chercher parce qu'elles n'avaient pas de formation scientifique. Il avait le sentiment qu'étant des femmes elles auraient peut-être une intuition différente, auraient moins peur d'être jugées et seraient prêtes à dire au monde ce qu'elles voyaient sans s'imposer de limites. Si Jane Goodall a parlé de culture, d'outils, etc., et si elle a réussi à faire toutes ses observations, c'est parce qu'elle a identifié des individus avec des

5. Louis Leakey (1903-1972) est un paléoprimatologue et paléoanthropologue kényan et britannique. Il a encouragé et encadré la carrière de Jane Goodall, Diane Fossey et Biruté Galdikas, que l'on surnommait *Leakey's Angels*, les Anges de Leakey.

comportements différents et qu'elle a nommé ces chimpanzés sans se dire que ça pouvait gêner son recueil de données. De la même façon, je peux prendre des notes tout à fait rigoureuses, avec des croix dans des cases et des données très quantitatives, sans pour autant nier que deux individus ne sont pas interchangeables. Avec le travail au long cours, quand je vois des individus naître, devenir juvéniles, puis adolescents et apprendre sur le temps long, je remarque tout à fait que deux chimpanzés du même âge n'ont absolument pas les mêmes comportements. Vouloir nier ce fait reviendrait pour le coup à ne pas être objectif. Pour moi, ces individualités font partie des éléments que la science doit prendre en compte. Aujourd'hui, on ne peut pas continuer à penser comme en laboratoire face à deux fourmis qui doivent réagir de la même façon à un stimulus donné. Non. Que ce soit des fourmis ou des chimpanzés, ce n'est pas vrai.

Il faut écouter les émotions. Par exemple, quand on voit des individus disparaître à cause du braconnage, il faut accepter d'avoir de la colère. Elle peut être génératrice de recherches de solutions. Mais il ne faut pas non plus se laisser envahir ; si l'on est trop attaché, on n'y retourne plus. On arrête.

N. M. : Vous est-il difficile de penser en dehors du cadre ?

S. K. : L'exemple de Jane Goodall et des autres femmes primatologues est opérant. Elles ont fait un travail pionnier, ont vraiment donné un coup de pied dans la fourmilière – qui n'est toujours pas accepté par certains. Après, on peut dire : « Mais les primatologues n'ont pas la même définition de la culture que les préhistoriens ou que les anthropologues. » Malgré tout, si Jane Goodall s'était interdit d'expliquer qu'elle avait vu des chimpanzés utiliser des outils, peut-être qu'on aurait mis encore quelques décennies avant d'accepter le fait que les humains sont des animaux comme les autres. Pas tout à fait comme les autres, mais...

N. M.: Pour penser, avez-vous besoin d'errance, de silence ou, au contraire, de musique et de contacts ?

S. K.: D'errance, oui, dans le sens où j'ai besoin du terrain. C'est le moteur principal, y compris quand je n'ai pas l'impression d'avoir vu grand-chose après un mois d'observation. Quand je retrouve rétrospectivement mes notes, je réalise qu'il y avait malgré tout quelque chose qui permettait d'accrocher ou de répondre à une partie de la question. Cette errance, je la rattacherais à ce que j'évoquais au tout début de notre entretien, c'est-à-dire au fait de s'ennuyer ou de chercher des petites bêtes dans les herbes de la campagne. Ça a toujours été quelque chose de stimulant. Je ne pars pas systématiquement sur le terrain avec une question à laquelle je pourrais répondre en trois semaines ou en deux mois. Ce sont des observations qui peuvent s'étaler sur des années. C'est vraiment un travail de longue haleine. Oui, j'ai besoin d'errance et de silence. Quand je suis sur le terrain, s'il y a des étudiants, des collègues ou des journalistes, je vais être vraiment contente de partager, mais ce n'est pas à ce moment-là que je vais faire les bonnes observations. Je sais que j'ai besoin d'être seule, avec mes jumelles, mon carnet, hyper-concentrée. Ensuite, au moment de l'analyse, peu importe. Je peux regarder mes données, écrire un article dans le train, parfois même avec du bruit et des enfants à côté. Je n'ai pas besoin d'un environnement particulier pour écrire ou pour analyser.

N. M.: Quel est le lieu idéal ou le moment idéal pour penser librement ?

S. K.: Nous nous sommes mis à la course à pied pour pouvoir suivre les chimpanzés, et c'est devenu une sorte de boucle de rétroaction. On court pour pouvoir suivre les chimpanzés sur le terrain, et ça nous entraîne pour la course. Quand je cours seule, je ne pense pas à mon corps et je laisse mon esprit penser. Je fais souvent des parties d'articles lors de footings ou de séances de piste.

N. M.: La nuit est-elle un moment propice à la réflexion ?

S. K.: Sur le terrain, la nuit est le moment où on part suivre les chimpanzés. C'est un des moments que j'adore, partir avant l'aube et m'enfoncer dans la forêt. Là encore, on se pose plein de questions : qu'est-ce qu'on va voir ? Qu'est-ce qu'on a vu ? En France, c'est différent. Malheureusement, je suis un peu insomniaque. J'en profite pour avancer sur certaines questions, certains articles.

N. M.: Avez-vous une routine de travail ?

S. K.: Oui, c'est important. Entre autres pour le terrain, où il faut se réveiller vers 4 heures ou 4 h 30 du matin pour pouvoir partir une heure après. Ça a été assez compliqué à mettre en place avec mon équipe. Je ne pense pas être très autoritaire, mais ces questions de routine, d'observation et de rigueur de la méthode de terrain sont vraiment capitales. Si on veut avoir les bonnes observations, il faut être à 6 heures, 6 h 15 maximum, au nid des chimpanzés pour pouvoir faire toutes les prises de données. Respecter le protocole de recherche est essentiel. Si jamais on arrive trop tard et que les chimpanzés sont partis, ça va m'affecter. C'est une journée de perdue. Même s'il peut se passer des choses intéressantes après, cette partie des données est perdue, et c'est grave.

N. M.: Est-ce que l'évolution de la technologie a modifié votre façon de travailler ou de réfléchir ?

S. K.: Oui. Aujourd'hui, on travaille beaucoup avec les *camera traps*, des caméras à détection de présence qu'on place dans la forêt à des endroits stratégiques, et où on sait que les chimpanzés peuvent utiliser des outils. Elles nous permettent d'avoir des données en étant sûrs de ne pas perturber les chimpanzés par la présence humaine. Par ailleurs, grâce à ces instruments, on ne risque pas de transmettre de maladies, ce qui est un point vraiment très important. C'est même le risque majeur que l'on fait courir aux grands singes et aux autres espèces en étant sur le terrain. On essaie de développer d'autres méthodologies, notamment avec des drones. Avec mon collègue Jérôme Sueur, nous essayons de mettre en place un programme autour de la bioacoustique. Tout ça peut ressembler à des gadgets, mais si on s'approprie ces technologies, elles peuvent nous donner des informations intéressantes pour la recherche et nous permettre d'avoir une approche beaucoup moins invasive sur le terrain.

N. M.: Pour vous, qu'est-ce qu'un obstacle?

S. K.: C'est un futur stimulus! Pour moi, c'est souvent le point de départ de quelque chose de nouveau. Le principal obstacle que j'ai rencontré dans ma carrière, c'est lorsqu'on m'a demandé de changer de terrain de recherche. Pendant dix ans, j'ai travaillé avec une équipe de Harvard sur la question de l'automédication chez un groupe de chimpanzés. J'ai eu mon poste et, au bout de quatre ans, cette équipe m'a demandé de partir. Évidemment, ça a été un séisme dans ma vie personnelle et professionnelle. Puis j'ai obtenu le soutien des autorités ougandaises, de Jean-Michel et de mon équipe ici au Muséum. Ça a été le point de départ de l'autonomisation. Je commençais mon propre projet de recherche, repartant à zéro pour habituer des chimpanzés à la présence d'observateurs et devant adapter mes questions de recherche. Ça a mis un peu entre parenthèses les questions autour de l'automédication, mais ça a fait naître de nouvelles approches. C'était un obstacle majeur, mais les obstacles sont faits pour être franchis.

N. M.: À quel moment vous dites-vous que vous faites fausse route? Qu'est-ce qui vous fait dire à un moment: «Maintenant il faut que je lâche»?

S. K.: L'épuisement. (Rires.) À la fois physique et intellectuel. Ce n'est pas forcément qu'on se rende compte qu'on fait fausse route. Je dirais plutôt que c'est le fait de ne pas arriver à collecter les informations suffisantes pour aller dans le sens de notre hypothèse. Peut-être que le projet était trop ambitieux. Je ne me dis jamais que c'est complètement fichu; au contraire, je me dis qu'il y aura un moment où le contexte sera peut-être plus favorable pour que les travaux puissent être poursuivis.

L'obstacle majeur, c'est le manque de financement. On est personnellement et intimement convaincu que c'est une thématique ou une question intéressante qui mériterait d'y consacrer plus de temps. Le manque de financement et le dépôt récurrent de projets qui sont parfois très bien notés mais qui, au dernier moment, ne passent pas, ce sont certainement les principaux points de découragement.

N. M.: Diriez-vous que la recherche est globalement plutôt génératrice de sérénité ou d'anxiété?

S. K.: C'est assez équilibré. Les recherches de financement génèrent beaucoup de stress. Ainsi que les moments où il faut se soumettre aux *deadlines*. Puis, à côté de ça, les plus beaux moments de sérénité et d'apaisement se produisent lors des recherches sur le terrain, quand je suis dans la forêt et que je vois certaines de mes hypothèses se confirmer ou que naissent de nouvelles questions.

N. M.: Quelle est la découverte qui a marqué votre carrière?

S. K.: Les molécules antipaludiques dont j'ai parlé tout à l'heure. Ça a été un moment clé dans ma thèse.

N. M.: Votre plus grand échec?

S. K.: Probablement aussi autour de ces questions d'automédication. De ne pas avoir pu travailler dessus de façon plus systématique, d'avoir été freinée au bout de dix ans et d'avoir dû mettre beaucoup de mon énergie dans des aspects plus logistiques, administratifs et techniques.

N. M.: Est-ce que vous diriez que votre domaine de recherche a changé la façon dont vous percevez le monde?

S. K.: Sans aucun doute. Mon terrain de recherche et mes résultats m'ont permis de considérer différemment les autres animaux, les non-humains et les humains. Pouvoir discuter avec d'autres cultures, d'autres sociétés, a été extrêmement fertile. Cela m'a fait douter un peu plus. Le fait d'avoir moins de certitudes et de voir que notre perception était le fruit de notre vision occidentale et que d'autres avaient déjà les réponses à nos questions, cela a été incroyablement enrichissant.

N. M.: Qu'est-ce que ça a changé par rapport à avant? Qu'est-ce que la Sabrina Krief d'aujourd'hui a de différent de celle d'avant?

S. K.: Aujourd'hui, je suis plus à l'écoute des personnes qui vivent là-bas, au contact des chimpanzés. Je me rends compte qu'elles savent énormément de choses et que je ne sais pas toujours poser les bonnes questions. Lorsque j'ai découvert que certains chimpanzés faisaient des petits confettis, qu'ils les crachotaient pour séduire leur partenaire – ça peut être les mâles, mais aussi les femelles –, lorsque j'ai observé ça, j'ai trouvé cela tout simplement génial. Je n'avais jamais vu d'autres chimpanzés le faire. En en parlant aux assistants, ceux-ci m'ont juste répondu: « Nous, on le voit tout le temps. » Pour eux, c'est normal, habituel. Ils ne le qualifient pas de culturel et n'y voient rien d'exceptionnel car leur approche des relations des humains avec la nature s'oppose à la vision occidentale traditionnelle qui hiérarchise les espèces et place l'humain sur un piédestal. Chez les Batooro, il existe un continuum entre le monde des humains et celui des non-humains. La part consacrée à la parole des autres, à la façon dont ils voient le monde et l'objet de nos recherches, occupe de plus en plus de place.

N. M.: Pensez-vous que le temps des grandes découvertes dans votre discipline est révolu ou à venir?

S. K.: J'espère qu'on va s'affranchir de notre façon trop humaine de penser pour mieux interpréter les animaux, mais aussi les végétaux, les non-humains. Peut-être va-t-on réussir à avoir des approches un peu plus détachées de nos interprétations. J'espère qu'on aura le temps. Que tout ça ne va pas disparaître trop vite. Une seule chose me fait douter: combien de temps nous reste-t-il pour faire ces découvertes?

Bibliographie

Avec M.-T Martin, P. Grellier, J. Kasenene, T. Sévenet, « Novel antimalarial compounds isolated after the survey of self-medicative behavior of wild chimpanzees in Uganda », *Antimicrobial Agents and Chemotherapy*, 48(8), 2004, p. 3196-3199.

Avec A.A. Escalante., M.A. Pacheco, L. Mugisha et C. André, « On the diversity of malaria parasites in African Apes and the origin of *Plasmodium falciparum* from bonobos », *PLoS Pathogens*, 6(2), 2010, p. 1-12.

Avec P. Berny, F. Gumisiriza, R. Gross, B. Demeneix, J.B. Fini et J. Wasswa, « Agricultural expansion as risk to endangered wildlife: Pesticide exposure in wild chimpanzees and baboons displaying facial dysplasia », *Science of the Total Environment*, vol. 598, 2017, p. 647-656.

Avec J. Bonnald, J. Utge, M. K. Kuhner, S. K. Wasser, E. Asalu, J. P. Okimat, « Who are the elephants living in the hybridization zone? How genetics may guide conservation to better protect endangered elephants », *Global Ecology and Conservation*, n° 32, 2021.

Avec A. Iglesias-González, B.M. Appenzeller, L. Rachid, L. Beltrame, E. Asalu, P. Spirhanzlova, « Chimpanzee exposure to pollution revealed by human biomonitoring approaches », *Ecotoxicology and Environmental Safety*, vol. 233, 2022.

Avec C. Lacroux, B. Robira, N. Kane-Maguire, N. Guma, « Between forest and croplands: Nocturnal behavior in wild chimpanzees of Sebitoli, Kibale National Park, Uganda », *PloS One*, 17(5), 2022.

Évelyne HEYER

Anthropologie génétique

Médaille de bronze du CNRS

Pour découvrir Évelyne Heyer, il faut s'égarer au fin fond des labyrinthiques couloirs du musée de l'Homme, dont elle a dirigé les travaux de rénovation. La première impression qui se dégage à sa rencontre est un enthousiasme et une énergie communicatifs, une empathie profonde qui anime son discours et son rapport à l'autre. Professeure d'anthropologie génétique au Muséum national d'histoire naturelle, elle a depuis le début de sa carrière de chercheuse une idée bien chevillée au corps et à l'esprit : la culture a laissé des traces dans l'évolution humaine, et ces traces sont observables et quantifiables.

Ses travaux l'ont emmenée de l'Asie centrale à l'Afrique centrale, en passant par le Québec et le haut Jura. Elle a été commissaire scientifique de la première grande exposition temporaire au musée de l'Homme « Nous et les Autres. Des préjugés au racisme », en 2017. Son parcours l'a également amenée à réaliser une chronique radio hebdomadaire dans l'émission de France Inter « La Terre au carré », invitée par Mathieu Vidard.

« Nous sommes une espèce migrante. »

NICOLAS MARTIN : Y a-t-il un événement, une lecture, un souvenir ou une rencontre, dans votre enfance, qui marquerait le début de votre curiosité scientifique ?

ÉVELYNE HEYER : J'ai toujours eu un appétit pour les sciences, particulièrement pour la biologie. Ma mère était une scientifique. Elle était pharmacienne. Mon grand-père était médecin et géologue. Il dirigeait le laboratoire d'hygiène de la ville de Paris. Il y avait une forte tradition de culture scientifique dans la famille. Pour ma mère, c'était important que ses filles fassent des études. Cette idée que les femmes peuvent embrasser des carrières scientifiques, c'est quelque chose qui vient d'elle et je lui en suis redevable. Je suis enchantée qu'elle m'ait poussée à ça. Par ailleurs, à cette époque, les pharmaciens faisaient encore les analyses biologiques. J'allais donc régulièrement dans le laboratoire de mon père, pharmacien également, pour compter les cellules et faire des manipulations. Mais j'adorais aussi les mathématiques ! Comme dans beaucoup de villages, tous les niveaux en primaire étaient réunis en une seule classe ; au CP, je résolvais déjà les problèmes de CM2 ! J'ai donc fait une classe prépa maths sup - bio, puis une école d'agronomie. C'est là que j'ai découvert la théorie de l'évolution, avec Pierre-Henri Gouyon[1]. Ça a été un coup de cœur intellectuel immense.

N. M.: Vous sauriez expliquer ce coup de cœur?

É. H.: Ça faisait la synthèse de mes deux passions, les mathématiques et la biologie. Ça donnait aussi un sens à l'extraordinaire diversité du monde vivant. La biologie ne peut se comprendre que dans ce cadre. Je vous donne un exemple: j'ai voulu appliquer la théorie de l'évolution à une population qui présentait une forte fréquence de certaines maladies héréditaires, mais ça ne collait pas. On ne pouvait pas expliquer les résultats auxquels on aboutissait à partir de cette seule théorie. Il a fallu ajouter une dimension de sciences humaines, une part de transmission culturelle dont je n'avais pas soupçonné l'existence.

C'était dans la vallée de la Valserine, dans le haut Jura. Dans cinq villages, il y avait une forte prévalence d'une maladie héréditaire rare. Pour analyser cela, il n'y avait pas encore de marqueurs génétiques, donc des démographes et des historiens avaient reconstitué la généalogie des familles de chacun de ces villages. Grâce à cela, j'ai pu étudier dans le détail les liens de parenté, la fécondité et la mortalité de tous les individus, pour essayer de comprendre pourquoi il y avait cette prévalence. L'hypothèse de départ était qu'il s'agissait d'une population isolée et que ça serait donc arrivé par hasard, par dérive génétique. Mais quand j'ai étudié les données démographiques, j'ai vu qu'il y avait à chaque génération entre 25 et 30 % d'immigrants dans la vallée. Donc cette population n'était pas si isolée que ça. L'explication, c'est que les personnes qui avaient un certain statut social supérieur, et accès à des terres dans cette vallée, se reproduisaient mieux que les autres. Ils avaient donc un avantage reproductif, une sélection positive due à un avantage culturel et social qui faisait que leurs gènes se transmettaient mieux que les autres – et la maladie avec eux. Tout ça contrebalançait le désavantage génétique qui pouvait exister. J'étais donc face à un système où le social prenait le dessus sur le génétique! Et ça, c'est génial!

1. Pierre-Henri Gouyon (1953) est un biologiste français spécialisé en sciences de l'évolution, et notamment en génétique, botanique et écologie.

N. M.: Avez-vous été influencée par une œuvre artistique qui aurait joué un rôle dans l'ouverture de votre curiosité aux sciences ?

É. H.: Je trouvais les œuvres d'Escher extraordinaires[2], ces espèces de boucles ou d'escaliers sans fin. Des années plus tard, je me souviens être allée au Palais de la découverte, où des mathématiciens avaient retranscrit leurs concepts en sculptures. Et le résultat était très proche de l'esthétique d'Escher.

N. M.: Vous avez évoqué Pierre-Henri Gouyon. Avez-vous eu un ou plusieurs mentors ? Quel rôle ont-ils eu dans votre approche des sciences ?

É. H.: Pierre-Henri Gouyon et Isabelle Olivieri[3], ma première directrice de thèse. Mais je ne sais pas si je peux vraiment les qualifier de « mentors », dans la mesure où je me suis engagée dans une discipline qui n'existait pas vraiment. Luigi Luca Cavalli-Sforza[4], un grand chercheur italien qui travaillait sur l'articulation entre la diversité des langues et la diversité génétique. J'étais admirative de son travail, parce qu'il arrivait à mélanger des données de sciences humaines (en l'occurrence des données linguistiques) avec des données biologiques pour comprendre la diversité des populations humaines. Je trouvais cette imbrication de la culture et de la biologie passionnante. Un de mes grands regrets, c'est d'avoir découvert les écrits de Lévi-Strauss très tard. Je ne l'ai jamais rencontré, alors même que c'était un homme accessible.

N. M.: Vous souvenez-vous du moment où vous avez choisi de vous lancer dans cette carrière ?

É. H.: J'étais ingénieure agronome. Les métiers qui m'étaient proposés ne m'intéressaient pas. Le désir de faire de la recherche était assez clair dans mon esprit. En revanche, pour ce qui concerne

2. Maurits Cornelis Escher (1898-1972) est un artiste néerlandais connu pour ses gravures sur bois et pour ses paysages urbains à la géographie impossible.

3. Isabelle Olivieri (1957-2016) est une biologiste française, spécialisée en sciences de l'évolution et en biologie des populations.

4. Luigi Luca Cavalli-Sforza (1922-2018) est un généticien italien, spécialiste de la génétique des populations. Il est considéré comme l'inventeur de la géographie génétique.

le sujet, si je n'étais pas tombée sur cette thèse sur les populations humaines du haut Jura, j'aurais certainement fait ma carrière dans une autre discipline.

N. M.: Dans quoi, par exemple?

É. H.: Toujours dans l'évolution. J'avais commencé une thèse sur le trèfle souterrain, donc j'aurais vraisemblablement travaillé sur les plantes. Je ne regrette pas du tout, parce que travailler sur les humains, ça ouvre les portes de toutes les sciences humaines et sociales. Et c'est ça qui me passionne. Mais c'est vraiment une histoire de hasard. Je n'étais pas sûre que mon financement se poursuive pour ma thèse sur le trèfle souterrain. J'ai vu cette offre de thèse sur une population humaine, j'ai proposé un projet, j'ai été retenue et, en plus, ça me permettait d'aller au Canada et j'adorais voyager, donc: bingo!

N. M.: Comment jugez-vous votre début de carrière? Est-ce que votre manière de réfléchir et de travailler a beaucoup changé?

É. H.: Ça a beaucoup changé, notamment pour des raisons techniques évidentes. J'ai soutenu ma thèse en 1991 et le séquençage du génome humain a été réalisé en 2000. Ce n'est qu'à partir de 2005 qu'on a pu commencer à avoir suffisamment de données sur les individus. Les outils que j'utilise aujourd'hui n'existaient pas et les capacités informatiques non plus. Je me souviens de m'être offert pendant mes études, comme énorme cadeau, un disque dur de 20 Mo et d'avoir travaillé ma thèse avec mon directeur par fax. La réflexion personnelle a également évolué. Je me suis acculturée aux sciences humaines et sociales: à la démographie, à l'histoire, puis aux théories de la parenté. Je suis dans une unité interdisciplinaire où je peux discuter régulièrement avec des ethnologues et des gens qui travaillent sur des concepts comme la catégorisation ou le droit. Ça alimente ma pensée. Puis j'ai pu monter des expéditions interdisciplinaires sur le terrain. Le terrain est très formateur et très intéressant pour se poser des questions. Dans un bureau, on lit la littérature et on a envie de poursuivre le travail d'autres équipes, mais sur le terrain on découvre de nouvelles questions.

N. M.: Quel conseil donneriez-vous à celle que vous étiez en début de carrière ?

É. H.: Je pense être allée un peu vite vers des charges non liées à la recherche. D'un autre côté, j'ai pu refaire tout le musée de l'Homme, avec tous mes collègues ! J'étais la responsable scientifique de la rénovation du musée et ça a été quelque chose d'extraordinaire ! Mais pour ma carrière de recherche, j'ai décroché, notamment sur les outils. J'ai aujourd'hui atteint une position où je suis assez sûre de moi, mais ce n'était pas le cas quand j'étais plus jeune. Je ne me suis pas fait assez confiance. C'est d'ailleurs ce que j'essaie de transmettre aux étudiants que je forme : leur donner confiance, leur dire qu'il ne faut pas s'autocensurer. Il n'y a pas de question bête.

N. M.: Quelle était la part de compétition ou de collaboration dans votre début de carrière ?

É. H.: Il n'y avait pas trop de compétition. J'ai travaillé sur des jeux de données merveilleux et sur lesquels je n'étais en compétition avec personne. J'avais beaucoup de collaborations, et comme j'ai commencé au Canada, je travaillais avec des ethnologues, des démographes et des historiens. Après, il est vrai que c'est devenu plus compétitif ces dernières années. Aujourd'hui, je me sens assez proche de mouvements comme la *slow science*[5], avoir le temps de bien réfléchir, d'être moins dans la course à l'échalote. C'est ce qu'a entraîné la compétition, publier le plus vite possible. C'est le *publish or perish*[6] qui encourage les équipes à saucissonner leur recherche, et je ne crois pas que ça soit bénéfique. Néanmoins, un soupçon de compétition, c'est quand même stimulant.

N. M.: En tant que femme, pensez-vous que votre parcours a été plus difficile ou, à l'inverse, que cela a pu être un avantage ?

5. La *slow science*, ou science lente, est un mouvement qui prône le ralentissement du rythme de la recherche au profit de la qualité, la diminution de la course à la performance et à la compétition, pour privilégier la recherche méthodique au long cours.

6. *Publish or perish*, « publier ou périr », est une expression qui a été créée pour dénoncer la pression exercée sur les chercheurs à travers l'obligation de publier le plus vite et le plus souvent possible les résultats de leur recherche dans des revues à comité de lecture, pour mesurer leur capacité à obtenir des financements.

É. H.: Pour ma génération, ça a été particulièrement compliqué. Je l'ai bien vu quand j'allais dans les colloques. Les gros projets collaboratifs se décident à ces moments-là, dans les salles adjacentes, et je n'y étais jamais conviée. Il n'y avait que des mecs qui discutaient entre eux, comme s'ils étaient les seuls à avoir les épaules pour ce type de projets. Je me souviens même d'un colloque où je faisais partie des *keynote speakers* (orateurs principaux) et le présentateur du colloque introduisait les intervenants de la manière suivante: « professeur Machin » pour le premier, « professeur Bidule » pour le deuxième et, pour moi, « Évelyne »! C'est quand même incroyable! Bon, je ne l'ai pas raté et je ne pense pas qu'il ait recommencé après ça, mais tout de même... Je vois bien qu'il y a des postes qui ont été proposés à des collègues de même niveau que moi parce qu'ils étaient des hommes, et qui ne m'ont pas été proposés parce que j'étais une femme. C'est clair. Heureusement, je trouve que c'est plus facile pour les femmes maintenant. D'un autre côté, j'ai aussi bénéficié de l'appui de plusieurs collègues masculins qui voulaient rétablir cette égalité.

N. M.: Vous diriez que ça a changé à quel moment?

É. H.: Vers les années 2000, mais je vois encore des situations un peu étranges. Moins maintenant, parce que j'ai une stature dans ma discipline, mais il y a toujours des réunions dans lesquelles, les hommes y étant très nombreux, il faut arriver à s'imposer en tant que femme. Le *mansplaining*, c'est-à-dire le fait que les hommes coupent la parole ou réexpliquent, existe encore souvent, même si ça arrive moins.

N. M.: Comment apparaît une nouvelle idée?

É. H.: Elle apparaît chez moi plutôt de manière progressive, ou sur le terrain. Je suis par exemple allée en Asie centrale pour monter un projet afin de comprendre dans quelle mesure les langues et les gènes se superposent. Est-ce qu'on va plus ou moins se marier avec quelqu'un qui parle la même langue? Lorsque nous commençons à faire les enquêtes, nous demandons aux individus de se présenter et je réalise que leur organisation sociale en clans, en lignages et en tribus est très importante. Je me suis dit qu'il fallait s'intéresser à ça. C'est une idée qui est venue sur le terrain.

N. M.: Croyez-vous à l'*eurêka*, à cette idée immanente qui vous tombe dessus comme un éclair?

É. H.: Pas du tout. Je suis dans une discipline scientifique où l'on bâtit petit à petit, et non avec de grandes découvertes qui vont changer la face du monde d'un seul coup. Nous, nous construisons au fur et à mesure, avec plein de petites briques, une vision de l'anthropologie, de l'être humain. Il faut pour cela des lectures très vastes et beaucoup de curiosité.

N. M.: Comment décririez-vous votre processus réflexif? Est-ce une voix intérieure? Pensez-vous en images? En images en mouvement? En concepts?

É. H.: Je me représente des liens d'individus, de généalogie et de gènes des populations humaines. C'est quelque chose de très conceptuel. Je me parle aussi dans ma tête. Je fais partie des gens qui aiment bien se parler en étant en mouvement. J'ai par exemple écrit un livre qui s'appelle *L'Odyssée des gènes*[7] en faisant des road-trips à Vespa. Le matin, j'écrivais. L'après-midi je faisais de la Vespa pour aller à l'étape d'après en réfléchissant à ce que j'allais écrire le lendemain matin. Je peux aussi réfléchir en marchant. J'adore ça. C'est amusant, car tout le monde n'est pas fait pareil. J'ai une collègue pour qui les idées viennent en écrivant. Moi, ce n'est pas le cas. Si je me mets à écrire, c'est que l'idée est déjà complète.

N. M.: Vous dites réfléchir en concepts. À quoi ressemblent ces représentations mentales, ces concepts, que vous avez en tête?

É. H.: C'est dingue, comme question! (Rires.) Ça ressemblerait à des boules qui représentent des individus qui se relient entre eux. Tout ça bouge. Puis les individus se transmettent leurs gènes et selon ce qu'ils font, ça fait des gènes différents, et donc des boules différentes. Je

7. Évelyne Heyer, *L'Odyssée des gènes*, Flammarion, 2020.

peux prendre l'exemple du projet que j'ai monté en Asie centrale. Nous sommes une espèce migrante : nous avons tous des ancêtres migrants. Au cours de notre histoire, une grande partie des migrations se font de proche en proche, d'un village à l'autre. Or une des composantes fortes de ces migrations est celle liée au mariage : quand un homme et une femme de deux villages différents fondent une famille, l'un des deux part dans le village de l'autre. Si les époux vont s'installer dans le village de l'époux, on parle de patrilocalité ; si c'est dans le village de la femme, de matrilocalité. Pour aller étudier ce phénomène, nous sommes allés dans une région où les populations sont patrilocales. Ces populations sont par ailleurs patrilinéaires : les individus « appartiennent » en quelque sorte au clan du père et les femmes doivent trouver époux à l'extérieur du clan. Ainsi les femmes vont bouger par mariage si elles trouvent un époux dans un autre village. Mais certaines trouvent leur époux dans le village. Quelles femmes bougent, lesquelles sont les plus apparentées dans le village d'origine, dans celui où elles arrivent ?

Dans ma tête, je vois un village et plein de villages autour où les femmes pourraient potentiellement aller et j'imagine les liens de parenté dans les villages, entre les villages. Donc je vois des traits avec des généalogies qui relient tous les gens. Je me représente ces individus avec des liens en fonction de la parenté, certains qui bougent, d'autres qui restent.

N. M. : Quelle est la place de l'écrit ?

É. H. : Je prends beaucoup de notes. Par exemple, quand je lis un article, j'aime bien souligner et prendre des petites notes, mais je ne les relis pas souvent. Je dirais que ça pose la pensée au moment où on le fait. Sinon, j'aime beaucoup formaliser les idées à l'oral. J'adore faire des conférences, j'adore la radio, j'aime bien quand on me pose des questions parce que ça me fait réfléchir et que ça stimule la pensée. Je suis globalement beaucoup plus dans l'oral que dans l'écrit. Vous pouvez lire le livre d'un ethnologue sur un endroit du monde, mais ce sera mille fois mieux si vous demandez à le voir. Ça permet de discuter avec lui de l'intuition d'un projet de recherche sur la zone géographique où il a travaillé. Il va alors vous dire si c'est réaliste et ce qu'il pense de votre intuition.

N. M.: Justement, quelle est la part d'intuition et de rationnel dans votre travail ?

É. H.: Il faut toujours partir d'une idée. On tombe sur quelque chose de bizarre et on se dit qu'on aimerait bien savoir ce qu'il se passe. Après, c'est la partie rationnelle qui prend le relais. Ce qu'il y a de compliqué dans ma discipline, c'est qu'une fois qu'on a une idée il y a vraiment un travail de dingue à faire pour pouvoir la prouver. Il ne suffit pas d'avoir cette idée. Il faut mettre en place le dispositif scientifique pour pouvoir la valider et ça peut être très long.

N. M.: Vous disiez que vous aimiez beaucoup les mathématiques. Quelle est la part de mathématiques dans vos recherches aujourd'hui ?

É. H.: Je ne fais plus du tout de mathématiques, néanmoins j'aimerais bien arriver à manipuler certaines choses correctement, comme l'équation de Price[8]. Le jour où j'aurai le temps, il faudra que j'aille voir quelqu'un qui sait la faire et qu'il me la réexplique. Il fut une époque où je faisais beaucoup plus de simulations sur ordinateur, à défaut de faire des calculs formels, mais ça fait quelques années que je ne sais plus du tout faire ça. Maintenant, ce sont mes étudiants qui savent faire ça. C'est rude de s'en rendre compte. C'est compliqué à avaler.

N. M.: Est-il important de garder une part d'émotion dans le parcours de recherche ou faut-il au contraire la laisser de côté pour viser l'objectivité ?

É. H.: Je pense que c'est important d'avoir de l'émotion. C'est amusant parce que ça rejoint la question des différences entre les hommes et les femmes dont on parlait tout à l'heure. Il y a des questions qui vont nous apparaître plus clairement quand on est une femme que quand on est un homme. En revanche, plus tard, dans la démarche scientifique, il faut que ça soit carré et rigoureux.

N. M.: Quand on travaille au contact de populations humaines, est-il facile de les aborder comme de purs objets d'étude ?

8. L'équation de Price détaille la relation entre une caractéristique et sa valeur sélective. Dans la théorie de l'évolution et de la sélection naturelle, elle décrit comment un trait ou un allèle changent de fréquence au fil du temps.

É. H.: Ah non! au contraire. Les idées vont émerger avec l'émotion qu'on a en interagissant avec les gens, en discutant avec eux, en les regardant, en voyant comment ils vivent. Ensuite, quand j'arrive dans la démarche scientifique qui consiste à tester une hypothèse, c'est fini. C'est dans la construction des questions que je laisse place aux émotions. Après ce n'est plus le cas. Ce n'est pas difficile de passer de l'un à l'autre, car nous partons de questions scientifiques et d'une méthode, d'un dispositif expérimental pour arriver à valider ou infirmer l'hypothèse ou les hypothèses avec de l'analyse de données. Au moment de l'analyse, des calculs, à ce moment-là, il n'y a plus de populations humaines, mais des chiffres. Mais une fois qu'on a obtenu des résultats, alors je revois dans ma tête toutes les personnes qui ont participé au projet et c'est un immense plaisir de retourner vers ces populations.

N. M.: Est-il difficile pour vous de penser en dehors du cadre?

É. H.: Non, je n'ai pas trop de problèmes avec ça. Quand j'ai commencé mes travaux, le paradigme était que la culture ne jouait pas sur l'évolution des populations humaines. La culture, ça ne se transmet pas bien et pas longtemps, donc, *a priori*, pour comprendre l'évolution humaine, ça ne servait à rien d'intégrer ce paramètre. J'ai quand même amené ça. Le fait que la culture puisse jouer sur la biologie est un changement de paradigme. En faisant ça, je suis complètement sortie des cadres de ma discipline.

N. M.: Quel est votre premier réflexe quand vous êtes confrontée à une anomalie?

É. H.: Mon premier réflexe est de voir si c'est un biais d'observateur ou si c'est une vraie anomalie. Et une fois que c'est une anomalie, je me dis: «Chouette, une anomalie!» Par exemple, en Asie centrale, ils boivent tous des produits laitiers alors qu'ils n'ont pas la mutation qui permet de digérer le lait. C'est une anomalie et c'est très intéressant. Une anomalie, c'est une question de recherche.

N. M.: Vous avez déjà partiellement répondu à cette question, mais je vous laisse compléter: avez-vous besoin d'errance et d'isolement pour réfléchir ou, au contraire, de discussions, de contact?

É. H.: J'aime beaucoup le contact et la discussion avec des collègues, mais j'aime aussi avoir ma tête pour moi toute seule. J'aime les périodes où je suis tranquille, où on ne m'embête pas, où je vais marcher dehors, et où je peux réfléchir tranquillement.

N. M.: Quelle est la part de l'un et de l'autre?

É. H.: J'aime bien être dans mon monde quand je dois rédiger un article, préparer une communication à l'oral ou pour n'importe quel média de diffusion des connaissances. Je me souviens, quand ma fille était petite et qu'elle avait un «moment pipelette», je lui demandais si elle pouvait «me laisser ma tête» un peu. (Rires.)

N. M.: Quels sont le lieu idéal et le moment idéal pour penser librement?

É. H.: Sur une Vespa! Ça, c'est génial! J'ai fait Paris-Les Baléares; je suis partie de Paris jusqu'à la Sardaigne puis la Sicile.

N. M.: Tout ça à Vespa!? En 125 cm^3?

É. H.: En 300 cm^3! Quand je parle de road-trip à Vespa, je ne plaisante pas! Partir trois semaines à Vespa, c'est le rêve, ça m'amène plein d'idées. J'entends le bruit du moteur et j'ai la tête qui turbine. J'adore ça. À défaut, je prends le train, mais ça marche moins bien, je m'endors. Sinon, en marchant. Il faut ce niveau d'attention où l'on ne somnole pas, mais en même temps il faut se sentir très libre. Bien sûr, il faut faire attention à la circulation à Vespa, mais sur les petites routes ça va!

N. M.: La nuit est-elle plutôt propice au sommeil ou à la réflexion?

É. H.: C'est plutôt propice au sommeil. Je dors bien. Mon travail ne me réveille pas. En revanche, le matin j'ai le cerveau qui fuse et j'ai plein d'idées.

N. M.: Quelle place accordez-vous au hasard ou à la sérendipité?

É. H.: Le hasard, c'est énorme. Ma carrière et mon passé sont remplis de hasards. Je fais un métier qui n'existait pas quand j'ai commencé mes études. Je ne savais pas que l'anthropologie génétique existait et qu'on pouvait travailler là-dedans. À mon époque, il n'y avait pas de séquençage ADN, il a fallu que ce soit découvert pour que je me retrouve dans cette discipline. Sur les recherches, il y a un peu de hasard, mais moins. La plupart du temps, on a une idée un peu construite de l'endroit où l'on va. En revanche, quand il y a un coup de hasard et qu'on ne trouve pas ce qu'on attendait, c'est génial.

N. M.: Avez-vous une journée typique? Êtes-vous à l'aise dans une routine?

É. H.: Non, je n'ai pas trop de routine. Depuis quelques années, la part administrative a malheureusement pris le dessus, mais avant d'avoir ce travail disproportionné, j'adorais lire le matin. C'était le moment où je me plongeais dans les articles scientifiques bien costauds. Dès que je le peux, je m'y remets, d'ailleurs. Quand j'ai à écrire ou à produire quelque chose, c'est vraiment un grand plaisir de ne pas regarder mes e-mails avant 14 heures.

N. M.: Qu'est-ce qu'un obstacle? Comment l'appréhendez-vous?

É. H.: Je dis tout le temps que si on ne me laisse pas entrer par la porte, j'entre par la fenêtre. Si j'ai un beau projet et que je n'arrive pas à le financer, je ne me décourage pas du tout. Je recommence, je le représente à d'autres endroits, j'essaie d'autres appels d'offres, etc. Je suis assez persévérante.

N. M.: Ça, c'est un obstacle administratif. En ce qui concerne l'obstacle scientifique: comment vous comportez-vous s'il y a quelque chose qui bute dans votre travail?

É. H.: Je vais demander à d'autres gens s'ils ont déjà buté sur la même chose et s'ils savent comment faire. On a la chance de ne pas être tout seul en recherche. On est une communauté scientifique.

N. M.: À quel moment pensez-vous faire fausse route ? Est-il facile de reconnaître un échec ou est-ce qu'au contraire vous persévérez jusqu'au bout ?

É. H.: Non, ce n'est pas facile. Je trouve néanmoins qu'il est important de publier ses résultats négatifs. Quand vous publiez une hypothèse qui n'a pas marché, ça donne certes des articles avec moins de visibilité, mais je pense que ça fait partie de l'éthique scientifique de le faire autant que possible. C'est très intéressant d'avoir un résultat négatif auquel vous ne vous attendiez pas. Il faut se demander pourquoi c'est le cas et ça permet de dérouler la recherche. Je vais réussir à m'arrêter, mais comprendre pourquoi ça ne marche pas va être une question intéressante. Cette histoire de lactase en Asie centrale, par exemple. Nous y sommes allés. J'ai monté des expéditions de terrain pour mesurer si les gens digéraient le lait, mais on a observé que la mutation qui est en Europe et qui permet de le digérer n'était présente qu'à une faible fréquence. J'étais très déçue de ne pas trouver une nouvelle mutation ou une fréquence élevée de mutation. Je ne me suis pas acharnée à essayer de trouver une autre mutation. Néanmoins, ces travaux ont débouché sur un autre projet de recherche qu'a monté une collègue. Malheureusement, avec le Covid, nous n'avons pas pu le développer, mais ça donne un bon exemple d'une situation d'impasse qui permet malgré tout de rebondir sur autre chose.

N. M.: Diriez-vous que la recherche est génératrice d'anxiété ou de sérénité ?

É. H.: Il y a de l'anxiété en début de carrière parce que les gens veulent réussir et que le monde de la recherche est devenu très compétitif. D'un autre côté, quand on aboutit à un résultat, quand on rédige un beau papier, qu'on monte un chouette projet ou qu'un étudiant soutient sa thèse, c'est merveilleux. Ça amène beaucoup de satisfaction et de sérénité. En ce moment, j'ai une étudiante qui a un résultat formidable et je suis très contente ! Tout dépend de l'âge. Plus jeune, je ressentais plus d'anxiété parce que je voulais faire mes preuves. Maintenant, je suis beaucoup plus cool.

N. M.: Est-ce une démarche intellectuelle facile que de critiquer son propre travail?

É. H.: La démarche du scientifique implique d'être dans l'autocritique permanente. Quand vous produisez de la recherche, elle est ensuite évaluée, c'est-à-dire critiquée, par d'autres personnes. La critique fait partie de la construction de la recherche. Lorsque vous présentez vos travaux à un colloque, il y a toujours quelqu'un pour vous dire que ce que vous faites, ça ne va pas pour telle ou telle raison. C'est intrinsèque à la formation de chercheur. On présente des résultats que l'on met sur la table pour que tout le monde puisse les critiquer. Dans un laboratoire, ça peut être un de vos étudiants, qui est en train de faire sa thèse et qui va critiquer ce que vous avez fait. Ça fait justement partie de ce que j'aime dans la recherche.

N. M.: Quelle place accordez-vous au doute dans vos travaux? Est-ce quelque chose qui vous stimule ou est-ce paralysant?

É. H.: Je doute beaucoup, comme tout le monde, j'imagine. Je me demande si ce que nous allons faire va marcher, si nous allons arriver à trouver quelque chose et si les résultats seront intéressants. C'est très vrai en début de carrière. Je crois que personne ne se sent légitime dans ses premières années de recherche. Malgré tout, le doute n'est pas paralysant pour moi. Quand j'ai une idée à tester ou que je veux aller observer et valider quelque chose, je ne vais pas douter, je fonce! J'ai fait tester à une étudiante en thèse des hypothèses sur la transmission culturelle de la migration dans des familles en Sibérie parce que je pensais que ça allait être positif. Finalement, le résultat était complètement négatif, mais ce n'est pas grave. Dans cette situation, on rebondit et on se pose une autre question.

N. M.: Qu'est-ce qu'il faut pour qu'une idée nouvelle devienne un consensus scientifique? Comment gérez-vous le dissensus, la confrontation avec les collègues quand vous apportez du matériel nouveau?

É. H.: Ça prend du temps. Pour qu'une idée se diffuse et devienne consensuelle, il faut du temps et de la répétabilité. Ce n'est pas une expérience unique, à un moment donné. Elle doit être prouvée à nouveau, régulièrement, et de manière indépendante dans d'autres contextes par différentes personnes. C'est pour ça que je ne crois pas du tout à la lumière magique qui fait tout changer. La science, c'est avant tout une construction qui prend du temps et qui est faite de l'accumulation d'exemples et de preuves. J'ai rarement amené des idées très dissensuelles. Il s'agissait surtout de nouvelles manières de voir l'humain et son évolution. J'amenais de la nouveauté sans aller contre des choses qui existaient déjà.

N. M.: Quelle est la découverte dont vous êtes le plus fière et qui a marqué votre carrière?

É. H.: Avoir montré qu'il y avait une forte influence de la culture sur la diversité génétique humaine et donc sur notre évolution. Je l'ai montré à travers plusieurs cas et de manière répétée, que ce soit dans le haut Jura, au Québec, en Asie centrale ou en Afrique centrale. Ce n'est pas évident d'avoir renversé ce paradigme et d'avoir donné cette importance à la culture en lien avec la biologie. J'en suis très fière, même si évidemment ça reste théorique et que je n'ai pas sauvé la planète. Ça a quand même débouché sur une magnifique exposition sur le racisme au musée de l'Homme[9]. La recherche que je fais ne sert pas à produire des objets capables de changer l'ordre du monde, il s'agit plutôt d'une recherche qui produit des idées qui sont importantes pour notre humanité.

N. M.: Quel est votre plus grand échec?

É. H.: Vous me posez une colle! La vie n'est pas un long fleuve tranquille pour autant, mais comme ça, je ne vois pas. Je n'en ai pas beaucoup. Je peux parler des situations où je ne suis pas parvenue à obtenir certaines subventions, mais ce ne sont pas des échecs en tant que tels. Ça fait partie du jeu. Ou lorsqu'une hypothèse n'est pas validée, mais cela aussi, ça fait partie du jeu!

9. « Nous et les Autres. Des préjugés au racisme », musée de l'Homme, du 31 mars 2017 au 8 janvier 2018.

N. M.: Est-ce que vous diriez que votre domaine de recherche a changé la façon dont vous percevez le monde, les gens ou la réalité ?

É. H.: Oui. Nous avons montré, avec d'autres équipes, que tous les gens ont des ancêtres migrants. Certaines équipes ont même montré que les Européens étaient noirs de couleur de peau jusque très récemment. Ça m'amuse. J'aime bien voir la réaction du public face à ces données. Ce qui me semble important, c'est le fait de comprendre à quel point la coopération est importante dans notre évolution. L'être humain a globalement les mêmes questions dans le monde entier. Partout où vous allez, les gens veulent avoir des enfants qui ont accès à la santé et qui peuvent être éduqués. Je me suis rendu compte que cette vision universelle de l'humain était beaucoup plus forte que ce que je pensais. Une autre chose tout à fait extraordinaire, c'est que quel que soit l'endroit où vous vous rendez sur Terre, vous allez pouvoir rire avec les gens. Dans quasiment tous les pays où je suis allée, il y a toujours un moment où on a pu faire des blagues. Il y a des idiots méchants partout, bien entendu, mais d'une manière générale, je trouve les humains très sympas.

N. M.: Vous diriez que vos travaux de recherche vous ont rendue plus empathique et plus optimiste ?

É. H.: Oui. Peut-être ai-je fait ce métier parce que je l'étais déjà aussi. C'est difficile de savoir. Fait-on certains métiers parce qu'on a déjà une certaine prédisposition ? Je vais dans le monde entier parce que j'ai cette curiosité, cette soif de découverte et cette empathie. En retour, ça renforce mon empathie, ma soif de découvrir, etc. C'est un cercle plutôt vertueux.

N. M.: Qu'est-ce qui a changé dans votre caractère depuis que vous faites de la recherche ?

É. H.: Je suis plus calme. Beaucoup moins dans l'envie de prouver quelque chose. Ce besoin de légitimer son poste a fini par disparaître, et après j'ai été bien dans ce que je faisais. La course à l'échalote s'est bien calmée, je dirais. (Rires.) Aujourd'hui, je préférerais faire des « petits projets » bien à moi et bien construits, plutôt que de devoir monter de « gros projets » simplement pour montrer que je peux monter de gros projets.

N. M.: En dehors de votre discipline, de quel autre grand chercheur ou grande chercheuse vous sentiriez-vous proche ?

É. H.: J'ai découvert tardivement Lévi-Strauss, et avec un grand regret. Il y a beaucoup de ses écrits où je trouve que ce qu'il dit est vraiment passionnant.

N. M.: C'est un peu dans votre domaine, n'est-ce pas ?

É. H.: Ah oui ! (Rires.) Il y a des gens dont je suis fan, mais ça n'a rien à voir. C'est le cas de Simone Veil. C'est une femme que j'ai admirée, mais du côté de la recherche, par contre, je ne vois pas.

N. M.: Pensez-vous que le temps des grandes découvertes dans votre discipline est révolu ou est-il à venir ?

É. H.: Il y a tant de choses qu'on ne comprend pas, dans le fonctionnement de l'ADN, par exemple. Je ne suis pas dans une discipline où il y a de très grandes découvertes, en dehors du fait que Sapiens se soit croisé avec Neandertal. C'est plutôt une construction de la connaissance que de très grandes découvertes.

N. M.: On ne sait toujours pas pourquoi Neandertal a disparu ?

É. H.: On a de bonnes idées. C'était déjà une population en décroissance démographique qui avait accumulé plein de mutations délétères. D'un point de vue génétique, on peut dire que l'espèce n'était pas au top de sa forme. De nouveaux outils vont peut-être apparaître dans les prochaines années. La paléogénétique n'existait pas il y a dix ans, et ça a révolutionné notre façon de travailler. Il peut y avoir des découvertes techniques qui nous permettront de poser de nouvelles grandes questions.

N. M.: Quelle est la découverte scientifique que vous rêveriez de voir de votre vivant, toutes disciplines confondues ?

É. H.: Des questions autour du cerveau, notamment. Par exemple, est-ce qu'il ne serait pas possible d'arriver à lire les rêves ou les pensées des gens ? Le matin, on pourrait regarder nos rêves de la nuit… Je me demande si le domaine des neurosciences ne risque pas d'y arriver bientôt. Ce serait génial. On pourrait communiquer avec les animaux et savoir ce qu'ils pensent ! J'imagine quelque chose comme dans le livre *Un animal doué de raison*, de Robert Merle. Ce roman sur les dauphins m'avait fascinée. On pourrait discuter avec son chat aussi, ça pourrait être pas mal ! (Rires.)

Bibliographie

***Une belle histoire de l'Homme*, Flammarion, 2015.**

***Nous et les Autres. Des préjugés au racisme* (avec C. Reynaud-Paligot), La Découverte, 2017.**

***On vient vraiment tous d'Afrique ?* (avec C. Reynaud-Paligot), Flammarion, 2019.**

***L'Odyssée des gènes*, Flammarion, 2020 – prix Le Goût des sciences.**

***Comment devient-on raciste ?* (avec C. Reynaud-Paligot, dessins d'I. Meziane), Casterman, 2021.**

***La Vie secrète des gènes*, Flammarion, 2022.**

Alain ASPECT

Physique quantique

Prix Nobel de physique

Alain Aspect est aussi indissociable de la physique quantique et des inégalités de Bell, qui lui ont valu son prix Nobel en 2022 après la médaille d'or du CNRS en 2005, que de sa proverbiale moustache et de son accent du Lot-et-Garonne. Physicien précis et exigeant, il sait rendre accessibles à la compréhension certains aspects pourtant ardus de sa discipline.

Spécialiste de l'optique et de la physique quantiques, directeur de recherche au CNRS depuis 1992, Alain Aspect se distingue en 1982 par la mise en évidence de la propriété fondamentale d'intrication quantique, et apporte une réponse expérimentale au paradoxe EPR proposé une cinquantaine d'années plus tôt par Albert Einstein, Boris Podolsky et Nathan Rosen.

« Il faut être obsédé pour y arriver. J'aime bien le mot obsession. »

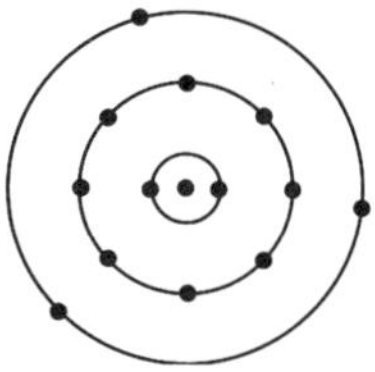

NICOLAS MARTIN: Identifiez-vous dans votre enfance un souvenir qui serait le point de départ de votre vocation scientifique ?

ALAIN ASPECT: Oui, absolument. Il y a l'école primaire dans mon petit village d'Astaffort, dans le Lot-et-Garonne, et le discours que mes parents instituteurs tenaient en permanence. Nous étions dans une France très rurale où il y avait très peu d'objets techniques. J'étais fasciné lorsque je voyais des artisans travailler, le cordonnier, le charron, le bourrelier, avec leurs outils, ou le paysan avec sa charrue. À l'époque, les instituteurs avaient une formation scientifique substantielle. Ils faisaient ce qu'on appelait des « leçons de choses », qui étaient des petites expériences dont on donnait l'interprétation. L'une d'elles m'a énormément frappé : il s'agissait de prendre un bocal, d'y mettre un morceau de calcaire, et de verser du vinaigre dessus. Ça se met à bouillonner puisque du dioxyde de carbone se dégage. L'instituteur explique que la réaction chimique dégage du gaz carbonique, et que le gaz va stagner dans le bocal ouvert vers le haut, parce qu'il est plus dense que l'air. Nous allumons ensuite une allumette, nous la descendons dans le bocal, et celle-ci s'éteint. Ce qui me fascine, c'est que l'on puisse interpréter rationnellement cette observation bizarre. Et l'expérience est importante, car nous étions dans cette Gascogne de polycultures des années 1950, où chaque petit paysan faisait ses trois rangs de vigne et sa vendange. Il y avait régulièrement des accidents avec des gars qui descendaient dans la cuve en fermentation et qui s'intoxiquaient. Avec ce cours, il leur était expliqué qu'il fallait faire attention, parce que le gaz carbonique dégagé pendant la fermentation reste accumulé dans la cuve. Ces leçons de choses ont été un vrai point de départ pour moi.

N. M.: Diriez-vous comme Einstein que vous aviez le sentiment qu'il y avait quelque chose de profondément caché derrière le réel[1] ?

A. A.: Je ne suis pas Einstein, pour moi c'était beaucoup plus simple. J'avais simplement envie d'apprendre toute cette merveilleuse science que les grands savants avaient développée. Les instituteurs nous racontaient l'histoire de ces gens formidables, comme Pasteur ou Ampère, qui avaient inventé des choses extraordinaires. J'avais envie de m'abreuver de ce savoir.

N. M.: Comment passe-t-on d'une curiosité globale pour les sciences à un intérêt particulier pour la physique ?

A. A.: C'est vraiment très personnel. Dans les sciences du vivant, ce qui m'intéressait était surtout la physiologie. C'est-à-dire le fonctionnement des organes, plus que leur description. J'ai envie de comprendre comment les choses marchent. Quand on a un tel goût, il me semble que la physique est ce qu'il y a au sommet de la pyramide. J'aimais aussi beaucoup les mathématiques, ce qui a été très utile puisque c'est un outil indispensable pour la physique.

N. M.: En dehors de vos parents instituteurs, y a-t-il d'autres personnes dans votre famille ou dans votre entourage qui étaient du côté des sciences, de l'art ou de la création ?

A. A.: Il s'agissait surtout des collègues de mes parents, instituteurs et formés comme eux dans les écoles normales d'instituteurs

1. « *Something deeply hidden had to be behind things* », *in* « Autobiographical notes », *op. cit.*

d'avant-guerre, ces fameux séminaires laïques de la fin des années 1930. Ils étaient tous un peu sur le même modèle, avec une grande admiration pour le savoir, et très polyvalents. Ils étaient compétents pour enseigner des mathématiques simples, pour la leçon de choses, l'orthographe et le français. Je vais digresser, mais l'un des grands problèmes des professeurs des écoles aujourd'hui, me semble-t-il, c'est que nous avons un peu renoncé à cette formation polyvalente. Or, je crois qu'il faudrait y revenir.

N. M.: Toujours dans votre jeunesse, y a-t-il des œuvres artistiques (littéraires, cinématographiques ou musicales) qui ont accompagné cette curiosité scientifique?

A. A.: Ce n'était pas comme aujourd'hui. Vous me parlez de musique, mais moi j'ai eu mon premier électrophone vers 13 ou 14 ans. La seule chose que j'avais, c'était un accès illimité à la bibliothèque de l'école. C'était le privilège de fils d'instituteur. J'allais donc prendre autant de livres que je voulais et j'ai dévoré en particulier Jules Verne.

N. M.: Diriez-vous que Jules Verne a aussi attisé cette curiosité scientifique?

A. A.: Ah oui, incontestablement. Il a conforté ma grande confiance dans la valeur de la science et de la technique pour la société. Un roman emblématique de cela, et sans doute mon préféré, c'est *L'Île mystérieuse*. Grâce à leurs connaissances, des ingénieurs et des savants qui se retrouvent sur une île déserte vont être capables de reconstituer des conditions de vie acceptables, confortables, jusqu'à une véritable civilisation. Ça a été une source d'inspiration pour moi.

N. M.: À ce moment-là, ou un peu plus tard, est-ce que quelqu'un a fait figure de mentor?

A. A.: J'ai été marqué par plusieurs professeurs pour lesquels j'avais une grande admiration. À partir du moment où vous avez un bon professeur, tout est intéressant. Le français, le latin, les sciences naturelles, l'histoire et la géographie, les mathématiques, tout m'intéressait. Au fond, j'étais curieux de tout. Puis il y a la découverte, à partir de la classe de seconde, de ce qu'est la physique. Je l'attendais avec impatience. Et on m'a immédiatement fait comprendre que la physique, c'est une description mathématique des phénomènes que nous observons. Tout de suite, il faut apprendre à tracer des courbes, trouver l'équation de la courbe, les relations mathématiques qui sont derrière. La physique, c'est la mathématisation des phénomènes observés. En première et en terminale, j'ai eu un professeur absolument extraordinaire, M. Hirsch, qui non seulement m'a enseigné ça, mais il m'a également appris pour le reste de ma vie que cette mathématisation doit être assez poussée pour bien rendre compte des phénomènes, mais pas trop, de façon à pouvoir résoudre simplement les équations. Avec lui, j'ai compris qu'il fallait trouver le bon niveau, savoir faire les bonnes approximations. Cela m'a servi toute ma vie. Il nous faisait des expériences de cours fabuleuses à une époque où les moyens techniques étaient très limités – j'ai passé le baccalauréat en 1964. Il construisait lui-même des tas d'appareils et faisait des expériences remarquables. Un exemple pour expliquer à quel point ça a été important: l'idée fondamentale de l'aiguillage optique, que j'ai utilisée pour l'expérience de ma thèse qui m'a valu le prix Nobel, m'est apparue en me souvenant d'une expérience qu'il avait faite en terminale. Il s'agit de la corde de Melde, une corde vibrante d'onde stationnaire vue avec un stroboscope. On voit la corde ondulée, puis on voit qu'elle est plate, puis de nouveau des ondulations, puis elle redevient plate, etc. J'ai eu ça en tête en me disant que quand les ondulations acoustiques sont là, je dévie la lumière avec les ondes acoustiques. Et quand elles ne sont pas là, la lumière passe tout droit. Je suis à peu près certain que cette idée du commutateur optique vient de cette expérience de terminale.

N. M.: À quel moment faites-vous le choix de la physique? Pourquoi vous engagez-vous dans une carrière universitaire en physique plutôt qu'en mathématiques?

A. A.: Je pars en classe préparatoire à Bordeaux. Puis j'ai eu la chance d'intégrer l'ENSET (École normale supérieure de l'enseignement technique) de Cachan, aujourd'hui appelée École normale supérieure de Paris-Saclay. Là, la question s'est posée, parce que le concours que j'avais réussi me permettait aussi bien de choisir mathématiques que physique ou chimie. J'ai hésité parce que j'aimais vraiment les mathématiques. Mais j'ai choisi la physique.

N. M.: Qu'est-ce qui a pesé dans la balance?

A. A.: Sans doute M. Hirsch. C'est en physique que j'avais les meilleures notes, et c'est grâce à M. Hirsch. C'est probablement ce qui a déterminé mon choix de la physique. Mon goût s'est par la suite confirmé au cours de ma licence (qui correspond au moins à la troisième année de licence actuelle et au master 1), dans laquelle nous étudiions l'optique, la thermodynamique, l'électricité, etc. Nous ne faisions que de la physique classique, très peu de physique quantique. J'ai eu d'excellents professeurs. C'étaient les débuts de la faculté d'Orsay, les professeurs étaient jeunes. La plupart de leurs cours m'ont énormément intéressé. Pour autant, je ne me voyais pas chercheur. Je me voyais professeur. Au départ, mon but était de devenir prof de lycée, comme M. Hirsch. Puis à l'ENS de Cachan, j'ai eu l'ambition de devenir prof de classes préparatoires. Mon but était l'enseignement, j'ai toujours adoré ça.

N. M.: Qu'est-ce qui vous a ouvert les portes de la recherche?

A. A.: C'est compliqué. Quand j'ai passé l'agrégation, j'ai pris un poste d'assistant à l'Institut d'optique d'Orsay – à l'époque, nous pouvions le faire très jeune. J'y ai fait une thèse de troisième cycle en holographie. Ça m'a plu, mais pour autant, je n'ai pas eu tout de suite l'envie de consacrer ma vie à la recherche. J'ai fait mon service militaire en coopération au Cameroun avec mon épouse, agrégée de chimie, avec l'idée qu'au retour nous serions tous les deux professeurs de classes préparatoires. J'avais tellement cette idée en tête que j'ai démissionné de mon poste d'assistant à l'Institut d'optique.

La première année d'enseignement, j'ai trouvé ça passionnant, mais dès la deuxième année, j'ai commencé à me dire que la recherche, c'était quand même pas mal. J'ai donc écrit à l'ENSET, ma « maison mère », en leur disant que je reprendrais bien l'enseignement supérieur et la recherche. Comme j'avais eu une bonne place à l'agrégation, ils se sont débrouillés pour créer un poste et je suis revenu à Cachan pour y enseigner en tant que maître assistant. Je me suis alors mis à la recherche d'un sujet de thèse qui pourrait me passionner. J'ai fait le tour des laboratoires, en me demandant ce qu'on avait comme sujet de thèse pour moi. Lors de l'une de ces visites, je suis tombé sur Christian Imbert[2], un jeune professeur à l'Institut d'optique qui avait un peu trempé dans des expériences d'interférence[3] à un seul photon. C'était une question qui me fascinait, je lui ai donc demandé s'il avait un sujet qui ressemblerait un peu à celui-là. Il m'a alors tendu un dossier avec quelques articles sur les inégalités de Bell[4] – une possibilité de trancher par une expérience un vieux débat entre Einstein et Bohr sur l'interprétation du formalisme quantique.

Là, ça a été le déclic. J'ouvre le dossier, le premier article était celui de John Stewart Bell[5] et j'ai immédiatement été fasciné. Voilà quelqu'un qui, par un raisonnement impeccable, vous démontre que vous allez pouvoir trancher entre Einstein et Bohr[6]. Pour un physicien, Einstein et Bohr sont de véritables mythes, mais voilà qu'ils sont en désaccord sur l'interprétation de la mécanique quantique, et on peut trancher ce désaccord par une expérience. Pour expliquer ma réaction immédiate, il faut que je précise un élément important. Quand

2. Christian Imbert (1937-1998) était un physicien français. Il a participé à la création de la Société française d'optique, qu'il dirigea de 1989 à 1991. Il fut directeur général de l'Institut d'optique.

3. Dans un interféromètre, la lumière provenant d'une source unique est divisée en deux faisceaux qui parcourent différents trajets optiques, puis qui sont combinés de nouveau pour produire une interférence. Les franges d'interférence ainsi produites donnent des informations sur la nature et la position du signal lumineux.

4. En 1966, le physicien John Bell émet l'hypothèse que toute tentative de description du réel à travers la mécanique quantique, et notamment le phénomène d'intrication de deux particules, doit abandonner le principe de localité : « Il ne saurait exister de théorie de la réalité affirmant que des événements séparés soient indépendants sans entrer en contradiction avec la physique quantique. » C'est ce raisonnement, appelé « inégalités de Bell », qu'Alain Aspect démontra expérimentalement en 1982, ce qui lui a valu en 2022 le prix Nobel de physique.

5. John Stewart Bell (1928-1990) est un physicien nord-irlandais, théoricien au CERN, qui a travaillé sur le paradoxe EPR et formulé les inégalités de Bell.

6. Albert Einstein, qui avait envisagé théoriquement le phénomène d'intrication quantique, refusait de croire à son interprétation par Niels Bohr, parce qu'elle contredisait le principe de localité de sa théorie de la relativité restreinte (principe selon lequel les objets distants ne peuvent avoir une influence directe l'un sur l'autre). Einstein proposait donc l'existence de variables cachées locales. Ce à quoi ne croyait pas Niels Bohr, physicien danois qui fut l'un des fondateurs de la mécanique quantique.

j'étais au Cameroun, le fameux livre sur la mécanique quantique de Claude Cohen-Tannoudji, Franck Laloë et Bernard Diu est sorti[7]. Je me le suis fait envoyer et j'ai appris la physique quantique tout seul dans ce manuel. Du coup, quand j'ai lu l'article de Bell, j'avais tous les outils pour comprendre le raisonnement quantique. Comme d'un autre côté j'avais une solide formation classique, j'avais aussi tous les outils intellectuels pour comprendre parfaitement le raisonnement classique d'Einstein qui aboutissait à une forme de contradiction avec la physique quantique. Quel plus beau sujet que ça ? J'ai donc su que je voulais travailler là-dedans.

Puisque nous en sommes aux confessions, je vais rentrer dans le détail. Nous étions en 1974. Les expériences de thèse de Freedman[8] et celle de Holt[9] aboutissaient à des conclusions opposées: celle de Freedman et Clauser, à Berkeley, viole les inégalités de Bell ; celle de Holt et Pipkin, à Harvard, non. Ces deux thèses sont dans le dossier que m'a donné Christian Imbert, j'ai donc ces deux résultats contradictoires devant moi, mais je suis conscient que ces expériences sont très loin de mes compétences, et ce n'est pas moi qui vais trancher leur divergence. En revanche, je meurs d'envie de travailler sur ce sujet, donc je me demande ce que serait l'expérience à mener lorsque le problème de la divergence entre ces résultats expérimentaux sera résolu. C'est dans la conclusion du papier de Bell que je vais trouver l'idée de cette expérience. Dans sa conclusion, ce dernier explique: « Si nous pouvions changer l'orientation des appareils de mesure pendant que les particules sont en vol, alors ça, ça serait l'expérience ultime. » En lisant cela, j'ai décidé de chercher un moyen de changer rapidement l'orientation des polariseurs et j'ai commencé à être obsédé par cette question. Et c'est là que j'ai eu l'idée de l'aiguillage optique en pensant à la corde de Melde de M. Hirsch. Voilà la totalité de l'histoire !

7. Claude Cohen-Tannoudji, Bernard Diu et Franck Laloë, *Mécanique quantique*, 1973.

8. Daniel Z. Freedman (1939) est un physicien théoricien américain, professeur de mathématiques appliquées au Massachusetts Institute of Technology. Il est l'un des fondateurs de la théorie de la supergravité.

9. Richard A. Holt est un physicien spécialiste d'électrodynamique quantique et des systèmes de mesure de précision.

N. M.: Quel regard portez-vous sur ce début de carrière? Quel conseil donneriez-vous au jeune Alain Aspect qui découvre ce premier papier de John Bell, par exemple?

A. A.: Je lui conseillerais de suivre son enthousiasme, et de ne pas choisir un sujet en fonction de ce que les gens disent sur les opportunités, que tel domaine est plus porteur qu'un autre. Peut-être que dans cinq ans ça aura changé. Il faut suivre sa passion. En revanche, si on n'est pas passionné, il faut faire autre chose.

Quand j'ai commencé, la plupart des «physiciens normaux» pensaient que je perdais totalement mon temps. Mon directeur de thèse, Christian Imbert, m'avait dit que j'aurais une place dans son laboratoire à condition que John Bell juge mon projet intéressant, et il a tenu parole après la «bénédiction» de Bell. Mais Christian Imbert s'est fait critiquer pour m'avoir laissé m'engager dans ces travaux. On lui reprochait de me laisser perdre mon temps. Il a eu le temps de voir que les choses avaient changé et que le vent avait tourné quand j'ai fait ma soutenance de thèse, mais je regrette qu'il n'ait pas vu la suite. Qu'est-ce qu'il aurait été heureux aujourd'hui!

N. M.: Diriez-vous que votre façon de penser et de réfléchir a énormément évolué depuis ces années-là? Ou avez-vous conservé le même type de méthodologie?

A. A.: Les sept ans que j'ai passés au laboratoire de l'École normale supérieure, dans l'équipe de refroidissement d'atomes par laser de Claude Cohen-Tannoudji[10], avec Jean Dalibard et Christophe Salomon, m'ont beaucoup influencé. Nous parlions tous les jours, réfléchissions ensemble en profondeur. Claude respectait ma façon d'être, ma personnalité. Je ne suis pas devenu un clone de ses élèves. J'ai bénéficié de son mentorat alors que j'étais déjà un physicien confirmé. Cela m'a beaucoup apporté. Mais j'ai continué de faire confiance à mon intuition.

10. Claude Cohen-Tannoudji (1933) est un physicien français. Il a été récompensé en 1997 du prix Nobel de physique pour ses travaux sur le refroidissement et le confinement d'atomes par laser.

N. M.: Quelle était la part de compétition et de collaboration à cette époque ?

A. A.: Croyez-le ou non, pour les inégalités de Bell, je n'avais aucune compétition, aucune, dans le monde entier ! Le fait que je n'aie eu aucun compétiteur prouve bien que la plupart des gens pensaient que le sujet n'avait aucun intérêt.

N. M.: Comment naît une idée nouvelle chez vous ? Est-ce qu'elle surgit à un moment donné comme l'*eurêka* d'Archimède ? Ou est-ce au contraire le fruit d'une longue maturation ?

A. A.: Je n'ai pas eu tellement d'idées nouvelles dans ma vie. Si on en a deux ou trois dans une vie de physicien, ce n'est pas si mal. Il me semble qu'à chaque fois, cela naît d'un déclic qui me conduit à mobiliser tout ce que je sais. Ce fut par exemple le cas avec l'article de Bell, où j'ai fait appel à toutes mes connaissances. Il me semble que j'ai la faculté de faire des connexions entre des sujets appris à des périodes différentes de ma vie.

N. M.: Comment votre travail de réflexion se formule-t-il ?

A. A.: Le premier mot qui me vient à l'esprit, c'est obsession. Il faut être obsédé. À partir du moment où on l'est, tout est bon : prendre une feuille de papier, écrire quatre équations, dessiner un schéma, réfléchir, lire, se réveiller la nuit, etc. Quand je suis obsédé par une idée, je suis insomniaque.

N. M.: Pensez-vous en mots, en équations, en image, en géométrie ? En concepts ?

A. A.: C'est assez concret, plutôt en images. Tout part d'un questionnement, qui consiste à se demander s'il serait possible d'observer tel ou tel phénomène intrigant, et de trouver un moyen de le faire, même incomplet. Il ne me paraît pas nécessaire de tout maîtriser d'emblée. Lorsque je me suis lancé dans mon travail de thèse, je n'avais pas la moindre compétence dans les technologies que j'allais utiliser. Il a fallu que je les apprenne les unes après les autres.

N. M.: Avez-vous besoin d'écrire ? Prenez-vous beaucoup de notes ?

A. A.: Oui ! Je suis un laborieux. Il faut que j'écrive. Je reviens éventuellement à ces notes, mais le fait d'écrire est suffisant. Je peux même jeter ce que j'ai écrit. Écrire me permet surtout de clarifier ma pensée. J'écris en équations, en mots aussi. Et j'essaie d'articuler ma pensée en français, même si ensuite le travail est publié en anglais.

N. M.: Quelle est la part de l'oral ? Avez-vous besoin d'échanger avec les collègues ?

A. A.: Oui, j'adore expliquer ce que je crois avoir compris, pour avoir la réaction des collègues. Quand je faisais mon expérience sur les inégalités de Bell, j'avais très peu d'interlocuteurs, ce qui me frustrait. Mais dans la phase de refroidissement d'atomes par laser, j'ai beaucoup interagi avec Claude Cohen-Tannoudji, Jean Dalibard[11], qui était jeune mais déjà brillant, Christophe Salomon[12], un expérimentateur extraordinaire. Nous nous réunissions à quatre dans le bureau de Claude. J'essayais de clarifier et d'exposer aux autres l'idée qui m'était passée par la tête le soir précédent ou le matin dans le RER. Nous faisions tous ça. Un jour, j'ai proposé une idée qui a servi de base au refroidissement en dessous du recul du photon[13]. Elle m'est venue à la suite d'une explication que j'avais demandée à Claude Cohen-Tannoudji. En rentrant chez moi, j'ai imaginé que nous pourrions en faire une méthode de refroidissement et j'ai exposé l'idée dès le lendemain. Claude Cohen-Tannoudji a mis en branle

11. Jean Dalibard (1958) est un physicien français, spécialiste de mécanique quantique et professeur au Collège de France. Il a participé aux expériences d'Alain Aspect qui invalident les inégalités de Bell.

12. Christophe Salomon (1953) est un physicien français, spécialiste de l'optique quantique et des atomes froids.

13. Il s'agit de la vitesse prise par un atome qui émet un photon, analogue au recul encaissé par un fusil qui tire une balle. Le recul pour un photon était à l'époque considéré comme une barrière infranchissable.

toute sa puissance de réflexion et est revenu quelques jours après en me disant: «Ton idée est bonne, mais nous n'allons pas observer une seule raie, nous allons en observer deux.» Il a ouvert son cahier, il y avait des équations numérotées de 1 à 110... Stimulé par mon idée intuitive, Claude en a fait une méthode superbe. Une telle collaboration est un bonheur.

N. M.: Justement, quel rôle joue l'intuition dans votre mécanisme réflexif?

A. A.: Chez moi, l'intuition occupe une place énorme. À partir du moment où mon intuition me dit que ça doit marcher, je ne me laisse pas entraver par le fait que les équations sont trop compliquées pour arriver à les résoudre simplement, ou que je ne vois pas immédiatement la solution aux difficultés expérimentales. Je ne me laisse pas arrêter facilement. J'argumente sans cesse en affirmant que ça va marcher et en m'efforçant d'expliquer pourquoi.

N. M.: Pour vous, l'usage de l'analogie est-il pertinent?

A. A.: Tout dépend de ce que l'on entend par «analogie», je suis assez réservé en général sur le raisonnement par analogie, «comparaison n'est pas raison». Mais on peut donner un sens particulier à la notion d'analogie, en physique: si on a les mêmes équations de départ, les phénomènes se ressemblent. Dans ce cas, oui. Je crois beaucoup aux structures génériques. Quand on a des problèmes très différents, il arrive qu'on se rende compte qu'ils ont des structures identiques. Un exemple que j'enseigne à Polytechnique: un laser peut avoir plusieurs modes et ces derniers peuvent entrer en compétition. On écrit des équations, qui sont assez difficiles et qui décrivent cette compétition. Ce que j'explique à mes étudiants, c'est qu'on peut utiliser les mêmes équations pour décrire la compétition dans la lutte pour la vie entre des populations sur un territoire, mais aussi pour décrire des réactions chimiques qui sont en compétition l'une avec l'autre, etc. Un ancien élève de Polytechnique m'a écrit quelques années plus tard pour me dire qu'il se souvenait de ce cours sur les équations de compétition des modes laser, et qu'il les utilisait aujourd'hui en économie. Je crois au fait qu'il y a un petit nombre de schémas et qu'il faut savoir les reconnaître, mais je ne dirais pas que c'est de l'analogie au sens strict.

N. M.: Diriez-vous que la théorie peut, ou doit, contredire l'expérience?

A. A.: Si cela arrive, c'est que l'une des deux a tort. Ce qu'il faut, c'est être sûr que l'expérience est bonne. Et pour cela, il faut se baser sur la méthode scientifique, qui est très robuste. Dès l'instant où vous avez un résultat nouveau, vous le publiez. S'ils le jugent intéressant, vos collègues vont se précipiter pour répéter l'expérience, mais toujours un peu différemment. Alors, soit ils vont trouver la même chose que vous, et dans ce cas il y a un problème avec la théorie, soit ils trouvent quelque chose de différent, et c'est qu'il y avait un bug dans votre expérience. Mais même si l'expérience a raison, une théorie qui a déjà donné de bons résultats ne peut pas devenir fausse du jour au lendemain. On va simplement trouver qu'elle ne s'applique que jusqu'à un certain point, et qu'au-delà, il faut une théorie plus générale qui doit normalement englober la précédente. La relativité englobe, par exemple, la mécanique newtonienne.

N. M.: Quelle place accordez-vous à l'émotion dans un parcours de recherche?

A. A.: Comme je vous l'ai dit, je ne pense pas que l'on puisse faire une recherche vraiment poussée sans une forme d'obsession et d'enthousiasme. Sans cela, on peut évidemment être un bon professionnel; mais si l'on souhaite faire des choses qui sortent des sentiers battus, il faut avoir de la passion. C'est ce qui donne la motivation et l'obsession. J'aime bien le mot «obsession».

N. M.: Vous est-il facile de penser en dehors du cadre? De sortir du consensus scientifique établi?

A. A.: J'ai beaucoup de mal à sortir du consensus, parce que j'ai une très grande confiance dans la méthode scientifique. Je vais citer deux exemples contradictoires qui ont conforté cette confiance. Dans les années 1980, nous avons appris deux nouvelles décoiffantes. À Salt Lake City, des chimistes prétendaient avoir vu la fusion thermonucléaire dans un tube à essai, ce qui semblait impossible *a priori*. À peu près à la même époque, des physiciens ont annoncé avoir vu la supraconductivité[14] à haute température critique, alors que Pierre-Gilles de Gennes[15] avait montré que la supraconductivité n'était pas possible à une telle température. Les deux résultats étaient aussi bouleversants l'un que l'autre. Au laboratoire de physique de l'École normale supérieure, nous nous sommes réunis pour savoir ce que nous pouvions faire. Nous avons alors essayé de voir s'il était possible de faire des expériences analogues. Pour le cas de la fusion froide, les gens de l'Institut de physique nucléaire d'Orsay ont proposé de regarder cela en détail. Très rapidement, ils sont arrivés à la conclusion que les signaux observés, qui étaient attribués à des neutrons produits par l'expérience, étaient en fait des résidus des expériences nucléaires américaines dans l'atmosphère des années 1950. Avec cette explication, nous tombions exactement sur les signaux que l'équipe de Salt Lake City présentait. Par la suite, d'autres labos ont essayé, mais personne n'a réussi à reproduire leur expérience. Le consensus est donc que ce phénomène n'existe pas. En revanche, pour la supraconductivité à haute température, un mois après, trois labos avaient obtenu des résultats analogues. Puis dix, puis des centaines. Et à la fin, il y a eu un prix Nobel. Je ne suis pas du tout hostile au fait de trouver un résultat qui sorte du cadre, à condition de mettre en œuvre la méthode scientifique pour savoir si on a effectivement un phénomène nouveau. Et cela sera établi par le consensus, appuyé sur une méthode scientifique rigoureuse.

N. M. : Quel est votre premier réflexe quand vous vous retrouvez confronté à une anomalie ?

A. A. : C'est d'essayer de comprendre, avec les lois physiques que je connais, ce qui pourrait la produire. Si je reviens à la question de la

14. **La supraconductivité est un phénomène caractérisé par l'absence de résistance électrique et, donc, de perte d'énergie, dans un matériau supraconducteur. Elle se manifeste habituellement à des températures extrêmement basses.**

15. **Pierre-Gilles de Gennes (1932-2007) est un physicien français. Il a été récompensé en 1991 par le prix Nobel de physique pour ses travaux sur les cristaux liquides et les polymères.**

fusion froide, pour que deux noyaux ou deux atomes fusionnent, il faut franchir une énorme barrière de potentiel. Il faut atteindre des millions de degrés. Parce qu'il faut les faire aller très vite afin de compenser le fait qu'ils se repoussent et de façon à franchir la barrière électromagnétique. C'est ce qui se passe à l'intérieur du Soleil. Quand les gens ont annoncé que, dans certaines circonstances, ils arrivaient à fusionner deux atomes à température ambiante, mon approche a été la suivante : la possibilité de franchir la barrière existe peut-être grâce à l'effet tunnel[16]. Quand vous faites les calculs de l'effet tunnel de façon générale, c'est une exponentielle qui est extraordinairement sensible à des petites variations de paramètres. Pourquoi, dans certaines circonstances, cet effet tunnel ne changerait-il pas radicalement ? Et pourquoi ne ferait-il pas diminuer tout d'un coup la barrière ? Cela permettrait peut-être d'expliquer les résultats de l'expérience. Voilà mon approche. Je me demande si j'arrive à imaginer un phénomène physique qui permette d'observer ça. Mais encore faut-il que le phénomène soit confirmé par plusieurs expériences indépendantes.

N. M. : Quel est le cadre idéal pour réfléchir ?

A. A. : Chez moi. Tranquille. En silence. Je ne peux pas travailler en musique. J'ai vraiment besoin de moments où je suis hyperconcentré, dans la solitude et sans bruit. Ou éventuellement dans mon lit avec une insomnie…

N. M. : La recherche est-elle plutôt génératrice d'anxiété ou de sérénité ?

A. A. : Pour être chercheur, il faut être anxieux et inquiet. Il faut se demander si on va encore avoir une bonne idée. C'est une anxiété peut-être proche de celle des artistes. Pour ce qui est de la sérénité, ce n'est pas le mot que j'emploierais. Il s'agit plutôt de grands

16. Le terme « effet tunnel » désigne la propriété que possède un objet quantique de franchir une barrière de potentiel même si son énergie est inférieure à l'énergie minimale requise pour franchir cette barrière.

bonheurs. Quand une idée semble bonne, qu'il semble possible de la mettre en œuvre et qu'elle est nouvelle, c'est une grande satisfaction intellectuelle !

N. M.: Le hasard fait-il partie de la recherche ?

A. A.: Tout dépend du genre de recherches. Dans mes expériences sur les inégalités de Bell, j'ai utilisé une nouvelle méthode pour exciter les atomes. Il fallait empiler deux photons l'un sur l'autre. J'ai contrôlé tous les éléments les uns après les autres, et il m'en manquait encore un. J'ai fini par contrôler le dernier élément et ça a marché. Dans ce cas, ce n'était pas le hasard, mais une démarche systématique qui a conduit au succès. En revanche, dans nos expériences plus récentes ayant abouti à la condensation de Bose-Einstein de l'hélium métastable, une première mondiale, nous avons eu plusieurs coups de chance, que mes collaborateurs ont su reconnaître et exploiter. Lorsqu'on parle de sérendipité, il ne faut pas hésiter à penser que la nature est peut-être en train de nous dire quelque chose d'intéressant. Mais il faut savoir reconnaître les cas, plus fréquents, où l'on a un simple bug d'expérience.

N. M.: Avez-vous besoin d'une routine de travail ?

A. A.: Absolument. La physique que nous faisons est très compliquée. Quand vous arrêtez vos manipulations à 3 heures du matin, la routine consiste à tenir une check-list pour noter un certain nombre de paramètres qui seront indispensables lorsque vous reprendrez le lendemain. Si vous ne le faites pas, quand vous arriverez le lendemain, il vous manquera des informations ou des paramètres. Vous aurez perdu toute votre nuit. Il faut absolument une routine avec des méthodes systématiques.

N. M.: L'évolution de la technologie a-t-elle modifié votre façon de réfléchir ?

A. A.: Pas de réfléchir, mais d'oser entreprendre certaines expériences, oui. Avant les progrès technologiques actuels, je me serais dit que certaines idées étaient irréalisables. Maintenant, je me dis que c'est possible. Si je reprends l'histoire du changement d'orientation des polariseurs[17], il était clair que cela semblait impossible, et ça m'a obligé à passer par l'intermédiaire des aiguillages. Plus tard, l'équipe de Zeilinger a pu le faire de façon plus directe. Mais cette ouverture du champ des possibles ne change pas fondamentalement la nature de la démarche. Les étapes de la démarche sont toujours les mêmes. En premier lieu, j'ai un phénomène intéressant auquel je pense. Je me dis que je pourrais peut-être l'observer, et je me demande comment je vais faire. Quand ça a l'air impossible, je me demande s'il n'existe pas un moyen de le faire malgré tout. C'est ma façon de travailler.

N. M.: Qu'est-ce qu'un obstacle pour vous ? Comment le contournez-vous et à quel moment vous dites-vous qu'il est trop important et qu'il faut arrêter ?

A. A.: Quand un obstacle ne peut pas être balayé, il doit être contourné. Nous avons des théorèmes dits d'impossibilité. Ils ne sont pas faux, parce qu'un vrai théorème est juste par définition, à moins qu'il y ait une erreur de raisonnement. Mais on peut toujours essayer de contourner l'impossibilité affirmée. Il faut se demander quelles sont les hypothèses qui aboutissent à la conclusion que ce n'est pas possible. Et parmi celles-là, quelle est celle que je peux faire sauter, en me plaçant dans une situation différente de celle où le théorème s'applique. J'aime beaucoup cette idée de contourner un obstacle. Je la trouve très juste. Bien sûr, elle ne marche pas toujours. Il y a des moments où on bute sur un mur. Quand cela arrive, il ne sert à rien de donner des coups de pied dedans. Si vous ne pouvez pas passer autour, inutile de forcer. Il faut s'arrêter au moment où on réalise qu'on n'a trouvé aucune solution pour passer autour. Il faut savoir mettre le travail en veilleuse, quitte à reprendre quelques années plus tard, quand de nouvelles technologies ou une nouvelle façon de penser ont émergé.

17. Pour réaliser ses expériences et confirmer la violation des inégalités de Bell, Alain Aspect a eu recours à des polariseurs à deux canaux, avec un aiguillage à très haute fréquence qui permettait d'orienter aléatoirement les photons vers l'un des polariseurs dans un temps extrêmement court.

N. M.: Quelle est la place pour l'autocritique ?

A. A.: Même si c'est difficile, il faut s'y contraindre. C'est une question de santé mentale. J'ai mes doutes, comme tout le monde. Quand j'ai reçu le prix Nobel, je n'ai pu m'empêcher de ressentir le syndrome de l'imposteur. Est-ce que ce que j'ai fait mérite vraiment un tel prix, alors qu'il y a tellement de collègues qui ont obtenu des résultats que je juge plus importants ? Mais quelle leçon en tirer ? Il y a aussi les erreurs que l'on a su reconnaître, ce qui est toujours fructueux. Je suis enseignant, et enseigner, c'est aussi partager les erreurs qu'on a commises. J'aime raconter aux plus jeunes telle erreur que j'ai commise pour leur expliquer comment ne pas la commettre à leur tour. Ce type d'autocritique ne provoque aucune difficulté pour moi. Il ne sert à rien de se juger stupide *a posteriori*, mais il faut comprendre les circonstances dans lesquelles on a commis cette erreur.

N. M.: Le doute est-il un carburant nécessaire ou est-ce au contraire un parasite ?

A. A.: C'est une nécessité. Je pense être spontanément assez sûr de moi, sans doute trop. Je m'impose donc de douter. Encore une fois, j'en reviens à la méthode scientifique, dont le doute fait partie. Mais attention, il ne s'agit pas de dire sans nuance : « La science, c'est le doute. » Non ! Pas du tout. Étienne Klein explique parfaitement bien que la science en train de se faire, c'est le doute, avec des débats souvent contradictoires. Mais il arrive un moment où il y a un consensus – s'il n'est pas à 100 %, on s'en fiche ; si 95 % des scientifiques sont d'accord, c'est ce qu'on appelle un consensus. À partir de là, c'est acquis. Ce n'est plus le doute. C'est le consensus.

N. M.: Quelle est la découverte qui a marqué votre carrière et dont vous êtes le plus fier ? Faut-il vraiment vous poser cette question, d'ailleurs…

A. A.: Je ne peux pas y répondre de façon objective. Ce qui a le plus marqué et modifié tout le reste de ma vie, c'est cette expérience sur les inégalités de Bell. Elle permet d'arriver au cœur du conflit entre la vision du monde d'Einstein et la mécanique quantique. Avoir vu que, même dans ces circonstances extrêmes, la mécanique quantique avait encore raison, contre Einstein que j'admire tant, c'était un moment extraordinaire. Et cela a changé ma vie en propulsant ma carrière. D'un coup, je suis devenu une personnalité respectée, alors que jusque-là mes travaux étaient jugés peu sérieux, sans grand intérêt. Mais j'ai eu d'autres contributions dont je suis fier, par exemple, d'avoir proposé à Philippe Grangier un sujet de thèse qui nous a permis de créer la première source de photons uniques, et de mettre en évidence de façon spectaculaire la dualité onde-particule. Ou d'avoir contribué, avec Claude Cohen-Tannoudji, au développement d'une méthode fascinante de refroidissement d'atomes par laser, dit « refroidissement sous le recul du photon ». Plus récemment, je suis aussi très fier d'avoir offert à plusieurs de mes collaborateurs de l'Institut d'optique un environnement qui leur a permis de faire des découvertes remarquables que j'aurais aimé faire moi-même.

N. M.: À l'inverse, quel est votre plus grand échec ?

A. A.: Dans le refroidissement sub-recul, nous avions eu la bonne idée pour le réaliser à une dimension, et nous cherchions à le généraliser à trois dimensions. J'avais tout sur mon cahier pour faire cette généralisation. Mais je n'ai pas su faire le dernier pas. C'est un collègue russe qui l'a accompli. J'étais vraiment vexé parce qu'il m'aurait suffi d'écrire encore deux lignes sur mon cahier pour avoir la solution – et je me suis arrêté. Je ne sais pas pourquoi. C'est très vexant.

N. M.: Diriez-vous que votre domaine de recherche a modifié la façon dont vous percevez le réel ?

A. A.: Depuis le lycée, j'ai souvent eu tendance à utiliser mes connaissances de physique pour déchiffrer le réel. D'abord les phénomènes météorologiques, comme les arcs-en-ciel, et bien d'autres phénomènes naturels, comme le rayon vert. Mais aussi pour discuter de questions sociétales lorsque ça s'y prête. Ainsi, quand j'entends qu'une voiture hybride est néfaste parce qu'elle est plus lourde, et qu'une voiture plus lourde consomme davantage de carburant, je fais appel à la physique pour penser que ce n'est pas aussi simple. Il est vrai qu'une voiture ordinaire, qui n'est pas hybride, consomme plus si elle est plus lourde, parce qu'il faut davantage d'énergie pour la mettre en mouvement et que cette énergie est dissipée en chaleur quand on freine. Par contre, l'énergie employée pour mettre en mouvement une hybride est récupérée quand on freine. J'en ai fait l'expérience moi-même, puisque j'ai une hybride grande routière. Sur l'autoroute, elle fonctionne avec un moteur thermique et bien qu'elle soit plus lourde, elle ne consomme pas plus que le même modèle sans le poids des batteries. J'essaie ainsi d'utiliser la physique dans les débats sociétaux, comme sur le réchauffement climatique, par exemple.

N. M.: Et vis-à-vis du réchauffement climatique?

A. A.: Il faut commencer par comprendre la conservation de l'énergie. Certaines personnes vantent les mérites de l'hydrogène pour limiter le réchauffement climatique. Bien sûr, l'hydrogène est merveilleux. Mais comment le fabriquez-vous? Pour arriver à faire de l'hydrogène, il faut de l'énergie. Dès lors, comment faire? Le surplus d'électricité produit par les centrales nucléaires peut être utilisé pour faire de l'hydrogène. *Idem* avec les éoliennes qui marchent de façon intermittente parce qu'il n'y a pas tout le temps du vent, on peut faire de l'hydrogène pour stocker de l'énergie. Mais si on produit de l'hydrogène en rejetant du dioxyde de carbone, on n'a rien gagné. La conservation de l'énergie me semble être un facteur essentiel à faire comprendre au public pour penser rationnellement à l'avenir de nos usages.

Mais pour revenir à une utilisation de la physique pour comprendre le réel, il y a une autre dimension, non utilitariste, purement esthétique. J'adore les phénomènes météorologiques au sens visuel. J'ai une maison au bord de la mer, et j'aime essayer d'apercevoir le rayon vert, ou des formes de mirages. J'adore ce genre de choses extrêmement subtiles. Une fois, j'ai vu des bateaux flotter dans le ciel. J'ai pensé être fou. Je voyais vraiment des bateaux dans le ciel. Puis j'ai commencé à réfléchir. C'était un jour où il faisait très chaud et j'ai compris que c'était un anti-mirage. Un mirage arrive dans la situation où le sol est plus chaud que l'atmosphère. Là, c'était le contraire. L'air plus chaud que l'océan provoquait ce qu'on appelle un « anti-mirage » ou « mirage froid » : un bateau posé sur l'eau avait son image relevée dans le ciel. Observer, me poser des questions, penser à une réponse, puis aller vérifier dans des ouvrages spécialisés, voilà ce que j'aime. Appliquer mes connaissances de physique à ce que j'observe, que ce soit utile ou purement contemplatif.

N. M.: De quel autre grand chercheur ou grande chercheuse, en dehors de votre discipline, vous sentez-vous proche ?

A. A.: C'est très difficile à dire. Il y a deux catégories : soit des biologistes qui ont découvert des choses fondamentales, par exemple le code génétique. Ou bien des médecins qui ont fait une découverte qui a sauvé des millions de vies. L'insuline, les antibiotiques, les vaccins à ARN messager, par exemple. Quel bonheur d'écouter l'histoire de Katalin Karikó[18]. Elle travaillait au fond de son laboratoire, tout le monde lui disait que ça ne servait à rien et qu'il fallait qu'elle change de sujet, sinon elle n'aurait pas de promotion. Et puis le Covid arrive. Et en un an – alors qu'il nous avait été expliqué qu'il fallait entre cinq et dix ans pour mettre au point un vaccin – ses travaux avec Drew Weissman[19] permettent d'obtenir un vaccin efficace. C'est formidable ! Vous voyez, c'est la frustration du physicien qui se dit que ce qu'il fait est bien joli sur le plan intellectuel, mais quand même..., si ce que j'ai trouvé pouvait être utile à la médecine, comme l'ont fait beaucoup de découvertes de physiciens dans le passé, je serais comblé.

N. M.: Beaucoup de physiciens constatent que la physique stagne depuis un siècle. Qu'en pensez-vous ?

A. A.: Je ne suis pas d'accord. Certes nous n'avons pas eu de révolution aussi radicale que la physique quantique, mais nous n'arrêtons pas de trouver de nouvelles façons d'aborder des problèmes

18. Katalin Karikó (1955) est une biochimiste hongroise qui a commencé dès le début des années 1990 à travailler sur la technologie de l'ARN messager, qui conduira, trente ans plus tard, à l'élaboration des premiers vaccins contre le Covid-19.

19. Drew Weissman (1959) est un médecin-chercheur américain qui, en collaboration avec Katalin Karikó, a travaillé sur l'ARN et la biologie du système immunitaire inné.

fondamentaux. Pour simplifier, nous pouvons dire que la physique quantique est basée sur une équation aux dérivées partielles qui est l'équation de Schrödinger. Et les mathématiciens nous ont bien appris que le champ des solutions de telles équations est illimité. Il s'agit donc de découvrir des phénomènes que nous ne connaissons pas encore mais qui sont pourtant des solutions de cette équation. Pour en revenir à l'intrication, jusqu'en 1980, très peu de gens avaient compris que c'était quelque chose d'absolument révolutionnaire. Le grand Richard Feynman[20] lui-même écrit en 1960 qu'il n'y a rien de nouveau dans le problème posé par Einstein, Podolsky et Rosen[21] et qu'il suffit de le traiter de la façon habituelle pour ne pas être surpris. En 1980, il écrit un nouvel article où il dit en substance qu'il s'était trompé, que l'intrication est vraiment quelque chose de nouveau. Ce n'est pas parce que nous n'avons plus Newton, Einstein ou Niels Bohr que la physique n'est pas en train de progresser de façon remarquable! Quand j'assiste à l'émergence de nouvelles technologies quantiques basées sur la compréhension que l'intrication est quelque chose de nouveau, je suis époustouflé. Je ne sais pas si ça va donner des applications qui vont révolutionner la société, mais ce n'est pas exclu.

N. M.: Pensez-vous que le temps des grandes découvertes en physique est devant nous?

A. A.: J'en suis convaincu. On nous raconte tout le temps que c'est fini, mais le champ des possibilités est absolument illimité. Claude Cohen-Tannoudji m'a fait prendre conscience de quelque chose: quand vous faites un progrès, ce progrès va vous permettre de poser de nouvelles questions que vous ne pouviez même pas imaginer avant d'avoir fait ce progrès. Ce que nous voyons aujourd'hui a l'air

20. Richard Feynman (1918-1988) est un physicien américain dont les travaux portent sur l'électrodynamique quantique, les quarks et l'hélium superfluide. Ses diagrammes ont permis de simplifier certaines équations et sont couramment utilisés en théorie quantique des champs. Son cours, *Lectures on Physics*, a influencé de très nombreux physiciens dans le monde entier.

21. Le paradoxe EPR (Einstein, Podolsky, Rosen) propose que si deux particules intriquées présentent les mêmes caractéristiques au moment de la mesure, c'est parce qu'elles ont acquis ces caractéristiques au moment de leur contact initial. Il refuse le principe de non-localité, ce qui conduira John Bell à formuler ses relations mathématiques d'inégalité.

limité, mais une fois que nous aurons fait ce progrès, nous aurons de nouvelles questions. C'est une chaîne illimitée. Je n'ai aucun doute sur l'immensité et l'infinité des problèmes qui vont se présenter devant nous, et qu'il faudra résoudre.

Bibliographie

Avec F. Bardou, J.-P. Bouchaud et C. Cohen-Tannoudji, *Lévy Statistics and Laser Cooling : How Rare Events Bring Atoms to Rest*, Cambridge University Press, Cambridge (Angleterre), 2002.

« Bell's Theorem : The Naïve View of an Experimentalist », *in* R. A. Bertlmann et A. Zeilinger (dir.), *Quantum [Un]speakables : From Bell to Quantum Information*, Springer, Berlin, 2002.

« John Bell and the Second Quantum Revolution », introduction à la 2e éd. de J. S. Bell, *Speakable and Unspeakable in Quantum Mechanics*, Cambridge University Press, Cambridge (Angleterre), 2004.

Avec G. Grynberg et C. Fabre, *Introduction to Quantum Optics : From the Semi-classical Approach to Quantized Light*, révisé avec l'aide de F. Bretenaker et A. Browaeys, Cambridge University Press, Cambridge (Angleterre), 2010.

« Une nouvelle révolution quantique », in *Demain la physique*, Odile Jacob, 2004 ; nouv. éd. : *Einstein et les révolutions quantiques*, CNRS Éditions, 2019.

Edith HEARD

Épigénétique

Grand prix de l'INSERM

C'est peu dire d'Edith Heard qu'elle a un esprit brillant, en plus d'une très légère pointe d'accent britannique qui colore son français parfait. C'est l'une des pionnières dans une discipline majeure : l'épigénétique. En se penchant sur le problème de l'inactivation du chromosome X chez les femmes, elle a ouvert des pans de connaissances aujourd'hui précieux dans la lutte contre le cancer ou l'embryogenèse.

Après avoir passé son doctorat au Imperial Cancer Research Fund à Londres, Edith Heard est arrivée en France, à l'Institut Pasteur en 1990. Elle dirige aujourd'hui l'EMBL (European Molecular Biology Laboratory). En 2012, elle a été nommée professeure au Collège de France.

« Je suis quelqu'un qui n'aime pas beaucoup l'inconnu, mais je me force. »

NICOLAS MARTIN: Avez-vous le souvenir d'un moment dans votre enfance, ou de votre adolescence, qui serait le point de départ de votre vocation ou de votre curiosité scientifique ?

EDITH HEARD: C'est peut-être le moment où mon père m'a expliqué comment marchait l'électricité. J'avais 5 ou 6 ans. Il était ingénieur et m'avait offert un kit d'électricité avec une petite ampoule et des fils. Il l'avait posé devant moi pour faire le circuit et afin que l'ampoule s'allume. J'ai le souvenir de deux choses importantes dans la tête d'une future scientifique. D'abord, il y avait la frustration de ne pas savoir faire. J'étais toute petite, il fallait que j'apprenne. Ensuite, j'ai vu ça comme un jeu. J'avais envie de comprendre et faire marcher ce circuit. Bien sûr, il y avait aussi l'envie de faire plaisir à mon père. Mais, surtout, de voir comment cela fonctionnait. C'est un de mes premiers souvenirs. Évidemment, ce n'est pas cet événement qui m'a décidée à devenir scientifique, mais je pense que c'est celui qui m'a fait prendre conscience que j'aimais la science. Ensuite, pendant toute ma scolarité, j'ai toujours aimé les mathématiques et ensuite la physique, même si j'ai eu des hauts et des bas. J'avais un cerveau assez analytique, mais je ne le savais pas. Ce n'est que plus tard que mes parents et ma famille m'ont dit qu'il était évident que j'allais devenir chercheuse, parce que j'avais toujours cette capacité à essayer d'analyser et de découvrir comment ça marche.

N. M.: Vous parlez de mathématiques et de physique, mais vous vous êtes finalement orientée vers la biologie et la génétique. À quel moment s'est faite la bascule?

E. H.: D'un côté, mon père m'a un peu lancée dans la découverte scientifique, de l'autre, il a aussi beaucoup contraint ou canalisé le type de science que je faisais. En Angleterre où j'ai fait ma scolarité, on peut faire le choix entre la physique, les sciences de la vie, la géographie, l'art, etc. Mon père estimait que la biologie n'était pas une science et qu'il fallait que je fasse mathématiques, physique, chimie. Et c'est tout. À la fin de ma scolarité, j'ai fait ce qu'on appelle les «A-levels», c'est-à-dire maths, maths supérieures, physique, physique avancée, chimie, chimie avancée. C'était très axé sur les sciences dures. Ma mère était grecque. Elle était infirmière et il y avait souvent chez nous des personnes qui venaient de Grèce pour se faire soigner à Londres. Toute petite, j'étais mise en présence de gens malades. Ces personnes souffraient de cancers divers et variés, de la sclérose en plaques, et de tout un tas de maladies. Ma mère les aidait, notamment pour aller à l'hôpital. Elle adorait la médecine et était aussi très curieuse. Plus tard, j'ai réalisé à quel point elle a éveillé mon esprit vis-à-vis de la biologie humaine et des maladies.

À Cambridge, il n'était pas possible de faire uniquement physique et maths. En outre, quand je suis arrivée, cela faisait seulement deux ou trois ans que les femmes étaient admises dans le collège où j'étais. L'année pendant laquelle je m'étais spécialisée en physique et sciences de la vie, nous n'étions que deux filles sur un effectif de vingt-trois. En physique et chimie, j'étais la seule femme parmi les hommes. Mais ce n'est pas tellement ça qui m'a effrayée. C'est plus la manière dont les professeurs mettaient la pression. Si nous étions là pour faire de la physique, il fallait être à cent pour cent, voire plus, en mathématiques. C'était très sec et très dur, comme parcours. Ça ne m'a pas plu. En outre, j'avais 17 ou 18 ans et j'avais envie de faire la fête. Je me retrouvais dans ce monde très ancien tandis que les biologistes, eux, allaient un peu dans tous les sens. Quand les professeurs donnaient les cours, ils nous parlaient de leurs derniers résultats, il y avait quelque chose d'excitant. Cela m'a beaucoup inspirée. C'était une découverte, le moment de l'*eurêka* pour moi. Je ne voulais plus faire de physique et de mathématiques mais de la biologie.

J'ai choisi la biologie des cellules. Nous devions nous procurer un livre pour l'année qui s'appelait *Biology of the Cell*. C'était un énorme ouvrage. Je me souviens très bien du jour où je l'ai ouvert. J'ai découvert des images de cellules, des mitochondries ou encore du noyau. C'était un univers que je ne connaissais pas. En quelques mois, je me suis transformée en biologiste. Et je me suis rendu compte que la seule partie de la biologie où je pouvais être acceptée ou acceptable, c'était la génétique, parce qu'elle contient une grande partie de mathématiques. La science mathématique dans la biologie m'a donc un peu aidée. En troisième année à Cambridge, je me suis spécialisée en génétique. Durant cette année où j'étais littéralement fascinée par ce monde des sciences de la vie, mes professeurs m'ont poussée à faire une thèse. Je n'étais pas convaincue moi-même et j'ai même un moment pensé à faire médecine, influencée par l'environnement de ma mère. J'ai finalement décidé de faire une thèse en biologie dans un institut qui travaillait sur le cancer. Faire ce type de travail en lien avec la médecine était assez difficile, mais cela m'a mise sur les rails de la recherche fondamentale. J'étais fascinée par la manière dont un embryon ou une tumeur se développent.

N. M.: Pour revenir au rôle de votre famille, vous avez dit que votre mère était infirmière. Avez-vous baigné dans un milieu scientifique, artistique et créatif?

E. H.: Mon père était ingénieur en électronique; il travaillait sur la signalisation des chemins de fer du Royaume-Uni. Je ne peux pas vraiment dire que mes parents étaient scientifiques. Ma mère n'était pas bonne en science, elle était juste fascinée par les maladies et elle voulait aider les gens. Bien qu'il y ait eu de la science dans l'air des deux côtés, je ne suis pas venue d'un monde académique ou particulièrement scientifique.

N. M.: Vous ont-ils encouragée, poussée ?

E. H.: J'étais fille unique. Je pense que mon père aurait bien aimé avoir un garçon, même s'il ne me l'a jamais dit. Il voulait que je devienne une ingénieure beaucoup plus forte que lui. Il m'a beaucoup poussée dans cette voie. Ma mère, qui ne voulait surtout pas que je devienne une femme au foyer, m'a encouragée à être bonne à l'école et à faire des études. Elle considérait que faire des sciences était noble.

N. M.: Dans votre enfance ou adolescence, vous souvenez-vous d'une œuvre, que ce soit un livre, une œuvre littéraire, musicale, cinématographique ou visuelle, qui aurait pu éveiller une curiosité scientifique ?

E. H.: J'étais bonne en musique. Dès ma petite enfance, j'ai été emmenée à des concerts et des récitals d'orgue. Je me souviens du jour où, en écoutant un morceau – de mémoire, je crois que c'était du Bach –, j'ai pris conscience du lien entre la musique et les mathématiques. Ce n'était pas forcé, j'ai réalisé que la partie de mon cerveau qui aimait jouer avec les mathématiques était stimulée par les cycles dans la musique, la répétition et la manière de formuler cela différemment. J'ai compris plus tard que c'était quelque chose dont tout le monde parlait. Mais à l'époque, j'avais 8 ou 9 ans et ce fut une révélation.

La littérature est arrivée plus tard dans ma vie. J'ai découvert *L'Origine des espèces* de Darwin à l'âge de 20 ans. Ce livre a été comme une sorte de coup de foudre car il était écrit comme un roman. La passion et l'émerveillement qu'il avait pour la vie et la manière dont il raconte la mise en place de ses hypothèses sont d'une beauté extraordinaire.

N. M.: Y a-t-il eu une personne qui vous a mis le pied à l'étrier, qui a façonné votre façon de réfléchir ?

E. H.: Je suis convaincue que les gens doivent avoir des mentors. Au moment où j'ai décidé de faire de la biologie, je manquais vraiment de confiance en moi. Je découvrais un monde nouveau sans les années d'études que d'autres avaient dans ma promotion. Je me souviens très bien d'un professeur de microbiologie, un vrai francophile qui s'appelait Philip Oliver, malheureusement décédé il y a deux ou trois ans. Au laboratoire, il gardait sa cigarette dans la bouche et me montrait comment il étalait ses bactéries. Il m'a prise sous son aile pendant cette troisième année où j'ai choisi la génétique, et m'a encouragée, guidée. Parfois, je me disais que je n'étais pas bonne, pas faite pour ça et qu'il fallait que je change. Philip Oliver m'a convaincue de faire une thèse et m'a suivie jusqu'à la fin de sa vie. Chaque année, il m'écrivait pour me demander comment j'allais.

J'ai eu un autre mentor: mon directeur de thèse. C'était un homme assez incroyable, très agressif pour ceux qui ne le connaissaient pas. Il faisait peur aux gens. Lui aussi m'a prise sous son aile. Par la suite, il m'a dit que tout le monde – et surtout les femmes en science – avait besoin de mentors. Je me demandais ce que ça voulait dire; plus tard, j'ai pris conscience que ce n'était pas tellement quelqu'un qui était là pour dire ce qu'il faut faire, mais plutôt quelqu'un qui veille sur vous. Lui aussi m'a suivie durant toute ma carrière en me demandant comment j'allais, en remarquant les grands changements que je faisais.

La troisième personne qui a beaucoup compté pour moi est arrivée plus tardivement. C'était à l'Institut Pasteur, où je faisais mon post-doc chez Philip Avner. J'avais passé plus de six ou sept années dans le même laboratoire, accumulé beaucoup d'expérience dans mon domaine et j'étais devenue accro à mon sujet. En même temps, je réalisais que mes résultats nécessitaient d'autres approches que celles dans le laboratoire ou j'étais. Je suis allée voir Christine Petit[1], qui était aussi à l'Institut Pasteur et avait un peu suivi mon parcours. Elle m'a reçue dans son bureau, m'a écoutée et lancé: « Edith, tu es prête. Il faut que tu bouges, que tu voies autre chose. Pars à l'étranger puis reviens en France pour monter une équipe et faire ce que tu as envie de faire. » J'ai suivi ses conseils. C'est elle qui plus tard m'a proposée au Collège de France pour devenir professeure. Je dirais enfin qu'une autre personne est toujours mon mentor, c'est Susan Gasser[2]. Elle est professeure dans mon domaine, l'épigénétique. Je parle très souvent

1. Christine Petit (1948) est une médecin et biologiste spécialisée en génétique humaine, professeure au Collège de France. Elle fut lauréate du grand prix de l'INSERM en 2007.

2. Susan Gasser (1955) est une biologiste suisse spécialiste d'épigénétique, professeure de biologie à l'université de Bâle. Elle dirige l'Institut suisse de recherche contre le cancer.

France. À l'époque, j'avais déjà rencontré mon futur mari qui était français et j'ai décidé d'aller en France. J'ai donc choisi l'Institut Pasteur pour faire mon post-doc sur l'inactivation du chromosome X. C'était en 1990 et depuis je travaille toujours sur ce phénomène.

N. M.: Vous faites partie des pionnières qui ont fait basculer un paradigme : jusque dans les années 1990, on pensait que tout était déterminé par le génome. À ce moment de votre carrière, aviez-vous conscience que vous entriez dans un domaine qui allait changer la compréhension de l'expression du génome et du corps humain ? Ou est-ce quelque chose qui est venu beaucoup plus tard ?

E. H.: Quelque part, oui. Peter Goodfellow m'avait dit que cette inactivation du chromosome X était un sujet fondamental qui n'était pas encore totalement compris. Il y a deux chromosomes X chez les femmes : ils peuvent être identiques alors que l'un est inactivé et l'autre actif. On savait qu'il y avait une très grande boîte noire sur ce phénomène épigénétique. J'ai donc choisi d'aller dans un domaine où il y avait beaucoup de questions, et où je sentais que c'était le bon moment pour les appréhender. Nous avions enfin les approches et les technologies pour commencer à décortiquer comment cela fonctionne du point de vue moléculaire. Certes, ce monde était peu fascinant, incompris. En revanche, je n'avais pas imaginé à quel point l'épigénétique allait devenir à la mode. J'ai eu la chance de voir ce basculement. Et la chance de travailler sur un processus véritablement épigénétique. Je me suis retrouvée avec une expertise et une expérience sur un sujet totalement approprié. Les années 1990 étaient pour moi des plus excitantes parce que j'ai participé à la renaissance de ce monde de l'épigénétique qui, jusque-là, n'était qu'une hypothèse. J'ai pu assister aux premières réunions sur l'épigénétique « moderne », aux conférences Gordon[6] aux États-Unis. Elles étaient très ciblées et réunissaient un maximum de cent personnes. C'étaient des moments très intenses scientifiquement, et nous échangions en toute confidentialité. En 1995, il a été

6. Les conférences de recherche Gordon sont des conférences organisées par une ONG, dans différents secteurs de la recherche émergente. Tout compte rendu est prohibé, de façon à favoriser l'échange sur des recherches en cours non encore publiées. Elles sont souvent organisées dans des lieux retirés pour favoriser la cohésion de groupe et une atmosphère informelle.

décidé de créer une conférence Gordon sur l'épigénétique, c'était la première et j'étais là. Je me souviens de l'émerveillement à la vue de tous ces sujets où nous avions des points communs, entre ceux qui travaillaient sur les plantes, les mouches, la souris ou l'homme.

N. M.: Avec le recul, comment jugez-vous le début de votre carrière ?

E. H.: J'ai toujours été plus attirée par la question biologique que par les technologies. Quand je voyais un défi devant moi, par exemple ce chromosome X qui devient inactivé, je me demandais quelle était la molécule qui faisait cela et comment la région du chromosome X qui gère ça pouvait déclencher ce processus uniquement sur un seul des deux chromosomes. Pour moi, il y a deux types de scientifiques : ceux qui, passionnés par les technologies, vont les appliquer à tous les problèmes qu'ils rencontrent. Et les autres, dont je suis, qui sont passionnés par les questions biologiques et sont opportunistes par rapport aux technologies qui existent. En fait, il faut les deux. Ce que j'ai compris au cours de ma carrière, c'est que la manière la plus efficace d'avancer pour répondre à des questions est de m'associer aux scientifiques qui ont les technologies qui m'intéressent. C'est pour ça que je suis partie chez David L. Spector[7] : je savais qu'il avait les microscopes, les sondes fluorescentes et les anticorps pour développer les approches de biologie cellulaire dont j'avais besoin. C'est aussi pour ça qu'ensuite j'ai collaboré avec Job Dekker aux États-Unis, qui avait mis en place une approche de capture de la conformation de la chromatine[8]. Je savais que mon équipe avait besoin de cette technologie pour comprendre comment la région du chromosome X s'organisait en trois dimensions. J'ai toujours abordé les choses de cette façon collaborative.

N. M.: Quel conseil donneriez-vous à la toute jeune Edith Heard qui commence à travailler en épigénétique ?

7. David L. Spector (1952) est un biologiste moléculaire américain connu pour ses travaux sur l'expression des gènes.

8. La chromatine est une structure compactée de l'ADN autour de molécules appelées « histones ». Elle peut être plus ou moins compactée et rendre de ce fait l'accès au code génétique plus ou moins difficile. Les caractères épigénétiques sont associés aux modifications de la chromatine.

E. H.: D'être moins anxieuse. L'approche scientifique demande beaucoup de patience, de passion, mais il faut aussi être robuste. Au début, personne ne m'avait dit que si je passais deux ans à essayer quelque chose qui ne marchait pas, ce n'était pas grave et même que c'était normal. Qu'il y aurait d'autres possibilités, car la science avance toujours vite. Aujourd'hui, je suis suffisamment sereine et confiante pour ne pas m'inquiéter et pour dire à mon équipe de ne pas s'inquiéter. Même si ça ne marche pas, nous obtiendrons des résultats forcément intéressants, d'autres technologies seront développées et nous permettront d'aborder la question différemment. Je suis quelqu'un de très robuste. Même si j'avais peur des échecs, je ne me laissais pas abattre. Je continuais et ça me rendait plus forte.

N. M.: Quelle était la part de compétition et de collaboration? Laquelle des deux était la plus stimulante pour vous?

E. H.: Dès le départ, j'ai pris conscience des deux. Mon sujet de thèse était en compétition avec un autre groupe. C'était une leçon pour moi. Je ne comprenais pas comment il était possible que deux laboratoires, qui savaient qu'ils travaillaient sur la même chose, soient incapables de se parler ou de se respecter un minimum. Notre laboratoire essayait pourtant de faire des ponts, mais sans succès. Très vite, j'ai donc été méfiante et prudente vis-à-vis de la compétition. Pour moi, la collaboration est la chose la plus importante en science. C'est elle qui fait vraiment avancer les choses. Je ne dis pas qu'il ne faut pas un peu de compétition. On peut être un compétiteur amical et collaboratif. Le terme qui convient, c'est «compétition collaborative». Je me souviens d'un laboratoire avec lequel nous faisions quasiment la même chose, il y a une quinzaine d'années. Il était tenu par Joost Gribnau, un chercheur néerlandais avec qui je m'entends très bien. Nous nous sommes retrouvés dans un meeting sur l'inactivation du chromosome X. Nos équipes ont proposé de faire une retraite ensemble. Avec Joost Gribnau, nous étions très semblables et avons décidé de partager tous nos résultats, de coordonner nos travaux et nos publications ensemble, afin qu'aucun ne soit publié avant l'autre. C'était une marque de respect et de reconnaissance mutuels. J'aime collaborer, même avec mes

« compétiteurs ». Au niveau de la reproductibilité en science, la chose la plus puissante consiste à avoir deux laboratoires produisant le même résultat de manière indépendante. Je suis heureuse quand un ou plusieurs autres laboratoires arrivent à la même conclusion que nous, en même temps que nous. Cela veut dire que nous sommes dans la vérité. Trouver seul quelque chose que personne d'autre n'arrive à trouver est pour moi suspect.

N. M.: Comment l'idée nouvelle naît-elle chez vous ? Est-ce quelque chose qui vient d'un seul coup comme un *eurêka* ? Ou est-ce au contraire quelque chose de progressif, qui se construit par paliers ou par maturation ?

E. H.: Je dirais les deux. Le grand saut dans la compréhension ressemble plus souvent au premier cas. Comme quelque chose qui arrive au milieu de la nuit, par exemple. Très souvent, c'est quand je pars en voyage et que je change complètement d'environnement. Mon cerveau n'est plus focalisé sur le raisonnement. En science, nous sommes obligés d'être rigoureux et logiques dans notre réflexion au quotidien. C'est quand je quitte ce quotidien que se produisent les moments de l'*eurêka*. Il n'y en a pas si souvent que ça. Je suis quelqu'un qui n'aime pas beaucoup l'inconnu, mais je me force. En revanche, j'aime confronter le côté académique de mon cerveau à des situations inattendues. Certes, cela me fait mal, je souffre d'autant plus que je suis quelqu'un d'assez timide. Me retrouver dans un colloque ou changer de pays pour le travail m'est difficile, mais je sais que sans cela, il n'y a pas de stimulation qui permette d'arriver aux nouvelles idées.

N. M.: Vous est-il facile de penser en dehors du cadre, de sortir d'un consensus scientifique ? Ou est-ce qu'au contraire vous préférez travailler dans un cadre établi ?

E. H.: Je pensais être assez conservatrice dans ma manière de réfléchir, mais avec l'âge je me rends compte que ce n'est pas le cas. Je peux sortir de la boîte. J'aime bien penser à des hypothèses alternatives, renverser les dogmes, y compris les miens. J'aime aussi attaquer nos propres paradigmes. Quand j'ai commencé mon post-doc, je voulais me confronter à un problème particulier : j'ai créé des transgènes[9] pour étudier la manière dont ils se comportent. Pendant dix ans, ça n'a pas fonctionné. La manipulation marchait mais n'aboutissait pas au bon résultat. Presque tous les jours, j'étais obligée de réinventer la manière dont cela marchait. Un jour, en faisant une manipulation, j'ai eu un moment d'*eurêka* : ces transgènes ne marchaient pas là où je pensais, mais au cours d'un certain développement. C'est ça, la science. Si nous restons enfermés dans des idées connues, elles deviennent des dogmes et il n'est plus possible d'avancer. Plus rien n'est intéressant, excitant. Oui, j'aime réfléchir à des alternatives et me demander simplement s'il n'y a pas d'autres voies à explorer. C'est aussi pour ça que j'adore collaborer. C'est en réfléchissant avec les autres que nous pouvons réfléchir à des façons inédites d'explorer un sujet.

N. M. : Quel est votre premier réflexe quand vous êtes confrontée à une anomalie ?

E. H. : Ma première réaction est de me demander si c'est quelque chose d'inconnu, et si ça ne veut pas dire que nous ne sommes pas sur la bonne piste. En parallèle, je m'interroge sur l'approche expérimentale : a-t-elle été bien faite ? Je suis quand même scientifique et nous sommes tous un peu paranos. J'ai perdu des nuits de sommeil à me demander si je ne m'étais pas trompée. Cela fait partie du travail scientifique. Je suis rassurée quand une personne de mon équipe vient dans mon bureau et me dit : « Edith, la manipulation ne marche pas, quelque chose ne colle pas. » Cela signifie que la personne est honnête. C'est ainsi que les grandes découvertes sont faites : le point qui n'est pas sur la courbe, la cellule qui est différente ou le mutant qui n'est pas du tout comme nous le pensions.

N. M. : Comment se formule votre travail de réflexion ? Est-ce une voix intérieure, un monologue, une discussion à voix haute ou

9. Un transgène est une séquence isolée d'un gène, transférée d'un organisme à un autre.

à voix basse ? Ou, au contraire, est-ce que vous pensez en images, en concepts ?

E. H. : C'est une bonne question. Je ne me suis jamais vraiment analysée. Je travaille beaucoup en images. Nous savons par exemple écrire la génomique en lettres mais, contrairement aux cellules, on ne voit pas les lettres. Pour répondre à l'autre partie de votre question, je dirais que je réfléchis plutôt à voix basse. J'ai l'impression que le cerveau scientifique est toujours en marche, sans cesse en train d'analyser les données. Sur le moment, j'ai du mal à réaliser l'impact d'un résultat. Même si je ne réfléchis pas précisément à un problème, je réalise à quel point mon cerveau – le lendemain ou une semaine plus tard – analysait ce que ce problème voulait dire. Et quand on gère une équipe, un institut ou une organisation comme je le fais actuellement, on est obligé de le faire également à voix haute. C'est quelque chose que j'ai été obligée d'apprendre et je dois dire que c'est la partie que je trouvais la plus difficile pour moi. C'est peut-être parce que j'étais enfant unique et que je n'avais jamais vraiment eu besoin de communiquer ce que j'étais en train de penser, mais j'ai appris et je prends même du plaisir à le faire maintenant.

N. M. : Avez-vous besoin d'écrire beaucoup de notes, de griffonner ? Avez-vous des carnets ?

E. H. : Je suis quelqu'un de visuel. Quand j'aborde un nouveau sujet, j'aime bien tout avoir sous les yeux. Pendant ma première année à la fac, je faisais de grosses fiches écrites en tout petit, avec toutes les informations que j'estimais importantes. De cette manière, j'arrivais à faire les connexions et à retenir les informations. Aujourd'hui, je ne fais plus ça. Mais j'aime toujours noter. Écrire à la main me permet de réfléchir à ce que cela signifie. Je pense que c'est important pour la mémoire. Si je lis un papier sans prendre de notes ni préparer de diapositives, l'information n'accroche pas autant.

N. M. : Vos notes, les écrivez-vous plutôt en anglais ou en français ?

E. H. : C'est toujours en anglais. Même si je parle français et que je peux écrire en français, c'est une langue qui n'est pas facile, donc je préfère faire tout en anglais. Je donne des cours en français, bien sûr, mais même mes diapositives, je les conçois en anglais et je les présente en français. C'est un peu dur, mais en même temps je pense que c'est le plus simple. Parfois, on me demande si je rêve en anglais, en français ou même en grec, puisque le grec est ma première langue. Apparemment, je rêve dans les trois langues. Il m'arrivait de parler dans mon sommeil et mon mari me disait que parfois il ne me comprenait pas, c'est donc que ça a dû être du grec.

N. M.: Quelle est la part de l'oral? Avez-vous besoin de parler beaucoup, d'échanger et de discuter?

E. H.: J'ai besoin d'être seule. Je suis une introvertie. Il me faut ce temps pour moi, pour réfléchir dans un dialogue intérieur où je me critique et me questionne. J'ai besoin de cet espace et de ce temps. Mais arrive un moment où il faut échanger. Au début, j'avais du mal à parler en public. Je me préparais des semaines à l'avance parce que j'étais nerveuse. Le jour où j'ai pris conscience qu'il fallait le faire naturellement, sans préparer trop formellement et sans essayer de capter l'attention de l'auditoire pour obtenir en retour un échange, ce fut comme une révélation, une sorte d'*eurêka*.

N. M.: L'usage de l'analogie, de la comparaison ou de la métaphore est-il pertinent?

E. H.: Jusqu'à il y a une dizaine d'années, je n'y avais pas beaucoup recours. Deux choses significatives se sont produites. La première, l'épigénétique est devenue à la mode. Les gens parlaient de choses différentes tout en utilisant le même mot. J'ai été obligée de décrire ma propre version de l'épigénétique et de notre activité au laboratoire, avec des métaphores. Un jour, je me souviens avoir dit quelque chose du genre: «C'est comme si nous avions un arbre. Là, c'est l'ADN, c'est la base. Mais il faut le décorer pour que ça s'exprime différemment.» J'utilisais des métaphores pour me faire comprendre. La deuxième, ce fut dans le cadre de mes cours au Collège de France. Il fallait prendre la parole devant un auditoire grand public. J'ai alors compris la puissance des métaphores vis-à-vis d'un public qui n'a pas forcément les connaissances techniques. Je me suis donc appliquée à le faire beaucoup plus qu'avant.

N. M.: Comment vous représentez-vous votre objet d'étude? Prenons les groupes de méthylation, par exemple: les voyez-vous? Avez-vous des images particulières qui n'appartiennent qu'à vous?

E. H.: Ces images ne sont pas totalement les miennes. C'est plus abstrait. À l'époque où j'ai commencé, nous n'avions pas encore une notion précise de la structure des protéines ou des ARN. Même si ces images étaient dans ma tête, elles n'étaient pas très claires. Dès qu'une image vient grâce à une opération scientifique – que ce soit une infographie, une photo ou un dessin –, je choisis celle qui me convient le mieux. Elle va constituer la base de ma réflexion à venir. Pour autant, je ne pense pas avoir inventé une image représentant le domaine dans lequel je travaille. Pour décrire le destin des cellules, Conrad Hal Waddington[10] a par exemple créé un paysage. Ce n'est pas mon cas pour l'inactivation du chromosome X. Peut-être est-ce de la paresse: il y avait déjà tellement d'images et de symboles… Je fais quand même attention à bien choisir les images que je partage. Il faut faire attention: utiliser une image fausse peut mener les gens dans des voies inappropriées.

N. M.: Diriez-vous que votre raisonnement est plutôt inductif ou déductif?

E. H.: Les deux. J'ai d'abord appris le raisonnement déductif. Ensuite, je me suis permis de faire de l'inductif…

N. M.: Est-ce que cela signifie que vous accordez une grande place à l'intuition? Ou est-ce qu'au contraire vous avez une pensée très rationnelle?

E. H.: Ma pensée est très rationnelle. Maintenant que je dirige une organisation, nous sommes obligés de faire des analyses de nos cerveaux, avec notamment la partie créative et la partie analytique. Chez moi, la partie la plus importante est analytique. Coexiste pourtant une grande partie créative. J'ai pris conscience que j'étais très déductive et que je devais avoir une pensée rationnelle. Sans cette partie déductive, on ne peut pas faire de science. En revanche, j'ai appris à écouter

10. Conrad Hal Waddington (1905-1975) est un biologiste du développement, paléontologue et généticien britannique.

avec elle, et elle me soutient toujours. J'ai donc eu plusieurs mentors dans ma vie. C'est très important d'avoir quelqu'un qui est là pour veiller. Pas pour imposer ses méthodes ou ses idées, mais pour donner son avis en tant que personne qui a de l'expérience et qu'on respecte.

N. M.: Qu'est-ce qui vous a fait passer de vos études de biologie à votre discipline actuelle, l'épigénétique?

E. H.: Quand j'ai décidé de faire une thèse sur le cancer, j'ai fait de la biologie moléculaire, basée sur l'ADN et des molécules. Très vite, j'ai réalisé l'incroyable complexité du génome d'une cellule cancéreuse. Ma thèse consistait à essayer de comprendre comment certaines parties du génome s'amplifient dans une situation tumorale. À l'époque, nous n'avions pas les outils actuels. Il n'était pas possible de séquencer le génome, donc de prédire ce qui se passe dans une tumeur, d'en saisir les mécanismes. Lors de ma thèse, je me suis retrouvée à lire la littérature sur les modifications de l'ADN pour des questions techniques: la méthylation de l'ADN empêche la coupure de l'ADN par des enzymes[3]. C'était la technique que j'utilisais pour assembler mes génomes. Je me demandais pourquoi ces modifications épigénétiques étaient là et ce qu'elles faisaient. Il y avait déjà des hypothèses selon lesquelles elles étaient impliquées dans le cancer et ça m'intéressait. Je suis allée voir le laboratoire de Peter Goodfellow[4], qui travaillait sur la lignée germinale et le chromosome Y. Je lui ai dit que j'aimerais bien faire quelque chose qui soit un peu plus contrôlable que le cancer, et qui touche à l'épigénétique. Il m'a conseillé de travailler sur l'inactivation du chromosome X[5], un sujet à peine traité, et a cité deux laboratoires: l'un aux États-Unis, l'autre en

3. La méthylation de l'ADN est une modification chimique qui intervient pour réguler l'expression des gènes, et notamment éteindre leur expression, mais de manière non définitive. C'est la base du fonctionnement épigénétique.

4. Peter Goodfellow (1951) est un généticien britannique connu pour ses travaux sur la détermination sexuelle.

5. Chez les mammifères femelles, qui possèdent deux chromosomes X (les mâles possèdent un X et un Y), l'un des deux chromosomes – qui contient de nombreux gènes impliqués dans le fonctionnement des cellules – doit être inactivé, sans quoi les femelles produiraient deux fois trop de certaines protéines par rapport aux mâles.

mon intuition. Avec le recul, j'ai quasiment toujours eu raison. Quand je voyais quelque chose qui ne collait pas, et que je sentais que c'était peut-être intéressant à creuser, j'avais raison; quand je ne cherchais pas à le faire, quelqu'un d'autre finissait par trouver. Aujourd'hui, j'ai appris à suivre mon intuition tout en informant les membres de mon laboratoire. Je leur explique que j'ai une idée, qu'elle est peut-être totalement fausse, mais que j'ai envie de la partager avec eux. Ils peuvent la garder en tête pour le jour où ils feront une manipulation qui permettra de la tester.

N. M.: Quelle est chez vous la part de l'émotion? Est-ce un moteur ou un frein?

E. H.: L'émotion prend une place assez grande chez moi. Je suis hypersensible, donc très facilement touchée ou influencée par les événements qui se produisent autour de moi: une détresse ou une excitation de mes collègues ou de ma famille. Or, pour faire de la science, il faut garder cette rationalité, cette froideur presque, afin de ne pas perdre le fil. Depuis toute petite, même avant d'être scientifique, j'ai appris à être consciente de mon émotivité – et de tout ce qu'elle implique – sans pour autant la mettre à l'écart. Il faut partager l'émotion. C'est très important. J'en ai pris conscience quand j'ai dû apprendre à travailler avec mon équipe. Quand quelqu'un a accompli avec succès un énorme travail, il faut partager cette joie. Pour moi qui ai été élevée en Angleterre où l'on nous apprenait à cacher nos émotions, ce n'était pas naturel. C'est donc auprès de mon équipe que pour la première fois je me suis autorisée à exprimer ces émotions. Quand, à l'inverse, quelqu'un a consacré deux années à faire une manipulation qui s'est avérée être finalement un échec, il ne faut pas museler sa détresse, sa tristesse. En science, nous avons besoin des émotions pour que perdurent la motivation et la satisfaction. Quand nous sommes contents de quelque chose, il ne faut pas hésiter à le partager. *Idem* pour la colère causée par une injustice, par exemple. Il est très important d'exprimer ces choses-là.

N. M.: Comment définiriez-vous votre mémoire?

E. H.: J'aurais aimé avoir une mémoire photographique. J'ai même essayé de voir comment il est possible de l'acquérir, mais cela ne s'apprend pas. Je suis très visuelle. Quand j'écoute quelqu'un, je prends des notes, j'imagine des choses. J'ai même fait des tests de QI pour mieux me connaître : chaque fois, c'est dans la partie visuelle que je suis la plus forte, même si j'ai un cerveau assez analytique et mathématique. Pour mémoriser les choses, il faut que j'aie un narratif, une histoire en tête pour que ça reste imprimé longtemps.

N. M. : Avez-vous besoin d'errance, de silence pour travailler ? Ou est-ce qu'au contraire vous avez besoin de contact, de musique, de bruit ? Quel est le cadre idéal pour réfléchir ?

E. H. : Je peux travailler quasiment dans toutes les conditions. Dans un train ou même dans une réunion. Mais pour la créativité et le côté analytique de la recherche, des aspects qui nécessitent un autre type de concentration, c'est plutôt le silence. Cela dit, je parviens à m'isoler un peu partout, même quand il y a du monde.

N. M. : La nuit est-elle propice au sommeil ou à la réflexion ?

E. H. : Je dirais propice au sommeil, mais malheureusement, avec l'âge et les responsabilités, je dors de moins en moins bien. Ce n'est pas une réflexion scientifique. Durant la nuit, souvent, je réfléchis plutôt aux défis que je dois relever ou aux problèmes que je dois résoudre.

N. M. : Quelle place accordez-vous au hasard ou à la sérendipité dans vos travaux ?

E. H. : Je lui accorde une place importante, mais sans forcément compter dessus. Quand nous lançons une expérience, il y a de grandes chances pour que nous trouvions autre chose que ce que nous cherchions initialement. Toutes les grandes découvertes sont souvent liées à ce hasard. En même temps, il est inutile de lancer des expériences *au hasard* en espérant trouver quelque chose. Il faut être guidé par une logique et une approche systématique, tout en gardant l'œil ouvert sur le hasard et la sérendipité. Il ne faut pas exclure l'inattendu ou ce qui va contre une hypothèse. J'essaie toujours d'interroger activement les gens qui viennent me voir avec un schéma totalement inattendu et qui pensent qu'il est à exclure.

N. M.: Avez-vous besoin d'une routine de travail? Est-ce quelque chose qui vous aide à travailler et dans lequel vous êtes plus confortablement installée ou est-ce qu'au contraire vous n'avez jamais eu aucune routine?

E. H.: La plupart des gens qui me connaissent disent que je travaille tout le temps, que je réfléchis tout le temps à mes sujets d'étude. Pour autant, je ne suis pas organisée en fonction d'une routine. En même temps, il y a certaines constantes. Je sais maintenant que je suis beaucoup plus productive le matin, donc quand j'ai un article à rédiger ou que je dois réfléchir à une certaine approche, j'essaie de faire ça le matin. Je m'organise, mais je ne dirais pas que c'est une routine qui serait identique tous les jours et toutes les semaines.

N. M.: Diriez-vous que l'évolution de la technologie a changé votre manière de réfléchir et de penser?

E. H.: Peut-être. De grandes avancées ont changé le domaine dans lequel je travaille. Nous sommes passés d'une échelle très descriptive (par exemple, l'épigénétique sur la base d'approches de biologie cellulaire) à des approches génomiques. Ces approches génomiques demandent une manière d'aborder les questions et d'analyser l'expérience assez différente. Maintenant que nous avons accès au déchiffrage du génome et de l'épigénome, j'ai appris à réfléchir autrement à certaines questions scientifiques. Désormais, nous avons la capacité d'aborder une question avec des outils génétiques que nous n'avions pas auparavant. Fondamentalement, mon mode de fonctionnement et ma réflexion n'ont en revanche pas beaucoup changé.

N. M.: Qu'est-ce que c'est qu'un obstacle pour vous? Comment l'appréhendez-vous et comment faites-vous pour le contourner?

E. H.: Je pense être très réaliste. Si nous n'avons pas les outils, ce n'est pas la peine d'espérer résoudre une question. Mais il faut rester vigilant parce qu'un jour ou l'autre, ces outils arriveront peut-être. Un autre obstacle réside dans le fait de ne pas parvenir à convaincre les gens de travailler sur des questions qui nous intéressent. Très souvent, la solution consiste à discuter de manière répétée et approfondie pour permettre à la personne de s'approprier la question. À partir de ce moment-là, l'obstacle est dépassé. La bonne gestion d'une équipe implique que tous les chercheurs puissent s'épanouir et avancer. Il est très important d'observer et de voir où sont les obstacles. Y a-t-il par exemple un manque de motivation ? Est-ce simplement un problème de compréhension ? Je remarque souvent une chose : dès que la personne s'approprie la question, elle trouve des solutions.

N. M. : À quel moment vous dites-vous que vous faites fausse route ? Comment gérez-vous l'impasse ?

E. H. : Tout dépend de la question. En général, je ne lâche pas facilement. J'essaie d'étudier et de chercher des solutions. Si je vois qu'il n'y en a pas d'évidentes et que cela aboutirait à une perte de temps, je classe mais ne jette pas. Beaucoup de questions et d'idées viennent du passé. Parfois, elles peuvent dater de vingt à vingt-cinq ans et ressusciter au moment où une opportunité se présente. Soit parce que des collègues sont intéressés et nous pouvons travailler ensemble, soit parce que des technologies sont enfin disponibles. Pour autant, je ne suis pas obsédée par l'impossible ou l'absence de solution.

N. M. : La recherche est-elle génératrice de sérénité ou d'anxiété ? Laquelle des deux est la plus féconde ?

E. H. : Longtemps, la recherche a généré plutôt de l'anxiété. Je pense qu'il est important d'être anxieux quand on est scientifique, parce que nous devons sans cesse nous questionner et nous critiquer. Depuis dix ou quinze ans, j'ai quand même trouvé une forme de sérénité. Nous avons répondu à certaines questions et je connais et domine mieux mon sujet. Je suis moins anxieuse qu'auparavant. Pour autant, l'anxiété est génératrice de rigueur et de progression.

N. M. : Quelle place accordez-vous à l'autocritique ? Est-ce un exercice simple et courant pour vous ou est-ce plutôt difficile et rare ?

E. H.: Pour moi, c'est très courant ! Je critique tous les jours ce que je fais. Et je cherche quelles pourraient être les critiques qu'on pourrait me faire. Même si la science exige que l'on soit très critique envers soi-même, j'essaie de ne pas trop l'être avec les autres. Dans tous les cas, l'autocritique tient une place importante dans ma vie.

N. M.: Le doute est-il un compagnon ? Est-ce qu'il vous aiguillonne ou est-ce au contraire quelque chose de paralysant ?

E. H.: Le doute m'accompagne. Je vis très bien avec lui. D'une certaine façon, il s'apparente au pessimisme. Si nous avons des doutes et sommes assez pessimistes sur ce que nous faisons, nous ne pouvons qu'être agréablement surpris. Je fonctionne comme ça. Et je suis rarement déçue. J'ai tellement de doutes sur ce que je fais – et ce que font les gens autour de moi – que ça me rend optimiste et me soulage quand je comprends que j'avais tort lorsque je doutais !

N. M.: Quelle est la découverte dont vous êtes le plus fière ?

E. H.: Puis-je en donner deux ? La première, qui a vraiment transformé ma carrière, mais aussi la perception que j'avais de moi-même et de mes capacités, a eu lieu à la fin de mon post-doc. C'est le moment où j'ai pris conscience que certaines parties du chromosome X – certains transgènes – ne fonctionnaient que dans un contexte développemental, et non dans un contexte somatique. Cela a permis à mon équipe de montrer que ce processus de l'inactivation du chromosome X, au cours de l'embryogenèse précoce, était très dynamique. En moi, cela a ouvert plein de portes, donné naissance à autant d'idées. Ce fut aussi important pour ce domaine d'étude : pour la première fois, cette dynamique épigénétique a été montrée dans l'embryon précoce de la souris.

La deuxième découverte s'est faite aux États-Unis avec Job Dekker[11], sur la structure et l'organisation des chromosomes en

11. Job Dekker est un biologiste néerlandais, spécialiste de la conformation et du repliement de l'ADN et professeur au département de biologie moléculaire de l'école de médecine de l'université du Massachusetts.

trois dimensions. Nous étions avec Elphège-Pierre Nora, un étudiant de mon laboratoire. Pour comprendre comment la région du chromosome X qui nous intéressait était régulée (le centre d'inactivation du chromosome X, la même région que ces transgènes que j'avais testés !), nous avons décidé d'étudier la manière dont les séquences étaient organisées en trois dimensions. Job Dekker avait développé une technique appelée 3C (pour *chromosome conformation capture*), qui permettait de voir en trois dimensions comment les séquences étaient organisées. Là, nous sommes tombés par hasard sur une organisation des chromosomes appelée « domaine d'association topologique » (ou TAD pour *topologically associating domain*). Au début, nous n'y croyions pas. Nous avons refait la manipulation plusieurs fois. Puis nous avons compris que c'était effectivement une organisation qui pouvait expliquer plusieurs choses : tout d'abord, pourquoi cette région du chromosome X était régulée de cette façon ; puis pourquoi elle était très grande et organisée en deux domaines topologiques ; enfin, que c'était une règle générale du génome. Aujourd'hui, nombreux sont ceux qui s'intéressent à ces domaines topologiques. Ils sont un peu les paysages dans lesquels un gène explore les séquences régulatrices.

Ces deux travaux m'ont marquée. Le premier travail, sur la dynamique épigénétique, date de 2004 ; le second, sur les TAD, de 2012. Ensuite, il y a eu d'autres articles en 2016 et après.

N. M.: À l'inverse, quel est votre plus grand échec ?

E. H.: J'ai du mal à en trouver : au niveau des sciences, il est rare qu'un travail aboutisse à un échec total. À chaque fois que nous lançons une expérience, nous essayons toujours de trouver dans le résultat un ou plusieurs éléments qui pourraient nous aider à comprendre autre chose. Nous avons testé des hypothèses auxquelles nous croyions. Par exemple, nous pensions que les deux chromosomes X se séparaient au cours du développement. Et qu'à ce moment se décidait quel chromosome X était inactivé, et lequel était activé. Dix ans durant, nous avons planché là-dessus puis nous avons nous-mêmes rejeté cette hypothèse. Nous avons essayé de séparer ces deux chromosomes X, c'est-à-dire d'empêcher l'appariement en nous demandant si cela influençait le processus. En fait, nous avons réalisé que ce n'était pas du tout le cas et que dans cette situation le processus se déclenchait bien comme il fallait. Est-ce un échec ? D'un côté, oui. De l'autre, j'estime que c'est peut-être un succès parce que nous avons pu prouver que cette explication n'était pas correcte. Il est très important, pour la science, de publier le résultat qui montre qu'une hypothèse n'est pas vraie. Finalement, l'échec se situe plus au niveau des personnes. La détresse de quelqu'un, c'est plus un échec pour moi que ce qui arrive en science.

N. M.: Diriez-vous que votre domaine de recherche et votre travail ont changé la façon dont vous percevez le monde, les autres et le réel ?

E. H.: Oui. L'épigénétique a transformé ma perception du monde. Pour certaines personnes, la définition de l'épigénétique est l'influence de l'environnement sur l'organisme. Ce n'est pas si simple, et ce n'est pas la définition que je préfère. Mais je me rends compte que l'environnement joue effectivement un grand rôle dans la capacité du génome à s'exprimer et dans la capacité d'un embryon à se développer. Aujourd'hui, je suis donc beaucoup plus sensible à ce que signifie l'influence de l'environnement sur l'être et sur l'organisme. Ça m'a ouvert des horizons. J'ai eu cette curiosité quant à l'impact de l'environnement sur le vivant. En arrivant à l'EMBL (Laboratoire européen de biologie moléculaire), j'ai développé un programme de cinq ans que j'ai appelé « La vie dans le contexte du monde réel » (« Life in Context »). Ce dernier est très inspiré par le domaine de l'épigénétique dans lequel je me suis retrouvée grâce à l'inactivation du chromosome X.

N. M.: Est-ce que ça a changé des choses concrètement dans votre vie, dans votre quotidien ?

E. H.: Peut-être. J'ai compris que notre santé était très influencée par notre environnement. Le microbiome que nous portons, ce que nous mangeons et notre qualité de vie vont avoir un grand impact sur la santé. Cette dernière est très influencée par notre environnement. Je suis aujourd'hui plus sensible à cette influence. C'est même devenu à la mode. Si la question est de savoir si cela a profondément changé ma manière de vivre, la réponse est non. C'est surtout dans ma manière de communiquer avec les gens et dans le fait de considérer d'un œil nouveau les questions qu'ils me posent.

N. M.: Y a-t-il un chercheur ou une chercheuse d'une autre discipline dont vous vous sentez proche ?

E. H.: C'est difficile. Mais voilà ma réponse : ma fille. Je suis sûre que personne ne vous a répondu ça ! Je suis très admirative de ma fille. Elle est encore assez jeune, elle cherche encore la stabilité. Elle me ressemble beaucoup tout en étant très différente. Si je n'avais pas été scientifique, j'aurais pu être comme elle. Elle a 31 ans. Elle travaille dans les relations internationales et est spécialiste du monde arabe. Elle essaie de contribuer à l'éducation des exilés et des réfugiés. Elle est très sensible à la justice du monde. Peut-être qu'un jour je la rejoindrai dans ses démarches.

N. M.: Pensez-vous que le temps des grandes découvertes dans votre discipline est révolu ou à venir ?

E. H.: Nous sommes en plein dedans. La littérature consacrée à l'épigénétique est exponentielle. Nous avons encore devant nous des découvertes époustouflantes. Que ce soit l'inactivation du chromosome X ou l'épigénétique en général. Il y a une vingtaine d'années, quelqu'un m'a dit : « Un jour, l'inactivation du chromosome X ce ne sera qu'un chapitre dans un livre, rien de plus. » Vingt ans plus tard, il est possible de faire un livre entier sur l'inactivation du chromosome X et nous n'avons toujours pas tout compris. Tout cela est lié à la vitesse des technologies en biologie. Je pense par exemple au CRISPR-Cas9[12]. Ce que nous pouvons faire aujourd'hui, et qui était encore impossible il y a dix ans, est extraordinaire.

N. M.: Quelle découverte complètement folle en épigénétique aimeriez-vous voir de votre vivant ?

E. H.: J'aimerais beaucoup comprendre comment les gènes sont choisis pour être activés ou réprimés. Et comment cette répression des gènes est réellement établie au niveau moléculaire. Cela peut paraître simpliste ou complexe, mais ce sont des questions fondamentales et profondes en biologie. Comment active-t-on un gène ?

12. CRISPR-Cas9 est une enzyme qui peut être utilisée en génie génétique comme « ciseau moléculaire » pour couper et remplacer des brins d'ADN. Sa découverte a valu à la généticienne française Emmanuelle Charpentier et à l'Américaine Jennifer Doudna le prix Nobel de chimie en 2020.

Comment le garde-t-on actif? Comment réprime-t-on un gène et comment le garde-t-on réprimé? C'est la base de la différenciation cellulaire, le développement embryonnaire. Nous savons par exemple que nous pouvons reprogrammer les cellules activées d'un gène quand nous faisons l'IPS (cellules souches pluripotentes induites).

De manière plus large, j'aimerais beaucoup comprendre comment un organisme, que ce soit *in utero* ou un organisme dans un champ ou dans la mer, peut répondre à un signal environnemental, et peut en fonction de cela changer de caractéristiques. On peut parler de plasticité phénotypique. Je suis fascinée par ça. Ce monde est là, nous le savons depuis presque un siècle. Par exemple, les daphnies, en fonction du niveau de sel ou de la température, peuvent complètement changer de morphologie. Y a-t-il un facteur épigénétique là-dedans? J'en suis sûre, mais pour l'instant nous ne savons vraiment pas comment cela fonctionne. Ce lien entre l'environnement et le vivant me fascine. Je ne sais pas si nous en trouverons les clés de mon vivant, mais je suis ravie en tout cas de voir qu'il y a enfin les outils pour le comprendre.

Bibliographie

Avec L. Giorgetti, B. Lajoie, A.C. Carter, M. Attia, Y. Zhan, J. Xu, C.J., Chen, N. Kaplan, H.Y. Chang, et J. Dekker, « Structural organization of the inactive X chromosome », *Nature*, vol. 535, 2016, p. 575-579.

Avec J. Zylicz, A. Bousard, K. Zumer, F. Dossin, E. Mohammad, S. Texeira, B. Schwalb, L. Syx, F. Dingli, D. Loew, P. Cramer, « The Implication of Early Chromatin Changes in X Chromosome Inactivation », *Cell*, vol. 176, 2019, p. 182-197.

Avec T. Pollex, « Nuclear positioning and pairing of X-chromosome inactivation centers are not primary determinants during initiation of random X-inactivation », *Nature Genetics*, vol. 51, 2019, p. 285-295.

Avec F. Dossin, I. Pinheiro, J.J. Zylicz, J. Roensch, S. Collombet, A. Le Saux, T. Chelmicki, M. Attia, V. Kapoor, Y. Zhan Y, F. Dingli, D. Loew, T. Mercher, J. Dekker, « SPEN integrates transcriptional and epigenetic control of X-inactivation », *Nature*, vol. 578, 2020, p. 455-460.

Avec S. Collombet, N. Ranisavljevic, T. Nagano, C. Varnai, T. Shisode, W. Leung, T. Piolot, R. Galupa, M. Borensztein, N. Servant, P. Fraser, K. Ancelin, « Parental-to-embryo switch of chromosome organization in early embryogenesis », *Nature*, vol. 580, 2020, p. 142-146.

Étienne GHYS
Mathématiques et géométrie
Médaille d'argent du CNRS

Étienne Ghys, derrière ses cheveux blancs mi-longs, a toujours un sourire espiègle au coin du visage. Loin de l'image austère d'un secrétaire perpétuel de l'Académie des sciences – poste qu'il occupe depuis 2019 –, il communique avec un enthousiasme contagieux sa passion pour sa discipline. Toujours à la recherche de nouveaux formats de vulgarisation, il a créé et anime un podcast pour ses collègues académiciens.

Directeur de recherche émérite au CNRS, il a contribué à la création et au développement du laboratoire de mathématiques de l'École normale supérieure de Lyon. Depuis quelques années, il s'est investi dans plusieurs actions de diffusion, comme la réalisation de films mathématiques ou encore la fondation d'une revue en ligne destinée au grand public. Cela lui a valu le prix Clay pour la dissémination des mathématiques et la médaille de la médiation scientifique du CNRS.

« La notion de vérité en mathématiques ne peut être que sociologique. »

NICOLAS MARTIN: Y a-t-il un moment précis, une expérience, un souvenir ou un événement que vous rattachez à l'apparition de votre vocation ?

ÉTIENNE GHYS: Je ne pense pas avoir eu une vocation pour les mathématiques mais pour les sciences en général. Ensuite, par une série de « nettoyages successifs », j'ai mis de côté une à une les disciplines scientifiques, pour me retrouver mathématicien, puis finalement géomètre.

Mon premier souvenir scientifique marquant date du CM2. Un maître que j'aimais beaucoup nous expliquait ce qu'étaient les pentagones et les hexagones. C'était l'occasion pour lui de nous apprendre quelques préfixes et suffixes. Il nous demandait si nous savions comment on appelle un polygone à huit côtés. Un camarade répond « octogone », puis le maître pose la même question pour dix côtés et un autre élève, très savant, répond « décagone ». Alors le maître demande quel est le polygone qui a le plus grand nombre de côtés et moi, sans réfléchir, je réponds « le cercle ». Je me souviens avec netteté du sourire du maître. Il était content et moi j'étais content qu'il le soit. Peut-être que j'exagère un peu, mais je me dis que c'était comme une première vision de l'infini. J'avais compris qu'un polygone qui a énormément de côtés ressemble tellement à un cercle qu'on peut presque dire que «c'est» un cercle. Évidemment, je n'aurais jamais employé ces mots à l'époque. Le fait d'avoir fait plaisir au maître est important. Le rôle des professeurs et des instituteurs est crucial. J'ai su bien plus tard que Descartes avait parlé du «chiliogone», c'est-à-dire du polygone à mille côtés[1].

N. M.: Quelle est la trajectoire qui vous fait arriver, de cette curiosité scientifique, aux mathématiques?

É. G.: Ça s'est passé par exclusions successives. Quand j'étais au collège, mes parents avaient acheté une encyclopédie des années 1960 qui s'appelait *Tout l'Univers*. Elle a probablement joué un rôle très important pour la vocation de pas mal de gens dans ce pays. J'ai littéralement dévoré cette encyclopédie. Je lisais tous les articles qui parlaient de science. Je ne faisais pas trop de distinction entre les maths et la physique à cette époque et il y avait relativement peu de biologie. Quand on me demandait ce que je voulais faire en grandissant, je répondais toujours «technicien». Dans l'encyclopédie *Tout l'Univers*, il n'y avait pas de catégorie «sciences» mais on parlait de «techniques», je m'intéressais donc aux «techniques». J'étais plutôt bon élève à l'école. J'étais dans un collège d'enseignement général, donc je ne faisais pas de physique et presque pas de biologie – qu'on appelait encore «sciences naturelles». Le principal enseignement scientifique était mathématique et je me suis vraiment passionné pour ce sujet à partir de la classe de quatrième. Ce qu'on m'apprenait à l'école en sciences ne me suffisait pas. J'avais la chance d'avoir une bibliothèque municipale à Roubaix où il y avait une bibliothécaire très gentille qui me recommandait des lectures. Je me nourrissais de science là-bas. Plus tard, au lycée, je ne faisais toujours pas trop de différence entre les mathématiques et la physique. Puis j'ai fait maths

1. «Je peux imaginer un triangle, mais pas un chiliogone (une figure à 1000 côtés). Ou alors l'image que j'aurai à l'esprit ne se distinguera en rien de celle d'un myriogone (une figure à 10000 côtés). En revanche, je peux concevoir l'idée du chiliogone, saisir le sens de cette idée comme figure à 1000 côtés. L'imagination est un lien entre le corps et l'esprit, une certaine application de la faculté qui connaît au corps qui lui est intimement présent, et partant qui existe.» Descartes, *Méditations métaphysiques*, 1641.

sup, maths spé, et c'est là que j'ai compris que la physique n'était pas pour moi, parce que c'est une science expérimentale et que, quand on me donne un tournevis, je casse tout. (Rires.) Les professeurs de physique me répétaient: «Monsieur Ghys, vous n'avez pas le sens physique», et ils avaient raison. Je comprends l'aspect mathématique de la physique, mais je ne comprends pas l'aspect expérimental. J'ai fini par comprendre que ce qui me fascinait dans la physique, c'était son aspect mathématique et je suis devenu mathématicien.

N. M.: Est-ce que vous venez d'une famille dont des membres étaient scientifiques, artistes ou créateurs?

É. G.: Je viens d'une famille modeste. Mon père était sourd et ma famille était un peu retirée. Peu d'amis venaient à la maison. C'étaient des gens simples. Mon père était imprimeur pour une revue et ma mère était mère au foyer. Nous étions cinq enfants. Il n'y avait pas de «créateurs» dans la famille, même si le sens de ce mot me semble vague. Le frère de mon père, qui était aussi son employeur, était une personnalité charismatique. C'était un père blanc d'Afrique. Il avait une grande robe blanche, la croix sur le ventre et une grande barbe, comme dans Tintin. Nous l'appelions «Mon oncle Jacques». Il était extraordinaire, il parlait l'arabe couramment et il a beaucoup travaillé pour l'intégration en France de ce qu'on appelait à l'époque les «travailleurs nord-africains». La revue qu'imprimait mon père, dans laquelle étaient publiés les premiers intellectuels qui ont réfléchi au phénomène de migration dans les années 1960, s'appelait *Hommes & Migrations*.

N. M.: Quel rôle ont joué vos parents pour vous encourager, ou au contraire pour vous dissuader de vous diriger vers une carrière scientifique?

É. G.: Mes parents étaient très fiers de leurs enfants, de moi en particulier, mais pas seulement. J'ai une petite anecdote que je trouve intéressante. Quand j'étais en CM2, le maître me raccompagne chez moi, va voir mes parents et leur dit que je suis doué pour la musique et qu'il faudrait que j'apprenne à jouer d'un instrument. Il avait probablement compris que j'avais une appétence pour la lecture des portées musicales. Mes parents sont restés très polis et quand le maître a fermé la porte, ma mère a dit: « Il n'en est pas question, Étienne. » C'était la fin de ma carrière musicale. (Rires.) C'est probablement dû au fait qu'il n'y avait pas de musique à la maison puisque mon père était sourd.

N. M.: Justement, est-ce que vous pensez qu'une œuvre artistique vous a influencé ou a joué un rôle dans le début de votre carrière scientifique?

É. G.: Clairement non. Pendant toute la première partie de ma vie, le monde des arts m'était totalement inconnu.

N. M.: Y a-t-il eu une ou plusieurs personnes, un ou plusieurs mentors qui ont été déterminants pour éveiller votre curiosité et vous orienter vers une carrière scientifique?

É. G.: Il y a quelques instituteurs. J'en ai déjà cité un: mon maître de CM2, M. Achille, que je n'oublierai jamais. C'était un enseignant qui savait respecter ses élèves et je lui en suis reconnaissant. On ne faisait pas vraiment de maths, on parlait de « leçons de choses » à l'époque.

La bibliothécaire de Roubaix a été importante aussi. Elle m'a permis, avec une autorisation spéciale dont j'étais très fier, d'emprunter des ouvrages du côté des adultes. Je lisais des livres qui n'étaient pas forcément adaptés à mon âge, mais qui me fascinaient.

Je peux citer au moins deux autres professeurs. Celui de quatrième, par exemple. Il était prof de maths, d'anglais, d'allemand et de sciences naturelles, donc on le voyait tout le temps et il a été très important pour moi. Il m'a beaucoup soutenu. J'étais dans une école de frères des écoles chrétiennes. Il y a une quinzaine d'années, ma belle-sœur a retrouvé la trace de ce professeur, le frère Élie, dans une maison de retraite. Je me suis rendu compte que souvent les enfants ne remercient pas leurs maîtres et je me suis senti un devoir de lui écrire. Il fallait à la fois que je le remercie et que je lui avoue que je n'étais plus catholique. C'est peut-être l'une des lettres les plus difficiles que j'aie eu à rédiger de ma vie. Je n'ai jamais eu de réponse...

Ensuite, j'ai eu un professeur en seconde et en première, M. Fasseur. Je suis de la génération où les maths modernes ont été imposées brutalement à tout un corps enseignant qui s'est retrouvé à enseigner des choses qu'il ne maîtrisait pas du tout. Ce monsieur a vu en moi quelqu'un qui était capable d'absorber le programme comme une éponge. Il a vite compris que je pouvais être utile pour les autres élèves de la classe. Très rapidement, il m'envoyait au tableau et, en gros, c'est moi qui faisais le cours devant les copains. Il était juste quelques mètres en retrait, il ajoutait des commentaires et il m'appelait son « maître assistant ». Je n'ai jamais senti un sentiment de supériorité ou quoi que ce soit et je ne pense pas que les copains le ressentaient de cette manière. Je suis redevable à M. Fasseur de m'avoir appris à m'exprimer en public et à me mettre à la place de ceux qui ne comprenaient pas.

N. M.: Quand avez-vous compris que vous vouliez consacrer toute votre vie aux maths ?

É. G.: Malheureusement ou heureusement, le système scolaire français est tel que, quand on est bon en maths, on est porté par une vague sans trop avoir à réfléchir à ce qu'on fait. J'ai fait des choix très tardivement. Je me suis retrouvé en maths sup parce que j'étais bon en terminale, je me suis retrouvé à l'École normale supérieure de Saint-Cloud parce que j'ai réussi un concours et puis j'ai passé l'agrégation parce qu'on m'a dit de le faire. Ce n'est pas un reproche, puisque j'adorais ça. Ensuite, j'ai commencé à faire de la recherche. Pour des raisons plus personnelles, puisque ma copine (qui est devenue ma femme) était à Lille, je me suis retrouvé là-bas assez isolé. Un jour, Dennis Sullivan[2], un grand ponte, est venu pour un jury de thèse. Nous avons discuté et je lui ai raconté ce que je faisais. Je n'avais jamais parlé de mes recherches mathématiques avec un mathématicien de ce niveau. La femme qui venait de soutenir sa thèse est venue lui proposer une coupe de champagne. Je me souviens de sa réponse qui m'a donné une bouffée d'oxygène. Il a refusé en lui expliquant qu'il était en train de boire des mathématiques avec moi. Je n'avais pas encore compris qu'on pouvait partager des maths à ce point. J'étais

2. Dennis Sullivan est un mathématicien américain qui a passé une bonne partie de sa carrière à Paris. Topologue profond, très atypique, très charismatique. Il a reçu en 2022 le prix Abel, l'un des prix les plus prestigieux en mathématiques.

persuadé d'être dans ma petite bulle et que ce que je faisais n'intéressait que moi. Or, j'ai vu que ce type célèbre s'intéressait à ce que je faisais ; d'ailleurs, je lui dois d'être entré au CNRS quelques mois plus tard. Par la suite, il m'a fait venir à New York, j'ai côtoyé presque jour et nuit ce grand mathématicien qui avait 40 ans à l'époque. Il me téléphonait à des heures incroyables lorsqu'il avait une idée. J'étais le témoin direct de la création de nouvelles maths et j'étais fasciné. C'est un peu bête, ce que je dis, mais la décision d'être mathématicien a été prise après mon doctorat.

N. M. : Quel regard portez-vous aujourd'hui sur votre début de carrière ? Est-ce que votre approche des mathématiques a beaucoup évolué ?

É. G. : Elle a énormément changé et j'en suis très fier. C'est l'une des caractéristiques de ce métier. On ne travaille pas de la même manière quand on a 25 ans et quand on en a 60. Mon cercle d'intérêts s'est progressivement élargi. Au début, j'étais dans un cercle dans lequel il n'y avait que moi. Puis j'ai compris qu'il y avait d'autres spécialistes, comme Dennis Sullivan, avec qui je pouvais parler et partager, mais c'était encore très ponctuel, car il y avait peu de personnes comme lui. À un moment, je me suis fatigué de ne rien comprendre aux exposés des collègues et j'ai voulu les comprendre. D'abord les autres géomètres, puis les autres mathématiciens. Et ensuite j'ai eu le bonheur d'avoir des doctorants. J'ai voulu partager mes maths avec eux. C'était une bonne chose, mais j'ai compris que c'était encore mieux de partager avec le grand public, alors j'ai commencé à faire de la vulgarisation destinée à un public le plus large possible. Quand j'ai eu un peu plus de bouteille, on m'a demandé d'avoir une activité éditoriale. Je me suis occupé d'une bonne dizaine de revues de maths dans ma carrière. Au début, j'étais juste expert et puis je suis devenu rédacteur en chef, ce qui dans un cas comme dans l'autre m'a forcé à lire ce que faisaient les autres. Mon approche des maths a en effet beaucoup évolué en ce sens qu'elle s'est considérablement et progressivement élargie.

N. M. : Quel est le conseil que vous donneriez au jeune Étienne Ghys aujourd'hui ?

É. G.: Il y a six ou sept ans, j'ai démontré partiellement un théorème. Ça commençait à m'énerver parce que je n'arrivais pas à conclure et à aller au bout de ce que je voulais faire. Ce théorème exploitait des tas de choses dans toutes les directions, y compris dans des directions que je ne maîtrisais pas vraiment. Je me suis dit que j'allais écrire un livre pour expliquer ma démarche, pas nécessairement cohérente, et décrire mes échecs. Voici ce que j'écris dans l'introduction.

> « J'ai écrit ce "petit livre" en pensant à un lecteur précis : moi-même, lorsque j'étais étudiant... Pour être très précis, j'ai limité les prérequis à ma propre formation lorsque j'ai passé le concours d'agrégation, il y a exactement quarante ans ! Je me souviens très bien que j'avais (et j'ai toujours) de grandes difficultés à lire de longs traités de mathématiques, pleins de détails techniques, et que je préférais regarder des images. J'ai maintenant appris que la précision et les détails sont souvent nécessaires en mathématiques, mais je suis toujours très friand de promenades. J'ai essayé d'imaginer quelles auraient pu être mes propres réactions face à ce livre, en tant que débutant. Cette "conversation" entre les deux "versions de moi-même" a été intéressante et m'a rappelé la nouvelle "El Otro" de Borges. Était-ce un rêve ? Une reconstruction du passé[3] ? »

Comme j'avais des étudiants autour de moi, j'ai demandé à l'un d'entre eux s'il accepterait de lire une première version du livre et de me faire des commentaires. Il était en première année de l'École normale supérieure de Lyon, il avait donc une vingtaine d'années. J'ai eu beaucoup de chance. Il ne faut peut-être pas lui répéter, mais je lui ressemblais quand j'avais son âge, c'est-à-dire qu'il pensait qu'il n'y avait que les maths dans la vie. Il a été super. Il a commencé à lire mes brouillons, il venait me voir tous les jours pour me signaler les fautes d'orthographe, corriger les mauvaises formulations en anglais, m'expliquer que la preuve n'était pas complète à un endroit,

3. ***A Singular Mathematical Promenade*, ENS Éditions (http://ghys.perso.math.cnrs.fr/bricabrac/promenade.pdf).**

etc. On a quarante ans de différence, mais c'était un vrai échange. Un jour il m'a dit: «Écoute, Étienne, je crois que tu prends mal le problème, il faut le prendre dans l'autre sens.» Le lendemain, le problème était réglé! Ce que je n'arrivais pas à faire depuis des années a été résolu. Nous avons écrit ensemble un article pour tordre le problème. J'étais très heureux. Il faut dire qu'il était encore en licence à ce moment-là. Par la suite, il est devenu mon étudiant en master, puis pour un doctorat qu'il a soutenu en juillet dernier. Je l'imagine un peu comme l'Étienne que j'étais à 25 ans. J'essaie de lui prodiguer des conseils, mais pas trop, parce qu'il faut qu'il trouve son chemin lui-même.

N. M.: Vous avez été son Dennis Sullivan?
É. G.: En quelque sorte, oui!

N. M.: Quand vous avez commencé votre carrière, quelle était la part de compétition et de collaboration? Qu'est-ce qui vous stimulait le plus?

É. G.: Je pense sincèrement qu'il n'y a pas d'instinct de compétition chez moi. Quand j'étais à l'École normale supérieure de Saint-Cloud, je naviguais dans un milieu plein de mathématiciens brillantissimes et ça me stressait. C'était trop prenant et je ne comprenais à peu près rien. Tout le monde se prenait au sérieux, et ça ne me plaisait pas. C'est pour cette raison en particulier que j'ai demandé au directeur des études de revenir sur Lille, ma ville de naissance, où je pouvais respirer tranquillement. Là-bas, il y avait un groupe de quatre ou cinq étudiants et nous sommes devenus de vrais collaborateurs. Nous apprenions, travaillions, écrivions ensemble. Nous nous sommes fabriqué une espèce de culture commune qui a été très importante pour moi. Donc j'ai toujours collaboré.

Parfois – tous les mathématiciens et tous les scientifiques le savent –, il arrive qu'on résolve un problème et on réalise plus tard que quelqu'un l'a déjà fait auparavant. Pour beaucoup de collègues, c'est une catastrophe. Moi, ça ne me dérange pas. Récemment, j'ai démontré un théorème, puis je me suis rendu compte qu'il avait déjà été découvert en 1935. Quand je l'ai appris, c'était l'occasion de faire connaissance avec un mathématicien du passé, à vrai dire presque tombé dans l'oubli. J'avais l'impression de faire partie d'une vraie communauté qui se distribuait non seulement dans l'espace, mais aussi dans le temps.

N. M.: Comment naît une idée nouvelle chez vous? Est-ce un processus long ou plutôt rapide?

É. G.: Je ne peux que paraphraser mon héros, Henri Poincaré, dans ce texte magnifique intitulé *L'Invention mathématique*[4]. Je pense que tous les mathématiciens connaissent ce qu'il décrit. Il y a plusieurs périodes: préparation, incubation, illumination, vérification. La première, il faut bien le dire, c'est le travail. C'est dur, on apprend des choses difficiles et on a l'impression que rien ne se passe. Puis il y a les rêvasseries. Le flash qui arrive tout d'un coup ne se produit malheureusement pas toujours, mais il n'arriverait de toute façon pas sans la période de maturation préliminaire. Jean-Pierre Serre dit, paraît-il, qu'un bon mathématicien a une idée dans sa vie et qu'un très bon en a deux. Lui a dû en avoir trois ou quatre. J'ai un souvenir qui me revient avec une précision extrême, à l'époque où j'étais au Brésil, après mon doctorat. En plus, c'était dans un bus, exactement comme dans l'anecdote de Poincaré, lorsqu'il a son intuition sur la géométrie non euclidienne en montant sur le marchepied d'un omnibus. À l'époque, je ne connaissais pas ce texte d'Henri Poincaré. J'étais dans le bus nº 125 que je prenais tous les matins pour aller depuis chez moi à Copacabana jusqu'au département de mathématiques qui était dans le centre de Rio de Janeiro. On était serrés comme des sardines dans ce bus et il y faisait une chaleur à crever. Du côté de Botafogo, j'ai un flash. J'arrive au département, je prends mon crayon et j'écris l'un des meilleurs articles de ma vie. Finalement, je ne peux pas dire plus que Poincaré, mais ces flashs correspondent à un long travail

4. Reproduit dans le livre passionnant de Jacques Hadamard, *Essai sur la psychologie de l'invention dans le domaine mathématique*, Albert Blanchard, 1959; rééd. Gauthier-Villars, 1975; Jacques Gabay, 2007.

de préparation mentale au préalable. Ce travail est probablement inconscient d'ailleurs.

N. M.: Avec le recul, vous comprenez ce qui s'est passé à ce moment-là?

É. G.: Non, pas du tout. Deuxième exemple, plus récent, qui se situe en 2006. Tous les mathématiciens savent bien qu'on rêve parfois qu'on démontre des théorèmes dans son sommeil, puis au petit matin on se rend compte que c'était vraiment du pipeau et que ça n'avait aucun sens. En revanche, j'ai un autre souvenir précis. J'ai été brutalement réveillé au milieu de la nuit et je me suis retrouvé dans mon lit avec une idée soudaine. Il y a cette phrase de Poincaré que j'adore: «Faire des mathématiques, c'est donner le même nom à des choses différentes.» Il s'agit de trouver une idée qui connecte «des choses différentes». Je me souviens que je vois tout à coup la figure de «l'attracteur de Lorenz[5]». Il s'agit d'un objet important en météorologie. Je vois aussi un objet beaucoup plus abstrait qu'on appelle la «surface modulaire» et je prends conscience que ces deux objets sont identiques. Je me suis rendormi et le lendemain, c'était fait.

N. M.: Cela veut dire que vous croyez à l'*eurêka*?

É. G.: Oui, mais c'est un *eurêka* qui se produit sur un terrain préparé. Pasteur a écrit: «La chance ne sourit qu'aux esprits bien préparés.» Je crois que c'est ça. Certains mathématiciens font beaucoup de calculs. La vérification est souvent le résultat d'un travail obstiné pour eux. Moi qui suis géomètre, je peux me convaincre sans avoir besoin de calculs compliqués. Il faut ensuite que je comprenne pourquoi c'est vrai. Je peux le faire dans ma tête et je n'ai pas besoin de crayon, au moins dans un premier temps, avant la vérification formelle qui, elle, ne peut se concevoir que par écrit.

5. Dans les années 1960, Lorenz explicita l'«effet papillon» pour le mouvement de l'atmosphère: un battement d'ailes d'un papillon au Brésil pourrait engendrer un ouragan au Texas. Le modèle de Lorenz est connu parmi les physiciens et les mathématiciens: il s'agit d'un bel objet (fractal) qui ressemble un peu à un papillon. Voir par exemple «L'attracteur de Lorenz, paradigme du chaos», séminaire Poincaré, juin 2010 (http://www.bourbaphy.fr/juin2010.html) ou, plus élémentaire, «The Butterfly Effect», Actes du 12th International Congress on Mathematical Education, 2012 (https://perso.ens-lyon.fr/ghys/articles/butterflyeffect.pdf).

N. M.: Comment décririez-vous votre pensée? Est-ce que vous travaillez avec une voix intérieure? Un dialogue? Des images fixes ou en mouvement? Des concepts?

É. G.: Je dois d'abord dire que ce n'est jamais à mon bureau avec un crayon, contrairement à beaucoup de mathématiciens. Pour moi, c'est en marchant que les choses se passent. Pour répondre à votre question, oui, c'est un monologue: un peu comme les bols tibétains. Ces mots tournent dans ma tête. C'est très répétitif, avec des mots prononcés intérieurement. Je pense en français.

N. M.: Vous parlez parfois à voix haute?

É. G.: Très peu, voire jamais. Par contre les mots sont verbalisés dans ma tête. J'ai passé deux ans au Brésil au début de ma carrière. J'ai tout aimé là-bas, à commencer par la langue portugaise. Je me suis beaucoup immergé dans cette langue et un jour j'étais content de prendre conscience que j'avais abandonné le français pour le portugais en réfléchissant aux maths.

Pour ce qui concerne les images, c'est aussi intéressant. Pour moi, elles sont colorées, mais ce ne sont pas des images très sophistiquées. On est sur des formes un peu naïves. Je ne peux pas trop les décrire parce que ce sont des images mentales. En 2006, j'ai commencé à faire des films mathématiques avec un ami. Je me souviens très bien que lorsque les premières versions des images sont sorties sur l'écran de mon ordinateur, je les ai montrées à ma femme et je lui ai dit: « C'est ça, ce que je fais. » Elle m'a demandé si c'était vraiment ça que j'avais dans la tête. La réponse est à la fois oui et non, car ces images que je peux montrer, pleines de couleurs et de mouvements, illustrent ce que j'ai en tête, mais en vérité mes représentations mentales sont beaucoup plus simplistes. Je ne crois pas qu'on puisse les montrer sur un film ou une feuille de papier. En tout cas, mes images bougent. Finalement, ce sont plus des films que des images.

N. M.: Est-il possible de penser littéralement en langage mathématique, sans utiliser la langue française?

É. G.: Pour moi, non, mais beaucoup de collègues prétendent que c'est possible. Par exemple, j'ai eu l'occasion de rencontrer

Andrew Wiles, qui a résolu le problème de Fermat[6]. Je lui ai demandé comment il voyait ce qu'on appelle en mathématiques les « extensions de corps ». J'ai été stupéfait d'entendre qu'un grand mathématicien comme lui disait n'avoir aucune image mentale pour ce qui est, pour moi, un concept très visuel.

N. M. : Vous diriez que vous raisonnez plutôt de façon inductive ou déductive ?

É. G. : De manière inductive, sans aucun doute. La déduction m'ennuie. Il est important de comprendre la distinction entre la manière dont on fait des maths dans sa tête ou avec des copains et la manière dont on rédige des mathématiques dans un livre ou dans un article. Quand on rédige, on est obligé d'écrire de manière rigoureuse, déductive, et le produit final ne ressemble pas du tout à la manière dont l'objet a été conçu. Il y a deux points de vue différents. D'un côté le grand Carl Friedrich Gauss[7] a écrit, je cite approximativement : « C'est comme un maçon. Une fois qu'il a construit la maison, il retire les échafaudages pour que surtout personne ne puisse comprendre comment il a fait pour construire la maison. » C'est aussi le point de vue de beaucoup de mathématiciens. On trouve l'autre point de vue notamment chez Kepler[8]. Dans la préface de son grand livre *L'Harmonie du monde*, il explique qu'il y a plusieurs manières d'écrire des mathématiques. Soit on commence par énoncer le résultat final auquel on veut aboutir et alors personne n'y comprend rien, soit on décrit son chemin avec ses erreurs et ses tentatives infructueuses. Il ajoute que c'est cette

6. Le problème de Fermat date du XVIIe siècle : la somme de deux puissances *n*-ièmes de deux entiers n'est pas une puissance *n*-ième. Le problème a été résolu de manière magistrale par Andrew Wiles en 1996. On parle aujourd'hui du « grand théorème de Fermat » alors qu'on devrait dire « grand théorème de Wiles », car la démonstration de Wiles est un tour de force.

7. Carl Friedrich Gauss (1777-1855) est sans conteste l'un des plus importants mathématiciens de tous les temps. Son œuvre couvre presque tous les domaines des mathématiques et de la physique. Le grand public connaît souvent son nom à travers la « courbe en cloche de Gauss », mais d'une part ce n'est qu'une minuscule partie de ses découvertes et, d'autre part, il n'en est peut-être pas l'auteur (on parle aussi de Laplace).

8. Johannes Kepler (1571-1630) est beaucoup plus que l'astronome qui a découvert les lois qui gouvernent les mouvements des planètes. Il est l'un des fondateurs de l'optique, de la cristallographie et du calcul intégral.

deuxième solution qu'il a choisie dans son livre et que maintenant qu'il a écrit l'introduction, il ne comprend plus rien à son livre ! Les mathématiciens hésitent en général entre ces deux options. Dans mon livre récent, j'ai plutôt opté pour la deuxième solution. Je dirais que je suis obligé de faire du déductif pour écrire les textes mathématiques, puisqu'il faut bien sûr que les collègues puissent les vérifier. Je le fais parce que j'y suis forcé, parce que c'est une partie nécessaire des mathématiques, mais qui ne m'amuse pas beaucoup.

N. M.: Quelle est la part de l'écrit ? Avez-vous besoin d'écrire beaucoup, de prendre des notes et d'y revenir ? Dans quel langage avez-vous besoin d'écrire ?

É. G.: Je n'écris presque rien, sauf quand le moment est venu de rédiger le résultat d'un travail, d'un théorème. S'il est bien clair dans ma tête et que j'ai tout compris, alors là je peux écrire parce que j'y suis obligé, mais c'est douloureux. Je sais bien qu'écrire n'est facile dans aucune discipline, mais pour moi écrire des maths est un passage violent qui fait mal : je n'en dors plus. Écrire des maths, c'est toujours dur. J'ai écrit beaucoup, mais dans la souffrance.

N. M.: Ça va plutôt à l'inverse de l'image qu'on se fait du travail mathématique. On a le sentiment qu'il y a une grande part d'écrit, qu'il s'agit d'écrire des équations, de chercher, d'effacer, de réécrire sur un tableau ou du papier. Vous dites que ce n'est pas le cas pour vous. Est-ce parce que vous êtes atypique ou avons-nous une fausse image des mathématiques ?

É. G.: Les deux. Je suis atypique, mais pas exceptionnel. Il y a en effet des mathématiciens qui passent leurs journées sur leurs cahiers à écrire des formules. Ils sont parmi les plus productifs. Pour simplifier de manière caricaturale, il y a des gens qui font de l'analyse, ceux qui font de la géométrie, et je mettrais l'algèbre au milieu. L'analyse exige de l'écriture. Il y a quelques mathématiciens non-voyants et, à ma connaissance, ils sont tous géomètres. La raison tient essentiellement au fait que l'écriture est beaucoup plus complexe pour eux. Ils n'ont pas une compréhension globale d'une page pleine d'équations. Je suis admiratif quand je vois les analystes qui écrivent leurs équations aux dérivées partielles qui me paniquent.

N. M.: Quelle est la part d'intuition face au rationnel ?

É. G.: Je suis un intuitif. L'intuition est cruciale, mais le rationnel doit revenir plus tard. On dit souvent que l'intuition est utile pour se convaincre et le rationnel pour démontrer. Je parlais tout à l'heure de ce jeune mathématicien qui est un peu mon *alter ego* quand j'avais 25 ans. À son âge, j'étais comme lui ; le reproche principal que je lui fais est qu'il n'a pas encore compris que l'intuition est certes magnifique mais insuffisante. C'est très bien de se laisser aller à ses rêveries et d'imaginer des choses, mais à un moment il faut arrêter de divaguer, mettre ses idées au propre et rationaliser. Dans cette deuxième étape, quand on passe de l'intuition au rationnel, il n'est pas rare qu'on se rende compte qu'on s'est trompé. J'ai la chance de ne pas avoir fait d'erreurs dans ma carrière (à ma connaissance !). C'est le drame, quand on se rend compte qu'on a publié quelque chose de faux. J'espère que ça ne m'arrivera jamais. Un jour, j'ai reçu un coup de téléphone d'un de mes anciens étudiants qui me disait : « Étienne, j'ai lu ton article [que j'avais écrit quinze ans auparavant], mais pourquoi tu dis ça à telle ligne, je ne suis pas sûr que ce soit vrai. » Je n'avais plus l'article. Je me rue à la bibliothèque, je ne le trouve pas non plus et, franchement, je commence à paniquer. Pendant peut-être deux heures j'ai eu une espèce de crise de tachycardie. Par la suite, j'ai vu que mon étudiant avait raison, la phrase en question n'était pas correcte, mais je pouvais réparer l'erreur en ajoutant une autre phrase. Mon intuition avait donc été correcte. La manière dont je l'avais rédigée n'était pas rationnelle, mais heureusement j'ai pu mettre une petite rustine. La découverte d'une erreur peut être violente dans la vie d'un mathématicien. J'ai fait il y a longtemps un exposé pour les normaliens qui s'appelait « Le Rôle de l'erreur en mathématiques ». Ces jeunes qui arrivent à l'ENS ont une vision des maths très naïve. Ils pensent que tout est vrai ou faux, ils ne comprennent pas qu'il puisse y avoir des erreurs dans les théorèmes. Je leur ai raconté l'histoire d'un théorème qui a traversé tout le XXe siècle, d'abord conjecturé, puis résolu, avant que quelqu'un ne découvre une erreur dans la preuve, puis résolu à nouveau avec une nouvelle « preuve », et puis de nouveau faux lorsqu'on a trouvé un nouveau « trou » dans la preuve. C'est une espèce de saga. Enfin il a été encore démontré plus récemment indépendamment par deux personnes : un mathématicien russe et un français. Le mathématicien français écrit des trucs que personne ne comprend, à part lui. Je connais mieux le mathématicien russe et j'ai pu lui demander s'il avait fait vérifier son théorème par ses étudiants. Il m'a répondu qu'il ne l'avait pas fait, qu'il avait passé trente années de sa vie dessus et qu'il ne voulait surtout pas que ses étudiants s'épuisent sur ce théorème. Donc personne n'a lu les preuves, à part leurs auteurs. Le Russe ne comprend pas ce qu'écrit le Français, qui lui-même n'a pas essayé de lire le Russe. J'ai expliqué à ces normaliens que la notion de vérité en mathématiques ne peut être que sociologique. On ne peut accepter quelque chose que parce qu'une communauté l'a validé, à travers une publication dans un journal respecté. Mais tout ceci est vrai jusqu'à la prochaine fois où ce sera faux. Quand j'ai raconté ça aux normaliens, ils étaient furieux. Il est vrai que je les provoquais un peu. Ils se sont rebellés parce qu'ils pensaient qu'on ne pouvait pas remettre en question une vérité mathématique. Et pourtant...

N. M.: L'émotion a-t-elle un rôle important dans vos recherches ou est-elle au contraire une distraction ? Y a-t-il ce fantasme de l'objectivité totale dans la recherche mathématique ou est-ce que les émotions peuvent aussi être pourvoyeuses de bonnes intuitions ?

É. G.: C'est toujours pareil. C'est le cas dans la phase initiale et créative qui est celle que je préfère. Lorsqu'on croit avoir mis la main sur une vérité qui mérite d'être rendue publique, on est obligé d'abandonner ses émotions et de transformer son savoir en des *x*, des *y*, des + et des –. C'est la partie que j'aime le moins, mais elle est indispensable.

N. M.: Quel est le cadre privilégié pour réfléchir ? Avez-vous besoin d'errance, de silence, d'isolement ou au contraire de discussions, de compagnie et d'agitation ?

É. G.: J'ai longtemps pensé qu'il fallait du calme, mais dès que je suis à la campagne, je m'ennuie et je ne fais rien. Je pars seul avec des bouquins et à la fin il ne se passe rien. Le calme est une catastrophe pour moi. J'avais même une théorie là-dessus: l'impression d'avoir besoin de bruit. Pas de musique, mais de bruit. J'ai plusieurs exemples où le bruit a été très stimulant. J'ai habité à New York, du côté de l'université Columbia, à proximité de la 116e Rue, j'effectuais mes recherches mathématiques avec Dennis Sullivan près de la 42e Rue, et je devais enseigner dans le Queens. C'était donc un magnifique triangle équilatéral, dont chaque côté mesurait une heure de métro. Je passais ma vie dans le métro new-yorkais, qui est très bruyant. J'ai pris conscience que ces moments étaient extrêmement profitables pour moi. J'ai compris que ce fracas m'allait très bien. Par exemple, quand mes enfants étaient petits, s'ils faisaient du bruit à côté de moi, ce n'était pas un problème, au contraire.

N. M.: La nuit est-elle propice au sommeil ou à la réflexion? Est-ce que vous dormez bien ou est-ce qu'au contraire, quand vous travaillez, cela vous empêche de dormir?

É. G.: C'est une question qu'il faut poser à des âges différents de la vie. Quand j'étais débutant, j'étais un gros dormeur. Maintenant, je dors moins, mais le sommeil reste important pour moi. Je pense qu'en effet la nuit est propice à la réflexion, mais comme nous en parlions tout à l'heure, de manière inconsciente. Lorsque je suis en période de rédaction, je ne dors plus. Je me lève à 4 heures du matin pour écrire. L'activité de rédaction est très prenante intellectuellement. Elle est aussi très désagréable et elle écourte mes nuits.

N. M.: Quel est le lieu idéal et quel est le moment idéal pour penser librement?

É. G.: En marchant dans la ville bruyante ou dans le métro. Pour aller de chez moi jusqu'au labo de maths de l'ENS de Lyon, il faut marcher quarante minutes en descendant et pour revenir le soir, c'est cinquante minutes en montant. Pendant presque toute ma carrière, j'avais une heure et demie de marche chaque jour. C'était un temps sacré. Je déconnectais mon téléphone et je me plongeais dans la réflexion. Il y a des gens qui s'enferment dans leur bureau. Moi, quand j'arrive au labo, je mets mon manteau dans mon bureau et je vais directement à la salle de café pour parler avec les étudiants et les collègues toute la journée. Le soir, je reprends mon manteau et je remonte chez moi. À la fin, j'ai eu une heure et demie de réflexion personnelle.

N. M.: Avez-vous besoin d'une routine de travail fixe ?

É. G.: J'aimerais, mais je n'y arrive pas. On dit toujours qu'un mathématicien a épuisé toutes ses piles à l'âge de 25 ans. C'est certainement faux, mais il est évident qu'aujourd'hui je ne suis plus un jeune homme, et je suis infiniment moins créatif qu'avant. Je l'accepte bien volontiers. Mon travail intellectuel d'aujourd'hui n'a plus rien à voir avec ce qu'il était quand j'avais 30 ans. C'est normal. Le travail que je fais ici à l'Académie des sciences comporte une partie administrative et financière. J'en étais protégé quand j'étais débutant. Le CNRS m'a donné la possibilité d'être libre pendant quelques années et de ne pas penser aux budgets des labos. Aujourd'hui, j'ai une activité réglée avec un agenda très précis et bien rempli.

Il y a deux sortes de mathématiciens: les créatifs et les contemplatifs. Beaucoup de grands mathématiciens ne lisent rien des travaux de leurs prédécesseurs. Moi, j'ai toujours beaucoup lu, je le fais de plus en plus et j'ai de plus en plus de plaisir à lire les œuvres des grands anciens. Avant, je lisais des œuvres plutôt récentes, maintenant je lis des livres du XIXe siècle ou même parfois bien plus anciens. Je lis Newton, par exemple, au XVIIe ! Plus le temps avance, plus je contemple.

N. M.: Quelle place avez-vous accordée au hasard ou à la sérendipité ?

É. G.: Tout dépend de ce qu'on appelle le « hasard ». Dans ma carrière, j'ai eu de multiples occasions de réfléchir ou de produire des résultats qui sont dus au hasard de ma vie. Par exemple, à New York, Dennis Sullivan m'a forcé à enseigner l'analyse numérique dans le Queens. Ce sont des mathématiques très appliquées. Je n'y connaissais rien du tout. Je lui ai demandé pourquoi il m'avait demandé de faire ce cours. Il m'a répondu qu'il avait fait ce choix parce que je n'y connaissais rien (et d'ailleurs lui non plus). J'ai donc enseigné l'analyse numérique et ça m'a enthousiasmé. J'ai notamment eu l'occasion de démontrer un petit théorème à ce sujet. J'aurais pu me limiter à ce dont j'avais besoin pour faire mes cours, mais je me suis pris au jeu, on peut dire que c'est du hasard.

N. M.: Est-ce que la technologie a radicalement changé votre manière de travailler?

É. G.: Il y a deux événements qui ont changé les choses de manière considérable. Le premier est l'arrivée d'Internet avec l'accessibilité à toute la littérature scientifique depuis mon ordinateur, en quelques secondes. Ça me procure une espèce de griserie, mais je suis un peu perdu. J'essaie de tout lire, mais je n'ai pas le temps, alors je le fais en diagonale et à la fin je ne comprends pas tout. J'ai plusieurs milliers de livres dans mon ordinateur. Quand j'étais débutant, la bibliothèque ne contenait pas tout. Si on cherchait un article ou un livre précis, il fallait écrire à l'auteur pour lui demander qu'il envoie un «tiré à part[9]». La conséquence sur ma façon de travailler n'est pas forcément positive, car je papillonne. Je vais dans tous les sens et je le fais sans grande logique.

Il y a un deuxième événement que tous les mathématiciens vous confirmeront. Donald Knuth[10], un grand mathématicien, logicien et informaticien, a inventé TeX dans les années 1990. Je préfère dire qu'il s'agit d'un langage même si certains parlent plutôt de logiciel. TeX est une manière d'écrire les mathématiques qui distingue le fond de la forme. C'est génial! D'abord c'est gratuit, et indépendant de la technologie. C'est un langage en ce sens qu'on l'écrit avec des lettres, qu'on place par la suite dans un programme qui va le compiler pour produire un texte finalisé, dans un deuxième temps. Franchement, c'est un grand changement conceptuel sur la manière de penser l'écriture. Tous les collègues s'expriment dans cette langue, y compris

9. Lorsqu'un article était publié dans une revue scientifique, l'éditeur envoyait un certain nombre d'exemplaires à l'auteur, appelés «tirés à part». Lorsqu'on n'avait pas accès à la revue, on écrivait à l'auteur pour lui demander qu'il nous envoie un tiré à part.

10. Donald Knuth (1938) est un informaticien et mathématicien américain, professeur émérite en informatique à l'université Stanford. Il est le créateur de deux logiciels libres largement utilisés en typographie professionnelle et en informatique: Metafont et TeX.

les non-voyants, qui peuvent maintenant lire les textes mathématiques sous cette forme épurée. Évidemment, si on montre ces fichiers à un non-mathématicien, il n'y comprendra rien. Au début, c'était un peu difficile à manipuler, mais à partir des années 2000, c'est devenu la *lingua franca*.

Je ne suis pas un grand informaticien, mais je dois dire que les logiciels de calcul symbolique sont extraordinaires. Je me demande parfois ce qu'il se serait passé si on avait mis ça dans les mains de Newton. Pour donner un exemple, on parlait tout à l'heure du flash que j'ai eu une nuit à propos de l'attracteur de Lorenz. Le lendemain matin, j'ai testé cette idée numériquement sur mon ordinateur, grâce à des logiciels comme Mathematica ou Maple, pour me convaincre que ce que j'avais pensé était raisonnable. J'ai dû faire des calculs et, comme je suis très mauvais calculateur, ces logiciels ont été une aide précieuse. Ce genre de choses a changé la vie des mathématiciens et la mienne en particulier.

N. M.: Comment faites-vous quand vous rencontrez un obstacle ? Est-ce que vous insistez beaucoup ou vous lâchez prise rapidement ?

É. G.: Dès que ça coince, j'arrête. Je suis un flemmard. J'ai toujours dix problèmes dans ma poche. Dès que l'un d'entre eux coince, je passe à autre chose. Je travaille en parallèle et je reviendrai plus tard aux questions sur lesquelles j'ai buté : qui sait, j'aurais peut-être plus de succès ? Par exemple, quand j'ai soutenu ma thèse en 1979, elle ne me satisfaisait pas. Au début de mon séjour au Brésil, j'ai tenté de l'améliorer. Je n'y arrivais pas et j'étais un peu frustré. Puis j'ai arrêté, j'ai fait d'autres choses et ce n'est que cinq ans plus tard, en lisant un livre sur un thème qui n'avait rien à voir, que j'ai eu un flash. Mais il a fallu cinq ans. Les mathématiciens n'aiment pas publier des idées qui ne sont pas complètement abouties, donc ma thèse n'était toujours pas publiée cinq ans plus tard. Aujourd'hui, on ne ferait plus ça. Une fois que j'avais trouvé cette nouvelle idée, j'ai finalisé ma thèse et elle a été publiée, alors que cela faisait cinq années qu'elle était presque achevée. Je conseille à tous les étudiants de ne pas s'acharner sur un problème. Il y a des gens qui peuvent passer leur vie entière sur un problème sans aucun succès.

N. M.: À quel moment vous dites-vous que vous faites fausse route ? Est-ce facile de changer de direction ?

É. G.: Je n'insiste pas. Alors attention, je ne suis pas un grand mathématicien. Les grands mathématiciens, ce sont des Jean-Pierre Serre, des Alexandre Grothendieck, des Mikhaïl Gromov. Ils arrivent dans la forêt vierge, ils prennent une machette et ils tracent un grand chemin que personne n'avait pris auparavant. Moi, je prends les chemins que les autres ont déjà tracés, je me promène et puis je ramasse les petits cailloux qu'ils ont oublié de ramasser. Puis, quand le caillou est trop gros, je prends le chemin d'à côté. Je suis un bon mathématicien, mais je sais qu'il y en a quelques-uns qui sont vraiment époustouflants. Je suis content parce qu'on remet une grande médaille chaque année à l'Académie des sciences, et cette année on va la remettre à Terence Tao[11], qui est extraordinaire, stupéfiant. Je suis une petite fourmi à côté de lui, mais je suis très heureux de le côtoyer.

N. M.: La recherche est-elle génératrice d'anxiété ou de sérénité ? L'une est-elle plus féconde que l'autre ?

É. G.: Pour moi, c'est une source de sérénité et de bonheur. J'ai eu quelques moments d'angoisse, mais très peu. C'est l'angoisse quand cet étudiant vient me dire que mon article est faux, par exemple. Mais en général, je ne suis pas quelqu'un d'angoissé, je suis plutôt détendu, je crois. La sérénité avant tout. En revanche, je peux dire que j'ai pas mal de collègues qui sont un peu coincés, parce que la recherche les angoisse.

N. M.: L'autocritique est-elle facile ou pas ?

É. G.: Non, ce n'est pas facile. Depuis un certain nombre d'années, j'ai connu des succès et des promotions, j'ai par exemple été promu directeur de recherche très jeune, puis directeur de labo et j'ai gagné des prix. C'est difficile de faire son autocritique quand on est encensé

11. Décrire Terence Tao (né en 1975, Médaille Fields en 2006) en quelques lignes est impossible tant sa créativité est impressionnante dans presque tous les domaines des mathématiques. Il écrit un blog, presque chaque jour, dans lequel il explique sa démarche de la manière la plus transparente possible.

d'un peu partout. De ce point de vue, ce seront vos lecteurs qui diront: «Il exagère un peu... Il se prend pour qui, celui-là!» Je ne suis pas un grand champion de l'autocritique.

N. M.: Le doute est-il plutôt fécond et nécessaire ou au contraire paralysant et dispensable?

É. G.: En dehors de la recherche mathématique, je pense qu'il est crucial de douter en permanence. J'exagère peut-être même un peu trop, à tel point que dans ma famille on m'en veut toujours parce que je doute de tout. Il arrive que j'affirme de manière péremptoire que je ne crois pas les journalistes. J'ai toujours un doute sur le concept de vérité, donc lorsque je lis une information ou que j'entends quelque chose sur France Inter ou France Culture, je me demande comment le journaliste sait ce qu'il vient d'affirmer. Comment il le prouve? (Rires.)

Dans les mathématiques aussi, je doute. Je crois qu'il est important de lire n'importe quel texte mathématique en partant du principe qu'il est peut-être faux. C'est crucial parce que parfois c'est vraiment faux! Si je suis au tableau à discuter avec un collègue et en train d'élaborer quelque chose de nouveau, alors là je me fiche de commettre des erreurs, au contraire, le bonheur, c'est de se tromper et de recommencer. Mais quand je me base sur un texte écrit par un autre dans mon activité professionnelle, il est indispensable que je doute de ce texte dès la première ligne, et j'aimerais bien que mes étudiants en fassent autant, mais ils ne me croient pas. Quand un mathématicien travaille, il utilise bien sûr des théorèmes qui ont été démontrés auparavant par d'autres. J'insiste sur le fait qu'il est indispensable de connaître la preuve de ces théorèmes antérieurs. Un article de maths ne peut pas se fonder sur l'équivalent d'une boîte noire. C'est peut-être faux.

Je me souviens d'une anecdote. Il y a une conjecture qui traîne depuis très longtemps et qui est encore ouverte aujourd'hui. C'est un problème sur lequel j'ai réfléchi pendant longtemps, puis je me suis dit que je n'y arriverais pas et j'ai arrêté. Il y a une vingtaine d'années, je reçois un coup de téléphone d'un collègue qui me dit: «Étienne, la conjecture est résolue, un exposé a été fait à New York, j'ai reçu la preuve par fax et tout va bien.» Je lui ai demandé de m'expliquer cette preuve dont je rêvais depuis très longtemps. Il le fait par téléphone, ça a l'air très bien et, à un moment, il affirme quelque chose et je demande pourquoi cette chose est vraie. Il regarde sur le fax et me répond que c'est démontré dans le *Griffith & Harris* – un manuel classique de géométrie algébrique –, page 355 (à vrai dire, je ne suis pas sûr que l'erreur dont je parle soit exactement page 355, je me souviens seulement qu'il s'agit de ce qu'on appelle le « d-d-bar lemma », dont l'énoncé est faux). Puis on continue. Je suis tout excité, donc je téléphone à un autre collègue, Adrien Douady. Je lui dis que le théorème est démontré et il me demande de lui expliquer la démonstration. Au même endroit, il me demande pourquoi ce truc est vrai. Je lui réponds la même chose, « page 355 du *Griffith & Harris* ». Je me souviens encore d'Adrien qui me dit : « Étienne, tu crois vraiment tout ce qui est écrit dans les livres ? » Là, je me sens pris au piège comme un petit enfant. Après vérification, il s'est avéré que la page en question est fausse. Pourtant, c'est un livre extrêmement classique de géométrie algébrique utilisé pour enseigner en master. Et cette erreur faisait tomber toute la démonstration comme un château de cartes. À tel point que cette conjecture est encore un problème ouvert aujourd'hui. Le doute était omniprésent chez Adrien Douady et il m'a transmis une bonne leçon. Il faut toujours douter.

N. M. : Quelle est la découverte dont vous êtes le plus fier ?

É. G. : Je vais en donner deux, si j'ai le droit. D'abord ma thèse. J'en suis très fier parce que personne n'a fait mieux sur ce sujet depuis plus de quarante ans. Aujourd'hui, j'aimerais bien la réécrire avec tout ce que je sais, parce que j'en sais beaucoup plus qu'à l'époque. C'est un de mes projets. Je pense que je l'expliquerais beaucoup mieux aujourd'hui. J'ai dit ça une fois à un de mes anciens étudiants qui m'a répondu que ça allait faire « vieux pépé qui écrit ses mémoires ». J'étais un peu découragé. Néanmoins, j'aimerais bien revenir sur ma thèse.

La deuxième, c'est ce livre que j'ai fini par concrétiser avec cet étudiant dont je vous parlais tout à l'heure, le « jeune moi à 25 ans ».

C'est lié à une histoire intéressante qui se passait ici, à l'Académie des sciences, dans une réunion administrative pas drôle du tout. J'étais assis à côté de Maxim Kontsevich, un mathématicien russe qui a eu la médaille Fields et qui ne pense qu'aux mathématiques. Il n'écoutait pas ce qui se disait dans cette réunion ennuyeuse et je voyais qu'il griffonnait quelque chose sur un ticket de métro. Après la réunion, il me donne le ticket et m'explique en deux mots que c'est le résultat de sa méditation pendant la réunion. C'était un théorème qu'il venait de démontrer : quelque chose de nouveau, mais en même temps d'extrêmement élémentaire, en ce sens qu'on peut l'expliquer à un élève de terminale. J'étais enthousiasmé. J'en ai parlé à mes autres collègues, mais ils ne trouvaient pas ça intéressant. Moi, j'aimais l'idée que le grand Kontsevich puisse écrire ce petit truc sur un ticket de métro. Je suis rentré à la maison, j'ai essayé de comprendre, de généraliser, de poser d'autres questions, de passer des polynômes aux courbes algébriques par analogie et d'autres choses encore. C'est ce qui a conduit à ce livre... des années plus tard. Je suis très content parce que c'est une histoire qui me plaît, et qui se greffe avec la rencontre de cet étudiant, Christopher. Je suis fier d'avoir réfléchi à un problème qui n'intéressait personne, qui m'a mené assez loin dans des mathématiques que je ne connaissais pas. J'ai appris beaucoup de choses et la rencontre avec cet étudiant a aussi été un vrai bonheur.

N. M. : À l'inverse, quel est votre plus grand échec ?

É. G. : Ah ! Il y a un certain nombre de conjectures en mathématiques qui m'ont fasciné et pour lesquelles je n'ai rien fait. J'ai tenté sans succès de les résoudre, parfois en y mettant beaucoup d'énergie. C'est le cas par exemple de celle dont je parlais à l'instant, qui s'appelle la « conjecture du minimal exceptionnel ». En 1882, Poincaré a démontré un théorème, amélioré par la suite par Bendixson. Comme c'est vraiment important, il était naturel de se poser une question analogue où l'on remplace les nombres réels par les nombres complexes – qu'on apprenait jadis en terminale... La question est de savoir si le théorème de Poincaré a un analogue pour les nombres complexes. Le problème date de 1970 et tout le monde s'est cassé les dents dessus. J'y ai passé pas mal de temps et, pour moi, ça représente un échec.

La bonne nouvelle, c'est que même si j'ai beaucoup travaillé sur cette question, elle ne m'a pas obnubilé au point de m'immobiliser, mais c'est un échec quand même.

N. M.: Est-ce que votre parcours de recherche a changé la façon dont vous percevez le monde ?

É. G.: Mon activité mathématique a changé ma perception du monde qui m'entoure. Quand j'étais débutant, je ne connaissais strictement rien en philosophie. Depuis, j'ai fait quelques petits progrès. J'ai notamment eu une réflexion sur ce qu'est le réel. Je doute du réel et du fait que nous naviguions dans un espace de dimension trois par exemple. Ma vision du réel est beaucoup plus abstraite que quand j'étais débutant ou, pire encore, que quand j'étais gamin. Mon monde a changé en profondeur.

N. M.: De quel autre grand chercheur ou grande chercheuse d'une autre discipline vous sentiriez-vous proche aujourd'hui ?

É. G.: Alors, je triche un peu, car il se prétendait mathématicien, mais je pense que ça marche quand même : j'ai beaucoup d'affection pour Johannes Kepler. Je n'aime pas l'arrogance de Galilée. On dit qu'il a fondé la science moderne, c'est vrai, et je ne me permettrais pas de mettre en doute son génie, mais il a dit aussi beaucoup de bêtises et il frimait auprès des hommes de pouvoir. Kepler est le contraire. Il a passé sa vie à travailler pour la science, à chercher des symétries pour comprendre le monde. Pour moi, c'est un modèle. On parlait des échecs tout à l'heure, il y a un passage où il écrit : « J'étais comme une chauve-souris dans une pièce et je me tapais et me cognais la tête contre les murs. » La difficulté, pour moi, c'est qu'il écrit en latin, que je ne lis pas, et les traductions en français ou en anglais sont assez mauvaises.

N. M.: Est-ce que vous pensez que le temps des grandes découvertes en mathématiques est révolu ou bien est-il à venir ?

É. G.: Évidemment à venir ! Il n'y a pas de doute. Il suffit de regarder l'histoire des mathématiques : on ne voit aucun ralentissement.

Jean Dieudonné[12] disait que le nombre de mathématiciens vivants est comparable au nombre de mathématiciens morts. Si Poincaré était face à moi, je pourrais lui raconter des tas de choses et il n'en reviendrait pas. Si dans cent ans quelqu'un venait parler à mon spectre, j'apprendrais des tas de choses que je ne croirais peut-être pas (le doute, toujours). C'est extraordinaire. L'explosion continue de manière constante depuis deux mille ans. Je n'ai pas l'ombre d'une hésitation.

Bibliographie

« Actions localement libres du groupe affine », *Inventiones Mathematicae*, vol. 82, n° 3, 1985, p. 479-526.

« L'attracteur de Lorenz, paradigme du chaos », séminaire Poincaré, juin 2010.

***Uniformisation des surfaces de Riemann, retour sur un théorème centenaire*, Henri Paul de Saint-Gervais (dir.), ENS Éditions, 2011.**

***A Singular Mathematical Promenade*, ENS Éditions, 2017.**

***La Petite Histoire des flocons de neige*, Odile Jacob, 2021.**

***La Petite Histoire des ballons de foot*, Odile Jacob, 2023.**

12. Jean Dieudonné (1906-1992) est un mathématicien français. Il est l'un des membres fondateurs du groupe Bourbaki dans les années 1930, et collaborateur d'Alexandre Grothendieck à l'Institut des hautes études scientifiques.

Marc LACHIÈZE-REY
Physique théorique et astrophysique

Marc Lachièze-Rey fait partie de ces scientifiques qui sont à la croisée des chemins, pour lesquels il est impossible d'être mathématicien sans être physicien, physicien sans être philosophe, scientifique sans être littéraire, ou un peu artiste. Une conversation avec lui ne se conclut jamais où vous l'aviez envisagé et finit toujours par brusquer un peu votre conception du monde et de l'Univers. Comme un excellent joueur d'échecs, il a toujours un coup d'avance.

Ancien élève de l'École normale supérieure, Marc Lachièze-Rey est actuellement directeur de recherche émérite au laboratoire Astroparticules et Cosmologie de l'Université Paris Cité (CNRS). Ses travaux concernent la cosmologie et la physique fondamentale (l'Univers, le temps et l'espace-temps ; la relativité générale et la physique quantique).

« La science telle qu'elle fonctionne aujourd'hui manque de capacité à douter. »

$$E = mc^2$$

NICOLAS MARTIN : Est-ce que vous identifiez un moment où apparaît votre vocation ?

MARC LACHIÈZE-REY : Pas vraiment, malheureusement. C'est peut-être un peu décevant. Mes souvenirs sont plutôt littéraires. Il y avait au lycée une classe qui combinait les sections A et C, c'est-à-dire à la fois la philo, le latin, le grec et les sciences comme les maths et la physique. Les deux me tentaient de manière assez égale. Au lycée, je voyais les mathématiques comme un jeu. Apparemment, j'avais quelques facilités. Du coup, ça m'amusait beaucoup. Quand le professeur dépassait un peu le programme, je me sentais stimulé. J'étais très insouciant et je ne pensais pas que je pourrais en faire une carrière, mais il était clair que je ne lâcherais pas les maths. J'étais partagé entre mon côté littéraire et mon côté scientifique. À l'époque, je m'intéressais beaucoup au cinéma, je faisais de la montagne, je ne me posais pas tellement de questions sur la suite. J'ai suivi le mouvement et j'ai eu la chance d'être admis à l'École normale supérieure. C'était comme si la formation avait été faite pour moi, parce qu'on pouvait y mélanger les activités littéraires et scientifiques. J'y suis entré par les maths, et pourtant j'ai arrêté d'en faire. Si j'avais continué, je serais devenu fou parce que c'était trop accaparant. En maths spé, quand je faisais mes devoirs de maths au dernier moment, cela pouvait durer huit ou neuf heures de suite. À la fin, je n'arrivais plus à m'endormir. J'étais complètement obnubilé. Je sentais bien le danger qu'il y avait à se trouver englué là-dedans. Je me disais qu'il ne fallait pas que je fasse de maths, mais en même temps j'avais envie d'en faire, je me suis donc tourné vers la physique théorique. C'était une espèce de compromis.

À l'École normale supérieure, les étudiants de toutes les disciplines sont mélangés. Mes copains étaient autant des littéraires, des philosophes que des scientifiques. À la sortie de l'école, c'est un peu le hasard qui m'a orienté vers l'astrophysique. Cette discipline ne m'intéressait pas tellement, mais elle me fascinait par le champ d'application de la théorie de la relativité générale. *Via* des rencontres, je me suis retrouvé en poste à Saclay, dans le service d'astrophysique, où j'ai mené une grande partie de ma carrière. J'ai d'abord travaillé sur des sujets assez techniques, comme la propagation des rayons cosmiques dans notre galaxie en présence de champs magnétiques. J'ai planché sur la magnétohydrodynamique et sur les particules, puisque les rayons cosmiques sont des particules qui arrivent avec beaucoup d'énergie. Il fallait essayer de deviner de quelle partie du Cosmos viennent ces rayons cosmiques, et comment ils ont été accélérés à ces énergies fantastiques. Ces problèmes persistent encore aujourd'hui. C'est un sujet tout à fait passionnant et, même si ce n'est plus le mien, j'y suis toujours attaché.

Pendant que je faisais ma thèse, j'avais presque une nostalgie de la relativité générale et de la cosmologie, qui était son champ d'application privilégié. Comme nous avions très peu de données, je faisais des choses épurées, de l'ordre de la théorie. À tel point que quand je disais que je faisais de la cosmologie, on me traitait de « philosophe » avec un ton méprisant. Aujourd'hui, la cosmologie est pourtant devenue observationnelle et a été couronnée par plusieurs prix Nobel de physique. Cette discipline a donc complètement changé de nature. En même temps, elle a un peu perdu de son caractère pur et idéal qui me plaisait tant à l'époque.

N. M.: Est-ce que quelqu'un dans votre famille était scientifique, artiste, créateur ?

M. L.-R.: Mon grand-père, mon père, ma sœur et mon beau-frère sont philosophes. Ma mère était professeur de psychologie. Voilà un peu l'ambiance! La philosophie est une manière de réfléchir très rationnelle sur nombre de sujets. À une certaine époque, la physique était appelée «philosophie de la nature». Bien que philosophe, mon père était fort en maths. Quand j'avais un problème en maths spé, j'allais le voir alors que ce n'était pas du tout sa spécialité. C'était un philosophe spécialiste de morale et de philosophie politique. Évoluer dans ce milieu philosophique vous incite à vous questionner sur à peu près tout et à beaucoup douter, ce qui est extrêmement utile en physique. *A priori*, je doute de tout. Mes copains me charrient un peu là-dessus parce que c'est devenu presque caricatural. Quand on me dit quelque chose, je n'y crois pas *a priori*. Dans la vie courante, c'est parfois un handicap. Cela ne facilite pas les relations et les soirées paisibles. Mais en physique, c'est indispensable. Si vous regardez l'histoire de la discipline, tous ceux qui l'ont fait progresser sont ceux qui ont douté de la physique telle qu'elle était à leur époque. L'exemple le plus caricatural et emblématique, c'est évidemment Einstein, qui a douté de l'existence de l'espace et du temps. C'est sans doute parce que Poincaré n'a pas osé mettre ça en doute qu'il n'a pas été le créateur des théories de la relativité. Pour avancer, il faut oser mettre les choses en doute. La principale qualité du chercheur, c'est le doute. Si je peux faire un reproche à la science telle qu'elle fonctionne aujourd'hui, c'est le manque de cette capacité à douter. Personne ne remet en cause des idées actuellement répandues, alors qu'elles reposent sur des présupposés très fragiles.

N. M.: Par exemple?

M. L.-R.: L'inflation cosmique[1] ou l'énergie noire[2]. Elles sont spéculatives et ne reposent sur presque rien. Et elles sont à la mode.

1. Imaginer que, dans son passé très reculé, l'Univers est passé par une phase d'expansion ultracourte, mais à un taux gigantesque. Cela ne repose sur aucune physique éprouvée, mais cela donne lieu à des spéculations techniques de plus en plus débridées («énergie du vide» ou autre).

2. L'idée que l'accélération (observée) de l'expansion cosmique serait causée par une substance (baptisée «énergie noire») à l'action gravitationnelle répulsive (par exemple une «énergie du vide»). Là également la spéculation va bon train alors que les bases physiques sont déficientes et que des explications alternatives existent.

Quand je lis dans des articles scientifiques qui manquent de recul, ou de journalistes qui les reprennent, que l'Univers est empli à 70 % d'énergie noire, ça me hérisse. C'est une hypothèse très peu probable et pourtant peu remise en cause en cosmologie. D'autres idées concurrentes sont bien plus naturelles, intéressantes et réalistes selon moi. Le doute est bien la qualité première du chercheur.

N. M. : Dans ce contexte socioculturel, avez-vous été marqué dans votre enfance par autre chose que de la science, comme une œuvre d'art, qu'elle soit visuelle, musicale, littéraire ou philosophique ?

M. L.-R. : Je ne crois pas. La peinture et les arts graphiques en général m'intéressent beaucoup. L'architecture me passionne et je vois un lien avec ce que je fais. Aujourd'hui, la physique est très géométrisée. En ce qui concerne la relativité, ça l'est même à un point extrême. Toute la théorie de la relativité est basée sur la géométrie de l'espace-temps. On peut donc regarder et exprimer toute la physique du point de vue géométrique. Je suis fasciné par les formes, aussi bien celles de la sculpture et de l'architecture que les formes naturelles. Quand je vais sur la plage, je ramasse des coquillages aux formes un peu bizarres ou sculptés par la mer. En forêt, ce sont des bouts de bois. Chez moi, j'en ai des caisses remplies. De temps en temps, je les mets sur un socle pour en faire une petite sculpture. La physique théorique est une étude des formes qui peuvent être à quatre dimensions. Marcel Duchamp s'intéresse aussi à de la géométrie à quatre dimensions[3]. Picasso, Mondrian, les modernistes et à peu près toutes les écoles modernes de peinture se sont intéressées aux sciences modernes et s'en sont inspirées. Mondrian raconte que son œuvre est l'expression artistique de la physique quantique. Le lien n'est pas évident à comprendre, mais c'est lui qui le dit. Il y a trente ou quarante ans, j'ai été producteur à France Culture d'une émission qui s'appelait « Artistes et Scientifiques ». On a fait une douzaine d'émissions au cours desquelles j'invitais un artiste et un collègue scientifique. Je choisissais un thème comme l'espace, le temps, l'harmonie, la reconnaissance sociale… Je me suis rendu compte que les

3. Voir par exemple le site du Centre Pompidou (http://mediation.centrepompidou.fr/education/ressources/ENS-Duchamp_peinture/#etats_ame).

démarches de l'artiste et du chercheur scientifique ont beaucoup de points communs. Tout compte fait, mon but était de comprendre ce qui les séparait, tant les ressemblances sont nombreuses.

N. M.: Au début de votre carrière, est-ce que vous avez eu un ou une mentor qui a contribué à façonner votre rapport aux sciences et à la recherche?

M. L.-R.: Pas exactement. J'ai eu au lycée des professeurs de maths ou de littérature qui m'ont marqué et dont je me souviens. Ensuite, j'ai eu plusieurs professeurs et directeurs qui m'ont donné une orientation, mais je ne peux pas dire que ça ait été à l'origine de ma carrière. Ce qui me différencie de mes collègues, c'est que j'étais mobile. J'étais dans un labo, mais je pouvais discuter, aller voir les gens dans d'autres labos, à l'Observatoire de Paris, à la faculté. Puis j'ai enseigné un peu dans toute la France, ce qui m'a donné l'occasion d'échanger avec de nombreux chercheurs. Il y a donc eu une multitude de personnes, sans que je puisse citer quelqu'un qui m'ait influencé d'une manière déterminante.

J'ai néanmoins une pensée pour le très regretté Jean-Marie Souriau[4]. Bien que peu connu, il est pour moi l'un de ceux qui, dans le monde, dominent la physique et la cosmologie mathématiques, tout en ayant ce recul qui manque souvent chez les praticiens actuels de la physique. Il est certain qu'il a beaucoup influencé mes travaux, au moins dans la deuxième moitié de ma carrière.

N. M.: Comment jugez-vous aujourd'hui votre début de carrière? Votre pensée, votre rapport à votre objet d'étude ont-ils changé avec le temps?

M. L.-R.: Mon objet d'étude a effectivement changé: j'ai commencé une thèse un peu technique sur les rayons cosmiques, pour évoluer vers la cosmologie et l'astrophysique à grande échelle avec la distribution des galaxies. Puis la physique théorique et mathématique. J'ai fait des travaux sur la topologie de l'Univers, ce qui était assez

4. Jean-Marie Souriau (1922-2012) est un mathématicien français. Outre ses travaux sur la géométrie symplectique, il a publié de nombreux traités sur la relativité et la mécanique quantique.

original. La topologie est une sorte de branche de la géométrie, qui étudie entre autres les repliements des surfaces. L'espace-temps pourrait-il être replié sur lui-même? Cela aurait des conséquences sur la répartition des galaxies. Si on voit 1 million de galaxies, peut-être n'y en aurait-il que 100 000, le reste étant des images «fantômes» multipliées de ces galaxies. C'est envisageable si l'Univers est replié de cette manière topologique[5]. Avec des collègues, nous avons dressé un certain nombre de modèles possibles d'Univers topologiques. Je constate que c'est de nouveau d'actualité, et que sont proposés de nouveaux tests avec le fond diffus cosmologique[6]. On s'aperçoit aussi que les tests déjà accomplis n'ont pas éclusé tous les modèles possibles.

Au bout d'un moment, j'ai décidé d'abandonner la cosmologie parce que je trouvais que les praticiens de la discipline se fourvoyaient un peu avec ces notions nouvelles, comme l'inflation ou l'énergie noire. Je pensais que la discipline partait dans une mauvaise direction et sans bases physiques très solides. Ça devenait trop spéculatif. Certes, la physique doit être spéculative, mais il y avait selon moi une forme d'obstination à défendre une idée qui ne marche pas très bien. J'ai interprété cela comme un phénomène sociologique: une grande partie de la discipline s'orientait d'une manière contre laquelle il était difficile de lutter. J'ai eu envie de partir et de revenir à des choses plus fondamentales, rigoureuses, comme la physique théorique et mathématique. Le sujet était tout trouvé: le lien entre physique quantique et relativité générale. Je me suis mis à travailler sur des modèles de gravité quantique[7]. Puis sur l'apport des nouvelles mathématiques dans la physique. Par «nouvelles mathématiques», j'entends

5. Marc Lachièze-Rey et Jean-Pierre Luminet, «Cosmic Topology», *Physics Reports*, vol. 254, nº 3, 1995 (https://arxiv.org/abs/gr-qc/9605010).

6. Si l'Univers est ainsi replié (les mathématiciens disent «multiconnexe»), cela pourrait laisser quelques traces spécifiques reconnaissables dans l'image du fond diffus cosmologique.

7. La relativité générale, qui décrit la gravitation, et la physique quantique sont aujourd'hui incompatibles et les physiciens théoriciens estiment qu'il faut les réconcilier. Une des voies suivies consiste à tenter de «quantifier» la gravité, autrement dit de construire une théorie de «gravité quantique».

notamment la géométrie non commutative d'Alain Connes[8], la théorie des catégories[9] qui commence à être utilisée dans la physique, ou certaines innovations mathématiques de Jean-Marie Souriau ou de Roger Penrose[10] qui, pour moi, sont peut-être les deux plus grands physiciens mathématiciens de notre époque. Je me suis intéressé à l'utilisation et à l'apport de ces nouveaux outils en physique. En quelque sorte, je suis revenu à mes mathématiques chéries. Certaines idées physiques un peu nouvelles ont souvent besoin des outils mathématiques nouveaux pour être pleinement exploitées. Dans la physique d'aujourd'hui, deux grandes questions sont liées: premièrement, l'interprétation de la physique quantique; deuxièmement, le lien entre cette physique quantique et la relativité générale (ou, plus généralement, la gravitation). Ce sont deux disciplines au minimum très différentes, voire, d'une certaine manière, opposées. Une chose est sûre: ce ne sont pas toutes deux de «vraies» théories. On se demande donc si l'une est plus vraie que l'autre. Ou si les deux sont à remettre en cause. Ce qui me passionne dans cette recherche – et passionne de nombreux chercheurs en physique fondamentale –, c'est de savoir si l'on n'a pas besoin de ces nouveaux outils mathématiques pour aller plus loin. C'est un peu le sens de ma recherche actuelle.

N. M.: Quel conseil donneriez-vous aujourd'hui au Marc Lachièze-Rey du début de carrière?

8. Alain Connes (1947) est un mathématicien français qui a développé une nouvelle géométrie fondée sur des notions algébriques. Cette nouvelle géométrie «non commutative» s'est révélée très bien adaptée pour décrire la physique quantique; elle possède sans doute d'autres applications potentielles en physique.

9. Il s'agit d'une branche récente (depuis environ un demi-siècle) des mathématiques, qui renouvelle la vision ensembliste qui sous-tend l'essentiel des mathématiques actuelles. Si cette dernière se fonde sur les éléments des ensembles, les catégories se focalisent sur les relations (aussi appelées «morphismes») entre ces éléments. Ces catégories se révèlent très bien adaptées à la description de la physique, où la quasi-totalité de ce qui se passe est constituée de relations entre objets ou systèmes physiques. Voir par exemple Marc Lachièze-Rey, «Categories and Physics», colloque FFP 10, *Frontiers of Fundamental Physics*, Perth (Australie), *American Institute of Physics Conference Proceedings*, vol. 1246, 2010, p. 114-126 (https://aip.scitation.org/doi/abs/10.1063/1.3460186).

10. Roger Penrose (1931) est un mathématicien, cosmologiste et philosophe des sciences britannique, lauréat du prix Nobel de physique en 2020 pour ses travaux sur les trous noirs.

M. L.-R.: C'est une très bonne question! Mon premier conseil: ne pas se laisser influencer par les modes dominantes. Sans m'en rendre compte, je pense l'avoir bien suivi. Puis garder son envie. Essayer de tout faire pour travailler dans ce qui vous intéresse. Sinon, ce n'est pas la peine de faire de la recherche. On est mal payé. Aujourd'hui, la situation dans les universités est absolument catastrophique. À l'époque, il y avait quand même un petit avantage, c'est que les chercheurs étaient respectés. Ce n'est plus le cas. Les chercheurs sont de plus en plus maltraités par nos gouvernements successifs. Il est devenu très difficile de faire de la recherche fondamentale dans une université ou un laboratoire.

Mon conseil serait donc de ne pas faire de recherche appliquée en physique. La manière dont sont répartis les crédits et dont sont gérés les laboratoires est désastreuse. Les sujets que l'on incite à suivre ne sont pas les plus intéressants. La physique théorique et la recherche fondamentale sont en train de disparaître. Tout est fait pour qu'elles disparaissent. À moins d'être une sorte de saint et de s'y consacrer comme on entrerait au monastère en se disant qu'on va sauver la recherche fondamentale, je ne conseille pas un tel choix. À leur époque, des gens comme Newton ou même Einstein travaillaient seuls et ont fait de grandes découvertes seuls. Aujourd'hui, il est impossible de travailler seul. Un contre-exemple existe: le mathématicien russe Grigori Perelman[11] qui, vivant isolé en Sibérie, a résolu la conjecture de Poincaré. Cela lui a valu deux prix internationaux prestigieux (qu'il a refusés). Tout cela est assez impressionnant, même si les mathématiques, en tant que discipline, semblent pouvoir échapper à la mercantilisation ambiante.

À la fin de mes conférences, on me demande souvent pourquoi il n'y a pas eu de grandes découvertes scientifiques depuis le milieu du XXe siècle. Il y a bien eu des découvertes observationnelles très impressionnantes, comme celles des trous noirs, des quasars, des pulsars, des ondes gravitationnelles, etc. Mais ce ne sont pas des découvertes théoriques fondamentales comme le furent celles d'Einstein, et de

11. Grigori Perelman (1966) est un mathématicien russe, de renommée internationale, notamment parce qu'il a démontré la conjecture de Poincaré en 2002 et la conjecture de géométrisation de Thurston l'année suivante.

ceux qui ont créé la physique quantique ou de Newton. Les raisons en sont très précises. D'abord, l'arrivée de l'informatique. C'est un outil extraordinaire mais qui détourne les chercheurs de la réflexion. Si Einstein avait vécu aujourd'hui, je me demande s'il ne se serait pas laissé entraîner à cette espèce d'addiction que l'on éprouve à faire de la programmation, plutôt que de réfléchir jour et nuit aux problèmes qui vous tourmentent (comme il a déclaré l'avoir fait). J'ai moi-même expérimenté cela. J'ai un peu appris la programmation à l'École normale supérieure, à une époque où ce n'était pas encore très répandu. Je m'y suis laissé entraîner et cela prend beaucoup de temps pendant lequel on ne réfléchit pas, on ne prend pas de recul, on ne fait pas de physique théorique. C'est l'un des gros reproches que je fais à la physique d'aujourd'hui. À cause de l'informatique, le recul fait défaut. Les procédures de financement et les effets de mode sont tout aussi néfastes. Au milieu du XXe siècle, il y a eu un changement complet dans la manière de faire de la science et de la recherche. Nous sommes arrivés à ce qu'on appelle la «*big science*»: d'une part, la «science sur projet» et, de l'autre, la science qui coûte très cher parce qu'il faut de grosses machines et de grandes collaborations. Le chercheur isolé qui cherche ce qu'il veut – seule une poignée de privilégiés le peuvent encore aujourd'hui – est de moins en moins courant.

N. M.: Restons sur cette question de faire de la recherche seul. Quelle était pour vous la part de compétition ou de collaboration? Laquelle des deux était la plus stimulante?

M. L.-R.: La plus stimulante est la collaboration. Quand je me suis intéressé à la distribution des galaxies, c'était à la fois de la collaboration et de la compétition. J'ai travaillé avec des chercheurs américains, fait des demandes d'observations en collaboration avec d'autres chercheurs étrangers. Pour mes premières analyses sur la distribution des galaxies, il fallait avoir un catalogue. À l'époque, le Center for Astrophysics en Californie venait de constituer le sien. Et des collègues ont accepté de me le passer. C'était vraiment une collaboration. À l'époque, d'autres chercheurs aux États-Unis travaillaient sur le même catalogue, faisaient le même genre d'analyses, il y avait donc une compétition. Et cette compétition est utile: quand vous avez un résultat, les autres vont publier un résultat similaire à peu près en même temps. Si les deux résultats concordent, c'est positif (sinon, cela signifie qu'il y a un problème au moins d'un des deux côtés). Quand je suis dans un labo, je peux être en collaboration avec quelqu'un qui est à l'autre bout de la Terre et en compétition avec le gars qui est dans le bureau d'à côté.

N. M.: Einstein a écrit sur ces processus de recherche. Très jeune, dit-il, il a eu le sentiment qu'il y avait quelque chose de profondément caché derrière les choses (« *something deeply hidden had to be behind things* »). Avez-vous aussi ressenti ça ?

M. L.-R.: Einstein a trouvé cette théorie de la relativité générale qui est absolument extraordinaire. Pour résumer, elle dit qu'on vit dans un espace-temps qui a une certaine forme, et que cette forme est l'expression de la gravitation. Pour le trouver, il fallait le chercher. Mais est-ce que cela correspond vraiment à une réalité physique ? Ou est-ce une manière de voir ? Ces lois d'Einstein sont extraordinaires et marchent très bien ; mais peut-être que c'est nous qui les projetons... Cet ordre dont il parle vient peut-être de nous. Cela rejoint un peu « l'efficacité déraisonnable des mathématiques dans les sciences naturelles » qu'énonce Eugène Wigner[12]. Comment se fait-il que des équations exprimées mathématiquement arrivent à si bien rendre compte des phénomènes ? À tel point qu'on fabrique des ordinateurs ou qu'on envoie des sondes dans l'espace ? La réponse à cette question est peut-être très simple. Les mathématiques sont peut-être l'expression la plus fine, le langage naturel, de notre moyen de réfléchir. Évidemment, c'est un peu en contradiction avec une autre conception, platonicienne, des mathématiques qui dit que les objets existent préalablement et qu'on les découvre. Beaucoup de mathématiciens sont platoniciens. J'ai moi-même l'impression d'en faire partie. Quand je fais des maths, j'ai l'impression que les objets mathématiques extraordinaires de cette discipline n'ont pas été construits mais découverts. Ils étaient là et attendaient qu'on les

12. Eugene Wigner (1902-1995) est un physicien théoricien hongrois, récompensé par le prix Nobel de physique en 1963 pour ses travaux sur la structure du noyau atomique.

découvre. C'est un peu en contradiction avec ce que j'ai dit précédemment, mais ces questions restent ouvertes.

$$E=mc^2$$

N. M.: Comment naît chez vous une idée nouvelle et à quel moment? Est-ce que c'est une maturation, une progression, ou au contraire un événement abrupt?

M. L.-R.: Il est évident que la maturation joue un rôle important dans la naissance d'une idée nouvelle. Ensuite, il y a une grande tradition dans les sciences – que ce soit Poincaré ou Einstein – de l'idée qui jaillit d'un coup.

N. M.: Le fameux *eurêka*!

M. L.-R.: Tout à fait. Nous en avons des tas d'exemples. En même temps, Einstein a dit que s'il a pu avoir des idées qui ont fonctionné, c'est qu'il y pensait jour et nuit. À force d'y penser tout le temps, vient un moment où l'idée se matérialise. Et c'est peut-être, précisément, le moment où on arrête d'y penser. Évidemment, je n'ai jamais eu d'idées comparables à celles d'Einstein, mais il m'est arrivé dans ma propre recherche que quelque chose s'éclaire d'un coup. Ce sont des moments extrêmement intéressants et jouissifs. On a une idée, puis on vérifie. Parfois, ça ne marche pas; et parfois, ça marche. Les idées les plus intéressantes que j'ai eues sont celles sur lesquelles j'ai beaucoup travaillé, cherché le problème en amont, fait des tas de calculs... Puis, alors que je travaille sur quelque chose de différent, je prends un papier, un crayon, et je trouve en une ou deux journées de travail la résolution du problème sur lequel je planchais depuis six mois ou un an. Pour que l'idée jaillisse, il faut donc une maturation au préalable.

Sur ce sujet, les épistémologues (les philosophes des sciences), psychologues et chercheurs eux-mêmes ont beaucoup réfléchi, mais ils n'ont pas vraiment progressé. Dans son livre *Dans le cerveau des comédiens*[13], Anouk Grinberg interroge ce qui se passe dans le

13. Anouk Grinberg, *Dans le cerveau des comédiens. Rencontres avec des acteurs et des scientifiques*, Odile Jacob, 2021.

cerveau d'un acteur quand il joue. Y a-t-il deux personnalités à la fois? Est-ce que le comédien adopte complètement la personnalité de celui qu'il joue ou garde-t-il sa personnalité? Ce livre me passionne parce que le parallèle qu'il dresse est celui dont nous discutons actuellement. Qu'est-ce qui rapproche et qu'est-ce qui sépare la démarche scientifique de la démarche artistique?

N. M.: Justement, comment se formule, dans votre esprit, votre travail de réflexion? Est-ce que c'est une voix intérieure? Une voix extérieure? Du monologue? Un langage mathématique? Est-ce que ce sont des images?

M. L.-R.: Difficile de répondre, mais c'est toujours assez mathématique. Pour la physique fondamentale, la clé est d'arriver à établir un lien entre une pensée que je qualifierais de «philosophique» et les mathématiques. C'est vraiment ce qu'a fait Einstein. Et avant lui, Newton. Dans une certaine mesure, c'est aussi ce qu'on fait les théoriciens de la physique quantique comme Lee Smolin ou Carlo Rovelli[14], et d'autres, certainement, le font très explicitement. C'est quelque chose qui se fait parfois inconsciemment dans le cerveau des chercheurs, mais c'est intéressant d'avoir ce genre de démarche de manière explicite. On peut alors aller jusqu'à se demander de quels éléments il faut partir. On peut évoquer par exemple l'espace, le temps, la matière, le vide, le rayonnement, mais peut-être qu'il ne faut pas forcément partir de ces notions; peut-être qu'il faut partir du plus immédiat, comme ce que nous observons: penser les phénomènes non pas tels qu'ils sont censés exister, mais tels qu'on les observe. Donc il y a déjà toute une discussion pour savoir de quoi on doit partir. Quel est le rôle de l'observation et de l'observateur? Qu'est-ce que la réalité?... Ce que nous appelons «réalité» correspond-il à ce qu'on observe ou à quelque chose qui est reconstruit à partir des observations? Pour avancer en physique, on se doit d'aborder ce problème épistémologique.

14. Lee Smolin (1955) et Carlo Rovelli (1956) sont deux physiciens théoriciens qui ont élaboré l'hypothèse de la «gravitation quantique à boucles», qui propose une solution au problème de la quantification de la gravitation.

N. M.: Comment est-ce que ces pensées-là se formulent ? Est-ce un mélange de langage articulé, d'équations ? Ou avez-vous besoin d'analogies et de représentations mentales ?

M. L.-R.: Comme je vous le disais, je me tourne souvent vers la géométrie. Dès que je pense à quelque chose, j'ai envie de le dessiner. Par exemple, quand je pense à la théorie des ensembles en mathématiques, j'ai envie de voir des gros sacs avec des choses dedans. Évidemment, c'est un peu naïf et j'essaie de rendre ça plus subtil. En géométrisant dans ma tête, j'arrive à cerner des questions que je peux résoudre, même si la résolution doit ensuite se faire de manière algébrique – parce qu'il y a des problèmes géométriques qu'on résout de manière algébrique et *vice versa*. La démarche scientifique consiste à se poser des questions formulables sans équation, avec des « mots que l'on a dans la tête ». On peut ensuite travailler ces questions ou ces idées jusqu'à leur donner une forme mathématique que l'on pourra traiter grâce à l'algèbre ou à la géométrie. Telle est ma démarche. Peut-être est-elle trop limitée ? D'autres physiciens ou scientifiques fonctionnent sans doute différemment et mieux. Au lieu de penser en termes de forces, on pourrait aussi penser en termes d'airs musicaux. Après tout, pourquoi pas ? Pour moi, c'est la géométrie.

N. M.: Quelle place occupe l'écrit ? Avez-vous besoin de prendre beaucoup de notes ?

M. L.-R.: À une certaine période, j'ai beaucoup écrit. Je prenais des notes dans les séminaires, les colloques. Pour beaucoup, je ne les ai jamais relues. En les retrouvant des dizaines d'années après, je ne les comprends parfois même plus. Quand je travaille seul chez moi, j'ai besoin d'écrire. Le simple fait d'écrire une équation et de l'encadrer dans un coin – même si je la connais par cœur – me donne une référence. C'est comme si je la rangeais dans un coin de mon cerveau auquel j'ai toujours accès. Évidemment, je n'utilise presque plus de papier et de crayon. Je fais tout par ordinateur. Mais je m'aperçois que je n'arrive pas à faire les calculs de la même façon par ordinateur. Quand on calcule sur ordinateur, on fait deux choses à la fois : on calcule et on programme. Je fais donc beaucoup moins de calculs qu'avant. J'ai des piles de calcul absolument faramineuses et quand, des années plus tard, je ressors des feuilles de calcul, il m'arrive de ne même plus savoir à quoi ils correspondent. Si je peux donner un conseil aux physiciens et aux scientifiques débutants, c'est de ne pas faire trop de calculs. Souvent, on fait un gros calcul, puis on s'aperçoit que ce n'était pas la peine, parce que le résultat par d'autres méthodes est bien plus évident. Je ne sais plus quel physicien a dit: « Ne faites jamais un calcul si vous ne connaissez pas le résultat à l'avance. » C'est une très bonne formule, même si c'est un peu exagéré. Parfois, je fais un grand calcul qui peut me prendre une semaine ou quinze jours. Quand j'arrive au bout, je réalise que ça n'a servi absolument à rien.

N. M.: L'usage de l'analogie est-il pertinent ou est-ce une fioriture?

M. L.-R.: Les deux. Je suis furieux quand je vois mes collègues qui font des analogies sans précaution parce que ça induit des mauvaises idées. On s'en aperçoit très bien lors d'une conférence, quand il y a les questions du public. Certains n'ont rien compris ou, pire, ils ont compris de travers parce qu'ils ont lu un article avec des analogies qui donnent des idées fausses. C'est très énervant et on passe beaucoup plus de temps à rectifier les erreurs qui viennent des analogies inopportunes qu'à expliquer à quelqu'un qui a les idées fraîches.

N. M.: Einstein a pourtant fait quelques grandes analogies qui ont été très opérantes.

M. L.-R.: Je ne dirais pas que ce sont des analogies, mais plutôt des expériences de pensée. L'exemple du type qui tombe du toit avec ses clés, par exemple[15]. Ce n'est pas une analogie, c'est imaginer une expérience qui met en évidence le phénomène. Il avait dit aussi qu'il imaginait se balader sur un rayon lumineux qui va à la vitesse de la lumière. Évidemment, ça ne marche pas, mais il se demande ce qu'il se passerait si ça marchait. Ce n'est pas une analogie non plus.

15. Une expérience qu'Einstein a qualifiée de « plus belle idée de [s]a vie », car elle est à l'origine du principe d'équivalence (une reformulation de « l'universalité de la chute libre ») qui constitue le fondement de sa théorie de la relativité générale, au point que plusieurs résultats fondamentaux peuvent en être déduits, sans qu'il soit besoin de faire appel à la théorie elle-même.

Une analogie, par exemple, c'est quand on parle d'un tissu élastique pour l'espace-temps (celle-là fonctionne plutôt bien). Ou, pour décrire l'expansion de l'Univers[16], quand on évoque le cake qui gonfle dans le four. Le problème de cette analogie, c'est que le cake gonfle *dans le four*; alors les gens peuvent légitimement se demander dans quoi gonfle donc l'Univers. Bonne réponse: dans rien! Voilà le mauvais point de l'analogie.

N. M.: Diriez-vous que vous avez un raisonnement plutôt inductif ou déductif?

M. L.-R.: J'ai forcément les deux. Évidemment, c'est toujours déductif: il faut bien partir de quelque chose, d'une idée, d'une analogie, d'une contradiction qu'on veut essayer de résoudre ou d'un principe philosophique. L'induction, c'est ce qui va induire le départ du raisonnement. Ensuite, on a des méthodes assez standard qu'on applique avec la chaîne des démonstrations qui se succèdent les unes aux autres, en essayant différentes formulations pour que jaillissent des idées nouvelles. La théorie de la relativité telle que l'a donnée Einstein est tellement parfaite qu'on a l'impression qu'on ne peut pas la modifier. D'ailleurs, tous les gens qui s'y essaient n'y parviennent pas. Pourtant, en la reformulant d'une manière différente, vous vous apercevez qu'elle se prête à des variantes plus ou moins importantes et intéressantes.

N. M.: Quelle est la part que vous accordez à l'intuition par rapport au rationnel?

M. L.-R.: Je ne les oppose pas. On pourrait dire que l'intuition est la machine et que le rationnel est le combustible qui fait fonctionner la machine. Mais on pourrait soutenir aussi la réciproque! Une fois que le réservoir de votre voiture est rempli d'essence - ce qui correspond au fait d'avoir des idées -, il faut ensuite la faire avancer en brûlant du carburant, c'est-à-dire en faisant des calculs. Rouler ne vous fait pas nécessairement arriver à un endroit intéressant. Or, sans essence, on n'arrivera nulle part. Il en va de même pour les calculs: ce n'est

16. Les raisins secs dans le four s'écartent les uns des autres lorsque la pâte gonfle, un peu comme les galaxies dans l'Univers en expansion.

pas parce qu'on en fait qu'on va avoir un résultat intéressant. Mais sans calculs, on n'arrive nulle part non plus. Cette analogie vaut ce qu'elle vaut, c'est comme ça que je vois les choses. Le rationnel est nécessaire à toute réflexion. Même le philosophe a besoin du rationnel. On utilise ce mot comme s'il était réservé aux mathématiques; pourtant, ce n'est pas le cas. On peut l'opposer au terme de « pensée », beaucoup plus vague et général. On peut avoir des pensées complètement intuitives dans des semi-rêves qui sont d'ailleurs très utiles dans la recherche. Dans *Les Somnambules*, Arthur Koestler[17] explique que tous les grands découvreurs scientifiques ont eu le début de leurs idées dans une espèce de semi-rêverie qu'il appelle « somnambulisme ». Ce n'est peut-être pas tout à fait ça, mais on voit bien l'idée. Ça correspond à ce que disait Einstein. On y pense jour et nuit, lorsqu'on s'endort, quand on a une insomnie, quand on est dans un demi-sommeil le matin, puis cela mûrit seul jusqu'à ce que l'étincelle se produise.

N. M.: Est-ce que l'émotion et la subjectivité ont une place dans vos travaux?

M. L.-R.: Il faut déjà aimer, adorer ce qu'on fait. À 20 ans, je pensais que je serais utile à l'humanité en perçant les secrets de l'Univers... Aujourd'hui, je n'en suis plus tellement sûr. La vraie motivation pour moi, c'est que mon travail est passionnant, comme un jeu, une addiction. Faire de la recherche en physique fondamentale procure le même plaisir que quand on joue aux échecs. Sauf que la partie dure depuis au moins deux mille ans et que les joueurs s'appellent Newton, Einstein, etc. De temps en temps, on marque un point. Einstein, par exemple, a gagné des tas de parties. C'est le jeu le plus fabuleux qui soit. On le fait avec des gens de toutes les époques, répartis sur tous les continents. Dans les périodes de sa vie où on fait ça du matin au soir, c'est un plaisir que je pense comparable à celui des joueurs qui ont envie de jouer aux cartes dès qu'ils voient une table et ne peuvent plus s'arrêter. Einstein a parlé de ça. Avant même d'avoir terminé sa

17. Arthur Koestler (1905-1983) est un romancier et essayiste hongrois. *Les Somnambules. Essai sur l'histoire des conceptions de l'Univers*, Calmann-Lévy, 1960.

théorie de la relativité, il avait commencé à appliquer l'idée à la planète Mercure, car certaines caractéristiques de son orbite (l'avance du périhélie) restaient inexpliquées. Il a fait le calcul et s'est aperçu que ses idées expliquaient le désaccord. Et ça l'a tellement secoué qu'il en a eu des suffocations! Il raconte qu'il est resté dans un état second pendant deux jours. L'émotion est donc présente dans la recherche. Quel plaisir, quand on a trouvé! Quel plaisir, quand on gagne au jeu! Le plaisir du jeu ne réside pas tellement dans le fait de gagner, mais de jouer. Comme le plaisir de la séduction, qui n'est peut-être pas tellement dans le fait d'arriver à ses fins, mais plutôt dans le fait même de séduire. Tout ça, c'est un peu pareil.

N. M.: Quel est votre premier réflexe quand vous êtes confronté à une anomalie?

M. L.-R.: Le scepticisme, toujours. Le bon exemple, c'est celui de la masse cachée. La communauté s'est retrouvée confrontée à ce problème au milieu du XXe siècle.

N. M.: C'est ce qu'on appelle la «matière noire».

M. L.-R.: Oui, «matière noire», «masse cachée», «masse invisible», «masse manquante»... Il y a des tas d'appellations équivalentes. Dans les galaxies, les étoiles tournent trop vite. On s'aperçoit donc que la masse de la galaxie n'est pas suffisante pour retenir les étoiles. C'est le même problème dans les amas de galaxies, où ces dernières vont trop vite, on ne sait pas ce qui les retient. La première solution a été de dire, au milieu du XXe siècle, qu'il y a plus de masse que ce qu'on peut en voir. Puis on s'est mis à chercher cette masse cachée. Des tas d'observations ont toutes donné des résultats négatifs. Des gens ont alors commencé à douter qu'il y ait véritablement de la masse cachée. S'il n'y en a pas, comment résoudre l'anomalie? Peut-être que la théorie avec laquelle on analyse tout cela n'est pas la bonne? Peut-être faut-il remplacer la relativité générale par une autre théorie? Ou les lois dynamiques par d'autres lois?

N. M.: Concrètement, quel est votre premier réflexe quand vous travaillez et que vous constatez une anomalie?

M. L.-R.: On parle d'anomalie quand il y a une observation, ou un résultat d'expérience, qui n'est pas conforme aux prédictions d'une théorie. Il y a donc trois possibilités: soit on s'est trompé; soit la théorie à partir de laquelle on a fait les prédictions est fausse; soit encore il y a un phénomène additionnel dont on n'a pas tenu compte. Dans notre cas, le phénomène additionnel serait la masse cachée. L'autre option, c'est que la relativité générale avec laquelle on a fait les prédictions ne soit pas la bonne théorie. On peut aussi se dire qu'on s'est juste trompé. Mais comme presque tout le monde, depuis un siècle, a refait les calculs, on commence à penser qu'il n'y a plus tellement d'erreurs de ce côté-là. Voilà les réactions qu'on peut avoir.

Il y a quelques années, des physiciens ont dit avoir observé des neutrinos aller plus vite que la lumière[18]. Certains physiciens à l'époque ont réagi à l'annonce de cette «découverte» en déclarant que c'était la preuve que la théorie des cordes[19] était juste et qu'il y avait des dimensions supplémentaires! J'ai été choqué parce que ça ne reposait sur rien. Pour moi, c'était tout simplement impensable. J'ai dit qu'ils avaient fait une erreur dans leur interprétation parce que cela remettait trop de choses en cause: non seulement la théorie de la relativité générale, mais aussi toute notre conception du monde. Les articles étaient très mal rédigés. La personne qui avait écrit ça connaissait très mal la relativité. L'erreur a été démontrée quelques semaines plus tard.

J'ai ce réflexe de douter, d'être sceptique. J'aurais pu, dans ce cas, douter de la relativité et de toute notre conception du monde physique, mais là où l'on place le doute, c'est quelque chose de subjectif. Je donne cet exemple car c'est un cas où j'ai douté face à une

18. En 2011, des chercheurs de l'expérience internationale OPERA, en Italie, ont mesuré la vitesse de neutrinos avec une précision annoncée comme inégalée jusqu'alors, et un résultat surprenant: cette vitesse était légèrement supérieure à celle de la lumière, ce qui est théoriquement impossible selon la théorie de la relativité d'Einstein. Il s'avérera, quelques semaines plus tard, que ce résultat était dû à un branchement défectueux entre des horloges de précision.

19. La théorie des cordes est une hypothèse qui permet de résoudre le problème de la gravitation quantique. Plus ancienne que la gravitation quantique à boucles, et formulée dans les années 1960, elle soutient que les particules élémentaires sont en fait des cordelettes vibrantes, dans un Univers à plus de trois dimensions spatiales.

prétendue anomalie. Après, quand on travaille seul, l'anomalie, c'est plutôt l'erreur.

$$E = mc^2$$

N. M.: Quelles sont vos méthodes de travail? Est-ce que vous avez besoin d'errance, de silence, d'isolement? Ou au contraire d'échanges?

M. L.-R.: En général, je travaille seul dans mon coin. J'ai besoin de réfléchir au calme. Je peux aussi m'abstraire du bruit. Je peux très bien calculer ou réfléchir sans que cela me gêne. Je peux lire au milieu d'un brouhaha sans problème. J'ai aussi beaucoup de discussions avec les collègues. Cela permet d'avoir de nouvelles idées, de mettre les siennes à l'épreuve de la critique ou de se forcer à les exprimer de manière correcte. Je peux aussi me rendre compte qu'elles ne tiennent pas debout.

N. M.: Et sur l'errance? Par exemple la promenade?

M. L.-R.: Je marche énormément. Je réfléchis aussi beaucoup la nuit, lorsque je fais des insomnies, ou quand je regarde le paysage. Être dépaysé, ça aide. Les idées les plus fructueuses de ma carrière sont venues en travaillant sur autre chose. Avoir l'esprit qui se dégage du problème auquel on pense jour et nuit est bénéfique. En se libérant, l'esprit continue à travailler seul sur le sujet. C'est comme les idées qui viennent pendant la nuit. On a besoin de décompresser, de se décontracter, de se déshypnotiser. Je crois qu'il y a une part d'hypnose dans tout ça. Le calcul est une sorte d'autohypnose. C'est pour ça qu'on arrive à s'abstraire du contexte ou du brouhaha.

N. M.: Vous évoquez la nuit, est-elle synonyme de repos? Ou est-ce un moment fructueux pour travailler?

M. L.-R.: J'aimerais que ça soit le repos. Depuis une opération, j'ai des insomnies qui peuvent durer des heures. Ce n'est pas vraiment désagréable, hormis la fatigue du lendemain. Si je me mets à penser à la gravitation ou à la physique quantique, je n'ai plus aucune chance de m'endormir. C'est tout le problème. Dans cette situation, on arrive quand même à bien réfléchir et à bien raisonner. Mais parfois on est bloqué parce qu'il y a des raisonnements qu'on n'arrive pas à faire sans écrire le calcul, et calculer sans support, c'est difficile. C'est pour ça que j'ai une grande admiration pour Stephen Hawking. Il a été averti de sa maladie vers l'âge de 20 ans[20]. À l'époque, il était déjà chercheur. Quand on lui a annoncé dans quel état il allait être, il s'est entraîné à réfléchir et à calculer mentalement sans support. C'est quelque chose d'assez extraordinaire. Parvenir à résoudre des équations les yeux fermés est vraiment difficile. Jusqu'où Hawking a-t-il pu aller dans cette capacité à résoudre des équations et à faire des calculs ? Je me demande comment il organisait ses réflexions dans son esprit.

N. M.: Avez-vous des routines de travail très précises ?

M. L.-R.: Quand on est vraiment immergé dans le travail, on ne fait presque plus que ça. Évidemment, ça fonctionne par phases. Je ne fais pas que ça toute ma vie. Lorsque je suis dans une phase où j'ai un problème à traiter, je ne me pose même pas de questions. J'arrive chez moi, je m'assois, je prends une feuille et fais un dessin pour essayer de matérialiser mon idée. En fonction de ce que je comprends, je me lance dans le calcul – ou pas. Quand je me décide à le faire, je m'aperçois parfois au bout de trois ou quatre jours que c'est un calcul idiot. Ou que j'aurais pu réfléchir autrement. Pour cette raison, il est important d'avoir un cadre. Une fois dedans, le travail devient presque automatique.

N. M.: Quelle place accordez-vous au hasard dans votre recherche ?

M. L.-R.: Le hasard est partout. C'est d'abord la configuration de notre esprit. Certains sont plus adaptés aux mathématiques ou aux raisonnements rationnels. Einstein, par exemple, dit qu'il a eu son

20. Stephen Hawking (1942-2018) est un physicien théoricien et cosmologiste britannique. Atteint de sclérose latérale amyotrophique (ou maladie de Charcot), il a passé de nombreuses années de sa vie adulte entièrement paralysé dans un fauteuil roulant et communiquait *via* un capteur musculaire et un ordinateur qui permet la synthèse vocale.

idée en imaginant un ouvrier qui tombe. Ça lui est venu en voyant un couvreur qui travaillait dans les rues de sa ville natale. Si c'est vrai, on peut se dire qu'il s'agit du hasard ; s'il n'avait pas eu cette idée à ce moment-là, il aurait pu l'avoir plus tard. Ou pas.

Ensuite, au hasard des discussions et des rencontres, on peut s'intéresser à un problème en particulier pour lequel on a précisément les outils qui vont permettre de l'aborder, et peut-être de le résoudre. Ce problème peut aussi, plus qu'un autre, correspondre à la configuration de mon esprit. Si on m'avait dit de faire ma thèse sur un autre sujet, peut-être aurais-je été dix fois plus brillant, ou dix fois moins brillant. Si, un jour, j'ai l'idée géniale de faire un calcul mais que je n'ai pas de papier sous la main, je vais l'oublier. Ça peut tenir à des choses aussi bêtes que ça. Le hasard est partout. Il constitue un ensemble d'influences. Finalement, je ne sais pas trop répondre à cette question.

N. M.: Est-ce que l'évolution de la technologie a modifié votre façon de travailler et de réfléchir ?

M. L.-R.: La calculatrice m'a permis de faire des calculs que j'aurais eu la flemme de faire. Puis il y a eu l'informatique. Bien que ce soit un outil que j'ai utilisé très abondamment, je pense que ça a été plutôt négatif pour moi. L'informatique m'a beaucoup détourné de ce que j'appellerais une « vraie réflexion », pour m'amener vers des occupations beaucoup plus futiles, comme la programmation ou le code pour des choses qui n'en valent pas la peine. L'informatique apporte beaucoup de progrès dans la science en général, mais ça détourne énormément de gens – qui auraient pu être géniaux – de la réflexion et, en ce sens, ça ne fait pas avancer la science. La plupart des mathématiciens n'utilisent jamais l'informatique. Ils n'en ont globalement pas besoin parce qu'ils sont dans la réflexion pure.

N. M.: Pour vous, qu'est-ce qu'un obstacle ? Comment l'appréhendez-vous ou le contournez-vous ?

M. L.-R.: L'obstacle peut être une équation qu'on n'arrive pas à résoudre. Ou une idée qu'on ne parvient pas à exprimer. Les physiciens astucieux qui ont laissé leur nom à la postérité, notamment au XXe siècle, ne sont pas tous des gens qui ont eu une idée fondamentalement géniale. Ils ont eu une idée pour trouver un moyen détourné de résoudre un problème. Un exemple (plutôt sinistre) me vient à l'esprit. Pour fabriquer une bombe H (à fusion), la première tentative a consisté à utiliser de l'hydrogène lourd, c'est-à-dire du deutérium, et à le comprimer énormément. Pour cela, il fallait une bombe atomique à fission. Or, si vous mettez de l'hydrogène autour d'une bombe atomique classique, tout va se disperser. Ça ne marche pas. Si vous mettez l'hydrogène au centre, ça ne marche pas non plus parce que la bombe à fission va vers l'extérieur. Voilà un obstacle. Des physiciens américains et soviétiques ont eu l'idée, sans doute en même temps, de construire une enceinte elliptique avec deux foyers, permettant ainsi de focaliser l'énergie de la bombe à fission sur la cible. C'est une idée de génie en même temps que monstrueuse, puisque ce n'était évidemment pas pour une bonne cause! Je n'ai jamais eu de bombe H à construire, mais je me souviens pendant ma thèse d'un calcul qui semblait impossible à faire. J'avais cet obstacle et j'ai eu l'idée d'une espèce d'astuce mathématique détournée, dont j'ai été très fier à l'époque. D'une manière générale, quand on a une idée et qu'on se retrouve face à un obstacle, cela peut tout simplement vouloir dire que l'idée ne marche pas.

N. M.: À quel moment vous dites-vous que vous faites fausse route?

M. L.-R.: J'ai tendance à lâcher trop tard. Je persiste trop. Quand on teste une idée et que ça ne marche pas, on la complique un peu. Parfois, ça marche un peu mieux. Mais on doit encore la compliquer pour que ça fonctionne. Et si on a besoin de trop la compliquer, c'est qu'elle n'est plus intéressante. C'est un peu ce que je reproche à ces idées d'inflation ou d'énergie sombre. Au départ, c'est une excellente idée qui mérite d'être travaillée. Mais comme ça ne marche pas, on n'arrête pas de la compliquer. Face aux obstacles, on rajoute de la complication. Or, à un moment donné, c'est peut-être le signe que cette idée n'est pas la bonne et qu'il faudrait passer à autre chose. Je reproche à certains de mes collègues de ne pas s'apercevoir qu'ils sont dans un degré de sophistication spéculative complètement démesuré. Même si à un moment ça marchait, on serait sur une construction tellement faite de bric et de broc que ça n'aurait plus aucun intérêt. On est loin de la fameuse harmonie dont parlait Einstein. L'intérêt d'Einstein ou de la physique quantique, c'est qu'avec des choses très simples on décrit une multitude de phénomènes qui paraissent divers et compliqués. Il faut être capable de renoncer à une idée.

J'ai eu beaucoup d'idées auxquelles j'ai renoncé. Peut-être parfois trop tôt, par paresse ou parce que j'étais trop pris par autre chose. Je le sais parce que ça m'est arrivé de voir cette même idée reprise par d'autres et menée à bon terme. Peut-être que je n'aurais pas réussi à le faire de toute façon, parce que ça demandait des outils que je ne connaissais pas ou que j'avais la flemme d'aller chercher – comme des démonstrations mathématiques très compliquées.

N. M.: Pour vous, la recherche est-elle génératrice d'anxiété ou de sérénité ? Laquelle des deux est la plus féconde ?

M. L.-R.: La recherche ne génère chez moi aucune anxiété. Le pire qui puisse m'arriver, c'est d'être obsédé par une idée. Cette espèce d'addiction dont je parlais. Je vais négliger tout le reste pour continuer mes calculs parce que je veux arriver au bout. En revanche, je ne dirais pas non plus que ça apporte de la sérénité. Le plaisir de la recherche ressemble plus au plaisir d'un jeu. Quand on joue, on n'est pas serein. Au contraire, on est excité. Mais c'est agréable. Quand on a l'impression de progresser, on est content, mais ce n'est pas le mot « sérénité » qui me viendrait à l'esprit. J'ai des périodes que j'associe à la sérénité, mais ce sont justement les moments où je ne pense plus à tout ça. Ce qui m'arrive de plus en plus, d'ailleurs.

$$E = mc^2$$

N. M.: Quelle est la découverte ou la recherche dont vous êtes le plus fier dans votre carrière ?

M. L.-R.: C'est d'avoir introduit un nouveau formalisme mathématique qui permet de résoudre pas mal de problèmes dans la question de la formation des galaxies, et dans des questions dynamiques plus généralement. C'est quelque chose d'un peu fondamental, mais qui a pas mal d'applications. Je suis davantage reconnu pour toutes les explorations topologiques et cosmiques dont je parlais plus haut. C'était assez original. J'ai accompli tout un travail mathématique assez considérable.

N. M.: Votre plus grand échec?

M. L.-R.: Ne pas avoir réussi à formaliser certaines idées, notamment sur le rôle de l'invariance conforme. C'est quelque chose d'assez technique sur lequel des gens comme le physicien et mathématicien allemand Hermann Weyl[21], ou son homologue anglais Roger Penrose, ont beaucoup travaillé. J'avais dans l'idée que ça devait apporter beaucoup à la physique en général. Je regrette de ne pas être allé au bout.

N. M.: Votre recherche a-t-elle profondément changé la façon dont vous percevez le monde?

M. L.-R.: Oui, surtout par l'intermédiaire de la relativité générale. Et en particulier du fait que le temps, par exemple[22], n'existe pas. En tant que construction sociale et personnelle, le temps existe. Mais le fait que le temps n'existe pas comme une entité physique conduit à avoir une vision totalement différente sur la conception du temps social ou personnel. La conception courante, qui est de dire que seul le présent existe (présentisme) est absolument insoutenable en relativité. Une des conceptions concurrentes, c'est ce qu'on appelle l'«Univers-bloc». C'est-à-dire que tout existe avec le même statut: le passé, le présent et le futur. Ce qui va m'arriver demain existe autant que ce qui m'est arrivé hier. Ça pose des questions sur le déterminisme, le libre arbitre, la conscience, la mémoire, etc. Ces questions fondamentales me sont apparues à la suite de ma pratique de problèmes concrets de relativité. Elles ont été débattues

21. Hermann Weyl (1885-1955) est un mathématicien et physicien théoricien allemand. Il est le premier à combiner la relativité générale et l'électromagnétisme, dès 1918, en créant la notion d'«invariance de jauge».

22. Voir, par exemple, *Voyager dans le temps. La physique moderne et la temporalité*, Le Seuil, 2013.

récemment à Besançon lors d'un colloque sur le temps, avec d'autres physiciens et beaucoup de philosophes. De nombreux philosophes commencent maintenant à s'apercevoir qu'on ne peut plus parler du temps comme on en parlait il y a un siècle, voire avant. On parle maintenant d'espace-temps, on parle de causalité. Il est difficile d'évoquer le présent de la même manière qu'avant la relativité et de soutenir une position comme le présentisme. Ce qui amène les philosophes à reconsidérer complètement leur conception du monde. Ça a été mon cas et celui de certains de mes collègues. Nous avons remodelé notre conception du monde. Nous avons pris beaucoup de choses avec plus de distance.

N. M.: De quel autre grand chercheur vivant ou grande chercheuse vivante d'une autre discipline vous sentez-vous proche?

M. L.-R.: J'ai eu beaucoup de discussions passionnantes avec quelques chercheurs en biologie, en mathématiques, en philosophie, en beaucoup d'autres disciplines… Impossible de les citer tous! Avec certains (par exemple Jean-Claude Ameisen[23], Pierre-Henri Gouyon[24], Jean-Jacques Szczeciniarz[25]), nous nous sommes trouvés d'accord sur presque tout, alors qu'il est vraiment très rare que cela m'arrive. Nous discutions beaucoup et nous nous apprenions beaucoup de choses et nous percevions beaucoup d'analogies ou de parentés de pensée. Ces discussions sont maintenant ralenties, après le Covid, et parce que je suis à la retraite, mais je le regrette. Je continue néanmoins à discuter avec des chercheurs d'autres disciplines. C'est très plaisant et très instructif.

N. M.: Dans votre discipline, le temps des grandes découvertes est-il révolu ou à venir?

23. Jean-Claude Ameisen (1951) est un médecin immunologiste et chercheur en biologie français. Il a été président du Comité consultatif d'éthique et a produit, de 2010 à 2022, l'émission « Sur les épaules de Darwin » sur France Inter.

24. Pierre-Henri Gouyon (1953) est un biologiste français spécialiste de l'évolution, professeur au Muséum national d'histoire naturelle.

25. Jean-Jacques Szczeciniarz est un mathématicien et philosophe des sciences français.

M. L.-R.: C'est une très bonne question. Malheureusement, je pense qu'il est révolu parce qu'on ne s'en donne plus les moyens. Pour plusieurs raisons : aujourd'hui, la politique de la recherche est complètement indigente, ce qui démotive les candidats. Ceux qui s'y lancent sont plutôt tentés (et d'une certaine manière obligés par le contexte) de suivre des modes plutôt que leurs propres idées. Ce qui est contraire à l'efficacité de la recherche. Sans parler de l'obligation de publier pour bénéficier de moyens, qui génère de la médiocrité et parfois des fraudes. Qui plus est, ces obligations engendrent entre autres une espèce de vulgarisation à outrance de n'importe quel résultat, aussi fugitif et mal établi soit-il. Cela transparaît par exemple dans le fait que divers laboratoires ou instituts de recherche se sont dotés de services de communication ! Cela m'apparaît comme un important facteur de déconsidération de la recherche. Cette superficialité, cette médiocrité, sans parler des nombreux conflits d'intérêts, ôtent l'envie aux jeunes de faire de la physique, et de la recherche en général. Elle n'attire plus. Il y a cinquante ans, faire de la physique était quelque chose d'incroyable. On pensait faire des grandes découvertes, trouver de nouvelles particules, peut-être même améliorer le sort de l'humanité. Ce n'est plus le cas.

Si on parle encore plus spécifiquement de ma discipline, je pense que la cosmologie est partie sur de fausses pistes : une spéculation mathématique débridée, sans fondements, sans preuves. Je ne dis pas que j'ai forcément raison, mais cette obstination à aller coûte que coûte dans cette direction, je pense que c'est néfaste. Ce n'est plus de la physique, mais plutôt une espèce de mythologie, presque une religion.

J'évoquerai enfin l'émergence de l'intelligence artificielle. De plus en plus de « chercheurs » se disent qu'il n'y a plus besoin de chercher des lois, qu'il suffit de mettre toutes les données dans un ordinateur et de faire tourner des programmes d'intelligence artificielle qui vont trouver les corrélations. Ce ne seront pas des lois, et on ne saura pas interpréter les résultats. Je vois dans l'intelligence artificielle une opposition à la démarche scientifique. Je ne dis pas que c'est un outil dont il faut se priver complètement, mais on voit très bien son influence pernicieuse. C'est d'ailleurs dénoncé par ceux-là mêmes qui pratiquent l'intelligence artificielle et soulignent qu'il n'y a là aucune intelligence.

Tous ces arguments me font penser que la physique fondamentale et la cosmologie sont en train de disparaître. Il y a un désintérêt général pour ce qui est vraiment fondamental dans tous les domaines de la société. Mais ce n'est peut-être pas si grave. On a longtemps vécu sans avoir la science moderne. Nous avons peut-être besoin d'une pose, de stopper une course en avant, pour réfléchir un peu. La science telle qu'elle est aujourd'hui est une activité sociale née à peu près à l'époque de Newton. Elle a complètement changé de nature au milieu du XXe siècle. Et c'est encore le cas aujourd'hui. Ce changement de nature va-t-il entraîner sa disparition ? Je n'en sais rien, mais je ne suis pas très optimiste.

Bibliographie

Figures du ciel **(avec J.-P. Luminet), Le Seuil – Bibliothèque nationale de France, 1998.**

***Initiation à la Cosmologie*, Dunod, 2004.**

De l'infini **(avec J.-P. Luminet), 2005 ; nouvelle édition : Dunod, 2022.**

***Au-delà de l'espace et du temps. La nouvelle physique*, Le Pommier, 2008.**

***Voyager dans le temps. La physique moderne et la temporalité*, Le Seuil, 2013.**

***Einstein à la plage. La relativité dans un transat*, Dunod, 2017.**

***Les Avatars du vide*, Le Pommier, 2019.**

***L'Âge de l'Univers*, humenSciences, 2020.**

Sophie SZOPA
Chimie de l'atmosphère et écologie

Sophie Szopa est de cette nouvelle génération de chercheuses pour qui le chemin n'a pas été exactement aussi linéaire et pavé de roses que pour leurs aînées. Être une femme, jeune, dans un milieu dominé par des hommes, subir la compétition, rédiger des rapports, faire entendre sa voix dans un monde certes plus sensible au réchauffement climatique, mais dans lequel les décideurs ne semblent toujours pas prêts à prendre cette menace à bras-le-corps… autant de facteurs de tension qui ne dessinent pas un parcours de recherche comme un long fleuve tranquille.

Sophie Szopa est directrice de recherche au Laboratoire des sciences du climat et de l'environnement. Depuis quelques années, elle s'est tournée vers le passé lointain de notre atmosphère pour en retracer l'évolution. Autrice principale et coordinatrice d'un chapitre du rapport du groupe 1 du GIEC sorti en août 2021, Sophie Szopa s'investit depuis dans le transfert de ces connaissances vers la société et les décideurs. Elle est nommée en octobre 2022 vice-présidente en charge du Développement soutenable de l'université Paris-Saclay.

« Je pensais que la science était un monde rationnel. Alors qu'en fait pas du tout. »

NICOLAS MARTIN : À quel moment diriez-vous que votre vocation ou votre curiosité scientifique naît ? Est-ce que c'est lié à un souvenir ou un moment précis dans votre enfance ?

SOPHIE SZOPA : Je n'ai jamais rêvé d'être scientifique. Cela m'a longtemps fait culpabiliser, car nombre de gens semblaient avoir une vocation et ce n'était pas mon cas. Les premiers cours que j'ai eus sur la chimie atmosphérique, en particulier le réchauffement climatique et les problèmes de pollution, ont en revanche piqué ma curiosité. À l'époque – c'était au milieu des années 1990 –, nous entendions peu parler de ce sujet, contrairement à aujourd'hui. J'ai été intéressée par ce lien avec les problèmes géopolitiques, cette difficulté des pays à se mettre ensemble autour de la table, ainsi que tout ce qui était lié aux problèmes locaux mais aussi, bien sûr, aux problèmes mondiaux. Toutes choses qui semblaient difficiles à résoudre. Cette interconnexion entre les sciences et la géopolitique a parlé à l'étudiante que j'étais. *A posteriori*, je me rends compte que j'avais quand même un esprit rigoureux et curieux, sans pour autant en avoir conscience. Je n'avais aucune idée de ce que c'était qu'être chercheur, alors même que j'étais assez avancée dans mes études. C'était un monde dont j'ignorais à peu près tout.

N. M.: Étiez-vous une bonne élève? Comment vous êtes-vous retrouvée à étudier la chimie?

S. S.: Je ne suis pas devenue scientifique par hasard: j'étais une bonne élève. Mais le français m'intéressait aussi énormément. Ma famille, elle, ne voyait pas bien à quoi cela pouvait me mener. Je pense qu'avoir un bac scientifique les rassurait. Eux-mêmes n'avaient pas fait d'études. Pour eux, faire des sciences représentait une sorte de valeur sûre. Je me suis donc pliée à ce modèle qui m'était un peu imposé. Au départ, je ne suis donc pas entrée dans ce monde par passion. Comme j'avais une grande curiosité, j'aurais tout aussi bien pu choisir une autre voie. Il se trouve que la manière de penser en science me correspond très bien. J'ai mis longtemps à me rendre compte que ce n'est pas un hasard si j'ai choisi ce domaine-là.

N. M.: Dans votre milieu familial et culturel, y a-t-il des chercheurs ou des artistes?

S. S.: Absolument pas. Mes parents venaient de la campagne. Ils ont quitté la Corrèze pour venir travailler à Paris dans les années 1960, parce que c'était là qu'il y avait du travail. Mon père a passé des concours et est devenu informaticien à la RATP. Il était doué d'un esprit très logique, mais nous ne baignions pas dans un milieu scientifique. Mes parents voulaient que nous fassions des études, sans en avoir une vision large, et voyaient par exemple le métier d'ingénieur comme une sorte de graal absolu. Mon frère aîné a fait des études d'ingénieur. J'étais une fille, je ne suis pas sûre qu'on avait la même ambition pour moi même si on m'a encouragé à faire des études supérieures.

N. M.: Dans votre parcours, avez-vous eu un ou une mentor?

S. S.: En maîtrise, l'équivalent d'un master 1 aujourd'hui, j'ai fait un stage de découverte au Laboratoire inter-universitaire des systèmes atmosphériques à Créteil. J'avais un petit problème assez simple à traiter: comparer des données observées avec des données du modèle de prévision de météorologie européenne. Je posais beaucoup de questions, j'essayais vraiment de décortiquer ce problème. Les personnes qui m'ont encadrée m'ont conseillé de l'approfondir avec une thèse. Pour moi, c'était vraiment l'inconnu. Je n'avais aucune idée de ce qu'était un doctorat. Ça me semblait complètement surréaliste. Ensuite, j'ai fait un master professionnalisant pour travailler dans la surveillance de la qualité de l'air. Là, dès que je posais des questions, on me répondait: « Il ne faut pas trop poser de questions, nous sommes là pour appliquer le protocole. Il n'y a pas besoin de chercher à comprendre. » J'en ai ressenti beaucoup de frustration. Même si cela ne me semblait pas logique, il fallait que je retourne vers la recherche. Ce sont ces encadrants qui m'ont fait comprendre que la démarche de recherche est bien différente de la démarche étudiante. Cette dernière consiste à acquérir des connaissances et résoudre des problèmes dans la continuité de ce qui a été déjà appris. Au début de la recherche, j'avais tendance à demander si telle réponse était correcte, si j'étais sur la bonne voie, et l'on me répondait systématiquement que nous n'avions pas la réponse et que c'était pour cette raison que le sujet m'avait été proposé. Cette logique différente de celle des études était vraiment troublante. La recherche nécessite un état d'esprit particulier. Il faut aller dans des impasses, accepter de faire demi-tour et se confronter à l'échec, qui est constitutif de la recherche.

N. M.: Est-ce à ce moment-là que s'est fait le choix de votre discipline?

S. S.: Oui, clairement. Je pense que ce moment où je suis arrivée au cœur du sujet m'a beaucoup plus motivée que les études dont je ne voyais pas où elles pouvaient me mener. J'avais un sujet et c'était à moi de donner le meilleur.

N. M.: Quand avez-vous compris que vous alliez travailler en climatologie et en chimie atmosphérique?

S. S.: Pour la chimie atmosphérique, je me souviens du premier cours comme si c'était hier. Je revois même la salle. Cela portait sur le trou d'ozone stratosphérique, les problèmes de climat, et j'ai tout de suite compris que je voulais aller dans cette direction, ce qui n'était pas forcément le cas pour les autres matières de la chimie. J'ai donc entamé un cursus de chimie environnementale. En ce qui concerne la recherche, il y a eu un premier stage à Créteil. J'ai fait cette année professionnalisante dans un laboratoire de surveillance de la qualité de l'air. C'est là que j'ai compris qu'il fallait que je revienne à la recherche et que je fasse une thèse. Le déclic pour la chimie atmosphérique est venu vers 22 ans et la volonté de faire de la recherche vers 24-25 ans, quand je me suis rendu compte que je ne pourrais me satisfaire de faire la même chose pendant trente ans.

N. M.: Vous aviez besoin de poser vos propres questions, vos propres protocoles ?

S. S.: J'avais ce besoin d'établir ma feuille de route pour répondre aux questions. On apprend tout le temps. On lit sans cesse de la bibliographie, on est confronté à des choses qui sont plus complexes qu'elles ne le semblaient au départ. C'est très stimulant intellectuellement d'être en permanence en train d'apprendre. C'est infini. Certains vont plus aller dans le détail d'un processus, vont passer leur vie là-dessus et devenir ainsi des ultra-spécialistes. C'est indispensable en recherche. Si on a un esprit plus orienté vers la diversité, il est aussi possible, de proche en proche, d'aborder beaucoup de sujets différents. C'est ce qui m'a amenée au climat alors que ce n'était pas ma discipline au départ. Sans devenir un ultra-spécialiste, il est aussi possible de créer des ponts et c'est aussi ça qui est intellectuellement intéressant.

N. M.: Quels conseils donneriez-vous aujourd'hui à celle que vous étiez en début de carrière ?

S. S.: Je lui dirais de ne pas s'inquiéter. J'ai toujours été très inquiète. Être en permanence comparé aux autres pour avoir un poste ou décrocher des contrats est anxiogène. La compétition n'a jamais été mon truc et ne le sera jamais. Donc je me disais que je n'étais vraiment pas faite pour la recherche, et je subissais. Il m'a fallu beaucoup de temps pour comprendre que j'aimais la science, même si je n'aimais pas la manière dont on la faisait, dans un environnement où régnait la compétition. Naïvement, je pensais que c'était un monde rationnel. Alors qu'en fait pas du tout. C'est un monde humain avec des injustices, notamment dans les jurys de concours. Mon laboratoire était composé de gens très connus qui disaient avoir une vocation. Je n'avais pas ce sentiment, donc je me sentais un peu coupable d'avoir un poste. Il y a beaucoup d'autres moyens d'exister. Certains sont plus collaboratifs, ne sont pas dans la lumière, et font que le système tient. En suivant mon propre chemin et par ma propre méthode, j'ai eu la chance d'avoir une carrière qui me satisfait pleinement. Mais il est vrai qu'au départ, je ne pensais pas avoir les bonnes cartes pour ça. Je reste quelqu'un de peu connu, de peu visible, mais cependant utile dans ce système, à ma façon.

N. M.: Justement, quelle était la part de compétition ou de collaboration au début de votre carrière?

S. S.: Le début de carrière implique beaucoup de compétition, avec des injonctions diverses, variées et parfois contradictoires. Tantôt il faut absolument publier sur certains sujets spécifiques, tantôt ce n'est pas le cas; essayer de me conformer à ce qu'on attendait de moi sans forcément me reconnaître dans ce rôle. On me disait d'aller taper à plein de portes, de donner des séminaires, alors que cela ne correspondait pas à ma personnalité, moi qui suis très timide. Les premières années, ce fut difficile. Je me demandais si j'étais vraiment au bon endroit. On en vient à travailler un peu par intérêt, pour construire son CV. C'était vraiment déplaisant. Parmi mes congénères qui postulaient, j'ai aussi eu la chance de me faire de vrais amis. La pression venait plutôt de la génération du dessus. Ils misaient sur nous, attendaient des résultats.

N. M.: Paradoxalement, cette génération n'a pas vécu de compétition au début de sa carrière...

S. S.: Exactement! J'ai eu ma thèse en 2003. Cette période coïncide avec le début d'un système très compétitif pour obtenir un poste. Certes, il y a toujours eu un peu de compétition; mais ça s'est fortement durci à partir de ce moment-là.

N. M.: Le fait d'être une femme a-t-il été un obstacle ou un avantage? Avez-vous évolué dans un milieu féminin, à parité ou masculin?

S. S.: Ça n'a pas été un avantage, c'est sûr. Mais je ne dirais pas non plus que ce fut un handicap. Le milieu était plutôt masculin, mais je n'ai jamais ressenti beaucoup de machisme. Quand j'ai eu des enfants, j'ai pris un minimum de congé maternité mais j'ai tout de même reçu des remarques pas toujours intelligentes. Comme je n'avais pas encore de position permanente, ce n'était pas forcément agréable... Du coup, je n'ai pas profité pleinement des premières années de mes enfants. J'étais encore dans cette anxiété dont je vous parlais. Je ne dirais pas non plus que j'ai eu des bâtons dans les roues parce que j'étais une femme. La difficulté vient plus du fait que je n'ai pas eu de modèle auquel m'identifier. Même s'il y avait des femmes dans mon laboratoire ou dans mon milieu, il y en avait encore assez peu comme directrices de recherche.

N. M.: Comment les idées nouvelles émergent-elles chez vous ? Naissent-elles d'un seul coup ou après une lente maturation ? Cela vous réveille-t-il la nuit ?

S. S.: J'ai longtemps eu peur d'avoir des idées nouvelles, qu'elles ne soient pas bonnes ou pas suffisamment originales. Sans doute parce que j'étais façonnée par la recherche d'un poste. Les idées nouvelles sont arrivées quand j'ai eu envie de me tourner vers la chimie du passé. À ce moment-là, j'étais dans une phase de creux. Je n'avais plus de projets, plus de collaborateurs, plus d'argent. Je me suis demandé ce que j'aimerais vraiment faire, ce qui m'intéressait. Je me suis aussi tournée vers le passé ancien de la Terre, un sujet très particulier, pour ne pas me retrouver avec plein de concurrents publiant tous sur le même sujet. Une faible concurrence sur un sujet un peu original me permettait de développer d'autres collaborations avec des géochimistes avec qui je n'avais jamais travaillé. J'avais aussi besoin de m'éloigner des sujets fortement anxiogènes, comme les problèmes environnementaux actuels. Enfin, j'étais curieuse du passé de cette Terre, un système très différent et totalement fascinant. J'ai toujours aimé les muséums d'histoire naturelle et ce genre de lieux. C'est ça qui m'a amenée à vraiment plonger dans la chimie du passé. Même si finalement j'ai été rattrapée par les travaux du GIEC[1]. Moi qui voulais me tenir éloignée des problématiques anxiogènes, je suis en plein dedans depuis quatre ans ! (Rires.)

Beaucoup de gens subissent dans leur carrière le fait qu'ils ont déjà un réseau, qu'ils ne veulent pas perdre et qu'ils n'ont pas l'opportunité de se demander ce qui leur plairait s'ils repartaient de zéro. Avoir un gros creux dans ma carrière, pouvoir me demander ce que je trouvais intéressant dans les sciences a été une vraie opportunité.

N. M.: Croyez-vous à l'*eurêka*, cette révélation soudaine ? Ou davantage au travail au long cours ?

S. S.: Je pense qu'il y a les deux. On se nourrit d'un travail et de beaucoup de lectures. À un moment donné, si on arrive à lever le pied ou à laisser les choses infuser, on finit par avoir une idée spontanée mais qui résulte quand même d'un travail important de lecture. Il faut un moment de détente pour que le point surgisse. Avoir tout le temps le nez dans l'analyse de ses résultats peut empêcher de voir ne serait-ce que la paille qu'on a dans l'œil. Au final, je pense qu'on se nourrit des idées et des travaux des autres pour trouver de nouvelles idées. C'est le cas à mon niveau, mais ça dépend aussi du type de grandes idées. Je peux tout à fait imaginer des gens avoir une idée d'un coup et élaborer de nouvelles théories extraordinaires, mais ce n'est pas mon cas.

N. M.: Comment votre travail de réflexion se formule-t-il ? Avez-vous une voix intérieure ou extérieure ? Parlez-vous à voix haute ? Pensez-vous en images, en images en mouvement, en concepts ?

S. S.: Je ne suis pas sûre de l'avoir déjà analysé de cette manière. J'aime bien et j'ai besoin de faire des croquis ou des logigrammes. Pour fixer mes idées, je dois avoir recours à quelque chose de visuel,

1. Le GIEC, Groupe d'experts intergouvernemental sur l'évolution du climat (ou Intergovernmental Panel on Climate Change), est un organisme créé en 1988 et qui a pour mission d'évaluer et synthétiser les connaissances scientifiques, techniques et socio-économiques sur les conséquences du réchauffement climatique. Il a obtenu en 2007 le prix Nobel de la paix.

mais je ne saurais pas vous l'expliquer plus en détail. Je ne parle jamais à haute voix. En revanche, je peux faire les cent pas dans une pièce et me parler à moi-même. Ça m'aide à concrétiser les choses. J'ai besoin de m'imaginer en train d'expliquer les choses pour qu'elles parviennent à se formaliser clairement et que je sois à même de les décrire et de les transposer à l'écrit.

N. M.: Quelle est la part de l'écrit? Prenez-vous beaucoup de notes?

S. S.: J'ai besoin que mes idées soient écrites sur papier avant de pouvoir passer à l'ordinateur. Quand je suis repartie de zéro, j'avais un carnet plein d'idées pour analyser ce que j'aimais faire ou pas, essayer de comprendre pourquoi il y avait des choses que je n'aimais pas forcément faire et où je pourrais avoir une plus-value que d'autres n'auraient pas. Ça, j'avais besoin de le formaliser à ce moment-là, mais ce ne sont pas forcément des choses sur lesquelles je reviens *a posteriori*.

N. M.: Quelle est la part de l'oral? Avez-vous besoin de discussions, de conversations ou de vous enregistrer?

S. S.: Pour pouvoir en parler et expliquer une idée à quelqu'un, il faut qu'elle soit suffisamment claire dans ma tête. Pour ça, il faut d'abord que j'aie moi-même maturé les choses, que je les aie écrites et rédigées sur ordinateur. Et seulement ensuite, je pourrai éventuellement l'exprimer à l'oral. En général, je préfère envoyer quelque chose d'écrit. Je serai plus à l'aise qu'à l'oral. *Idem* pour faire un cours: il faut avoir déjà bien assimilé les choses pour être capable de les expliquer à quelqu'un d'autre. C'est utile, car c'est souvent en se confrontant aux autres qu'on se rend compte des biais ou des faiblesses de son discours.

N. M.: L'usage de l'analogie est-il pertinent pour vous? Vous en servez-vous pour conceptualiser ou formaliser les choses?

S. S.: Il est pertinent, mais avec des limites. Si je m'en sers, ce n'est pas forcément de manière consciente ou analysée.

N. M.: Diriez-vous que votre raisonnement est inductif ou déductif ? Partez-vous plutôt d'une intuition, et vous suivez un fil que vous essayez d'expliciter ? Ou partez-vous d'observations à partir desquelles vous finissez par tirer des conclusions ?

S. S.: Je pense qu'il y a toujours un peu des deux. On part d'une intuition, puis on fait une expérience ou une observation pour la tester. Et en général, cela amène à d'autres choses que ce qu'on avait prévu. Il faut être capable de se rendre compte qu'il est possible que la question ait été mal posée ou qu'on a ouvert d'autres portes. Il ne faut pas s'interdire d'aller dans une direction autre que celle qu'on avait choisie au départ. Sans question initiale précise, on peut faire une infinité d'expériences qui ne répondront à rien. Il sera toujours possible d'essayer d'en tirer une sorte de pseudo-explication, mais c'est à mon avis peine perdue.

N. M.: Quelle est justement la part que vous accordez à l'intuition par rapport au rationnel ?

S. S.: J'accorde peu de place à l'intuition. Le cadre est quand même toujours posé de manière rationnelle. Je ne vais aller vers l'intuition que si j'ai réuni suffisamment d'éléments rationnels pour penser que ça va me permettre de répondre à la question. J'ai aussi besoin d'être rassurée sur le fait que nous allons dans une direction définie. Je n'ai pas suffisamment confiance en mon esprit pour me dire que ça va marcher en suivant mon intuition.

N. M.: Quelle est la part de l'émotion dans le travail de recherche ? Est-ce quelque chose de positif et qu'il faut écouter ? Ou, au contraire, faut-il tâcher d'être au maximum objectif et s'en affranchir ?

S. S.: Tout dépend de ce qu'on entend par « émotion ». Il faut faire attention aux biais, en particulier dans les recherches qui touchent à l'environnement. La vie scientifique est faite de hauts et de bas. On a tout le temps des articles qui ne sont pas acceptés, des expériences qui ne fonctionnent pas ou des moments où l'on se demande si on arrivera à faire une simulation qui réponde à la question, et tant d'autres difficultés. On passe par beaucoup de phases de désespoir. Ce n'est pas toujours simple de s'accrocher. Et quand on a un succès, on est déjà passé à autre chose. Il y a une part d'émotion liée aux relations qu'on a avec les autres chercheurs, ingénieurs ou techniciens. Et ça, c'est quelque chose auquel j'accorde beaucoup d'importance. Parmi les nombreux sujets possibles, je choisis aujourd'hui ceux sur lesquels j'aurai des interactions avec des gens que j'apprécie. C'est un facteur de choix déterminant parce qu'avoir des résultats toute seule ne m'intéresse pas. C'est beaucoup plus stimulant d'être dans un groupe de recherche avec lequel on s'entend bien et avec lequel on partage les réussites. Je ne me détache donc pas complètement de l'émotion au sens où le relationnel est vraiment important. Ce sont les liens que je peux avoir avec les gens qui déterminent mes orientations de recherche.

N. M.: Comment vous représentez-vous mentalement votre objet d'étude? Par exemple, pour la chimie atmosphérique, avez-vous des images particulières?

S. S.: Il est clair que j'ai des images. Quand j'étais en thèse, je rêvais que j'étais un radical alkoxy[2] et que je ne savais pas avec qui je devais réagir. C'était complètement absurde. Je pense que c'était de l'angoisse. Dans mon studio, j'avais aussi mis des schémas de réaction chimique et de mécanismes réactionnels. Il y a donc une image mentale. J'éprouve aussi le besoin de passer par des représentations graphiques avec des flèches, des flux… Je travaille sur une chimie à des milliers de réactions. À un moment donné, je cherchais même des logiciels pour essayer de voir la partie non visualisable et très abstraite de ces réactions. J'ai besoin de passer par quelque chose de visuellement parlant, même si ça ne parle pas forcément aux autres. Au GIEC, il m'est arrivé de sortir des représentations que j'avais faites pour éclairer quelque chose, et qu'on me réponde que mon schéma était incompréhensible. Moi, j'ai besoin d'avoir une image ou une visualisation concrète.

N. M.: Vous est-il difficile de penser en dehors du cadre et de contourner un consensus scientifique pour tâcher de faire émerger une idée nouvelle? Ou est-ce quelque chose que vous faites facilement?

2. En chimie, un groupe alkoxy est une espèce constituée d'un groupe alkyle (de type méthyle, éthyle, butyle, etc.) lié à un atome d'oxygène.

S. S.: Ce fut longtemps difficile. Je ne voyais pas comment je pourrais avoir une idée qui soit meilleure que celle des autres. Cette limitation est liée à l'éducation. Aujourd'hui, je me connais mieux. Je sais que j'ai un esprit très critique, et que je vais forcément voir des défauts quand je lis une étude. Ce sont autant de failles dans lesquelles on peut s'engouffrer pour faire les choses différemment. Cela permet aussi de déconstruire certaines idées. Avoir un cadre de pensée que j'analyse me rassure.

N. M.: Quel est votre premier réflexe quand vous vous retrouvez confrontée à une anomalie ?

S. S.: C'est de me dire que je me suis trompée. Aujourd'hui, dans les sciences, le corpus est important et il serait vain de penser qu'on va tout révolutionner. Si je tombe sur quelque chose en contradiction avec ce que je cherchais, il est vraisemblable que je me suis trompée. C'est d'ailleurs souvent le cas, puisque nos collègues travaillent proprement. C'est donc un premier réflexe. Ensuite, j'essaie de comprendre si c'est la question qui est mal formulée. Dans le cadre du GIEC, où nous analysons beaucoup de publications pour essayer de répondre à des questions assez précises qui peuvent servir aux décideurs, nous nous rendons compte qu'il y a beaucoup de publications qui ne répondent pas aux questions auxquelles le titre ou le résumé suggèrent qu'elles répondent. En grattant un peu, on voit qu'il y a beaucoup de choses incomplètes, notamment parce qu'il y a cette injonction à publier en permanence et à trouver des titres accrocheurs. Il y a quand même un bel écart entre publier beaucoup et avoir quelque chose de robuste. En soi, il est important de disposer de publications. Elles font avancer le processus. Mais à un moment donné, il faut aussi s'arrêter et analyser les choses froidement, comme au GIEC.

N. M.: Pour réfléchir, avez-vous besoin de silence et d'errance? Ou au contraire de confrontations, de discussions et de bruit?

S. S.: De silence. Je peux marcher dans mon bureau, faire les cent pas tout en réfléchissant comme si, dans ma tête, j'expliquais à quelqu'un. J'ai vraiment besoin de silence. Au début, quand j'étais en thèse, même le bruit de l'ordinateur me gênait, ce qui n'est pas très pratique quand on est modélisateur. Maintenant, je m'y suis habituée, mais j'ai toujours besoin de silence, de concentration et de temps pour que les choses maturent.

N. M.: Quels sont le lieu idéal et le moment idéal pour penser librement?

S. S.: La douche. C'est le moment où je me prépare pour ma journée. Je commence à me mettre les idées en place. En même temps, je ne suis pas dans la pression de devoir trouver. Et c'est là qu'une idée se forme le plus souvent.

N. M.: Globalement, vous dormez beaucoup ou peu?

S. S.: Je dors beaucoup. Huit heures par nuit. On réfléchit mieux quand on a bien dormi. Quand je suis fatiguée, j'ai mal au crâne et mes idées ne sont pas claires. J'ai mis longtemps à accepter cela parce que beaucoup de gens dorment très peu, sont hyperactifs. Et on a l'impression que c'est la clé du succès. J'ai accepté l'idée que pour moi ce n'était pas la clé du succès et que je ne serais jamais quelqu'un qui fait mille choses en parallèle, parce que j'ai besoin de dormir beaucoup.

N. M.: Quelle place accordez-vous au hasard ou à la sérendipité?

S. S.: Une place importante. Il y a cette part de hasard que j'accepte dans le fait de choisir de travailler avec des gens que j'apprécie, plutôt qu'être à tout prix sur un sujet, mais toute seule. De manière presque systématique, les papiers que nous publions ne sont pas ceux que nous avions pensés au début d'un projet. C'est le processus normal de la science: derrière chaque expérience, il y a de nouvelles questions.

N. M.: Diriez-vous qu'une plus grande place est laissée au hasard dans votre discipline ?

S. S.: Tout dépend du niveau de maturité des sciences et de développement de leurs outils. En physique, on a besoin de très grands instruments. On n'imagine pas des chercheurs faire des expériences dans leur garage pour répondre aux grandes questions de la physique. En chimie atmosphérique où la diversité des composés est très grande, les processus dominants peuvent varier d'un lieu à l'autre. D'un côté, il y a des schémas généraux et, de l'autre, en permanence des nouvelles molécules que nous injectons dans l'atmosphère au gré de nouveaux procédés industriels. Le travail est donc colossal, ne serait-ce que pour documenter cette chimie et les modèles sont très loin de représenter toute cette complexité.

N. M.: Avez-vous une routine de travail ?

S. S.: Non, je n'ai pas de routine. J'en ai souvent élaboré que je n'ai jamais suivies. Là aussi, c'était pour me rassurer. En ce moment, je ne travaille pas comme il y a deux ans ou dix ans. C'est quelque chose qui évolue sans cesse. Tout dépend aussi des périodes. Pendant le GIEC, avec le Covid, ce fut une routine très lourde, tous les jours se ressemblaient. Pendant des mois, je mangeais et m'habillais tous les jours de la même manière parce qu'il fallait finir le rapport. Je savais que ça ne durerait qu'un temps. C'est le moment où j'ai finalisé le chapitre que je coordonnais pour le compte du GIEC. Il fallait vérifier les publications, vérifier les figures, demander aux gens d'en refaire, faire le lien avec les autres chapitres, etc. C'était un travail assez conséquent et j'avais ma routine, du matin jusqu'au soir, à laquelle je m'astreignais même le week-end et durant les vacances pour avancer. Dans mon travail de recherche, il y a des périodes consacrées à la bibliographie, d'autres aux simulations, et d'autres où je fais les deux. Il n'y a donc pas de routine.

N. M.: L'évolution de la technologie a-t-elle modifié votre façon de travailler ou de réfléchir ?

S. S.: Forcément. Quand j'ai commencé ma thèse, nous n'avions pas accès à la bibliographie. Quand je voulais un article, il fallait aller dans une bibliothèque et ça prenait du temps. Trouver la carte de la photocopieuse était un enfer, puis il fallait trouver le grimoire et le photocopier. Désormais, nous obtenons en un clic l'ensemble des publications mondiales. Vous n'avez pas d'excuses si vous n'allez pas regarder un peu ce que font les autres. Quand je suis arrivée en post-doc, simuler cinq ans de la chimie atmosphérique à l'échelle mondiale prenait plusieurs jours. Aujourd'hui, les simulations prennent très peu de temps. Le problème est le temps de réflexion en amont pour savoir quelle expérience on veut faire ; pourquoi on veut la faire ; puis le temps d'analyse *a posteriori*. C'est presque plus vertigineux. Avant, on avait l'excuse d'avoir des choses chronophages. Maintenant, tout est rapide et j'ai le sentiment d'être le facteur cinétiquement limitant. Tout est à portée de main, il n'y a plus qu'à trouver une bonne idée et une bonne interprétation des résultats.

N. M.: Qu'est-ce qu'un obstacle ? Comment l'appréhendez-vous ou le contournez-vous ?

S. S.: Un obstacle, c'est une bonne nouvelle ! C'est quelque chose qui nous oblige à penser le problème différemment. Si c'était facile, ce ne serait plus de la recherche ! Le vrai problème, c'est quand un obstacle d'ordre matériel survient avec des étudiants en thèse. Le doctorat ressemble de plus en plus à un exercice formaté, avec obligation de publications tout au long de la thèse. Cela limite donc la possibilité d'avoir ce que certains pourraient considérer comme des échecs, qui sont pour moi constitutifs de la recherche.

N. M.: À quel moment vous rendez-vous compte que cet obstacle est une impasse, un échec et qu'il faut changer de direction ?

S. S.: Quand mon papier n'est pas accepté... (Rires.) C'est assez clair. Plus sérieusement, cela arrive quand les résultats ne nous amènent pas du tout dans la direction imaginée au départ. En général, ils ouvrent aussi d'autres portes et on peut toujours en tirer quelque chose. On réoriente le projet ou son objectif en fonction des résultats, et ce n'est jamais vraiment un échec. Dans les études de biologie, je trouve intéressant qu'il y ait la possibilité de pré-accepter des études avant d'obtenir les résultats, avec un engagement de l'éditeur de publier, quel que soit le résultat. Cela est extrêmement important, notamment pour éviter la fraude. À ce propos, il y a tout un aspect à repenser autour des publications qui sont devenues une sorte de facteur de réussite qui privilégie la quantité plutôt que la qualité. Quand j'ai débuté en recherche, nous avions moins accès aux publications, mais chaque publication était un travail extrêmement long à s'approprier, et qui vous apprenait beaucoup. Aujourd'hui, le système nous pousse à publier, parfois à partir de pas grand-chose.

N. M.: Diriez-vous que la recherche est génératrice d'anxiété ou de sérénité?

S. S.: D'anxiété, clairement. Ce n'est jamais terminé, donc j'ai toujours un peu cette culpabilité de me dire que j'aurais pu faire plus et mieux. C'est difficile aussi de refuser un projet quand je suis sollicitée. Je pense que beaucoup de gens se noient parce qu'ils disent oui à tout; cela provoque un sentiment de forte insatisfaction, car ils subissent au lieu d'être moteurs. J'ai longtemps fait des choses pour d'autres qui avaient eu des idées, en ne m'autorisant pas forcément à avoir mes propres idées. Je me disais que c'était quand même plus rassurant de travailler pour des gens qui sont directeurs de recherche et qui ont sûrement de meilleures idées que moi. Ensuite, quand vous avez fait plusieurs fois des choses qui ne mènent à rien, vous vous dites que ce serait peut-être bien de suivre vos propres idées. Malgré tout, il y a toujours cette tentation de dire oui quand quelqu'un vous contacte, mais si c'est pour ne pas avoir le temps de se consacrer pleinement au projet en question, c'est un peu dommage. De ce point de vue-là, c'est générateur d'anxiété. Pour bien faire, il faut savoir dire non de temps en temps. Il y a aussi le fait qu'il s'agit d'un travail qui par essence ne sera jamais terminé. Suivant notre personnalité – si on a plutôt tendance à voir le verre à moitié vide –, cela peut être anxiogène.

N. M.: Quelle est la place du doute? Est-ce fécond ou, au contraire, paralysant?

S. S.: Le doute est fécond parce qu'il permet de se remettre en question. Il est important d'être rigoureux et de toujours se réinterroger. Quand on tombe sur un résultat contre-intuitif, il faut se demander si ce dernier ne vient pas de nous, et non penser immédiatement avoir trouvé quelque chose d'extraordinaire, comme le font parfois certains collègues. À nouveau, je me sentais parfois un peu coupable d'être dans la rigueur et dans le doute. Aujourd'hui, je pense que ce sont des choses utiles. On a besoin de personnes qui ont ce type de personnalité. Aujourd'hui, j'accepte le doute comme quelque chose de positif qui oblige à trouver des idées, à avancer. Au quotidien, c'est un peu douloureux mais constitutif de la manière dont j'avance en recherche.

N. M.: Quelle est la place de l'autocritique? Est-ce plutôt facile et courant ou difficile et rare?

S. S.: Il est important de faire des exercices d'autocritique. C'est le cas dans beaucoup de systèmes d'évaluation des chercheurs, que ce soit au CNRS ou au CEA, par exemple. Au CEA, nous avons des entretiens annuels et, au CNRS, une auto-évaluation renvoyée au comité national. Tout cela nous oblige à une introspection. Certains voudraient que ce soit étendu aux enseignants-chercheurs, même si d'autres le voient comme un moyen potentiel de surveillance. Au-delà de ça, c'est plus pour soi que c'est extrêmement important. Il faut pouvoir se poser et se demander ce qui a fonctionné ou non, pourquoi ça a été le cas et comment faire mieux. C'est indispensable pour avancer. J'ai été dans le comité CNRS où nous évaluons les chercheurs sur la base de leur auto-évaluation et j'ai trouvé extrêmement intéressant de lire la manière dont chacun raconte ce qu'il a trouvé, les échecs et les obstacles auxquels il a été confronté et la manière dont il les a contournés. Nous voyons une grande diversité. Il y en a qui ont l'art d'écrire les choses tout à fait à leur avantage quand d'autres vont être dans le doute. C'est vraiment intéressant de voir ce cheminement intellectuel qui les amène à faire évoluer leur sujet ou à le réinterroger différemment.

N. M.: Comment gérez-vous le fait qu'une idée novatrice puisse se transformer en un changement de paradigme?

S. S.: Un processus comme celui du GIEC consiste à évaluer ce qui est robuste, ce qui fait consensus et ce qui, au contraire, semble émerger et dont on a des signaux faibles émanant de quelques personnes. Ça peut être quelque chose de difficile pour notre métier tel qu'il est pratiqué aujourd'hui, puisqu'il consiste justement à essayer d'avoir des publications qui viennent un peu challenger le consensus, ou qui font en tout cas semblant de le faire dans leur titre. À charge pour nous, quand nous sommes dans le GIEC, d'aller vraiment regarder s'il y a des éléments ou si c'est juste une publication qui cherche à faire le buzz et qui sera caduque trois publications plus tard. Il ne faut pas passer à côté d'un signal émergent sur lequel il y a encore une faible confiance, mais qui laisse à penser qu'il faut potentiellement aller creuser. Il y a une sorte d'invitation à ce que d'autres aillent là-dessus, sans non plus faire une énumération d'un portfolio de petites idées dont 90 % sont à jeter. C'est davantage avec le recul que nous pouvons avoir sur la méthodologie que nous allons voir si c'est convaincant ou non. L'expérience aide à analyser et voir cela.

C'est d'autant plus important aujourd'hui que, sur ces sujets environnementaux, nous n'avons plus trop le temps de nous rater et d'avoir des solutions qui font émerger des nouveaux problèmes environnementaux que nous n'aurions pas vus venir.

N. M.: Quelle est la découverte qui a marqué votre carrière?

S. S.: C'est un article qui regardait l'influence du changement mondial de la concentration en ozone de l'atmosphère, en lien avec les politiques décidées localement en Europe. Il y avait cette imbrication entre le local et le mondial. C'est clairement l'un de mes articles préférés. Plus récemment, il y a un travail en cours avec des géochimistes. Nous recueillons des échantillons de retombées volcaniques vieilles de plusieurs millions d'années et dont nous essayons de tirer une information sur la chimie atmosphérique directement. Finalement, cela nous a amenés sur autre chose. Nous en sommes arrivés à travailler sur les éclairs se formant dans les panaches lors des gros épisodes volcaniques. C'est intellectuellement intéressant parce que le domaine est tout autre. Nous avons travaillé avec les géochimistes sur des temps longs et sur des aspects fort éloignés des considérations politiques. Ça fait du bien.

N. M.: À l'inverse, quel est votre plus grand échec ou votre plus grand regret?

S. S.: Mon plus grand regret est de ne pas avoir le temps de mener à bien ces travaux sur la chimie du passé, parce que je suis rattrapée par d'autres choses. Je ne désespère pas de m'y remettre quand j'aurai lâché certaines responsabilités. Il y a une vraie difficulté à être sur ces sujets de transition écologique tout en voulant continuer à faire notre recherche dans notre coin. C'est intellectuellement satisfaisant, mais nous avons aussi besoin de contribuer à cette transition pour qu'elle se fasse. Pour ça, il faut prendre nos responsabilités et sortir de notre zone de confort. Il y a la volonté de prendre notre part de responsabilité dans la transition écologique, et d'aller mener des choses concrètes et politiques. Parce que c'est maintenant ou jamais.

N. M.: Diriez-vous que votre domaine de recherche a changé la façon dont vous percevez le monde et le réel?

S. S.: Ah oui, clairement! Quand on travaille sur des sujets environnementaux, on voit tout au prisme de l'impact environnemental. Aujourd'hui, les questionnements de la société viennent rejoindre nos travaux. Il est rassurant de sentir qu'on n'est plus tout seuls, comme c'était le cas avant. Nous étions un peu les ovnis qui s'inquiétaient de ce que nous faisons subir à la Terre. Bien que le questionnement sociétal soit bénéfique, ce dernier a mis tellement de temps à arriver que nous sommes vraiment au pied du mur. Je suis d'abord et avant tout quelqu'un qui travaille sur l'environnement. C'est aussi le cas dans ma vie quotidienne, mes choix de vacances, d'achats ou d'interactions avec les gens. C'est constitutif de ce que je suis.

N. M.: De quel autre grand chercheur ou grande chercheuse, en dehors de votre discipline, vous sentiriez-vous proche?

S. S.: Ai-je le droit de dire Valérie Masson-Delmotte? Elle est hors de ma discipline mais dans mon laboratoire... C'est une question difficile parce que je n'ai pas d'idole. Je peux citer Susan Solomon[3], mais nous évoluons dans la même discipline. C'est une grande chercheuse sur le trou dans la couche d'ozone. Beaucoup de gens sont de grands chercheurs sans être des modèles humainement. J'évite d'idolâtrer quelqu'un sans avoir son portrait complet. Et même si j'admirais particulièrement quelqu'un, je ne me dirais pas que je suis capable de marcher dans ses pas.

N. M.: Pensez-vous que le temps des grandes découvertes dans votre discipline est révolu ou à venir?

S. S.: Je pense qu'il est à venir, notamment parce que nous sommes sans cesse en train de rajouter de nouveaux composés dans l'atmosphère, avec des conséquences que nous n'avons pas toujours anticipées. Dans l'évolution passée de cette chimie, il y a encore beaucoup de choses que nous ne savons pas retracer, car nous avons peu d'archives naturelles. Surtout, avec les technologies de transition, de nouveaux composés ne vont pas tarder à arriver, dont il va falloir s'emparer à chaque fois afin d'étudier les risques induits pour la santé, leur persistance dans l'environnement ainsi que dans d'autres milieux que l'air ambiant. Nous sommes très loin d'en avoir fini.

Bibliographie

***Enjeux de la transition écologique. Enseigner la transition écologique aux étudiants de licence à l'université*, sous la direction de J.-M. Lourtioz, J. Lecomte et S. Szopa, assistés de C. Even et G. Roux (https://www.edp-open.org/images/stories/books/fulldl/9782759826612_Enjeux-Transition-Ecologique_ebook.pdf)**

***Frequently Asked Questions of the Working Group 1: The Physical Science Basis*, S. Berger & S. L. Connors (dir.) (https://www.ipcc.ch/report/ar6/wg1/resources/frequently-asked-questions)**

***Changement climatique 2021. Résumé pour tous* (https://www.ipcc.ch/report/ar6/wg1/downloads/outreach/IPCC_AR6_WGI_SummaryForAll_French.pdf)**

3. Susan Solomon (1956) est une chimiste américaine et l'une des premières personnes à avoir avancé la responsabilité des CFC dans la formation du trou de la couche d'ozone.

Jean-Jacques HUBLIN
Paléoanthropologie

*Jean-Jacques Hublin le reconnaît lui-même : c'est un bavard impénitent. Et c'est tant mieux, tant il est passionnant de l'écouter raconter comment ont évolué sa compréhension et sa conception des espèces humaines. L'histoire d'*Homo sapiens *est intimement liée à l'histoire de sa vie. Sa découverte des fossiles de Jebel-Irhoud, qui a reculé de cent mille ans la datation de l'apparition de notre espèce, ne fait qu'une avec son histoire familiale et personnelle, de son départ d'Afrique du Nord dans son enfance jusqu'à l'attribution d'une petite mandibule oubliée dans un tiroir du Muséum national d'histoire naturelle au tout début de sa carrière de chercheur au CNRS.*

Après avoir enseigné à l'université de Californie à Berkeley (1992), à l'université de Bordeaux (2000-2003), à l'université Stanford (1999 et 2011) et pendant de nombreuses années à l'université de Leyde, Pays-Bas (2010-2020), en 2004, Jean-Jacques Hublin a rejoint l'Institut Max-Planck d'anthropologie évolutive à Leipzig (Allemagne) où il a créé et dirigé le département d'évolution humaine. Il est aujourd'hui titulaire de la chaire de paléoanthropologie du Collège de France.

« Travailler sur l'évolution revient à travailler sur la nature humaine. »

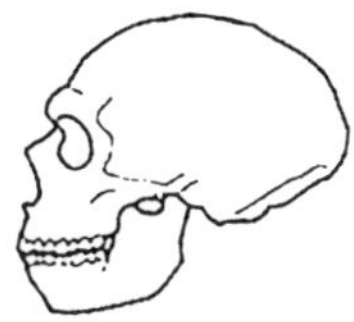

NICOLAS MARTIN : Identifiez-vous dans votre enfance un souvenir qui serait le point de départ de votre vocation scientifique ?

JEAN-JACQUES HUBLIN : Oui, tout à fait. Je suis paléoanthropologue depuis mes 12 ou 13 ans environ. Je suis né en Algérie, j'avais un an quand la guerre a éclaté. Je l'ai vécue de bout en bout jusqu'aux accords d'Évian. J'ai de très bons souvenirs d'enfance, mais en même temps la violence était présente au quotidien. J'évoluais dans cette atmosphère de peur, voire de terreur. Un de mes cousins a été assassiné par le FLN. Il avait 8 ans, et moi 6. Plus tard, ça a été un voisin et la mère d'un copain. Travailler sur l'évolution revient à travailler sur la nature humaine. Cette période de ma vie m'en a donné une vision différente de certains de mes collègues, un peu moins rousseauiste, disons.

Lorsque j'avais environ 8 ans, nous avons été chassés du pays. Je me suis retrouvé à vivre avec ma famille dans une HLM de la banlieue nord de Paris, le tristement célèbre plateau de Creil. Mes grands-parents étaient des gens modestes, mais voulaient absolument avoir un petit-fils qui réussisse sur le plan scolaire. J'ai été abreuvé de lectures diverses, particulièrement autour des sciences naturelles. Or la malacologie[1], la géologie, la lépidoptérologie[2], etc., représentaient un accès à une beauté du monde absente de mon environnement. C'est vers cette époque que j'ai visité la galerie de paléontologie du Muséum d'histoire naturelle avec une de mes cousines. Elle m'a acheté un petit bouquin, *Les Fossiles*, que j'ai toujours. J'ai lu ce livre dans les vingt-quatre heures et, le lendemain, j'étais en train de chercher des fossiles. J'en ai trouvé, d'ailleurs ! J'ai eu la chance, quand j'étais élève en cinquième, d'avoir eu un coup de foudre intellectuel pour un professeur de sciences naturelles, Guy Teste. Je suis encore allé le voir il y a une dizaine de jours. Il est aujourd'hui très âgé. Ce professeur s'est beaucoup investi pour moi. Il m'a encouragé dans cette voie. Nous avons créé ensemble un club de géologie dans le collège où je me trouvais. J'en étais le président, le rédacteur en chef, l'illustrateur de la revue et probablement le seul lecteur, d'ailleurs. Et nous avons organisé une exposition à laquelle a assisté le maire de Creil. C'était l'apothéose ! J'ai même été photographié par la presse locale à ses côtés.

À partir de ce moment-là, je n'ai jamais pensé que je ferais autre chose que de m'intéresser aux fossiles. J'ai gagné en quatrième un prix, lié à mes bons résultats : *La Préhistoire*, d'André Leroi-Gourhan, qui est un ouvrage collectif. Ça a été ma bible. Quelques années plus tard, vers 14-15 ans, j'ai commencé à écrire à des préhistoriens, dont André Leroi-Gourhan ou Jean Combier. Je voulais qu'ils me prennent sur un de leurs chantiers de fouilles. J'expliquais que je savais notamment dessiner et faire des photos. Ils m'ont répondu très gentiment que c'était formidable mais que j'étais un peu trop jeune. L'année suivante, j'ai été plus malin, j'ai envoyé de nouvelles lettres, mais en faisant attention cette fois-ci à ne pas donner mon âge. Je disais que j'étais étudiant. J'ai fini par être accepté à 16 ans sur un chantier de fouilles paléolithiques, la grotte du Loup en Corrèze, près de Brive. C'est amusant parce que

1. La malacologie est l'étude des mollusques.

2. La lépidoptérologie est l'étude des papillons.

c'est un site où il y a du Châtelperronien[3], une industrie à la charnière du Paléolithique moyen et du Paléolithique supérieur, qui, beaucoup plus tard, est devenu l'un de mes chevaux de bataille scientifiques.

La plupart des gens qui se sentent attirés par un domaine scientifique, surtout dans la jeunesse, le sont pour des motivations qui peuvent être assez obscures et qu'ils n'analysent pas vraiment. Tout ce que je vous ai raconté, ce sont des choses que j'ai élaborées intellectuellement après coup. J'ai pris conscience que la question qui m'intéressait, c'était celle de la nature humaine et des origines. D'ailleurs, le fait que je travaille sur la manière dont les hommes modernes sont sortis d'Afrique pour venir en Europe en passant par l'Afrique du Nord n'est évidemment pas anodin. C'est peut-être une psychanalyse à deux sous, mais il y a quand même là un hasard curieux.

Je crois que beaucoup de scientifiques finissent par s'intéresser, à l'intérieur de leur domaine, à des questions particulières qui touchent à leur propre histoire et à leurs propres questionnements. Je pense que ce ne sont pas des gens comme les autres, ils ont souvent une petite névrose ou un peu d'autisme. Parfois, ils partent vraiment de questions individuelles. Je ne veux pas trahir mes collègues, mais je connais quand même deux ou trois généticiens qui se posent des questions sur leur paternité, par exemple, et qui se mettent à étudier l'ADN mitochondrial[4] à fond. Est-ce un hasard? Je n'en sais rien. Peut-être pas.

N. M.: Einstein écrit que, très jeune, il était habité par la conviction qu'il y avait quelque chose de profondément caché à découvrir. Vous identifiez-vous à cela?

J.-J. H.: Oui, bien sûr. Dans la démarche scientifique, il y a évidemment une grande curiosité. C'est même plus qu'une curiosité, c'est presque de l'ordre de la révélation ou de la résolution d'un mystère.

3. Le Châtelperronien est une culture préhistorique attestée en France et dans le nord de l'Espagne, datée de 45 000 à 38 000 ans avant notre ère et incluse dans le Paléolithique supérieur.

4. L'ADN mitochondrial, contenu dans les mitochondries – les centrales énergétiques à l'intérieur des cellules –, n'est transmis que par la mère. Son étude permet de retracer les liens matrilinéaires.

Être le premier à comprendre ou découvrir quelque chose procure un sentiment incommunicable. Quand je dis « le premier », il faut bien comprendre qu'il s'agit du premier être humain ayant jamais existé sur Terre à avoir saisi ce morceau de connaissance. C'est peut-être de la mégalomanie, mais c'est un sentiment particulièrement exaltant.

N. M.: Revenons un peu sur vos débuts. Venez-vous d'une famille dans laquelle d'autres personnes ont fait des parcours scientifiques ou créatifs ?

J.-J. H.: Pas du tout. Je suis issu d'une famille assez modeste et un peu cabossée. Ma mère et mon père biologique se sont séparés quand j'étais très jeune. Mon père a complètement disparu de mon existence. Ma mère m'a élevé avec l'aide de mes grands-parents. J'ai beaucoup de collègues qui sont issus d'une dynastie scientifique. Ils ont grandi dans un milieu d'universitaires, parfois même avec des parents qui faisaient quasiment la même chose qu'eux. J'ai un jeune collègue dont j'ai dirigé la thèse à Leipzig. Il a un père et un grand-père anthropobiologistes. Cela me fascine, parce que je viens d'un tout autre monde.

N. M.: Vous avez évoqué un mentor avec ce professeur de cinquième. Y a-t-il d'autres personnes qui ont marqué de leur empreinte votre mode de pensée ?

J.-J. H.: J'ai eu de très bons professeurs à l'université à Paris. Bernard Vandermeersch[5], qui fouillait en Israël, dans un gisement mondialement connu près de Nazareth, Jebel Qafzeh, m'a proposé de venir avec lui travailler sur le site pendant ma maîtrise. C'était formidable parce que c'était un site majeur, avec des restes humains en pagaille.

Beaucoup plus tard, quand j'étais jeune chercheur, j'ai correspondu avec un chercheur américain, Francis Clark Howell[6]. Vers

5. Bernard Vandermeersch (1937) est un paléoanthropologue français, spécialiste de Neandertal.

6. Francis Clark Howell (1925-2007) est un paléoanthropologue américain. Ses missions en Éthiopie à la fin des années 1970 ont permis à ses élèves, Yves Coppens et Donald Johanson, de découvrir Lucy, spécimen fossile d'australopithèque.

la fin des années 1950 et le début des années 1960, ses premières publications en paléoanthropologie avaient bluffé tout le monde. Il avait une vision nouvelle et complètement différente. Il essayait de comprendre l'évolution humaine dans un contexte global, en mêlant à la fois les comportements, la biologie, l'environnement, le climat, la géographie, la faune. Ça a donné naissance à la paléoanthropologie moderne, c'est-à-dire une paléoanthropologie qui ne s'intéresse plus simplement à des creux et des bosses sur des os, mais qui essaie surtout de prendre en compte de nombreux éléments, par exemple, la biogéographie, la génétique ou la démographie.

Quand j'ai passé ma thèse d'État, on lui a proposé d'être dans le jury. À ma grande surprise, il a dit oui. Après ma soutenance, il est venu me voir, m'a annoncé qu'il allait prendre une retraite anticipée mais qu'il cherchait quelqu'un pour donner son enseignement. Il m'a demandé si je voulais venir à Berkeley assurer une première année de cours. Ce jour-là, je peux dire que j'avais vraiment le melon! Je suis donc allé à Berkeley. Cette expérience a changé ma vie. De différentes façons d'ailleurs, puisqu'à la fin de l'année mon couple a été mis à mal de façon définitive, et nous avons divorcé. C'était une période de grands changements. Clark était vraiment une personnalité hors du commun, avec une mémoire absolument incroyable. Nous arrivions à l'université à la même heure, vers 6 ou 7 heures du matin. J'habitais juste à côté, sur le campus. On prenait un café ensemble, on discutait avant de se mettre au travail pour la journée. Clark Howell a été un moteur incroyable pour la discipline. Quand je suis revenu de ces six mois passés à Berkeley, j'étais un autre homme. J'avais découvert une autre façon de travailler.

N. M.: Qu'a-t-il insufflé de nouveau dans votre façon de travailler?

J.-J. H.: Le milieu académique de la recherche américaine, à cette époque, était incroyablement dynamique. Cette expérience m'a fait comprendre que cela n'a aucun sens de travailler sur l'évolution humaine en ne regardant qu'un seul aspect. Le travail des biologistes et des spécialistes de l'anatomie qui s'intéressent à la forme du cerveau ou à l'évolution des dents n'est pertinent que s'il est intégré dans un réseau d'analyses plus large. Quand j'ai créé le département d'évolution humaine à l'Institut Max-Planck à Leipzig, j'ai eu la chance de pouvoir mettre cela en pratique. La première personne qui est venue à Leipzig visiter le département, c'est Clark Howell.

N. M. : Quel regard portez-vous rétrospectivement sur ce début de carrière ? Quel conseil donneriez-vous au Jean-Jacques Hublin qui débute en paléoanthropologie ?

J.-J. H. : Mon côté apatride et sans racines que je considérais comme un handicap m'a finalement permis de m'émanciper. Je suis allé plusieurs fois aux États-Unis pour enseigner. À l'époque, ce n'était pas banal. Quand j'ai eu la chance de créer ce département à Leipzig, les gens trouvaient très étrange que je veuille partir pour l'Allemagne de l'Est. Pour certains, je partais pour le goulag ! Ne pas avoir un petit village avec la maison de famille a peut-être été plutôt un atout. J'enviais mes copains qui, eux, avaient ça. Mais à la fin, eux sont restés et moi je suis parti. Je ne le regrette pas.

N. M. : Comment apparaît une idée nouvelle chez vous ?

J.-J. H. : Il y a une part d'inconnu liée à la psychologie des profondeurs. Dans ma discipline, il y a des modèles prévalents. Ils permettent d'avancer, jusqu'au jour où une brique ne colle pas dans le mur. Là, on commence à se poser des questions. Le jour où on réalise que la contradiction est irréductible, ça empêche de dormir.

Ensuite, chaque fois que de nouveaux instruments apparaissent, ils permettent de voir des choses qu'on ne voyait pas avant. J'ai un côté *geek*. Jeune chercheur, j'étais le premier dans mon laboratoire à avoir un micro-ordinateur portable. C'était un Apple II. J'avais embêté tout le monde pour avoir cet ordinateur. Certains collègues se moquaient de moi en disant : « Ah, Hublin, toujours amateur de gadgets ! » Les mêmes, cinq ans après, quand je suis devenu directeur de l'unité, défilaient dans mon bureau et me suppliaient pour qu'on leur en achète un ! Je crois beaucoup aux techniques et aux méthodes. À Leipzig, nous avons eu la chance d'avoir beaucoup de moyens matériels pour s'équiper. La rencontre de champs disciplinaires différents, c'est aussi extrêmement fécond.

N. M.: Croyez-vous à l'*eurêka* ?

J.-J. H.: Je ne l'ai jamais vécu. C'est plutôt une lente élaboration. Irhoud[7], par exemple, est une histoire qui court sur quasiment toute ma vie. Elle remonte à mon enfance en Afrique du Nord. Juste après ma thèse à Paris VI, le professeur Jean Piveteau, membre de l'Académie des sciences, m'a proposé d'étudier une petite mandibule d'enfant provenant du Maroc et qu'il conservait dans un tiroir. Le fossile venait de Jebel Irhoud. Il avait été découvert au cours des premières fouilles sur le site dans les années 1960. Je me suis assez vite rendu compte qu'il ne collait pas dans la saga habituelle sur l'évolution humaine. Cette contradiction s'est affirmée au fil du temps. Dans les années 1980, le modèle de l'origine africaine de l'homme moderne s'est imposé graduellement, sur des données génétiques et paléontologiques. C'était un peu biblique, comme histoire : une émergence adamique avec un homme moderne qui apparaît il y a deux cent mille ans en un claquement de doigts. On cherchait le jardin d'Éden – c'est d'ailleurs le terme qui était utilisé – en Afrique de l'Est ou du Sud. Cet homme un peu surnaturel y était apparu, touché par le doigt du Créateur, j'imagine. Or les fossiles d'Irhoud provenaient du nord-ouest de l'Afrique, c'est-à-dire de l'endroit le plus éloigné possible du présumé jardin d'Éden. Ces fossiles avaient des caractères qui évoquaient l'homme moderne, mais étaient assez primitifs. Au fil des années, j'en suis venu à penser que tout le problème résidait dans leur datation et dans un biais de documentation. La plupart des fossiles d'hominines africains provenaient d'Afrique de l'Est ou du Sud. On trouve là où l'on cherche, et ces trouvailles font penser qu'ailleurs, où rien n'a été trouvé, il n'y avait rien. En paléoanthropologie, il y a souvent

7. Jebel Irhoud est un site préhistorique au Maroc. L'équipe de Jean-Jacques Hublin et Abdelhouaed Ben-Ncer a mis au jour des restes d'*Homo sapiens* datés de trois cent mille ans, ce qui repousse d'environ cent mille ans l'ancienneté attribuée à l'espèce jusqu'alors.

une confusion entre *absence of evidence* (absence de preuve) et *evidence of absence* (preuve d'absence). J'insiste aussi sur l'aspect biblique de ce modèle. Je crois qu'il ne faut pas négliger cet arrière-fond culturel, surtout dans le milieu anglo-saxon.

Pour ce qui est du problème de datation, tant que nous n'arrivions pas à avoir une bonne chronologie, il n'était pas possible d'avoir les idées claires. Les *Homo sapiens* de Jebel Irhoud sont plus primitifs que ceux d'Afrique de l'Est mais, à l'époque, tout le monde croyait qu'ils étaient plus récents. Je me suis dit que s'ils étaient plus anciens, il serait tout à fait normal qu'ils soient primitifs. J'ai commencé par essayer de trouver des méthodes qui pouvaient permettre de dater le site, et sans mettre vraiment les pieds là-bas, sauf en touriste. Nous en avons essayé plusieurs, mais elles ne marchaient pas vraiment. Quand j'ai signé un contrat avec la Société Max-Planck et obtenu le budget qu'on m'avait promis, dès la première année je me suis dit qu'il fallait rouvrir la fouille, amener des spécialistes pour dater le site et régler cette question une bonne fois pour toutes. Nous l'avons fait, mais cela a demandé pas mal d'années d'efforts et d'investissements. Vous voyez à quel point nous sommes loin de l'*eurêka*! Je crois plutôt à cette lente élaboration qu'à l'idée de génie qui surgit sans prévenir.

N. M.: Au départ, il y a tout de même une intuition fondatrice?

J.-J. H.: Bien sûr. Je crois à l'intuition. Même si j'ai un peu de mal à définir vraiment ce que c'est, comment elle nous oriente. Par définition, ce n'est pas un processus rationnel, plutôt une sorte d'évidence qui s'appuie sur une connaissance diffuse. Il est aussi essentiel d'être capable de remettre en cause ce qu'on croit. Il est des débats qui se sont étendus sur au moins une ou deux générations, autour du processus de remplacement des Néandertaliens par les hommes modernes en Europe. J'avais des idées assez hétérodoxes sur la question, ce qui m'a valu d'être vilipendé par certains de mes collègues. À la fin des années 1990, j'ai publié un article dans *Nature* sur des restes humains qui avaient été trouvés sur le site de Châtelperronien. Sur le site, on retrouve un assemblage d'outils ressemblant beaucoup à des outils fabriqués par les hommes modernes qui sont arrivés et ont remplacé tout le monde. Grâce à une nouvelle approche méthodologique, nous avons pu démontrer qu'ils étaient associés à des restes de Néandertaliens. À l'époque, je postulais que ces Néandertaliens étaient en contact direct ou indirect avec des *Homo sapiens*, et que leur comportement en était certainement altéré. En gros, je disais que les Néandertaliens n'étaient pas capables de développer par eux-mêmes toute cette complexité. Comme nous étions en pleine « réhabilitation » des Néandertaliens, certains ont écrit des articles pour dire que ça ne tenait pas debout. Par la suite, tout ce qu'on a trouvé a confirmé qu'il s'agissait bien des Néandertaliens, et que leur âge était postérieur à l'arrivée des *Homo sapiens* en Europe. L'idée de contact en les deux populations s'est entièrement confirmée aujourd'hui.

De mon côté, je réalise aussi que des choses que je croyais à l'époque sont fausses. Ce processus de remplacement est encore plus ancien et complexe que ce que nous croyions. Nous avons longtemps cru à une vague d'*Homo sapiens* déferlant en Europe et remplaçant assez brutalement les Néandertaliens. Les généticiens nous avaient aussi convaincus de ça. Maintenant, nous nous rendons compte qu'il y a une très longue période de coexistence, d'hybridation, avec des interactions assez compliquées. J'ai donc mis de l'eau dans mon vin. Ce que nous découvrons aujourd'hui, c'est que l'arrivée des *Homo sapiens* en Europe, ce sont des petits groupes de chasseurs-cueilleurs qui, depuis le Proche-Orient, montent dans des latitudes plus élevées et pénètrent dans le monde des Néandertaliens. Probablement qu'au début, pour une bonne partie d'entre eux, ça ne marche pas et ils disparaissent. Nous n'avons plus guère de traces génétiques de ces gens-là dans les populations européennes actuelles.

Évidemment, il faut faire attention quand nous parlons d'« interaction ». Ça me fait toujours sourire quand je lis ou quand j'entends certains de mes collègues nous expliquer la *love story* entre Neandertal et Sapiens, qui auraient vécu en bonne intelligence pendant des milliers d'années. Mais, si quand les *Homo sapiens* arrivent, ils tuent tout le monde et ne gardent deux femmes avec eux, quatre générations après leurs descendants porteront un peu d'ADN néandertaliens...

La paléoanthropologie est une science, mais il y a aussi dans la préhistoire une dimension un peu mythologique, presque onirique, qui fait que chaque époque projette sur le passé ses propres lubies. En ce moment, nous avons une vision de la préhistoire très différente de celle qui prévalait à la fin du XIXe siècle. À cette époque, on croyait au progrès, et ce progrès nous avait fait sortir de la préhistoire qui avait été un enfer. Dans les années 1970, il y a eu un renversement complet. C'est le présent qu'on commence à regarder comme un enfer. La préhistoire devient donc une forme de paradis perdu. On parle alors de « mondes d'abondance et d'insouciance ». Aujourd'hui, il est essentiel de ne discriminer personne. Dire que les Néandertaliens étaient différents de nous est devenu incongru et moralement inacceptable. Il y a beaucoup d'idéologie là-dedans. Le fond rationnel est quand même très mince. Évidemment, les gens du XIXe siècle avaient beaucoup moins de connaissances des données que nous en avons actuellement. Cependant croire que nous sommes aujourd'hui moins empreints d'idéologie que ne l'étaient les gens du XIXe siècle est complètement faux. Nous avons juste plus d'arguments pour défendre nos positions. Le conseil que je peux donner aux jeunes chercheurs est de faire la part des données et celle des interprétations. En sciences humaines, l'idéologie, voire la politique, est souvent présente. On pourrait croire que ce n'est pas le cas en biologie. Rien n'est plus faux.

N. M.: Comment se formule votre travail de réflexion ? Avez-vous une voix intérieure, parlez-vous à voix haute ? Pensez-vous en images, en concepts ? Avez-vous des schémas en tête ?

J.-J. H.: Je me parle beaucoup à moi-même. De temps en temps, ma femme s'inquiète un peu du fait que ça ne soit pas toujours en silence. C'est une forme de dialogue, d'autocontradiction. J'ai des questions que j'essaie de résoudre. L'intuition vient là-dessus et offre des solutions. Ensuite s'instaure une forme de tri avec un débat ou un dialogue intérieur. C'est un processus assez long. Ce n'est pas un *eurêka*, c'est plutôt un travail de construction. Une fois que j'ai vraiment construit un scénario – alimenté par des données pour le consolider –, il y a une phase assez cruelle qui consiste à continuer le *fact checking* en cherchant à ajouter des éléments, comme une datation ou une analyse supplémentaire. À ce moment-là, il ne faut pas tomber sur un élément qui fiche par terre le scénario. Cela arrive. Certains collègues s'en fichent et arrivent à passer au-delà. Moi, je n'y arrive pas.

N. M.: Quelle est la part de l'oral par rapport à l'écrit?

J.-J. H.: Je crois beaucoup à la maïeutique orale. Pour moi, il est très important de discuter de ce que je pense. Le fait d'avoir à expliquer avec des mots simples là où je veux en venir m'aide à élaborer ma pensée. C'est un autre effort que de se parler à soi-même. Je suis un bavard. J'aime bien aller dans le bureau d'un collègue pour l'embêter pendant un moment en lui disant: « Mais ci, mais ça... J'ai lu ça, mais dans le fond ce n'est pas comme ci, pas comme ça... » Il y a des gens qui sont de très bons *sparring-partners* dans ce genre de dialogue. Quand j'étais à Leipzig, tous les quinze jours, nous choisissions un article qui venait d'être publié sur une thématique et des étudiants en faisaient un exposé, suivi par une discussion entre les membres de l'équipe pendant une heure. Je me souviens d'un article publié dans *Science* qui avait suscité un tel débat que nous avons fini par écrire une réponse assez fournie, qui a aussi été publiée par *Science*. C'est quand même très chouette d'être au contact quotidiennement de gens qui s'intéressent à des questions similaires, mais qui viennent d'autres disciplines. Ils vont avoir une approche complètement différente et amener des éléments nouveaux. Je crois beaucoup à une forme d'élaboration collective de la science et de la connaissance.

N. M.: Diriez-vous que votre raisonnement est plutôt inductif ou déductif?

J.-J. H.: Plutôt inductif. Je pars d'un grain puis je vais agglomérer des choses autour. Évidemment, ça peut dérailler parfois en cours de route parce qu'il y a des contradictions qui apparaissent. J'ai souvent été critique à l'endroit de collègues qui pensaient qu'en étudiant par le menu la morphologie dentaire des Néandertaliens, dent par dent, pendant toute une carrière, une sorte de vérité allait émerger. Je n'y crois pas trop. Il se peut que rien n'émerge du tout. Je crois plutôt qu'il faut partir d'une hypothèse, d'une idée, d'une intuition ou d'une contradiction, et élaborer autour.

Les gens qui réussissent dans la recherche scientifique ont une forme de réalisme que tout le monde n'a pas. Ils savent comment régler un problème ou une question dans un temps fini et avec des moyens qui, même s'ils peuvent être importants, sont eux aussi finis. C'est un problème qui se pose constamment en archéologie préhistorique et en paléoanthropologie. Combien de temps doit-on fouiller un site ? Souvent, en fouillant X mètres carrés, on aura assez d'échantillons pour répondre aux questions que l'on se pose. Quand on a trouvé le nécessaire pour répondre à la question, il faut s'arrêter et se mettre à travailler sur autre chose.

Il en va de même avec la paléoanthropologie. Combien de fossiles doit-on inclure dans une étude ? C'est vraiment une décision importante du point de vue de la stratégie de recherche : est-ce que, avec ce que nous avons, il est possible d'avoir un résultat démonstratif et convaincant pour tout le monde ? Ou est-ce qu'il faut attendre d'avoir plus de données ? Sachant que choisir la deuxième option c'est aussi prendre le risque que d'autres publient la même chose entre-temps. Ça arrive et, quand c'est le cas, c'est justement parce que cette autre équipe a été plus réaliste. Quand on est un jeune chercheur, c'est quelque chose qui est très difficile à apprendre.

N. M. : Parvenez-vous à penser en dehors du cadre ?

J.-J. H. : Il est toujours intéressant de faire un pas de côté. Les questions auxquelles je m'intéresse font appel à tellement de disciplines, de sous-disciplines et de méthodologies différentes, et, dans le fond, c'est cela qui est généralement porteur de nouveauté. Je lis des choses qui sont souvent assez éloignées de ma discipline. Un des problèmes, c'est qu'il faut lire énormément de choses.

Quand j'étais à Leipzig, un de mes collègues m'a chaudement recommandé une jeune chercheuse qui travaillait sur les isotopes du fer. Je lui ai proposé de venir nous rejoindre avec un contrat de post-doc. La rétention du fer est très différente chez les hommes et les femmes. Les premiers sont souvent en excès quand les secondes sont souvent en déficit, tout bêtement parce qu'elles ont leurs règles et qu'elles perdent du fer, tandis que les hommes en accumulent. En dosant le fer dans des ossements, nous nous étions dit que c'était peut-être un moyen de déterminer le sexe. Ça marche sur des ossements frais, moins sur les ossements archéologiques. Il y a deux raisons à cela. D'abord, il y a du fer un peu partout dans l'environnement, notamment dans le sol. Il y a donc un problème taphonomique qui est de savoir si le fer trouvé dans les ossements est celui qui était là à l'origine, ou s'il vient du sol autour. Ce n'est pas évident à résoudre. Ensuite, il y a un autre problème: à partir de la ménopause les femmes «deviennent des hommes» du point de vue du fer. Nous avions notamment un cimetière de nonnes qui semblait contenir des hommes, mais en réalité c'étaient simplement des nonnes ménopausées. Nous avons fini par laisser tomber ce projet, mais comme cette jeune chercheuse travaillait sur les métaux, nous nous sommes dit que nous allions nous intéresser à d'autres métaux. Nous avons pensé au zinc, non pas pour déterminer le sexe, mais pour avoir des indications sur l'alimentation.

Pour ce type d'étude, on regarde généralement les isotopes tirés de molécules organiques, comme le carbone ou l'azote. Mais dans les fossiles très anciens, ces molécules organiques disparaissent. Finalement, cette chercheuse a trouvé un truc formidable: le zinc est un marqueur qui marche aussi bien que l'azote, mais comme on ne le trouve pas dans des molécules organiques, ça permet d'étudier des fossiles très anciens, ou qui viennent de régions où pour des raisons climatiques les molécules organiques ne se conservent pas. C'est le cas dans les zones tropicales, par exemple.

Voilà le type de cheminement qui est le nôtre: on commence par des histoires de nonnes, et on finit par travailler sur des australopithèques pour déterminer s'ils mangeaient de la viande ou pas!

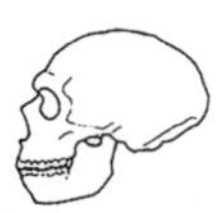

N. M.: Pour penser, avez-vous plutôt besoin de silence, d'isolement ? Ou de musique, de bruit, de discussions ?

J.-J. H.: À un moment, il faut être tout seul. Il ne faut pas être constamment sollicité par sa famille, par des tâches administratives ou je ne sais quoi. Il est vital de se garantir du temps qui soit uniquement à soi. Ensuite, il y a la dimension maïeutique que je décrivais tout à l'heure, l'échange et la discussion. Avoir un interlocuteur, pas toujours le même, ça m'aide beaucoup. Puis il faut mettre ses idées sur le papier, ou sur un écran avec le clavier, pour solidifier cette pensée.

N. M.: Quels seraient le moment idéal et le lieu idéal pour penser librement ?

J.-J. H.: Je ne sais pas s'il y a vraiment un lieu. Je pense que c'est plutôt un état. Pour moi, être seul est fondamental. J'ai longtemps cru que j'avais besoin d'être entouré en permanence, mais en fait pas du tout. Dans une journée, j'ai besoin d'avoir un certain nombre d'heures où je suis absolument isolé des autres. Le fait d'être connecté tout le temps et d'avoir des mails qui tombent toutes les cinq minutes est un vrai problème. J'ai des périodes où je ne regarde pas du tout mes mails. La notion de liberté ou de disponibilité intellectuelle n'est pas attachée à un lieu. Le problème, c'est quand je suis pris dans une espèce de cadence d'engagements, de rencontres, etc. Il faut se battre pour ne pas avoir un agenda rempli entièrement.

N. M.: La nuit est-elle plutôt propice au sommeil ou à la réflexion ?

J.-J. H.: Le travail ne me réveille pas, mais je ne dors pas beaucoup. Je me couche généralement vers 1 heure et me réveille à 7 h 30. Je n'ai jamais beaucoup dormi. J'ai un petit côté Asperger quand même. Quand je commence à me brancher sur un sujet, j'ai du mal à en décoller. Je ne dirais pas que je ne pense qu'à ça, mais presque. Dans ces moments-là, je me couche et je me réveille avec. On me reproche alors de ne pas entendre ce qu'on me dit, d'oublier des tas de choses. C'est juste que j'ai l'esprit occupé.

N. M.: Quel type de mémoire avez-vous ?

J.-J. H.: Je suis à un âge où on se pose des questions vis-à-vis de la mémoire. Il m'est difficile de dire si j'ai une bonne ou une mauvaise mémoire. Je pense qu'elle est surtout très sélective. Pour donner des exemples concrets, je vous ai parlé de ce club de géologie que j'ai rejoint quand j'étais en classe de quatrième. À l'époque, j'allais chercher des fossiles de mollusques du Cénozoïque dans le nord de la région parisienne. Je me souviens très bien de tous les noms de genres et d'espèces de ces mollusques. Ça paraît complètement insensé parce que c'est une connaissance totalement inutile. Je pourrais presque vous dessiner un *Cerithium tricarinatum* du Bartonien du bassin de Paris, par exemple.

En revanche, mon épouse peut me dire que, lorsque nous sommes passés à tel endroit, nous avons mangé dans ce restaurant, et qu'il y avait des fleurs de courgette en entrée – chose dont je suis incapable. Non seulement je ne me souviens pas d'avoir mangé ce plat, mais je ne me souviens même pas d'avoir mangé dans ce restaurant, et parfois je n'ai même aucun souvenir de l'endroit. Je l'envie beaucoup : elle doit vivre ces moments avec une intensité beaucoup plus grande.

N. M.: Pour autant, est-ce que vous vous souvenez de tous les détails des gisements de fouilles ?

J.-J. H.: Quand je suis très motivé par un sujet, je vais accumuler beaucoup de connaissances et m'en souvenir pour toujours. Cela m'inquiète beaucoup de lire Proust, pour qui la vie est le souvenir de la vie. Je me dis que je ne dois pas vivre vraiment. Lui se souvient de la lumière dans l'église de Combray, un certain dimanche matin sur la robe d'une dame, tandis que je ne me souviens même pas être allé dans certains lieux, où l'on m'assure que j'étais bien présent. En même temps, c'est merveilleux de se souvenir des noms de mollusques du Bartonien du bassin de Paris. Ils sont très beaux, d'ailleurs.

N. M.: Quelle place accordez-vous au hasard dans vos recherches ?

J.-J. H.: Vaste question. Je me suis souvent dit que le hasard et la chance jouaient un grand rôle. Mais la question est de savoir s'il s'agit vraiment de hasard. Quand vous êtes sur une fouille, vous décidez de fouiller ce carré-là et pas l'autre, dans lequel il y a peut-être quelque chose d'extraordinaire et que vous n'allez pas découvrir. Là, il y a une part de hasard. Néanmoins, vous fouillez ce gisement-là, pas un autre, et ce n'est pas par hasard.

Il est vrai qu'en fouillant tous les sites de l'âge du bronze du nord des Alpes, on va finir par connaître toutes les poteries de l'âge du bronze du nord des Alpes. Mais cela n'est vraiment intéressant que si cette connaissance apporte une réponse à la question des échanges avec d'autres régions. Si ce qui m'intéresse, c'est de savoir à quelle date les premiers *Homo sapiens* sont arrivés en Europe, connaissant l'histoire des recherches, des gisements, ce qui a été découvert, je peux me dire que tel site en Bulgarie nous donne des chances de trouver des éléments de réponse.

N. M.: En paléontologie, il y a tout de même une grande part de hasard dans la découverte des gisements. À l'image des enfants qui tombent dans la grotte de Lascaux ou du paysan indonésien qui découvre un crâne fossile.

J.-J. H.: Bien sûr. Je ne prétends pas d'ailleurs trouver des gisements. Je veux surtout trouver des réponses à des questions.

Ce que je vais dire peut paraître un peu méchant, mais c'est la réalité. Certains sont devenus célèbres parce qu'ils ont buté sur un os un jour dans une grotte ou un désert. Ce n'était pas forcément les gens les mieux armés pour comprendre l'histoire derrière cet os. Il y a dans le métier un côté un peu fétichiste, une grande fierté lorsque l'on a mis la main sur une pièce de musée.

Quand on fouille un site archéologique, on trouve des tas d'ossements dont la plus grande partie est non identifiable. Ce sont des bouts d'os cassés dont on peut dire que c'est de l'os, mais c'est à peu près tout: 70 % du poids d'os qui sort d'un gisement archéologique est mis dans des caisses, des boîtes et des sacs, sur une étagère, et généralement personne n'y touche. Nous utilisons aujourd'hui des techniques de paléoprotéomique[8] qui permettent, en prélevant une

8. La protéomique est une science qui étudie l'ensemble des protéines découvertes sur un tissu ou un organisme, ce qui permet notamment son identification.

rognure d'ongle sur un bout d'os, de dire s'il appartient à un ours ou à un cheval. Parfois, il s'agit d'un reste humain très fragmentaire. On peut extraire de l'ADN de ce petit bout d'os, le dater directement et en faire une étude isotopique. Finalement, ce petit bout d'os absolument insignifiant peut apporter une quantité d'informations énormes: quel type d'hommes habitait à cet endroit? Quelles étaient leurs relations de parenté? Des informations qu'une belle pièce de musée ne nous apprendra peut-être jamais.

N. M.: Qu'est-ce qu'un obstacle? Quand vous en rencontrez un, jusqu'où poussez-vous la recherche?

J.-J. H.: Dans la vie quotidienne, les principaux obstacles sont humains. Il y a également des obstacles méthodologiques. Il est possible alors d'essayer d'autres méthodes, pour obtenir une datation par exemple. Mais à un moment donné il faut savoir lâcher. Je trouve problématiques les gens qui veulent absolument aboutir et qui vont finir par utiliser des méthodologies tirées par les cheveux pour produire un résultat discutable.

N. M.: Quelle est la part de concurrence et de compétition dans vos travaux de recherche? La collaboration est-elle plus féconde? Ou est-ce qu'au contraire une certaine forme de compétition vous stimule intellectuellement?

J.-J. H.: Il faut qu'il y ait de la compétition. Il y a des gens qui ont des idées assez différentes sur un certain nombre de points plus ou moins irrésolus de l'évolution passée des hommes. Beaucoup de scientifiques dans notre discipline ont des *a priori*, des idées auxquelles ils croient, pour de bonnes ou de mauvaises raisons. Ils vont aller chercher les éléments leur permettant de démontrer leur thèse. Les scientifiques sont souvent de mauvaise foi. Cependant, il y a une forme de darwinisme à l'œuvre qui fait que des idées ou des modèles finissent par succomber devant la réalité. Ils finissent par ne plus être tenables parce que les découvertes qui vont à leur encontre s'accumulent. Et il y en a d'autres qui prospèrent. Est-ce parce que les gens qui les ont élaborés étaient plus inspirés que les autres? Parfois peut-être ont-ils eu de la chance.

Il y a une histoire en paléoanthropologie qui me fascine. C'est la découverte du premier *Homo erectus* à Java. Nous sommes à la fin du XIXe siècle. Ernst Haeckel[9] est un biologiste allemand. Il s'intéresse à de nombreux sujets, notamment à l'évolution humaine. Il est un supporter de Darwin sur le continent et est très proche d'un linguiste, August Schleiche, aux idées un peu bizarres sur l'origine des langues. Il est d'avis que l'homme est apparu quelque part dans le Sud-Est asiatique, dans un continent englouti. Il affirme cela car il y a là-bas des gibbons et des orangs-outans qu'il croit proches des hommes. Un jeune anatomiste hollandais, Eugène Dubois[10], admirateur de Haeckel, va faire un truc fou: il va s'engager dans l'armée comme médecin militaire pour partir à la recherche du « chaînon manquant » avec femme et enfants. À l'époque, l'Indonésie appartient aux Indes néerlandaises. Il veut trouver cet ancêtre de l'homme que Haeckel avait déjà appelé *Pithecanthropus*. À Java, des groupes de forçats l'assistent, pour creuser le long d'une rivière. Et il le trouve: une calotte crânienne, qu'il appelle *Pithecanthropus erectus*. Tout cela à partir de présupposés totalement erronés. Aujourd'hui, ce *Pithecanthropus* correspond à ce qu'on appelle *Homo erectus*. Dubois était-il un génie? Je ne pense pas. Il croit à des idées fausses et fait preuve d'une persévérance absolument hors du commun. Mais combien de Dubois sont allés je ne sais où dans le monde pour creuser au bord d'une rivière et n'ont pas trouvé de *Pithecanthropus*? Il y a eu une grande part de chance dans la découverte de Dubois.

N. M.: La recherche est-elle plutôt source d'anxiété ou de sérénité?

J.-J. H.: Plutôt d'anxiété. On peut aussi dire que c'est parce qu'on est anxieux qu'on fait de la recherche. Dans le mécanisme qui pousse à la recherche, il existe, je crois, une dimension de curiosité mais

9. Ernst Haeckel (1834-1919) est un biologiste et philosophe allemand qui a notamment popularisé les théories de Darwin en Allemagne.

10. Eugène Dubois (1858-1940) est un médecin et anthropologue néerlandais. Il est le premier à rechercher volontairement des fossiles d'hominines éteints. Il découvre en 1891 un morceau de crâne et un fémur, qui seront les premiers fossiles attribués à *Homo erectus*.

aussi d'insatisfaction à combler. Il y a un certain inconfort à faire de la recherche. Qui se rattache à un inconfort plus ancien, existentiel, lié à l'histoire de l'individu. Les chercheurs trouvent leur voie en donnant à cette quête une dimension universelle.

N. M. : Quelle est la découverte qui a marqué votre carrière et dont vous êtes le plus fier ?

J.-J. H. : C'est l'étude de Jebel Irhoud. Du point de vue émotionnel, ce fut incroyable de tirer ces hommes de l'oubli. Pour les Antiques, les Égyptiens, les Romains, il y avait pire que la mort : l'oubli. Le tragique ne résidait pas dans le fait de mourir mais de voir son nom effacé comme si finalement vous n'aviez jamais existé. Tirer de l'oubli des êtres qui ont vécu il y a très longtemps et qui, sans vous, seraient restés inconnus ou oubliés est quelque chose de fort émotionnellement. À Jebel Irhoud, j'ai aussi retrouvé ce que je ressentais adolescent sur mes premiers chantiers de fouilles. Il fallait me tirer par les pieds quand la nuit tombait pour que je sorte du site. La fouille n'était pas vraiment mon boulot, d'autres gens le faisaient mieux que moi, mais j'étais pris par ces émotions. Je suis aussi particulièrement fier de ce travail parce que je pense qu'il a vraiment rebattu les cartes sur une question scientifique qui paraissait presque réglée. Nous avons mis un gros coup de pied dans la fourmilière et tout le monde a été obligé de repenser différemment la façon dont on considérait l'apparition de notre espèce. Ce n'est pas n'importe quoi. On n'est pas en train de parler de la patte arrière droite de l'alligator. On parle de notre espèce ! J'en suis vraiment fier.

Quand ces deux articles sont sortis dans *Nature*, ce fut incroyable. J'ai passé deux ou trois semaines dans des taxis à aller d'une chaîne de télévision à une station de radio, avec des chauffeurs qui avaient presque tous entendu parler de la découverte. Dans les quinze premiers jours, *Nature* a dénombré plus de trois mille recensions dans la presse internationale. C'était extraordinaire. Surtout pour moi, qui suis né à la paléoanthropologie avec des fossiles de ce site qui m'ont tourmenté pendant toute ma carrière. Le fait que ça se termine dans une forme d'apothéose m'a vraiment comblé.

N. M.: Quel est votre plus grand échec?

J.-J. H.: C'est difficile à dire. Je me retire avant l'échec.

N. M.: Votre plus grande déception ou votre plus grand regret alors?

J.-J. H.: Pour le coup, c'est très différent… Quand on commence une carrière scientifique, on élabore une sorte d'agenda des choses qu'on veut faire ou qu'on va faire. Au fil des années, on se rend compte qu'on ne fera pas tout. Je suis désormais dans cette phase. Dans le temps qu'il me reste, je dois faire des choix. Mes regrets sont de cet ordre-là.

N. M.: Diriez-vous que vos recherches ont modifié votre rapport au réel?

J.-J. H.: Oui, absolument. Ça peut paraître un peu ronflant, mais c'est lié à ce qu'on peut comprendre de la nature humaine à travers l'étude de l'évolution. Je vous ai parlé de ma perception un peu sombre des hommes et du fait qu'ils puissent faire le mal. Mais il y a un versant beaucoup plus positif. Dans ma carrière, je me suis beaucoup intéressé aux questions de croissance, de développement. Et en particulier comment la complexité cognitive des hommes et leur rapport avec les autres s'expliquent par un mode de développement très particulier qu'on ne trouve pas chez les autres primates. Les hommes se sont engagés dans une voie évolutive très particulière pour des raisons qui au départ tiennent essentiellement à des problèmes énergétiques liés à leur gros cerveau. Et, au final, ce qui nous rend réellement humains, c'est la façon dont nous produisons et nous élevons des enfants. Ce sont les enfants qui nous rendent humains. Peut-être dis-je cela parce que, depuis peu, j'ai des petites-filles. Au-delà de la question scientifique, l'investissement dans les enfants est quelque chose d'essentiel pour comprendre l'évolution des Hominines.

N. M.: Avez-vous le sentiment que le temps des grandes découvertes dans votre discipline est révolu ou à venir?

J.-J. H.: Quand j'étais jeune chercheur et que je faisais ma thèse, j'étais un peu dépressif. Il y avait deux raisons à cela. D'une part, je m'inquiétais de ne pas trouver de poste; d'autre part, j'avais le sentiment d'arriver trop tard dans un monde trop vieux: tout avait été fait. Je lisais les descriptions des *Homo erectus* chinois par Franz Weidenreich[11] et je me disais qu'il n'était pas possible de faire mieux.

J'étais complètement dans le faux. Depuis le début de ma carrière jusqu'à aujourd'hui, nous avons identifié plus de groupes d'hommes fossiles que dans le siècle qui a précédé. Je n'étais donc pas né trop tard dans un monde trop vieux. Du point de vue méthodologique, la paléogénétique n'existait pas, la paléoanthropologie virtuelle digitale non plus. Il n'y avait d'ailleurs pas de micro-ordinateurs à l'époque. Je suis certain que nous avons encore devant nous énormément de découvertes très importantes.

N. M.: Pensez-vous qu'il sera possible un jour de reconstituer complètement le feuilleton de l'évolution humaine?

J.-J. H.: Je ne crois pas. Je pense qu'il y a une part de mystère qui restera irrésolue et inaccessible. Les hommes sont des créatures très complexes. Et quelles que soient les prouesses techniques dont on va être capable, il ne sera pas possible de reconstituer ce que les hommes de Neandertal se disaient. Une part de rêve va persister. C'est le propre de ma discipline. Car nous avons tendance à remplir par du rêve ce que nous n'arrivons pas à remplir par des connaissances rationnelles.

11. Franz Weidenreich (1873-1948) est un médecin, anatomiste et paléoanthropologue allemand. Il a décrit dans les années 1930 l'Homme de Pékin, un *Homo erectus*. Ses travaux vont faire autorité sur cette espèce.

Bibliographie

Avec F. Spoor, M. Braun, F. Zonneveld et S. Condemi, « A late Neanderthal associated with upper Paleolithic artefacts », *Nature*, 381(6579), 1996, p. 224-226.

« The origin of Neandertals », *Proceedings of the National Academy of Sciences of the USA*, 106(38), 2009, p. 16022-16026.

Avec W. Roebroeks, « Ebb and flow or regional extinctions? On the character of Neandertal occupation of northern environments », *Comptes Rendus Palevol*, 8(5), 2009, p. 503-509.

Avec S. Talamo, M. Julien, F. David, N. Connet, P. Bodu, B. Vandermeersch et M. Richards, « Radiocarbon dates from the Grotte du Renne and Saint-Césaire support a Neandertal origin for the Châtelperronian », *Proceedings of the National Academy of Sciences of the United States of America*, 109(46), 2012, p. 18743-18748.

« The modern human colonization of western Eurasia: When and where? », *Quaternary Science Reviews*, 118, 2015.

Avec S. Neubauer et P. Gunz, « Brain ontogeny and life history in Pleistocene hominins », *Philosophical Transactions of the Royal Society of London, Series B: Biological Sciences*, 370(1663), 140062, 2015.

Avec A. Ben-Ncer, S. E. Bailey, S. E. Freidline, S. Neubauer, M. M. Skinner, I. Bergmann, A. Le Cabec, A. Benazzi, K. Harvati et P. Gunz, « New fossils from Jebel Irhoud (Morocco) and the Pan-African origin of Homo sapiens », *Nature*, 546(7657), 2017, p. 289-292.

Avec F. Chen, F. Welker, C.-C. Shen, S. E., Bailey, I. Bergmann, S. Davis, H. Xia, H. Wang, R. Fischer, S. E. Freidline, T.-L. Yu, M. M. Skinner, S. Stelzer, G. Dong, Q. Fu, J. Wang, D. Zhang, « A late Middle Pleistocene Denisovan mandible from the Tibetan Plateau », *Nature*, 569(7756), 2019, p. 409-412.

Avec N. Sirakov, V. Aldeias, S. Bailey, E. Bard, V, Delvigne, E. Endarova, Y. Fagault, H. Fewlass, M. Hajdinjak, B. Kromer, I. Krumov, J. Marreiros, N. L. Martisius, L. Paskulin, V. Sinet-Mathiot, M. Meyer, S. Pääbo, V. Popov, Z. Rezek, S. Sirakova, M. M. Skinner, G. M., Smith, R. Spasov, S. Talamo, T. Tuna, L. Wacker, F. Welker, A. Wilcke, N. Zahariev, S. P., McPherron et T. Tsanova, « Initial Upper Palaeolithic Homo sapiens from Bacho Kiro Cave, Bulgaria », *Nature*, 581, 2020.

Jean-Pierre SAUVAGE
Chimie moléculaire
Prix Nobel de chimie

Jean-Pierre Sauvage est un chercheur au long cours, un mécanicien de modèles ultra-réduits. Passionné dès son plus jeune âge par la chimie et par les couleurs des plantes, il se passionne presque par hasard pour ces microscopiques machines moléculaires, de minuscules mécaniques à l'échelle atomique, auxquelles il va consacrer sa vie, jusqu'à obtenir la récompense ultime : le prix Nobel de chimie, qu'il reçoit en 2016.

Jean-Pierre Sauvage a passé la majeure partie de sa vie professionnelle à Strasbourg, où il est arrivé en 1962. Il fonde son laboratoire de recherche en 1980 (laboratoire de Chimie organominérale). Il est aujourd'hui professeur émérite à l'université de Strasbourg. Il obtient la médaille d'argent du CNRS en 1988. Jean-Pierre Sauvage ne cesse de rappeler qu'il doit en très grande partie son succès aux membres de son équipe. Aujourd'hui, il est un défenseur très actif de la science et, de manière générale, de l'esprit rationnel.

« Les molécules sont un langage, ce sont des mots. »

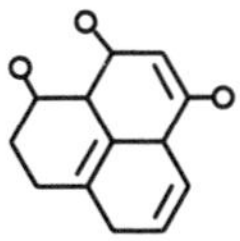

NICOLAS MARTIN : Avez-vous un souvenir particulier auquel vous pourriez lier l'apparition de votre vocation ou de votre curiosité scientifique ?

JEAN-PIERRE SAUVAGE : Sans aucun doute. Quand j'étais en seconde, je me suis beaucoup intéressé aux molécules colorées dans les plantes. Je vivais à la campagne et j'avais équipé la cave avec un petit laboratoire minuscule et très primitif. Cela me permettait notamment de faire des distillations, d'isoler des colorants ou encore de séparer et d'isoler les chlorophylles.

N. M. : Qu'est-ce qui vous attirait particulièrement dans ces molécules ?

J.-P. S. : Je ne connaissais vraiment rien en chimie, je voulais savoir ce qu'il y avait dans la matière et les colorants m'intéressaient beaucoup. Tout le monde est un peu attiré par les couleurs, non ?

N. M. : Est-ce qu'un membre de votre famille était scientifique, artiste ou dans le domaine créatif ?

J.-P. S.: Mon père biologique était un musicien qui a eu du succès après la Seconde Guerre mondiale. Il était clarinettiste, chef d'orchestre et interprète. Il s'appelait Camille Sauvage, mais il n'a pas dû avoir un impact formidable sur moi parce qu'il ne m'a pas élevé. Il est parti très tôt. Je n'avais que 1 ou 2 ans. Ma mère a passé son baccalauréat vers le début de la guerre. Pour l'époque, c'était tout à fait inhabituel d'avoir une femme qui fasse des études jusqu'au baccalauréat. Mon grand-père et mes oncles étaient ingénieurs. Ils sont relativement nombreux dans la famille à avoir fait l'École des arts et métiers.

Mais ma vocation s'est vraiment faite en dehors de ce cadre familial, parce que l'homme qui m'a élevé était militaire. Il était aussi ingénieur en électronique et radar, mais on n'a jamais eu de discussions sur ces choses-là quand j'étais enfant ou adolescent.

N. M.: Avez-vous été touché par une œuvre artistique qui aurait pu avoir une influence sur votre éveil scientifique?

J.-P. S.: Très tôt, j'ai été très attiré par la musique. Mais je ne crois pas que cela ait eu beaucoup d'influence. Dans ma famille, il y avait des femmes qui étaient professeures de piano. Elles ont essayé de m'initier à cet instrument. Au départ, j'écoutais de la musique classique, puis j'ai basculé vers le jazz et le blues à l'adolescence.

N. M.: Ce basculement musical s'est fait au même moment que l'apparition de votre curiosité scientifique pour les pigments colorés? Y a-t-il un lien entre les deux?

J.-P. S.: Oui, ça s'est fait presque en même temps. Le jazz et le blues sont arrivés un peu après cet éveil scientifique. Il y a peut-être un lien entre les deux. La musique est très colorée, surtout le jazz.

N. M.: Avez-vous eu un ou une mentor, quelqu'un qui a été un pivot dans la construction de votre pensée scientifique?

J.-P. S.: Il n'y a pas eu de mentor particulier quand j'étais plus jeune. C'est arrivé beaucoup plus tard, quand j'ai démarré une thèse à l'âge de 23 ans. Mon patron de thèse s'appelait Jean-Marie Lehn.

Il a eu le prix Nobel en 1987[1]. C'est pas mal ! (Rires.) Il arrivait après Marie Curie. À l'époque, cela représentait quelque chose d'avoir le prix Nobel de chimie en France. Il avait cinq ans de plus que moi. Durant ma thèse, il a été à la fois mon directeur et un ami. Il m'a servi de modèle, essentiellement dans la manière dont il gérait son groupe. Il avait des relations très simples avec les autres. Il y avait très peu de hiérarchie. Il donnait beaucoup d'importance à l'ambiance, aux relations et aux interactions entre les membres d'un laboratoire.

N. M.: Comment êtes-vous passé de cette curiosité initiale pour les pigments colorés au choix d'une carrière scientifique ?

J.-P. S.: La chimie me plaisait beaucoup. L'homme qui m'a élevé voulait que je fasse les classes préparatoires aux écoles d'ingénieurs. Je n'y connaissais rien du tout, mais j'ai suivi. J'ai été dans un grand lycée strasbourgeois. Je voulais déjà faire de la chimie parce que j'avais ces souvenirs d'expériences sur la chlorophylle faites lorsque j'étais plus jeune. Il y avait – et il y a encore – une très bonne école nationale supérieure de chimie à Strasbourg. J'y suis entré. La chimie me plaisait, tout simplement.

N. M.: Sauriez-vous expliquer ce qui vous séduisait particulièrement par rapport aux autres disciplines scientifiques ?

J.-P. S.: J'aimais beaucoup le contact avec la matière. Je savais que les chimistes pouvaient créer de la matière nouvelle et des molécules. Me dire que j'allais créer des molécules que personne n'avait jamais faites, c'était formidable pour moi. La synthèse de molécules, voilà ce qui m'a vraiment attiré.

N. M.: Un petit côté démiurge, donc...

J.-P. S.: On peut dire ça ! (Rires.)

N. M.: Comment les machines moléculaires, qui vous ont valu le prix Nobel, sont-elles apparues dans votre carrière ?

1. Jean-Marie Lehn (1939) est un chimiste français spécialiste de la chimie supramoléculaire. Il reçoit le prix Nobel de chimie en 1987 pour ses travaux sur la reconnaissance moléculaire.

J.-P. S.: J'ai toujours été fasciné par la photosynthèse. Je me souviens encore très bien qu'à 15 ans ma meilleure note au baccalauréat a été en sciences naturelles, parce que j'étais tombé sur un sujet sur la photosynthèse. J'ai vraiment eu de très bonnes notes et ça m'a suivi.

Alors que j'étais déjà chercheur professionnel, avec Jean-Marie Lehn nous nous sommes lancés dans des recherches sur la photosynthèse artificielle. Ce sujet est toujours d'une actualité formidable. De cette photosynthèse artificielle, j'ai ensuite basculé vers plusieurs domaines, notamment la topologie moléculaire[2]. C'est un peu complexe. Nous avons été les premiers à fabriquer de manière très performante un caténane. C'est une molécule constituée d'anneaux entrelacés. Et nous avons fabriqué le premier caténane à deux anneaux entrelacés à l'échelle du gramme. Pour un laboratoire de recherche, c'est considérable. Il est possible de faire des tas d'études avec. Cela nous a ensuite renvoyés vers les machines moléculaires. Ces anneaux entrelacés et enfilés peuvent se déplacer sur des axes. On peut rapprocher cela d'une mécanique ou d'une machinerie avec des anneaux qui tournent et qui glissent un peu comme un cylindre et un piston. C'est le début d'un grand intérêt pour une espèce de mécanique ou de machinerie moléculaire. Ce type de recherche a explosé par la suite, plusieurs laboratoires ont démarré à peu près en même temps que nous. Aujourd'hui, c'est un domaine très actif.

N. M.: Quel conseil donneriez-vous au Jean-Pierre Sauvage du tout début de carrière ?

J.-P. S.: Difficile de ne pas lui donner le conseil de faire comme par le passé. Du point de vue scientifique, les choses ont beaucoup évolué. Je ne sais pas si je me serais autant orienté vers la chimie moléculaire, alors que la biologie moléculaire a des choses formidables à offrir à tous les jeunes curieux un peu dynamiques...

N. M.: Si vous commenciez votre carrière aujourd'hui, pensez-vous que votre curiosité vous emmènerait vers un autre domaine ?

2. La topologie moléculaire s'intéresse principalement aux molécules dont la topologie est « non triviale ». Ceci signifie que le « graphe » de la molécule ne peut pas être dessiné dans un plan sans qu'il n'y ait de croisements dans le dessin, et ce même si l'on distord ce graphe autant que l'on veut mais sans le rompre.

J.-P. S.: Peut-être. J'irais plus vers ces espoirs de nanomédecine et de médecine fondée sur la biologie moléculaire.

N. M.: Au tout début de votre carrière, quelle était la part de compétition ou de collaboration ?

J.-P. S.: Je n'ai jamais ressenti de compétition et je n'en ai jamais souffert non plus. J'aimais bien parler de mon travail. Je ne me suis jamais méfié des gens et j'en suis très heureux. J'ai pu ouvrir mes projets et mes idées à tout le monde. En revanche, la part de collaboration est extrêmement importante. Travailler en groupe, côtoyer des gens avec qui l'on s'entend bien, en se frottant parfois et en s'engueulant, tout cela donne des idées et fait avancer les projets beaucoup plus vite.

N. M.: Einstein écrit qu'il avait l'impression, très jeune, qu'il y avait quelque chose de caché à découvrir : « *Something deeply hidden had to be behind things.* » Est-ce votre cas aussi ?

J.-P. S.: J'avais le sentiment qu'avec la synthèse moléculaire on arriverait à des résultats surprenants auxquels l'humanité n'avait pas encore abouti. Ça se démontre pour des dizaines, voire des centaines de labos. Certains ont réussi à faire de la photosynthèse artificielle, ce qui n'est quand même pas rien. Nous, nous avons réussi à faire des molécules qui bougent, ce qui n'est pas rien non plus. Ça, c'est quelque chose que je pressentais.

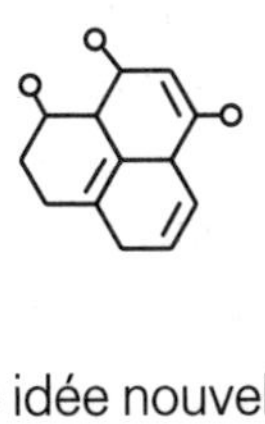

N. M.: Comment naît une idée nouvelle chez vous ?

J.-P. S.: Les idées les plus importantes sont des idées d'insomnie. Tout d'un coup, je me dis : « Ah, mais oui, bien sûr, j'aurais dû démarrer là-dessus ! » Dans notre laboratoire, nous essayions d'utiliser ce qui ne marchait pas pour nous lancer dans de nouveaux projets. Pendant les dix premières années de mon laboratoire, nous avons sauté de projet en projet de manière disruptive sans que cela provienne de raisonnements très élaborés.

N. M.: Vous avez plutôt une pensée qui se fonde sur des intuitions soudaines?

J.-P. S.: L'intuition, c'est le plus important. On peut travailler son intuition dans des discussions avec des collègues. Immédiatement après la discussion, ce n'est pas mûr, mais trois jours après, on va se dire: «Ah, voilà, c'est ça qu'il fallait faire!» Ça a été le moteur de notre travail. Ces idées naissent parfois grâce à de la chance. On travaille dans deux domaines relativement éloignés, puis d'un coup ces deux domaines vont avoir une sorte de zone d'intersection qui va conduire à un nouveau projet. Les caténanes et les machines moléculaires en sont de parfaits exemples.

N. M.: Croyez-vous à l'*eurêka*?

J.-P. S.: Sans aucun doute. Ce n'est pas la trouvaille qui arrive tout de suite, mais plutôt le projet. Une très bonne idée nous vient d'un coup, et c'est le point de départ d'un projet excitant dans lequel nous pouvons nous lancer. Ce n'est donc pas l'*eurêka* – puisque nous n'aboutissons pas à la solution –, mais le sentiment d'être en face d'une stratégie formidable pour faire aboutir une idée.

N. M.: Comment se formule votre travail de réflexion?

J.-P. S.: C'est une question très difficile. Je pense que nos idées, dont on a l'impression qu'elles sont spontanées, ne viennent pas spontanément. Dans mon laboratoire, nous avions beaucoup de discussions. Dans un laboratoire de science expérimentale, il y a le patron, mais aussi des cadres, des étudiants, des chercheurs post-doc, etc. Il y faut de la discussion, de l'émulation. Notre labo a toujours fonctionné grâce à des discussions auxquelles tout le monde participe et apporte sa contribution, même si l'idée ne vient pas tout de suite.

N. M.: Comment fonctionne votre propre mécanique réflexive?

J.-P. S.: En images. Un chimiste molécularistе voit ses molécules uniquement comme des images. Elles peuvent être très complexes, simples ou en mouvement – ce qui fonctionne très bien avec la machinerie. D'un coup, nous comprenons qu'il sera possible de faire un muscle moléculaire artificiel. À ce moment-là, nous voyons l'objet bouger mentalement. Finalement, nous utilisons beaucoup plus les images, ce qui pourrait s'apparenter bien plus à des vidéos qu'à des mots.

N. M.: Ces images sont-elles faciles à retranscrire ou à transmettre ?

J.-P. S.: Pour transmettre ces choses, nous passons par des schémas. Nous prenons des feuilles de papier, un crayon ou un stylo, et nous faisons des dessins. Il n'y a pas besoin de mots. C'est la beauté des sciences moléculaires. Les molécules sont un langage, ce sont des mots. Quand nous échangeons, nous n'avons pas besoin de parler la langue de la personne avec qui nous communiquons. Il suffit de dessiner.

N. M.: Justement, quelle est la place de l'écrit pour vous ?

J.-P. S.: Au début d'un projet, ce sont pratiquement toujours des dessins. Quand je me dis qu'il est possible de faire quelque chose, je jette ça sur une feuille de papier avec des dessins très simples. Ensuite, on discute avec d'autres. On réfléchit et on affine. Une quinzaine de jours après, il faut rédiger le projet parce que des chercheurs post-doc vont arriver dans le laboratoire et ils en ont besoin pour demander une bourse à l'Union européenne, aux instances américaines, etc. À l'époque, j'écrivais ces projets à la main puis j'envoyais une lettre ou un fax. J'ai toujours beaucoup aimé écrire à la main. Donc l'écrit vient bien après les concepts visuels et les dessins.

N. M.: L'usage de l'analogie est-il pertinent pour vous ?

J.-P. S.: L'analogie est essentielle. J'en veux pour preuve le caténane. Ce n'est qu'une petite chaîne, la plus petite à laquelle on puisse penser avec deux maillons cycliques. Ensuite, quand on fait une molécule capable de se contracter ou de s'étirer, on parlera d'un muscle nanoscopique. C'est quelque chose que l'on produit en laboratoire.

N. M.: Diriez-vous que votre raisonnement est plutôt inductif ou déductif?

J.-P. S.: Plutôt inductif. Un raisonnement déductif, selon moi, revient à dire que nous aurions rassemblé quelques informations précises, que nous aurions ensuite combinées, et qu'elles nous conduiraient vers un projet. Je pense différemment. Pour moi, on ne rassemble rien du tout. Il me semble plutôt que les choses viennent par hasard et que les idées arrivent presque par accident. Je sais que ce n'est pas vrai, mais les choses m'apparaissent ainsi.

N. M.: Diriez-vous que vous vous êtes construit une méthode et des outils qui vous sont propres?

J.-P. S.: L'une de mes spécificités est peut-être de m'être intéressé à plusieurs domaines scientifiques assez différents et éloignés les uns des autres. Ça a été plus ou moins consciemment calculé. Les bons projets originaux se situent en général à la frontière entre deux, voire trois, domaines établis. Quand je lisais la littérature scientifique - ce qui a toujours été un plaisir –, j'essayais de rattacher ce que je lisais à des projets potentiels. Je réfléchissais avec un peu de biologie, un peu de physique, et de chimie aussi, bien sûr. Je me demandais si je pouvais utiliser ce que je venais d'apprendre pour lancer un projet dans mon domaine, ou à sa frontière.

N. M.: Pour élaborer votre pensée, avez-vous besoin de verbaliser et de parler à voix haute?

J.-P. S.: Oui, c'est un élément important. Peut-être pas pour l'élaborer, mais pour la peaufiner. Quand j'avais un groupe de chercheurs, je parlais beaucoup avec eux. Nous faisions une pause à 10 heures le matin, puis à 16 heures pour prendre un thé. Tout le monde parlait, et moi particulièrement.

N. M.: Pensez-vous qu'il est important de conserver une place à l'émotion dans vos travaux de recherche?

J.-P. S.: L'émotion est essentielle. Pour faire de la recherche sans émotion, il faut enlever la passion. Or, si on met de la passion dans ses projets, quand ils commencent à marcher, c'est formidable. Et lorsqu'il y a échec, l'émotion se transforme alors en drame. Pour un chercheur, tout est émotionnel.

N. M.: Quel est votre premier réflexe lorsque vous êtes confronté à une anomalie?

J.-P. S.: Ça, c'est une question super! Elle nous dirige vers la sérendipité. Pour beaucoup de chercheurs, dans tous les domaines, il y a deux types d'attitudes. Soit on essaie de comprendre cet accident, ce qu'il nous apporte et s'il est possible de l'expliquer, soit, comme plus de 99 % des gens, on estime qu'il n'est pas nécessaire d'étudier davantage et qu'il vaut mieux passer à l'expérience suivante. Dans notre laboratoire, nous avons souvent essayé de comprendre ces anomalies. En grattant, nous avons parfois trouvé des choses intéressantes, même si ce n'était pas révolutionnaire pour autant. Il faut donc s'intéresser à ce qui est inattendu.

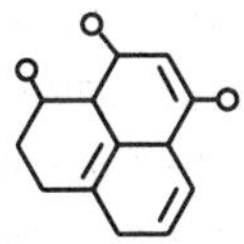

N. M.: Quel est le contexte idéal pour penser?

J.-P. S.: Il n'y a pas vraiment de contexte particulier. Je peux penser dans le bus aussi bien que lorsque je discute avec des gens de tout autre chose. Le moment idéal, c'est lorsqu'on est seul dans son bureau *a priori*. Mais il y a des tas d'autres circonstances qui permettent de réfléchir, de penser et d'essayer de trouver une solution à un problème ou même de créer un nouveau projet. Ça m'est souvent arrivé lors d'insomnies.

N. M.: C'était ma question suivante. La nuit est-elle pourvoyeuse de sommeil ou, au contraire, d'idées?

J.-P. S.: Je dors bien; comme tout le monde, il m'arrive d'avoir des périodes de réveil pendant la nuit. À l'époque où j'étais un fou de nouveaux projets, ces périodes d'insomnie étaient souvent assez propices. Ce ne sont pas des périodes où j'ai un véritable travail intellectuel. Il s'agit plus d'errances. Après tout, il faut bien penser à quelque chose avant de se rendormir.

N. M.: Votre travail de recherche a donc pu vous poursuivre la nuit, vous empêcher de dormir?

J.-P. S.: Oui, ça a été le cas pendant des dizaines d'années.

N. M.: Vous évoquiez la sérendipité: quelle place lui avez-vous accordée? Le hasard a-t-il joué un rôle dans votre carrière?

J.-P. S.: J'ai une histoire autour de cela. Nous nous intéressions à la photosynthèse artificielle. Pour en faire, il faut avoir des molécules colorées, car elles doivent absorber la lumière solaire. À un moment, nous avons essayé de remplacer des molécules très chères contenant du ruthénium (un métal de transition extrêmement coûteux, au même prix que l'or ou le platine) par du cuivre, grâce à un autre laboratoire américain spécialisé. Cela a très bien fonctionné. Évidemment, le cuivre ne vaut rien comparativement au ruthénium. Nous avons pu faire de nouvelles molécules avec du cuivre et cela a intéressé beaucoup de gens. La part de chance: ces nouvelles molécules ont été des précurseurs instantanés de caténanes. Alors que le domaine de la photosynthèse artificielle et celui des caténanes étaient totalement étrangers l'un à l'autre. Aucun recouvrement! Les molécules contenant du cuivre que nous avions fabriquées sont des molécules qui ressemblent à deux croissants encastrés l'un dans l'autre autour d'un métal. Si on a la chance d'avoir une culture assez large, il est alors possible d'envisager de venir boucler d'un côté et de l'autre les croissants pour faire un caténane. Personne n'avait pensé à ça. Donc il y a bien une part de chance à cela. C'est ce qui m'a conduit vers les caténanes, les machines moléculaires et les muscles. Jusqu'à me mener au prix Nobel.

N. M.: Votre prix Nobel part donc d'un coup de bol?

J.-P. S.: Oui, un petit peu, mais je n'irais pas jusqu'à dire que c'est un coup de bol. À l'origine de ce travail, il y a eu une intuition qui fut loin d'être banale. Dans mon laboratoire, j'étais le seul à avoir vu qu'on pouvait faire des caténanes avec ça. La photochimie solaire ou le photovoltaïque sont des domaines très éloignés de la topologie moléculaire. Certes il y a la chance, mais aussi le fait que je me suis intéressé à des domaines très différents les uns des autres. Quand on parle de sérendipité, il y a la chance du chercheur qui fait une manipulation foireuse et tombe sur quelque chose de bizarre. Mais il y a aussi son opiniâtreté à comprendre ou à aller plus loin.

N. M.: Avez-vous, au cours de votre carrière, attaché de l'importance à une routine de travail?

J.-P. S.: Pendant des dizaines d'années, j'ai passé tous mes samedis matin à la bibliothèque scientifique. C'est la seule routine que j'aie vraiment eue. Mon épouse trouvait que c'était parfois un peu trop. J'y arrivais à 8h30 et je passais la matinée sur place à lire et à penser à des projets scientifiques. C'était un moment privilégié.

N. M.: L'évolution de la technologie a-t-elle modifié votre façon de travailler et de réfléchir, au cours de votre carrière?

J.-P. S.: C'est une question très intéressante. Je viens d'écrire un petit article pour le journal de l'université de Strasbourg qui s'appelle *Savoir(s)*, sur l'évolution des bibliothèques et l'impact que ça a eu sur ma démarche scientifique. Au départ, j'écrivais à la main, je lisais sur papier. Et je n'ai eu aucun problème pour basculer sur les bibliothèques en ligne. Je suis plutôt à l'aise avec les nouvelles technologies qui ont changé mon mode de vie et mon mode de lecture, mais sans pour autant l'améliorer particulièrement. Pour la chimie, cela a changé beaucoup de choses aussi. Le chimiste de synthèse qui fait des molécules complexes dépend en très grande partie de l'instrumentation. S'il a construit une molécule épouvantablement complexe, mais qu'il n'est pas capable de démontrer qu'il l'a fabriquée, ni de l'analyser et de l'étudier, c'est comme s'il ne l'avait pas faite. Nous dépendons donc des physiciens et des gens de l'instrumentation. Nous avons pu étudier des molécules grâce à des techniques récentes: par exemple, en résonance magnétique nucléaire ou en diffraction des rayons X. Aujourd'hui, il est possible de voir une molécule unique, de la visualiser. Dans certains cas, on peut voir bouger des systèmes moléculaires complexes. C'est quelque chose d'assez récent, et cela a conduit à des observations spectaculaires.

N. M.: Vous souvenez-vous de la première fois où vous avez vu concrètement ces molécules et leur mouvement?

J.-P. S.: Oui, très bien! Pour les voir, des physiciens de Stuttgart, en Allemagne, ont réussi à déposer nos molécules sur une surface. Ils ont ensuite envoyé une perturbation. La molécule s'est alors réorganisée et a bougé. C'était un moment formidable. Et émouvant.

N. M.: Qu'est-ce qu'un obstacle?

J.-P. S.: Le chimiste qui essaie de fabriquer des molécules un peu compliquées passe son temps à essayer de sauter les obstacles. On passe beaucoup plus de temps en échec qu'en réussite. La raison en est assez simple: les réactions chimiques qu'on a prévu de réaliser, et qui doivent nous faire avancer vers le but ultime, ne marchent pas toujours. C'est même très fréquent. Il faut donc trouver une autre méthode. Dans le laboratoire, tout le monde rêve. Si vous avez une molécule qui vous fait rêver, et qu'elle requiert quinze étapes (donc quinze réactions chimiques différentes avant de pouvoir l'atteindre), il peut se passer la chose suivante: quelques étapes se passent bien, puis par exemple à la quatrième, ça ne marche pas. Il faut donc tourner autour, essayer de changer un peu la réaction pour la faire fonctionner. Si ça ne marche pas du tout, on redescend à la première. Et on redémarre. Cet exemple montre bien la difficulté potentielle que cela représente. C'est quelque chose de tout à fait typique de la chimie de synthèse.

N. M.: À quel moment acceptez-vous de faire fausse route?

J.-P. S.: C'est toujours douloureux. Je ne suis pas seul dans mon laboratoire. J'ai toujours travaillé avec des gens dont la plupart étaient de très bon niveau. Comme des professeurs d'université ou des directeurs de recherche du CNRS. Je me fie à leur avis. Un exemple: nous avons eu un gros projet qui nous a passionnés et tenu à cœur. Nous souhaitions faire un nœud moléculaire. Le nœud le plus simple s'appelle le «nœud de trèfle». C'est un très bel objet.

Christiane Dietrich-Buchecker[3], qui travaillait sur ce projet et qui était en même temps une bonne copine, y a passé trois ans, en vain. Elle a essayé toutes sortes de voies pour faire ce nœud. Après ces trois années d'échecs, nous avons décidé d'arrêter le projet. Nous l'avons repris un peu plus tard. Et ça a marché. Tout dépend donc des personnes avec lesquelles on travaille. Si quelqu'un vous dit qu'il lui reste encore deux mois de travail avant que ça marche, nous allons lui faire confiance, mais si elle se casse le nez depuis une ou deux années et que personne ne voit vraiment de raison de continuer, nous arrêtons. C'est du cas par cas. Ce sont toujours des décisions collectives. Elles impliquent davantage le chercheur qui travaille lui-même sur le projet que le patron du laboratoire.

N. M.: La recherche est-elle génératrice d'anxiété ou de sérénité? L'une est-elle plus féconde que l'autre?

J.-P. S.: L'anxiété est présente, surtout quand ça ne marche pas. Mais ce n'est pas elle qui va vous aider à réussir vos projets. Seuls la sérénité et le calme en sont capables. La réussite vient grâce à des discussions et des remises en question sereines. Ce n'est pas en étant un rat agité qu'on peut s'en sortir.

N. M.: Quelle place accordez-vous à l'autocritique?

J.-P. S.: Soyons francs: l'autocritique est difficile et peu fréquente. J'ai l'avantage d'avoir été dans un laboratoire avec des professionnels. Il y avait toujours au moins quatre ou cinq personnes de ma génération que je connaissais depuis longtemps. Il leur était donc facile de me dire que j'allais dans une voie sans issue et qu'il fallait que je remette en question mon projet. Quand quelqu'un vous fait ce genre de remarque, vous vous remettez plus facilement en question. Bien plus que dans un laboratoire où il y a Dieu le Père tout en haut et des petits étudiants en bas qui n'osent rien dire.

3. Christiane Dietrich-Buchecker (1942-2008) est une chimiste française. Elle est devenue une proche collaboratrice de Jean-Pierre Sauvage dans les années 1980 et a beaucoup contribué à ses travaux sur les caténanes et les machines moléculaires.

N. M.: Accordez-vous beaucoup de place au doute ?

J.-P. S.: Non, je n'ai pas beaucoup de doutes. J'ai confiance en moi et en les autres. Au sein du laboratoire, j'ai toujours accordé beaucoup de confiance aux étudiants et aux personnels permanents.

N. M.: Comment passe-t-on de l'anomalie à l'intégration d'une idée par le groupe ? Qu'est-ce qu'il faut pour qu'une idée nouvelle trouve sa place et soit reconnue par le collectif ?

J.-P. S.: Nous avions des séminaires réguliers et, une fois par an, un séminaire de rentrée. Nous étions une vingtaine de personnes à y participer. L'un ou l'une d'entre nous exposait son projet. Au séminaire de rentrée, je racontais très souvent ceux de l'année à venir. C'était un séminaire qui pouvait durer trois heures. Là, nous nous confrontions. Nous discutions de manière extrêmement libre. Tous les coups étaient permis. S'il le fallait, la violence des coups était même requise. Tout s'est toujours très bien passé. Lorsqu'il y avait des projets un peu fous, les gens me disaient que mon truc n'allait pas aller bien loin. C'est quelque chose qui me faisait réfléchir et, parfois, abandonner des idées. D'autres projets étaient parfaitement acceptés et les gens étaient heureux de se lancer dedans. Même s'il y avait beaucoup de critiques, tous pensaient que ça valait la peine d'essayer…

N. M.: Vous avez déjà eu à tenir bon contre la critique ?

J.-P. S.: Il y a vraiment eu un clash, un conflit amical à l'intérieur du laboratoire, au moment où l'on a voulu sauter de la photosynthèse vers la topologie et les caténanes. C'étaient deux domaines qui ne se parlaient pas. Les chercheurs de ces deux domaines n'avaient strictement rien à voir. Ça embêtait donc une assez grande partie des gens du laboratoire de devoir quitter un domaine dans lequel ils se sentaient très bien et où ils connaissaient tout ou presque, pour aller vers un domaine très peu connu et presque vierge. Il y avait en quelque sorte les aventureux d'un côté et les conservateurs de l'autre.

N. M.: Vous étiez plutôt le leader des aventureux?

J.-P. S.: Ah oui! sans aucun doute!

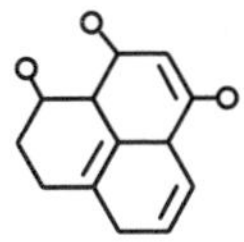

N. M.: La réponse semble assez évidente, mais je vous pose la question malgré tout: quelle est la découverte que vous avez faite et qui a marqué votre carrière?

J.-P. S.: Il y en a deux. Et j'ai du mal à les dissocier. Il y a la topologie. J'ai parlé à un moment du nœud de trèfle. C'est de la topologie, ce sont des mathématiques. Le nœud de trèfle est un très bel objet. Les chimistes en parlaient depuis des dizaines d'années, en expliquant qu'un jour, peut-être, des gens arriveraient à faire un nœud de trèfle avec une molécule. Nous avons réussi et nous avons été fortement salués par la communauté. Nous étions très contents et je suis toujours très fier du travail des gens de mon laboratoire. Le deuxième domaine, c'est celui de la machinerie moléculaire. Je me souviens de l'annonce du comité Nobel en 2016. La porte-parole du comité pour la chimie a commencé à expliquer qu'il y avait eu de gros progrès en topologie moléculaire, mais que ce n'était pas dans ce domaine que le prix Nobel allait être attribué, et que ça serait pour les machines moléculaires. Ça m'a fait plaisir. Je me suis dit qu'ils avaient quand même remarqué que nous avions fait une avancée sur la topologie moléculaire, mais qu'ils ne pouvaient pas se permettre de donner un prix Nobel sur quelque chose d'aussi éloigné des applications.

N. M.: Quel est, à l'inverse, votre plus grand échec?

J.-P. S.: Quand je suis revenu de post-doc et que je commençais à être un scientifique un peu reconnu, je me suis lancé, avec mon ami et ancien directeur Jean-Marie Lehn, dans un projet sur la photolyse de l'eau. C'est-à-dire de la «photocoupure» de l'eau en utilisant de la lumière solaire comme énergie. La nature sait à peu près faire ça, même si elle n'en a pas besoin. Nous avons travaillé comme des fous. Pendant des années, j'ai été complètement obsédé par ce projet. Nous essayions de couper la molécule d'eau en hydrogène et en oxygène. C'est très excitant, puisque l'hydrogène est le fuel parfait. Or nous n'avons jamais réussi à le faire comme il faut. Nous avons réussi à faire de l'hydrogène ou de l'oxygène, mais jamais les deux en même temps. Ce projet a été disséminé. Des centaines de labos s'y essaient encore. Sans me démolir complètement, cet échec m'a marqué.

N. M.: Diriez-vous que votre domaine de recherche a changé ou façonné la façon dont vous percevez le monde?

J.-P. S.: Il a modifié la manière dont je perçois la biologie moléculaire. J'ai été obligé d'apprendre un peu dans ce domaine. Je l'ai fait avec beaucoup de plaisir et je me suis rendu compte que les molécules biologiques étaient d'une complexité effroyable. Pour un biologiste, ce sont des molécules naïves, mais qui sont compliquées pour un synthétiste. Malgré tout, on arrive à reproduire certaines fonctions de ces molécules, comme des moteurs rotatifs ou des muscles, avec des molécules de synthèse. C'est évidemment banal en biologie, puisque les molécules biologiques font des choses incroyablement complexes et totalement indispensables à la vie. Ça m'a donc ouvert l'esprit.

N. M.: Est-ce qu'il y a un œil de chimiste sur le monde? Ou est-ce un fantasme?

J.-P. S.: Il y a sans aucun doute un œil de chimiste. Quand on regarde une plante, par exemple, on se demande quelles sont les molécules à l'intérieur, quel est le colorant de la fleur, ou encore comment la chlorophylle va faire pour supporter les rayons UV. C'est aussi vrai dans l'alimentation. Je me demande toujours ce qu'il y a dans les aliments que je mange et s'il y a des produits ajoutés. C'est une déformation professionnelle évidente. Par rapport au monde, j'ai été obligé de m'y ouvrir de manière forcée. Quand on est un scientifique pour qui tout va bien, voire très bien, on voyage énormément. J'ai donc été amené à connaître aussi le monde sans le prisme de la chimie. J'ai eu la chance d'aller dans beaucoup de pays. Si l'on est un peu curieux des gens, on apprend énormément et c'est incroyablement enrichissant.

N. M.: Pensez-vous que le temps des grandes découvertes dans votre discipline est révolu ? Ou est-il à venir ?

J.-P. S.: Il est à venir ! Prenons le dernier prix Nobel de chimie, par exemple, attribué au Danois Morten Meldal, à l'Américaine Carolyn Bertozzi et à l'Américain Barry Sharpless[4] (ce dernier a déjà eu le prix Nobel de chimie il y a vingt ans, ce qui est assez rigolo). Il s'agit d'une démonstration du pouvoir de la synthèse, c'est-à-dire le pouvoir des chimistes à faire des molécules de plus en plus complexes et intéressantes, qui est toujours extrêmement important. Ils ont aussi démontré que ce pouvoir augmente.

N. M.: Quelle est selon vous la prochaine grande avancée en chimie ? Que rêveriez-vous de voir advenir ?

J.-P. S.: Je rêverais de voir les machines moléculaires utilisées, notamment en médecine. Ça serait donc en nanomédecine. J'espère qu'assez rapidement nous aurons des nanomachines et qu'il sera possible d'aller détruire des cellules malignes avec des machines moléculaires sans taper sur les autres. Ça me paraît très réaliste, à court ou moyen terme. Pour les autres domaines, plus nous serons capables de faire des molécules complexes, plus nous nous rapprocherons de la biologie moléculaire. C'est un but noble, à mon avis.

Bibliographie

L'Élégance des molécules (avec T. Raisse), Humensis, 2022.

4. Morten Meldal, Barry Sharpless et Carolyn Bertozzi ont été récompensés du prix Nobel de chimie en 2022 pour leurs travaux sur la chimie click et la chimie bio-orthogonale.

Françoise COMBES
Cosmologie et astrophysique
Médaille d'or du CNRS

Il y a chez Françoise Combes ce charme discret de l'humilité. Un esprit brillant, qui trace sa route, suit son chemin, chaque matin, seule aux aurores dans son bureau de l'Observatoire de Paris, à lire les toutes dernières publications pour se tenir à jour de l'évolution de nos connaissances du Cosmos. Elle, qui a pourtant évolué durant toute sa carrière dans un milieu masculin, vous dira que ça n'a jamais vraiment été un problème.

Françoise Combes a travaillé sur la formation et l'évolution des galaxies, leur dynamique et leur coévolution avec les trous noirs supermassifs, ainsi que sur des modèles de matière noire. Elle a mené une carrière brillante et son travail a été récompensé par la médaille d'or du CNRS et le prix international L'Oréal-UNESCO pour les Femmes et la Science en 2021. Elle est professeure au Collège de France, à la chaire Galaxies et Cosmologie depuis 2014, et membre de l'Académie des sciences depuis 2004.

« Quand j'entends M31 ou NGC 5194, je sais de quelles galaxies il s'agit. »

NICOLAS MARTIN: Votre vocation, ou votre curiosité scientifique, vient-elle de votre enfance ?

FRANÇOISE COMBES: Je ne vois pas de moment particulier. Il y avait surtout des lectures. Dans mon adolescence, j'ai lu des tas de livres sur des chercheurs, pas seulement en astrophysique. J'ai lu des textes sur Copernic, mais aussi sur Pasteur, qui faisait de grandes découvertes et améliorait le destin de l'humanité grâce à la vaccination. Tous ces chercheurs me captivaient. Moi aussi, j'avais envie de chercher. De trouver, bien sûr, mais surtout de chercher. Ma vocation s'est construite autour de la curiosité. Jusqu'au dernier moment, je ne savais pas que j'allais faire de l'astrophysique. J'ai fait un DEA (l'équivalent d'un master) en physique. C'était le plus général possible. J'essayais de ne pas me fermer des portes et je suis allée là où il y avait le plus de diversité. À un moment donné, il a fallu choisir un thème pour faire une thèse de troisième cycle. En visitant des laboratoires, j'ai trouvé la cosmologie fascinante. Cela permettait de faire de la recherche. À l'époque, je pensais que tout était connu dans ce domaine. Et j'ai vu que c'était loin d'être le cas ; il était encore possible d'y faire des découvertes. C'est là que tout a commencé. Découvrir des choses me plaisait.

N. M.: Vous aviez envie d'être découvreuse?

F. C.: Oui, exactement. Pour ce qui est de l'astrophysique, je n'étais pas du tout comme certains de mes collègues qui observaient le ciel depuis leur jardin avec des télescopes. Pas du tout. Je ne regardais pas le ciel. Comme je suis myope, je ne voyais pas vraiment les étoiles que tout le monde voyait. C'est venu plus tard.

N. M.: Est-ce qu'un membre de votre famille était dans le domaine scientifique ou artistique?

F. C.: Non. Mon père était militaire; ma mère, femme au foyer; mes oncles et tantes, professeurs ou dans l'industrie. Aucun dans la recherche ou dans l'art.

N. M.: Diriez-vous que vous avez été touchée, dans votre enfance ou votre adolescence, par une œuvre artistique qui a pu participer à votre désir de faire de la science?

F. C.: Je ne saurais si cela y a contribué, mais j'aimais beaucoup les impressionnistes en peinture. À l'époque, j'ai moi-même pratiqué la peinture à l'huile. Je faisais à la fois des paysages et des portraits, mais aussi des copies de tableaux impressionnistes, comme ceux de Renoir ou de Monet. Ça m'a beaucoup plu d'un point de vue artistique. Peut-être que ma mémoire visuelle est due à cela. Il y a aussi le pointillisme, pour lequel je peux faire l'analogie avec des pixels et comprendre qu'il faut regarder de loin pour voir l'aspect global. Si un lien existe, c'est dans le subconscient.

N. M.: Dans une autre vie, auriez-vous pu être peintre?

F. C.: Peut-être. Mais je crois qu'il est encore plus difficile de faire son trou dans ce domaine. Puis la peinture est allée vers l'abstrait et j'aime beaucoup moins cela. Je suis restée au XIXe siècle. Pour moi, il faut que ce soit concret et joli. Des traits noirs comme Pierre Soulages, ce n'est pas du tout pour moi.

N. M.: Diriez-vous que vous avez eu un ou une mentor? Ou quelqu'un qui a contribué à cette curiosité scientifique assez jeune?

F. C.: Je pense que ce sont les professeurs, notamment ceux de physique. J'en ai eu de très bons, qui nous faisaient faire des expériences où l'on avait l'impression de chercher et de découvrir des choses. C'était aussi le cas en chimie. Ça a complété ma vocation.

N. M.: Y a-t-il une personne en particulier qui vous a mis le pied à l'étrier ? Ou qui a compté dans vos études ou au début de votre carrière ?

F. C.: À l'École normale supérieure, nous regardions dans toutes les directions. Trois astronomes étaient venus faire des cours. Il y avait James Lequeux[1], qui avait disserté sur la radioastronomie. Pierre Léna[2], sur l'infrarouge et l'optique. Et Charles Ryter[3], qui parlait de rayons X. Ces trois m'ont montré qu'il y avait toute une gamme de longueurs d'onde à travers lesquelles observer l'espace. Ils nous ont expliqué que tout restait à découvrir. Je pense que ça a été un des petits déclics qui m'ont permis de choisir l'astrophysique. J'ai eu beaucoup de contacts avec eux par la suite.

N. M.: Étiez-vous plutôt bonne dans toutes les matières scientifiques : en maths, en physique, en chimie, y compris en sciences de la vie ? Ou en physique seulement ?

F. C.: J'ai passé le concours maths-physique. Lorsque j'ai passé l'oral, les professeurs m'ont dit : « Ah oui, la physique, c'est pour vous. C'est beaucoup mieux. » Je ne le savais pas. Et je ne le regrette pas, car les mathématiques sont très abstraites. Je préfère découvrir des choses concrètes. Cela correspond plus à mes intentions.

N. M.: Qu'est-ce qui vous a fait basculer vers la cosmologie ? À quel moment cela s'est-il produit ?

1. James Lequeux (1934) est un astronome français. Il a dirigé la station de radioastronomie de Nançay, ainsi que l'observatoire de Marseille.

2. Pierre Lena (1937) est un astrophysicien français. Il a été président de la Société française de physique et est président d'honneur de l'association La Main à la pâte.

3. Charles Ryter est un astrophysicien français, ingénieur au Commissariat à l'énergie atomique.

F. C.: Je suis allée rendre visite à plusieurs personnes. Notamment à Evry Schatzman[4] qui proposait, avec des gens comme Roland Omnès[5], un modèle de cosmologie symétrique matière-antimatière. Cela peut sembler bizarre, mais c'est le schéma le plus logique possible, puisque la matière et l'antimatière sont complètement symétriques. Leur masse est identique, il n'y a que les charges électriques qui changent. Lorsqu'au Big Bang nous créons la matière, nous nous demandons pourquoi nous ne créons pas exactement la même quantité d'antimatière[6]… Et nous ignorons toujours pourquoi il y a cette asymétrie. Ce modèle symétrique n'était pas mal. Il fallait comprendre pourquoi tout ne s'était pas annihilé, et pourquoi il reste aujourd'hui encore de la matière. C'était passionnant.

N. M.: C'était à quel moment de votre parcours?

F. C.: Au moment de passer à la recherche. Jusqu'à cette période, j'avais passé des examens en physique thermodynamique, en optique, en physique quantique, mais il fallait choisir un sujet pour faire une thèse de troisième cycle (l'équivalent d'une thèse de doctorat). La discussion avec Evry Schatzman a été décisive.

N. M.: Avec le recul, comment jugez-vous ce début de carrière? Diriez-vous que vous pensiez, réfléchissiez et travailliez de la même façon qu'aujourd'hui?

F. C.: À l'époque, tout était différent. Nous n'avions pas Internet. J'étais un rat de bibliothèque. J'y allais pour chercher des livres que j'essayais de lire sur place. Sinon, il fallait photocopier des tonnes de

4. Evry Schatzman (1920-2010) est un astrophysicien français, pionnier de l'enseignement de l'astrophysique théorique en France après la guerre et spécialiste de la structure des étoiles. Il est récompensé de la médaille d'or du CNRS en 1983.

5. Roland Omnès (1931-2022) est un physicien théoricien français, spécialiste de la mécanique quantique.

6. En physique des particules, l'antimatière est l'exact symétrique de la matière: les particules ont la même masse, le même spin, mais une charge électrique opposée. Quand une particule de matière rencontre une particule d'antimatière, les deux s'annihilent et se transforment en énergie. Les deux ont théoriquement été créées en quantité égale au moment du Big Bang, mais pour une raison qui reste encore à éclaircir, la matière a largement dominé l'antimatière, qui n'existe que de façon sporadique dans notre Univers.

pages. Je prenais des notes en lisant. J'essayais de me concentrer sur des articles pour essayer de les digérer. Aujourd'hui, en un clic, on peut tout avoir sur un écran. Même si la démarche scientifique est la même, c'est quand même très différent.

N. M.: Quel conseil donneriez-vous aujourd'hui à la toute jeune Françoise Combes, qui commence ses études et sa carrière?

F. C.: J'ai l'impression que la jeune Françoise était très motivée. Elle ne savait pas ce qui l'attendait, mais elle marchait toujours dans la même direction en regardant ses innombrables lectures et en essayant de trouver une voie qui paraissait attirante. Je lui conseillerais de persévérer et d'approfondir. Finalement, ce qui fait le bon chercheur, c'est d'aller vers une piste qui paraît peut-être sombre et de l'approfondir afin qu'elle s'éclaire.

N. M.: Quelle était la part de compétition et de collaboration? Laquelle des deux était la plus stimulante pour vous?

F. C.: La collaboration. Outre Evry Schatzman, j'ai collaboré avec deux personnes: Omar Fassi-Fehri[7], qui faisait une thèse à Meudon, où j'étais à l'époque, et Bernard Leroy. Dans ce modèle de cosmologie symétrique matière-antimatière, nous essayions de savoir comment la nucléosynthèse[8] s'est produite. Normalement, elle se produit dans les trois premières minutes après le Big Bang, pendant lesquelles se forment l'hélium, le deutérium, etc. Roland Omnès avait proposé un modèle de décantation de la matière d'un côté et l'antimatière de l'autre. Un peu comme l'huile et le vinaigre, cela se sépare avec les galaxies et les anti-galaxies. Évidemment, il y a énormément d'annihilation lorsque les gaz se rencontrent. À l'époque, nous n'avions pas assez de sensibilité en rayons gamma pour savoir si c'était compatible. Dans les poches de matière, il y avait beaucoup de neutrons

7. Omar Fassi-Fehri (1939) est le secrétaire perpétuel de l'Académie Hassan II des sciences et techniques du Maroc, ancien ministre délégué auprès du ministre de l'Enseignement supérieur et de la Recherche, chargé de la recherche scientifique. Il est titulaire d'un doctorat de troisième cycle de l'Université de Paris en astrophysique fondamentale.

8. La nucléosynthèse est la formation des noyaux atomiques, soit lors du Big Bang, soit au cœur des étoiles ou lors de leur explosion en supernovæ.

qui arrivaient de l'annihilation. Ça a donc complètement changé les réactions nucléaires qui se produisaient. Nous avons tenté de faire des calculs de physique nucléaire et avons montré que ça ne fonctionnait pas. Il n'y avait pas du tout les bonnes abondances d'hélium et de deutérium. La collaboration avec ces deux personnes a été importante dans cette démarche.

N. M.: Le niveau de compétition actuel autour du *publish or perish*, où l'on demande aux étudiants de publier très vite, n'existait pas encore?

F. C.: Non. Il n'y avait pas de compétition, car il y avait assez peu de monde qui travaillait sur le modèle matière-antimatière. C'était ma première année. L'École normale supérieure était encore un cocon. Nous n'étions pas dans la nécessité de trouver un job ou un post-doc.

N. M.: À cette époque, a-t-il été difficile de vous lancer dans une carrière en cosmologie en tant que femme?

F. C.: Je ne m'en rendais pas compte. Il me semblait que j'étais exactement à égalité avec mes collègues hommes. Je ne me suis même pas aperçue que j'étais différente en tant que femme. Ce n'est que plus tard, bien plus tard, que l'on m'a convaincue qu'il y avait peut-être des discriminations. À l'époque, nous étions à égalité. Au sortir des grandes écoles, il y a à peu près 50 % de femmes. Ce n'est que plus tard que ça décroche. À cette époque-là, il y avait une égalité parfaite. Nous pensions aussi que c'était égalitaire.

N. M.: Comment décririez-vous l'apparition d'une idée nouvelle chez vous? Vient-elle d'un seul coup? S'impose-t-elle à vous? Est-ce une longue maturation? Est-ce très progressif?

F. C.: C'est très progressif. Parfois, il y a des déclics. Mais je pense que le principal travail d'un chercheur consiste à lire ce qui a déjà été fait dans la littérature. Il faut le digérer. Cela nous permet de connaître les pistes qui n'ont pas été explorées et nous donne beaucoup d'idées. Il ne faut pas penser que nous ne faisons rien, que l'idée tombe d'un coup. Ça ne marche pas comme ça. Il faut absolument lire, se mettre dans le bain, voir tout ce qui a été exploré et pourquoi certaines choses n'ont pas fonctionné. Pour pouvoir commencer la recherche, il faut partir d'une base. Le contexte doit être au préalable digéré. Nous passons plus de temps à lire qu'à faire notre propre travail. Chaque matin, je regarde tous les articles qui sortent sur arXiv[9]. C'est d'ailleurs affolant, car il y en a cent par jour. En lisant les titres, j'essaie de voir ce qui correspond à mon domaine. Cela prend presque une heure par jour.

N. M.: Vous ne croyez donc pas à l'*eurêka* qui tombe d'un seul coup?

F. C.: Il ne tombe pas comme ça. Il faut avoir beaucoup cherché avant. Lorsque c'est mûr, il est possible qu'un petit déclic arrive. Un peu comme les enquêtes policières. Il faut avoir enquêté dans beaucoup de directions pour arriver à la solution. Ce n'est pas du tout la science infuse.

N. M.: Comment votre réflexion se formule-t-elle? Avez-vous une voix intérieure ou parlez-vous à voix haute? Pensez-vous plutôt en images, en images en mouvement ou en concepts?

F. C.: Je ne parle pas à voix haute, mais j'utilise en effet des images. J'ai une façon visuelle de voir les choses. Une image équivaut à plusieurs pages d'écrits. Faire un schéma aide énormément à la compréhension. J'ai des images dans la tête. Ensuite, je peux les mettre en mots et faire des équations. Je vois quelque chose avant de l'exprimer avec des phrases.

N. M.: Avez-vous des schémas mentaux? Est-ce que ce sont des choses en couleur, par exemple?

F. C.: Je ne saurais dire si c'est en couleur ou non. Mais ça fait vite allusion à ce que j'ai lu dans la littérature, où il y a beaucoup de dessins en couleur. C'est donc possible. Je fais référence à des dessins que

9. arXiv est un site de prépublications (également appelées «préprints») sur lequel les chercheurs déposent leurs travaux avant qu'ils ne soient acceptés et revus par des pairs dans des revues à comité de lecture comme *Nature, Science* ou *Astronomy & Astrophysics*.

j'ai déjà, puis j'en imagine de nouveaux en établissant des connexions. Ça doit donc certainement être en couleur...

N. M.: Comment passez-vous d'une image à l'équation?

F. C.: L'image nous dit qu'il va pouvoir y avoir une solution. Cette dernière peut faire intervenir les champs magnétiques ou la gravité. À ce moment-là, je peux essayer d'écrire certaines équations. Les simulations numériques donnent également beaucoup d'images. Ça permet par exemple de simuler la formation de galaxies. Des galaxies forment des étoiles; là, beaucoup d'images viennent des simulations. On peut également faire des films, ce que nous ne faisions pas autrefois parce que c'était relativement difficile et que nous n'avions pas d'ordinateur personnel. Il y avait seulement de gros calculateurs. Il fallait aller dans des centres avec des cartes perforées. Nous avions donc beaucoup moins d'images; nous n'en faisions que quelques-unes. C'est aujourd'hui nettement plus facile, car nous avons des écrans. Ces films nous font comprendre quelque chose et amènent dans le temps une évolution qui peut entraîner des déclics. Je pense que les films et les images sont très importants.

N. M.: Pour vous, l'usage de l'analogie est-il pertinent?

F. C.: Oui. En astrophysique, l'analogie est pertinente, car la gravité est présente partout. Nous savons très bien que le Système solaire, où il y a des planètes qui tournent, peut ressembler à une galaxie à l'intérieur de laquelle des étoiles tournent aussi. Certes, ce n'est pas tout à fait pareil, puisque le premier est képlérien, avec un potentiel dominé par un point. Même si ce ne sont pas les mêmes systèmes, il y a beaucoup d'analogies et de résonances. Ce sont des choses dont nous ne nous privons pas.

N. M.: Diriez-vous que vous avez un raisonnement plutôt inductif ou déductif?

F. C.: Je crois que nous sommes obligés d'avoir les deux. Inductif, parce que nous avons une idée puis essayons de dériver. Mais l'inverse est vrai aussi. Dans les simulations, nous faisons également un peu les deux.

N. M.: Dans votre pratique de la recherche, diriez-vous que la théorie peut ou doit contredire l'expérience?

F. C.: C'est plutôt la théorie qui essaie de se caler sur les observations. Les observations dominent, puis nous essayons de faire des simulations pour voir si nous arrivons à reproduire l'observation. Si nous n'y arrivons pas, nous changeons un paramètre. De cette façon, nous apprenons les paramètres cachés que nous ne voyons pas, puisque ce sont ceux que nous devons mettre dans la simulation pour réussir notre reproduction. Les simulations parviennent à reproduire, mais dès qu'une observation nouvelle apparaît, la simulation ne marche plus. Il faut que les simulations refassent leur accord avec les observations. Donc nous changeons à nouveau les paramètres pour que cela fonctionne. Pour la matière noire[10], c'est la même chose. Nous avons très souvent fait des modèles qui fonctionnaient avec des observations. Mais, dès que des observations différentes se produisaient, il fallait changer le modèle standard. Nous l'avons changé des tas de fois pour qu'il représente les observations. Chaque fois, ce sont les observations qui prévalent.

N. M.: Comment vous représentez-vous ces objets d'étude très abstraits, comme la matière noire ou la formation d'une galaxie? Avez-vous des images mentales, des concepts ou des outils invisibles?

F. C.: Ils ne sont pas tellement invisibles: nous avons des simulations numériques qui nous permettent de voir la galaxie qui se forme à partir de gaz. Nous savons qu'au début, c'est 90 % de gaz, voire plus. Puis nous voyons les galaxies se former, des phénomènes de rétroaction avec du gaz éjecté. Nous pouvons voir, dans les simulations numériques, que 80 % de la matière ordinaire est sortie des galaxies. Ce sont des images que nous avons inventées pour représenter les observations.

10. La matière noire, ou masse manquante, est une catégorie de matière hypothétique, qui représente près de 27 % de la composition de l'Univers, selon le modèle cosmologique standard. Elle est cinq fois plus abondante que la matière baryonique et n'interagit quasiment pas avec elle. Elle est nécessaire à la cohérence, à la formation et à l'évolution des grandes structures de l'Univers, et notamment des galaxies.

N. M.: Comment vous représentez-vous la matière noire, par exemple ?

F. C.: Je ne la représente pas. C'est un potentiel. On peut imaginer qu'il y a des tas de particules. En effet, quand on la simule, ce sont des points. Mais les étoiles et le gaz aussi. Ce sont tous des points que nous représentons avec des couleurs différentes. La matière noire crée le potentiel. Elle a une action gravitationnelle. Elle est présente dans les équations, mais nous ne la voyons pas. Nous ne la mettons pas dans les simulations non plus. Parfois, on la représente en rouge. Mais, au fond, nous n'avons pas besoin de nous la représenter.

N. M.: En avez-vous une représentation propre ?

F. C.: Non. Pas d'image du tout. Nous n'en avons pas besoin. Nous avons juste les équations. Nous savons que le potentiel est là, c'est tout. Ce sont des puits de potentiel.

N. M.: Prenez-vous beaucoup de notes ? Quelle est la place de l'écrit dans votre travail ?

F. C.: J'écris beaucoup de notes. J'en ai besoin pour concrétiser les choses. Si je n'écris pas, ma mémoire est plus volatile. Même pour un séminaire, je prends des notes. Si je les jette à la fin, ce n'est pas grave. Si ce sont des observations, c'est différent : je m'en sers pour savoir exactement ce que j'ai observé, et cerner celles sur lesquelles il est possible de revenir. Mais ce n'est pas très important, parce que la machine enregistre pendant l'observation.

N. M.: Avez-vous besoin de parler à voix haute ou avec des collègues pour réfléchir ? Le fait de verbaliser est-il un support ?

F. C.: Verbaliser est bénéfique. Nous discutons beaucoup entre collègues. J'écris de nombreux articles. Chaque fois qu'il y a une découverte, il faut la matérialiser et la mettre à la vue de tout le monde sur Internet. C'est la publicité qu'on se fait. Il faut éviter que la même idée soit publiée par un autre avant nous. Donc il faut absolument publier rapidement. Comme nous sommes un petit groupe, nous discutons beaucoup. En discutant, nous nous apercevons de choses que nous n'avions peut-être pas vues. Échanger est donc très riche. Cela permet d'avoir des contradictions.

N. M.: Quelle est la part d'intuition par rapport au rationnel?

F. C.: L'intuition prend une grande place. C'est heuristique. Pour essayer d'avoir une idée, il faut de l'intuition. On peut ensuite développer cette idée, et cela devient tout à fait rationnel. L'échange entre l'intuition et le rationnel est donc permanent. Si l'imagination est absente, on n'écrit que des équations, sans avoir aucune idée. L'un enrichit l'autre, et réciproquement.

N. M.: L'émotion est-elle importante? Est-ce un atout, un allié, quelque chose qu'il faut écouter? Ou faut-il la laisser pour essayer de tendre vers l'objectivité?

F. C.: L'émotion est essentielle. Sans elle, point de motivation ni de recherche. L'émotion donne l'envie de trouver. Et c'est ce qui fait qu'on est tellement satisfait quand on découvre quelque chose. Si on veut se lever le matin avec enthousiasme, il faut de l'émotion. Ce n'est donc pas quelque chose qu'il faut rejeter. En revanche, il faut essayer d'être le plus objectif possible. Même si on nourrit beaucoup d'espoir dans une voie, il faut être capable d'accepter que ça ne marche pas, en chercher une autre et y mettre à nouveau tout son espoir. Il faut savoir reconnaître lorsqu'on a tort. C'est parfois difficile. Certaines personnes vont jusqu'au bout. Si on se laisse avoir par la première observation qui ne va pas dans le bon sens, il se peut qu'il y ait d'autres implications pour cette observation. Il vaut mieux aller jusqu'au bout. Si au moins dix observations sont contre vous, alors vous pouvez abandonner.

N. M.: Diriez-vous qu'il vous est difficile de penser en dehors du cadre, de contourner un consensus et de chercher en dehors du paradigme établi? Ou est-ce au contraire quelque chose que vous faites naturellement?

F. C.: J'aimerais le faire plus, mais je vois bien que je suis un peu seule. Ce serait formidable de convaincre quelques collaborateurs de travailler ensemble. La discussion est très riche. Aujourd'hui, énormément de gens souhaitent sortir d'un modèle standard qui est le paradigme, car beaucoup de secteurs commencent à être noirs et obscurs. Heureusement, nous ne sommes donc plus tout seuls. Mais pour des jeunes, ça peut avoir un effet négatif sur leur carrière. S'ils veulent trouver des post-docs ou des postes, ils trouveront beaucoup plus facilement en restant dans la ligne principale. Ce n'est que plus tard, lorsqu'on est un peu à l'abri de tout ça, qu'on peut faire des écarts en dehors des paradigmes et des sentiers battus, pour faire quelque chose de plus original. Le risque est d'ailleurs de se planter complètement. Malgré tout, c'est quand même passionnant d'avoir des idées en dehors de la norme.

N. M.: Quel est votre premier réflexe lorsque vous êtes confrontée à une anomalie?

F. C.: Nous sommes confrontés à des anomalies tous les jours. Chaque jour a son lot d'observations bizarres. Le premier réflexe est d'essayer de trouver la réalité de cette bizarrerie. Dans 90 % des cas, il s'agit simplement d'un artefact. Il faut savoir reconnaître ces anomalies, ne pas être perturbé par elles. Il faut tout le temps tester. Se dire que si c'est vrai, ça a des implications. Il faut donc aller plus loin pour tester la véracité de cette anomalie. Parfois, l'anomalie disparaît. On s'est trompé. Par exemple, l'instrument avait un problème. La plupart du temps, et parce qu'on en connaît l'origine, il faut réfléchir de façon rationnelle pour savoir s'il est possible de l'éliminer. À ce moment-là, on peut passer son chemin tranquillement. Il y a en revanche des anomalies majeures, comme la constante de Hubble[11]. Quand elle est calculée directement avec des indicateurs de distance comme les céphéides[12], nous savons qu'elle a une certaine valeur. Mais quand nous regardons le modèle standard dérivé des observations de Planck du fond diffus cosmologique, cette valeur diffère. C'est une anomalie. Les gens se sont d'abord demandé si ce n'était pas à cause du bruit.

11. La constante de Hubble, notée H_0, est une constante cosmologique qui permet de calculer le taux d'expansion de l'Univers. Il en existe deux valeurs distinctes, selon les méthodes de calcul, ce qui représente l'un des défis actuels du modèle standard de la cosmologie.

12. Une céphéide est une étoile géante, qui sert d'étalon dans le calcul des distances astronomiques. On parle de « chandelle standard ».

La constante de Hubble a varié d'un facteur deux pendant vingt ou trente ans. Tout cela était causé par des incertitudes de mesure. Il faut donc énormément tester pour voir si l'anomalie en est vraiment une. Si c'est une vraie anomalie, alors cela devient très intéressant.

N. M.: Pour réfléchir, avez-vous besoin de silence ou, au contraire, de discussions, de bruit?

F. C.: Il me faut un peu des deux. À un moment donné, je dois pouvoir me concentrer dans le silence. Bien réfléchir et lire la bibliographie nécessitent une à deux heures, seule et dans le silence. S'il y a quelques bruits à côté, ce n'est pas bien grave. Mais je ne dois pas être dérangée. J'ai aussi besoin de périodes où je discute beaucoup avec les autres. Si, au bout d'une heure ou deux, je commence à être trop silencieuse, il faut que je bouge, sinon je m'endors. Il faut alterner les périodes de concentration et les périodes de relaxation et de discussions dans lesquelles on peut apprendre beaucoup. Ici, il y a des séminaires tous les jours. Il ne faut donc pas en faire trop, sous peine d'être submergé. Mais aller à quelques-uns permet d'élargir sa culture générale.

N. M.: Quels sont le lieu idéal et le moment idéal pour penser librement?

F. C.: Dans mon bureau, devant mon écran. Je m'y sens à l'aise. Je sais que personne ne viendra me déranger.

N. M.: La nuit est-elle propice au sommeil ou à la réflexion?

F. C.: Pour les astronomes, la nuit est un moment particulier, puisque c'est parfois celui des observations. Même si c'est assez rare, il faut se lever à 3 heures du matin. En radioastronomie, nous observons aussi le jour. La nuit, je dors vraiment, six heures d'affilée. On a l'habitude de dire que ce qui a été fait la veille est digéré pendant la nuit. Le matin, il m'arrive d'avoir des idées que je n'avais pas eues la veille parce que j'étais obnubilée par quelque chose. Les synapses vont se construire dans le cerveau et, tout d'un coup, on pense à quelque chose de nouveau. Dormir permet de découvrir certaines choses.

N. M. : Quelle place accordez-vous au hasard ou à la sérendipité ?

F. C. : On découvre par hasard. Je peux en témoigner. On fait des propositions pour faire des observations sur les télescopes. Pour que ce soit accepté, il faut avoir une idée précise de ce qu'on veut chercher. Ça exclut *a priori* la sérendipité. Puisqu'on sait déjà ce qu'on va trouver, on a donc l'impression qu'il n'y a plus de recherche. Finalement, c'est une fois qu'on cherche cette chose qu'on va découvrir autre chose. Je vais vous donner un exemple. Je cherchais des émissions dans des galaxies de type particulier, et j'ai trouvé des absorptions parce qu'elles avaient un continuum : le gaz d'une galaxie peut absorber le rayonnement des astres d'arrière-plan, surtout s'il y a un quasar[13] qui émet un fort rayonnement continu. J'ai donc réorienté ma recherche vers les absorptions, en cherchant des sources de continuum pour trouver quelque chose. C'étaient des absorptions de molécules d'oxyde de carbone ou d'acide cyanhydrique, nombre de molécules qui absorbaient devant un continuum qui provenait de quasars. Je n'imaginais pas du tout cette absorption. Je l'ai trouvée en cherchant l'émission de ces mêmes molécules. Ça a donné lieu à toute une pile de travaux. Je peux dire qu'il y a eu, ce jour-là, de la sérendipité.

N. M. : Avez-vous une routine de travail ?

F. C. : La routine est très utile. Elle permet de travailler sans même devoir réfléchir, sans avoir à se demander ce qu'on va faire. Le matin, je me mets au travail, par exemple, je lis d'abord les prépublications sur arXiv, ce qui me permet de me mettre dans le bain et de me donner des idées. Puis je sais qu'il y a des papiers à terminer, des étudiants qui travaillent sur un sujet et qu'il faut terminer leur thèse. Les étudiants imposent des contraintes énormes, puisqu'il faut qu'ils

13. Un quasar (ou source de rayonnement quasi stellaire) est la région compacte qui entoure un trou noir supermassif au centre d'une galaxie ; c'est l'un des objets les plus lumineux de l'Univers.

aient fini leur thèse à temps, puis il y a les soutenances. Si j'étais seule, je serais beaucoup plus libre. Il y a aussi les dates limites pour faire les demandes d'observation au télescope. Malgré ces contraintes, je commence toujours les journées de la même façon. Comme cela, je n'ai pas besoin de réfléchir et pas besoin d'énergie pour y revenir, c'est automatique.

N. M.: Les journées de travail commencent-elles très tôt et finissent-elles très tard?

F. C.: Je commence très tôt, oui. Même avant 7 heures du matin. Ça permet d'avoir un moment tranquille, puisque les gens n'arrivent qu'à 9 heures ou 10 heures, et je peux me concentrer tranquillement pendant plusieurs heures au début de la journée. Je suis du matin.

N. M.: Vous en avez déjà un peu parlé, mais je vous pose quand même la question: l'évolution de la technologie a-t-elle modifié votre façon de réfléchir?

F. C.: Ah oui! Aujourd'hui, je réfléchis en arborescence. Je peux passer d'un article à un autre, tandis qu'avant, pour des raisons pratiques, c'était plutôt linéaire. Internet permet la divergence et, en même temps, peut nous perdre un peu. On passe d'une idée à une autre, sans revenir en arrière. On finit parfois par s'égarer. Il faut arriver à se recentrer pour ne pas perdre le fil. Cela change la façon de réfléchir.

N. M.: Les progrès effectués sur les technologies d'observation ont-ils fait évoluer votre manière de réfléchir et de travailler?

F. C.: Il y a maintenant beaucoup plus de sensibilité dans les observations, ce qui permet de regarder plus loin. Désormais, il y a aussi ce qu'on appelle la «multi-longueur d'onde[14]». Auparavant, on cherchait en radioastronomie, ensuite on allait voir ce que le collègue avait fait en optique... Aujourd'hui, on peut chercher dans toutes les longueurs

14. Chaque télescope observe l'espace dans une longueur d'onde particulière. Les plus grandes longueurs d'onde sont les ondes radio, puis viennent l'infrarouge, le spectre visible, l'ultraviolet, puis les rayons X et les rayons gamma.

d'onde à la fois. On arrive à faire le lien, pour un objet donné, avec toutes les longueurs d'onde. Oui, ça permet de réfléchir autrement.

N. M.: Qu'est-ce qu'un obstacle ? Comment l'appréhendez-vous et comment faites-vous pour le contourner ?

F. C.: Il y en a beaucoup. Lorsqu'on observe un flot de gaz moléculaire, on peut se dire qu'il s'agit peut-être d'un trou noir en train d'éjecter le gaz avec toute son énergie. Mais quand on regarde précisément l'observation, la vitesse n'est pas très grande, et on se dit qu'il serait possible d'interpréter ça comme une rotation. Voilà un obstacle. On va donc essayer de faire plusieurs modèles pour voir si ce dernier perdure. S'il est toujours là, on ne va pas conclure ; on va émettre plusieurs hypothèses et faire des observations supplémentaires pour pouvoir ensuite conclure. C'est un obstacle qui empêche de terminer le travail. Et ce n'est qu'un des différents types d'obstacles. Nous en rencontrons aussi lorsqu'on a fait un code et qu'il bugge. Ce sont des obstacles énervants. Certains bugs mettent une semaine à être résolus. Mais ce sont des obstacles pratiques. On sait qu'on va les surmonter.

N. M.: À quel moment vous dites-vous que vous faites fausse route ? Persistez-vous longtemps ou abandonnez-vous rapidement pour passer à autre chose ?

F. C.: J'ai tendance à persister parce que les obstacles sont souvent surmontables. Il faut attendre qu'il y ait une série d'obstacles insurmontables pour abandonner. Si on abandonne trop facilement, le travail demeure superficiel. Il faut examiner le plus de solutions possible. L'une d'entre elles est peut-être la bonne. Il faut persévérer. Par exemple, aucune de toutes les théories de gravité modifiée[15] ne marche. Si on s'arrêtait là, il faudrait abandonner. Il faut donc en choisir une et persévérer pour aller au fond en essayant de montrer que les obstacles ne sont pas insurmontables. On peut d'ailleurs se poser la question pour le modèle standard de cosmologie qui a pu surmonter

15. L'une des impasses actuelles du modèle standard de la physique concerne la gravitation. Alors que les trois autres forces fondamentales (électromagnétisme, interaction forte, interaction faible) peuvent être quantifiées et s'appliquer à l'infiniment petit, la gravitation, elle, ne peut l'être pour le moment.

des obstacles en changeant un peu les paramètres. Si toutes les évidences sont contre vous, il faut aussi réussir à admettre que cette solution n'est certainement pas valable.

N. M.: Quel est le moment où vous vous dites qu'il faut abandonner? Y a-t-il une limite particulière?

F. C.: Il y a une limite quand ça devient complètement irréaliste. Les autres personnes de la communauté nous aident aussi. Si beaucoup de personnes continuent dans cette voie, ça nous encourage, mais si tout le monde l'abandonne, je pense qu'on peut l'abandonner aussi.

N. M.: Diriez-vous que la recherche est plutôt génératrice d'anxiété ou de sérénité? L'une est-elle plus féconde que l'autre?

F. C.: Jeune, quand on débute, le simple fait de se demander si l'on pourra vivre de ses recherches est source d'anxiété. Une thèse qui n'a pas donné tous les résultats escomptés génère de l'anxiété. Plein de questions surgissent, comme: vais-je finir à temps? Aurais-je le financement pour continuer? Après la thèse, il faut attendre en moyenne six ans pour obtenir un poste permanent. Ça aussi, c'est anxiogène. En revanche, une fois qu'on est un peu installé et qu'on a obtenu un minimum de reconnaissance de la communauté scientifique, tout devient beaucoup plus facile. Mais l'angoisse peut revenir de plus belle parce qu'il y a beaucoup de compétiteurs susceptibles de passer devant vous. Dans les observations, par exemple, on peut découvrir que quelqu'un a fait la même chose, et on perd le bénéfice de tout notre travail. En outre, les observations deviennent publiques au bout d'un an. Si on n'a pas publié au bout de cette période, n'importe qui peut les reprendre et les publier à notre place. C'est une angoisse assez positive parce qu'elle nous pousse à publier assez rapidement, et non à oublier ces observations dans un tiroir comme ça se faisait avant. Des tas de gens avaient plein de données, mais elles n'étaient pas publiques. Ce petit degré de stress peut être bénéfique.

N. M.: Comment décririez-vous votre mémoire?

F. C.: Plutôt visuelle. J'ai aussi une bonne mémoire des chiffres. Par exemple, quand j'entends M31 ou NGC 5194, je sais de quelles galaxies il s'agit. Chaque fois que je vois un certain numéro, je vois la galaxie qui lui est liée. Quand on les connaît, c'est très poétique. J'ai aussi la mémoire des images et de certaines équations. Pour ce qui est des textes, je me rappelle ce qu'ils disent, mais un peu moins les détails. Je dirais donc que j'ai une mémoire visuelle.

N. M.: Vous souvenez-vous des observations ?

F. C.: Oui, tout à fait. Il y a énormément de photos de ces galaxies. Ces dernières sont effectuées par la radioastronomie. Ce ne sont pas de vraies photographies, mais nous produisons des images qui y ressemblent beaucoup. Nous en recevons de très nombreuses de Hubble[16]. Quand nous regardons à de grandes distances, les galaxies ne sont plus que des petits points... Et il est donc difficile de s'en souvenir. Aujourd'hui, nous en connaissons des millions, voire des milliards. Autrefois, elles se comptaient par centaines.

N. M.: Quelle place accordez-vous à l'autocritique ? Est-ce facile et plutôt courant ou, au contraire, difficile et rare ?

F. C.: Elle est plutôt rare, mais nécessaire. Même quand on ne veut pas faire son autocritique, on y est de toute façon amené. Si l'hypothèse qu'on a faite ne fonctionne pas, on est obligé d'admettre qu'on s'est engagé dans une voie de garage. C'est la démarche scientifique par expérience. Il est toujours facile de dire que c'était évident après coup. Or il fallait certainement prendre cette direction pour s'en rendre finalement compte. Nous faisons donc cette autocritique automatiquement. Avec l'âge, c'est de plus en plus facile parce qu'on a du recul. On sait qu'on va faire des erreurs qui seront source de découvertes. Il faut faire beaucoup d'erreurs avant d'en trouver une qui soit fructueuse. Ce processus fonctionne de mieux en mieux à mesure qu'on acquiert de l'expérience.

N. M.: Comment faites-vous pour qu'une idée nouvelle et isolée puisse se transformer en changement de paradigme ? Comment passe-t-on d'une anomalie à l'intégration ?

16. Hubble est un télescope spatial conçu par la NASA en partenariat avec l'ESA, opérationnel depuis 1990. Il a produit certaines des plus importantes images spatiales de ces trente dernières années.

F. C.: Il faut faire beaucoup de publicité en allant dans les colloques et en faisant des séminaires, pour essayer de convaincre. Si personne n'est convaincu, c'est qu'on est peut-être dans une impasse. Quand on propose quelque chose à un séminaire, on peut accueillir les contradictions, essayer de les pallier et, si on n'y arrive pas, il faut sans doute abandonner. Quand on est sûr de notre voie, il faut aller convaincre et parfois refaire un papier quand le premier n'a pas été assez convaincant. Certains en font plusieurs. Moi, je n'en fais pas tant que ça, mais certains font quatre ou cinq papiers sur le même sujet en le rédigeant différemment de manière à essayer d'enfoncer le clou. C'est peut-être un peu excessif, mais il ne faut pas faire un seul papier qui va être perdu et dilué dans la masse de papiers qui sortent tous les jours. Il faut reprendre son papier d'une nouvelle façon, le proposer à nouveau et ensuite le présenter à des colloques.

N. M.: Quelle découverte a marqué votre carrière?

F. C.: Au début de ma carrière, j'ai fait une thèse d'État sur la dynamique des galaxies. À l'époque, on voulait savoir pourquoi il y avait des barres d'étoiles au centre des galaxies spirales[17]. Nous commencions à comprendre les spirales, mais pas les barres. Nous avons fait les simulations numériques sur ordinateur. Il fallait aller à Orsay pour perforer nos cartes afin de pouvoir faire un essai. Nous y passions la journée. Nous avons fait des simulations de galaxies avec des étoiles et du gaz. Nous voulions aussi avoir des données sur la stabilité. Le problème était que les galaxies ne sont pas stables et forment toutes des barres. Nous nous étions dit que, peut-être, tout le monde avait fait des simulations en 2D en affirmant que les galaxies étaient des disques simplifiables. Nous allions donc le faire en 3D. Selon nous, la troisième dimension pourrait peut-être stabiliser la barre. Finalement, en projetant sur le papier, nous avons trouvé une résonance entre la barre et les étoiles, qui élevait les étoiles au-dessus du plan de la galaxie

17. Une galaxie spirale barrée est une galaxie dont les bras spiraux n'émergent pas du centre de la galaxie, mais d'une bande d'étoiles qui en traverse le centre. La Voie lactée est une galaxie spirale barrée.

et formait des sortes de cacahuètes. C'était une découverte vraiment bizarre. Plus tard, nous avons compris qu'il s'agissait de résonances. En regardant l'Atlas Hubble des galaxies, nous avons vu ces galaxies cacahuètes, c'est-à-dire qu'elles avaient cette forme quand nous les observions par la tranche. Plus tard, nous avons développé l'idée que les bulbes pouvaient être formés comme ça. Au départ, il y avait cette idée que les bulbes n'étaient formés que par interaction avec un compagnon. En fait, ce n'est pas le cas. Il y a une grande partie des bulbes qui sont formés par évolution séculaire. Ce sont des barres qui produisent des résonances perpendiculaires au plan et qui forment des bulbes. Faite par hasard, cette découverte a permis d'ouvrir une piste.

N. M.: À l'inverse, quel est votre plus grand échec ?

F. C.: C'est plus difficile à dire. Dès qu'on a un échec, on le met sous le tapis et on n'en parle plus. Il y a des tas de petits échecs. Chaque fois que j'ai cherché absolument à observer quelque chose – par exemple du gaz dans une certaine galaxie – et que je n'ai pas trouvé ce que je pensais, ce n'étaient pas tellement des échecs, mais des résultats négatifs ici. Ça donne donc des suites. Un résultat négatif est toujours utile. Mes premières études sur la cosmologie matière-antimatière, par exemple, ont été en quelque sorte des échecs. Il était nécessaire de montrer que ce modèle ne marchait pas. Je pense que c'était un échec positif.

N. M.: Et un regret ?

F. C.: Je ne suis jamais partie en post-doc à l'étranger. J'ai fait beaucoup de voyages, mais chaque fois je ne restais que quinze jours ou trois semaines. Comme j'enseignais, il fallait que je rentre. Finalement, c'est quelque chose qui s'est bien goupillé avec ma vie de famille. Il m'aurait fallu énormément d'énergie pour organiser la vie de mes enfants à l'étranger, par exemple. Ce regret est donc mineur.

N. M.: Diriez-vous que votre domaine de recherche a changé la façon dont vous percevez le monde réel ?

F. C.: En astrophysique, nous avons du recul. Cela fait relativiser un peu tout ce qui se passe. Nous ne sommes pas en contact avec le monde réel. Ce sont deux mondes différents. Les échelles de temps du monde réel sont très rapides par rapport à notre objet d'étude. Pour nous qui parlons en milliards d'années, les millions d'années sont déjà très courtes. Imaginez alors à l'échelle de l'humanité... Aujourd'hui, on peut quand même relativiser cela grâce aux observations astronomiques qui varient sur une semaine, voire parfois une nuit. Ce sont par exemple des noyaux actifs produits par des trous noirs qui varient sur la seconde. Dans notre discipline, nous avons aujourd'hui des temps très variables. Malgré tout, je pense que nos recherches n'ont pas vraiment d'impact sur notre vie quotidienne. Sauf lors de conférences grand public. Là, il faut expliquer aux gens ce que nous découvrons. Et c'est une vraie joie de satisfaire leur grande curiosité, de répondre à des questions qui correspondent à nos travaux de recherche.

N. M.: De quel autre grand chercheur ou grande chercheuse en dehors de votre discipline vous sentiriez-vous proche?

F. C.: Dans ma jeunesse, j'ai beaucoup admiré Pasteur, dont nous avons célébré cette année le deux centième anniversaire. Et il y a tous les cosmologistes, Einstein en tête. Il était vraiment très intuitif et a découvert des tas de choses en physique, comme l'effet photoélectrique, la relativité générale et bien d'autres encore. En tant que femme, je peux aussi parler de Marie Curie. Elle a vraiment ouvert des portes pour les femmes dans la recherche. Jusqu'au XXe siècle, les femmes n'étaient pas acceptées dans les universités. Elles ne pouvaient pas obtenir de diplômes. Il y a des rôles modèles qui ont fait évoluer les choses.

N. M.: Le temps des grandes découvertes dans votre discipline est-il révolu ou à venir?

F. C.: Il est encore à venir; 95 % du contenu de l'Univers nous est encore inconnu. Nous savons qu'il existe, c'est déjà ça. Au XXIe siècle, nous avons appris qu'il y avait toute cette énergie noire[18]. Nous avons découvert des tas de choses, mais beaucoup d'autres restent encore

18. L'énergie noire, ou énergie sombre, est une forme d'énergie hypothétique, qui représente plus de 68 % du contenu de l'Univers et qui sert à expliquer l'accélération de son expansion, à la manière d'une force gravitationnelle répulsive. Sans énergie noire, l'expansion serait décélérée, et non pas accélérée.

inconnues. Je pense qu'il y a énormément de découvertes dans lesquelles la gravité quantique sera peut-être une des clés. Quand nous nous approchons des trous noirs, la gravité pose des problèmes. La matière noire et l'énergie noire sont peut-être dues à cela. Même en physique fondamentale, tout reste à découvrir.

N. M.: Qu'allons-nous apprendre ou découvrir dans les prochaines années ?

F. C.: Ce ne sont peut-être pas ces problèmes de la matière noire et de l'énergie noire, présents depuis des dizaines d'années, que nous allons résoudre. Du moins, ça m'étonnerait. En revanche, avec le James Webb[19] nous sommes en train de découvrir la formation des galaxies au début de l'Univers. Ce sont des choses que nous ne connaissions pas. Avec le télescope Hubble, nous nous arrêtions au micron – au niveau de la longueur d'onde, qu'il n'était plus possible de décaler vers le rouge. Nous pensions que les galaxies, au départ, n'étaient que de petites taches irrégulières. Avec le James Webb, nous apprenons que toute la séquence de Hubble était déjà là. Et qu'il y avait déjà des galaxies spirales barrées à 10 % de l'âge de l'Univers. La formation de l'Univers et des galaxies se dévoile peu à peu. Avec le SKA (Square Kilometer Array), qui va être opérationnel en 2028, nous allons explorer la ré-ionisation de l'Univers. Dans les dix ou vingt ans qui viennent, nous allons apprendre toutes ces choses sur l'Univers jeune. Il va peut-être aussi y avoir des découvertes sur les exoplanètes. Avec le James Webb, nous allons découvrir les raies de molécules qui sont des bio-signatures. Tout cela va énormément évoluer dans les deux prochaines décennies. En revanche, sur les principaux problèmes de matière noire et d'énergie noire, cela prendra encore du temps.

N. M.: Il y a aussi l'ELT[20] (Extremely Large Telescope) qui arrive…

19. Le James Webb Space Telescope est un télescope spatial, lancé en décembre 2021, fonctionnant principalement dans l'infrarouge, et qui a pour ambition d'observer la formation des premières étoiles et des premières galaxies, ainsi que de décrire avec précision l'atmosphère de certaines exoplanètes.

20. L'ELT (Extremely Large Telescope) est un télescope européen situé au Chili, qui disposera d'un miroir primaire de près de 40 mètres de diamètre, ce qui en fera le plus grand télescope terrestre jamais construit. Il devrait entrer en service vers la fin des années 2020.

F. C.: Voilà. L'ELT va nous permettre d'obtenir les spectres de beaucoup de galaxies lointaines. Nous allons pouvoir travailler sur tout ce qui est variable, comme les supernovæ ou le sursaut gamma[21] (*gamma-ray burst*). Nous allons pouvoir détecter cela avec le télescope Vera Rubin, comme nous n'avons jamais pu le faire jusqu'à aujourd'hui. Ce télescope va observer tout le ciel tous les trois jours, avec des périodes de l'ordre de la seconde, de la minute et de l'heure. Le ciel variable va enfin être dévoilé.

Bibliographie

Mystères de la formation des galaxies, Dunod, 2008.

Galaxies et Cosmologie (avec M. Haywood, S. Collin, F. Durret, B. Guiderdoni), Ellipse, 2009.

La Voie lactée (avec J. Lequeux), EDP Sciences, 2013.

La Matière noire, clé de l'Univers, Vuibert, 2015.

Le Big Bang, PUF, coll. « Que sais-je ? », 2019.

Trous noirs et Quasars, CNRS, 2021.

Galaxies, ISTE, Londres, 2021.

Active Galactic Nuclei : Fueling and Feedback, IOP, Bristol (Angleterre), 2021.

21. Les sursauts gamma sont des flashs très brefs de photons de très haute énergie qui apparaissent de manière aléatoire dans le ciel. Ils pourraient être la signature de la naissance d'un trou noir, ou de l'effondrement de deux étoiles à neutrons.

Marc-André SELOSSE
Biologie et mycologie

Marc-André Selosse est mycologue et botaniste, mais avant tout un vulgarisateur-né. Infatigable conteur, il a grandi avec la passion des champignons chevillée au corps. Ému aux larmes dès l'adolescence en découvrant des petites lamelles sèches d'espèces fongiques rares, il va se passionner pour les symbioses mycorhiziennes qui unissent des champignons du sol aux racines des plantes.

Il est aujourd'hui professeur au Muséum national d'histoire naturelle à Paris et aux universités de Gdansk (Pologne) et Kunming (Chine), président de BioGée, une fédération qui a pour objectif de remettre la biologie au cœur des questions sociétales au service des citoyens. Il est également membre de l'Académie d'agriculture de France et de l'Institut universitaire de France, et éditeur de quatre revues scientifiques internationales et de la revue de vulgarisation Espèces.

« Les microbes ont révolutionné ma vision du monde. »

NICOLAS MARTIN : Avez-vous un souvenir d'enfance que vous liez à votre vocation scientifique ?

MARC-ANDRÉ SELOSSE : Comme plein d'autres enfants, je me suis intéressé aux dinosaures et aux planètes, mais cette curiosité est devenue chez moi frénétique. En cinquième, notre professeur de sciences naturelles nous avait dit de ramener en classe des champignons. Le week-end, je suis allé au bois de Vincennes avec mes parents, et je suis « tombé dedans ». Vers l'âge de 15 ans déjà, je suis entré à la Société mycologique de France. J'en étais l'un des plus jeunes membres, évidemment ; il y avait beaucoup de vieux messieurs. Tous les week-ends, je prenais le train ou le RER et je partais aux champignons avec eux dans des excursions autour de Paris. Toute la semaine suivante, je dessinais ces champignons. Très tôt, j'ai acquis un microscope pour regarder ce qu'il se passait à d'autres échelles ou pour terminer les identifications. Je me souviens avoir pleuré à 18 ans devant une petite tranche de *Phellinus croceus*, un champignon dont j'avais entendu parler mais que je n'avais jamais vu. Quand j'ai eu cette petite tranche toute sèche, que j'ai pu la regarder au microscope, j'en étais ému aux larmes. Par la suite, quand j'ai voulu comprendre comment fonctionnaient ces champignons, je me suis orienté vers la microbiologie.

N. M.: Pourquoi les champignons dans le vaste monde du vivant?

M-A.S.: La diversité morphologique me fascinait. Plus c'est bizarre, plus ça m'excite. Cela correspondait aussi à un plaisir esthétique. Pourquoi n'ai-je pas eu le même déclic pour les fleurs? C'est une vraie question. Je ne sais pas pourquoi, mais j'ai commencé par aimer les champignons. D'autant plus qu'à l'époque nous ne disposions pas vraiment de données ni de livres pour les identifier. L'information était plutôt cryptique. Je me suis procuré des polycopiés de cours de mycologie de l'Institut Pasteur, très difficiles à comprendre. Ce n'était pas une voie simple. Mais il y avait cet émerveillement de voir sans cesse des formes nouvelles dans la nature, et l'envie de leur donner, de leur trouver un nom. Même si je garde un intérêt pour le nom des choses que je ramasse, cette appétence m'a beaucoup passé. Aujourd'hui, c'est plutôt le nom des organismes qui provoquent les galles sur les plantes qui m'intéressent en vacances ou le week-end.

N. M.: Est-ce qu'il y avait des scientifiques, des artistes ou des créateurs dans votre famille?

M.-A. S.: Du côté de mon père, ce sont plutôt des universitaires. Du côté de ma mère, c'est la classe moyenne laborieuse. Ma mère était professeure d'histoire-géographie et mon père ingénieur des travaux publics. Je ne vois rien de particulier dans ma famille, si ce n'est la volonté de mes parents de nous mettre au contact de la nature. Nous allions très souvent en Bretagne et mes grands-parents nous emmenaient souvent au bois de Vincennes. Mon frère et moi avons toujours eu un contact fort avec la campagne. D'ailleurs, il est devenu ornithologue, naturaliste, et botaniste amateur. Nos parents et grands-parents avaient le temps de faire de notre environnement quelque chose d'excitant, un objet de discussion et d'observation. Cette chance recèle un biais socioculturel très fort. Ma mère nous emmenait voir beaucoup d'expositions sur des sujets variés. Évidemment, ça n'explique pas tout. Et je ne pense pas qu'il faille trouver des causes à tout. La contingence me paraît très importante dans un tel processus.

N. M.: Comment ont réagi vos parents quand est apparue cette passion pour les champignons ?

M.-A. S.: Ils m'ont accompagné sans pour autant être directifs. Dès que j'ai voulu identifier les champignons, il n'a pas fallu attendre un anniversaire ou un Noël pour avoir un livre sur le sujet. À l'époque, le seul livre disponible sur le sujet était celui du docteur André Maublanc[1], qu'ils m'ont tout de suite offert. C'est un livre que j'ai encore, même s'il ne sert plus à rien parce qu'il est dépassé. J'ai disposé d'un peu tout ce que je voulais. Il y avait même des fiches d'identification, publiées par paquets de vingt, qu'on rangeait dans un classeur. Tout ça pour dire que j'ai été accompagné par mes parents, même s'ils ne l'ont pas fait dans la débauche : pour avoir mon premier microscope, il a fallu attendre un anniversaire. Il fallait que l'envie soit répétée et justifiée.

N. M.: Diriez-vous que vous avez pu être touché, influencé ou ému par une œuvre artistique, une bande dessinée, un film, un livre, peut-être même de la musique ou quelque chose qui a pu être à la source de cette vocation scientifique ?

M.-A. S.: Je n'ai pas l'impression. J'ai découvert, par exemple, le comte de Champignac[2] assez tardivement. À la maison, il y avait beaucoup de bandes dessinées, de musique et d'autres choses encore, mais rien qui résonne avec cette vocation scientifique. Il y avait quand même la lecture du *Club des cinq* et le personnage du père de Claude, qui est un savant. Je voulais devenir comme lui, un savant. Mes amis d'école se moquaient de mon envie en m'appelant le « savon ». Quand je me suis intéressé aux champignons, je n'ai pas considéré cela comme une activité scientifique. Les champignons m'intéressaient,

1. André Maublanc (1880-1958) est un mycologue français, auteur de deux ouvrages de référence, *Les Champignons comestibles et vénéneux* (1921) et *Champignons de France* (1959), tous les deux publiés aux Éditions Paul Lechevalier.

2. Pacôme de Champignac est un personnage de fiction, savant et mycologue, créé par Franquin et Gillain, et qui apparaît dans les aventures de *Spirou et Fantasio* dans les années 1950.

tout simplement. L'année de sixième, celle qui précède l'histoire des champignons, j'ai dû faire un exposé sur l'alimentation d'un animal et le restituer aux autres élèves au zoo de Vincennes. C'était cool, comme projet! J'avais pris le zèbre. J'ai vite compris ce qu'il mangeait mais pas comment il buvait. De fil en aiguille, j'ai fini dans le bureau d'un chercheur du Muséum national d'histoire naturelle qui m'a tout expliqué. Cet exposé, c'était mon grand œuvre. Il ne correspondait pas à une activité scientifique, mais à une puissante curiosité pour la nature.

N. M.: Est-ce qu'une personne en particulier a joué un rôle dans votre vocation?

M.-A. S.: En cinquième, mon professeur de sciences naturelles était un orchidophile. Nous nous sommes d'ailleurs recroisés depuis à la Société française d'orchidophilie. Il était assez charismatique et fascinant. Il apportait en cours des choses incroyables. Comme des morceaux de coraux des Seychelles. À part lui, j'ai été plutôt déçu par les adultes, car ils ne parvenaient pas à répondre à mes questions. J'allais montrer des champignons incroyables à des pharmaciens qui, à part les espèces comestibles, n'y connaissaient rien. Mon professeur de sciences naturelles était lui aussi dépassé. J'avais rapidement collecté plus d'une centaine d'espèces communes. En arrivant à la Société mycologique de France, j'ai basculé dans un autre univers. Là-bas, ils m'ont expliqué qu'un bon mycologue connaît 5000 espèces. Mais eux aussi m'ont fait déchanter quand j'ai commencé à me poser des questions plus fonctionnelles ou d'ordre écologique. Que font les champignons? Pourquoi sont-ils là plutôt qu'ailleurs? Dès l'instant où j'ai évolué de la pure taxonomie vers l'écologie des champignons, dans la recherche d'une compréhension plus globale, j'ai obtenu peu de réponses. Un jour, à l'occasion d'un salon du champignon[3], j'ai découvert le personnel du Muséum national d'histoire naturelle. Des femmes du laboratoire de Mycologie ont dû trouver que j'étais un gamin marrant et m'ont pris sous leur aile. Je transportais les assiettes, j'identifiais les choses simples, je faisais du rangement... À cette époque, j'avais entre 14 et 18 ans. J'ai beaucoup appris là-bas.

3. Exposition automnale sur les champignons organisée chaque année par le Muséum au XXe siècle.

J'ai même eu le droit d'aller manger un sandwich avec les chercheurs qui restaient dans leur labo entre midi et 14 heures. C'était énorme ! Je les assaillais de questions. Mais leurs explications m'étaient confuses. Du point de vue de la nomenclature, elles ne correspondaient pas à d'autres choses que j'avais lues. Encore une fois, j'ai été déçu. Cela ne clarifiait pas les choses. Ce sera déterminant dans ma vie et dans ma carrière d'enseignant. Jamais je ne me suis permis des réponses dont je pensais qu'elles n'étaient pas claires pour mes étudiants. J'ai été trop frustré de voir des gens qui savaient plein de choses mais ne répondaient pas à mes questions, alors même qu'ils prenaient du temps pour me parler. Ils n'étaient pas clairs. En réalité, ils se situaient de leur point de vue et non du point de vue de leur interlocuteur. Cette frustration me fera mûrir.

N. M. : Quel est le parcours pour que cette passion pour les champignons se transforme en une carrière professionnelle ?

M.-A. S. : Au lycée, j'ai eu envie de faire des études de biologie. J'étais un très bon élève ; je faisais ce qu'on me disait de faire. Puis je suis entré en classe préparatoire. Et mon envie s'est cristallisée : il était évident que je ne voulais pas intégrer une école d'agronomie, mais bien plutôt une école normale supérieure, pour faire de la recherche. J'entre donc à l'École normale supérieure de la rue d'Ulm, à Paris. Là, je veux travailler sur les champignons. Mes professeurs me disent qu'il n'y aura pas de poste pour de la taxonomie, qu'ils jugent dépassée. Je dois m'orienter vers quelque chose de plus fonctionnel. Mon stage de licence se passe à Montpellier, dans un laboratoire qui étudie les mycorhizes[4], c'est-à-dire les interactions entre certains champignons du sol et les racines des plantes. En deuxième année d'école, je veux suivre un module de cryptogamie (algues et champignons). On me dit encore que ce n'est plus adapté, et que je dois plutôt envisager la biologie moléculaire. Je m'y plie, en rechignant. Or mes professeurs avaient raison : cela m'a donné des outils qui servent partout. L'année suivante, j'en ai eu assez de ne pas faire ce que je voulais. J'ai

4. La mycorhize est l'association symbiotique d'un champignon et d'une racine de plante. Le champignon fournit à la plante eau et sels minéraux, la plante fournit au champignon les sucres issus de la photosynthèse.

donc préparé l'agrégation. Pour diverses raisons, j'ai dû aller préparer le concours à l'ENS de Lyon avec des enseignants naturalistes. Puis je suis entré à l'école des Eaux et Forêts, où j'ai finalement décroché un premier poste de formation complémentaire par la recherche. J'ai fait une thèse à l'INRA de Nancy sur des champignons mycorhiziens. Là, je me suis ancré dans une vision fonctionnelle des champignons, autour d'une interaction avec les racines des plantes. J'évoluais dans la partie microbienne du champignon, dans la vie du mycélium. Les champignons m'ont poussé dans l'invisible. Je suis ainsi devenu microbiologiste.

N. M.: Aujourd'hui, quel conseil donneriez-vous au jeune Marc-André Selosse qui sort de l'université et commence sa carrière professionnelle?

M.-A. S.: Si j'avais un conseil à donner au petit Marc-André, je lui dirais de jouer du piano. Je regrette de ne pas savoir jouer de cet instrument de musique. Pour tout le reste, j'ai eu de la chance. Je ne vois pas ce que je peux regretter. Entre la terminale et l'ENS, j'ai découvert la philosophie grâce à un professeur absolument extraordinaire. En terminale, avec mes quatre amis de l'époque, nous avons plus fait de la philosophie qu'autre chose. Nous nous sommes même présentés au concours général, mais aucun d'entre nous n'a obtenu de prix. Nous cassions les pieds du professeur d'allemand pour qu'il nous fasse étudier Kant plutôt que des historiettes. *Idem* avec le professeur d'anglais. Nous étions un groupe de passionnés. La philosophie a continué de m'accompagner à l'École normale supérieure. En compagnie des philosophes, j'ai découvert comment l'épistémologie[5] peut utilement changer notre vision du travail scientifique. J'ai pu découvrir d'autres domaines. Comme quoi je ne suis pas un monomaniaque des champignons!

5. L'épistémologie est d'abord l'étude de la connaissance scientifique en général et recouvre l'étude critique des sciences, leur évolution, leur valeur et leur portée philosophique.

N. M.: Quelle a été la part de compétition et de collaboration dans le milieu de la recherche? Qu'est-ce qui a été le plus stimulant pour vous?

M.-A. S.: En classe préparatoire, je n'ai pas vécu la compétition. Je faisais des polycopiés complémentaires pour mes copains. Ces années-là ne ressemblent pas à celles qu'on pouvait vivre dans les anciennes classes préparatoires, où les élèves étaient mis en opposition. Au contraire, les professeurs essayaient de créer des conditions de travail exigeantes, coopératives et non stressantes. *Idem* à l'agrégation. Je n'ai jamais considéré que la compétition, à cet âge-là, était quelque chose de lourd ou difficile. Quand j'ai fait ma thèse, mes relations avec les autres doctorants étaient en revanche mauvaises, car j'étais différent. «Regardez comme il travaille bien!» disaient les encadrants de labo en parlant de moi. Du coup, on me détestait.

N. M.: Comment naît une idée nouvelle chez vous? Est-ce qu'elle survient de façon soudaine ou progressive?

M.-A. S.: En me plongeant dans mes notes, j'ai souvent découvert que certaines de mes idées n'étaient pas si nouvelles, parce que j'avais déjà écrit des choses semblables avant. C'est un lent processus dans lequel quelque chose monte puis, à un moment, s'impose comme une idée. C'est de l'ordre du ressenti, de l'évident, du latent, de l'immanent. Puis advient l'idée nouvelle. La conception selon laquelle les orchidées exploitent davantage les champignons dans l'interaction mycorhizienne que ne le font les autres plantes m'est venue en nageant. Alors que j'étais dans l'eau, je me suis dit qu'il fallait que j'écrive cet article. Je suis sorti du bassin et je suis vite reparti à vélo, puis je me suis mis devant mon ordinateur et j'ai aussitôt commencé à écrire. Ce n'était qu'une ébauche d'idée. Les découvertes que j'ai faites autour de ces plantes qui mangent leurs champignons mycorhiziens plongeaient dans de vieilles observations. Certaines remontent même très loin dans le temps, jusqu'à mon enfance. On m'avait par exemple montré ces orchidées forestières qui normalement sont vertes. Certains pieds qui survivent sont blancs, ce qui montre bien qu'ils ne sont pas nourris seulement par la photosynthèse. Nous travaillons encore là-dessus au laboratoire. Ces histoires de plantes qui mangent leurs champignons sont une belle adaptation aux milieux peu éclairés. L'observation, qui a guidé tout le début de ma carrière, plonge dans les passions de l'enfance.

N. M.: Vous ne croyez pas à l'*eurêka*?
M.-A. S.: Il y a un moment où l'on conceptualise quelque chose. On peut voir cela comme un *eurêka*. En réalité, ce moment est construit par des choses qui étaient déjà là avant.

N. M.: Comment se formule votre travail de réflexion? Êtes-vous guidé par une voix intérieure? Une voix extérieure? Pensez-vous avec des images fixes ou des images en mouvement? Des concepts?
M.-A. S.: C'est difficile à dire. Je pars de l'interrogation produite par mes observations. Il y a aussi beaucoup de questions qui émergent de mes lectures. Par exemple, il fallait que je trouve un sujet pour être financé pour ma thèse. Le sujet sur les mycorhizes est parti d'observations anciennes qu'avaient réalisées des scientifiques du Muséum sur le comportement des populations de champignons qui n'étaient pas mycorhiziens. J'ai importé ces questions dans le domaine mycorhizien. Je fonctionne beaucoup par importation. Lorsque je découvre des techniques dans un domaine, je me dis que nous pourrions faire pareil. C'est comme ça que j'ai commencé à utiliser la chimie isotopique[6], les teneurs en carbone 13 et en azote 15 des plantes, pour déterminer leur degré de nutrition par le champignon. Parfois, je lis des choses et je me dis qu'il faut que je fasse cette manipulation pour apprendre quelque chose de nouveau sur mon modèle. J'observe et je décide qu'il faut savoir *ce qu'il y a dedans*. J'avais entendu parler de champignons dans

6. La chimie isotopique repose sur les différences entre les isotopes, c'est-à-dire des atomes similaires, qui ont le même nombre de protons dans leur noyau, mais qui n'ont pas le même nombre de neutrons.

les galles qu'occasionne un petit diptère[7] sur les ronces. Le diptère se trouve dans un renflement fusiforme de la tige : il provoque une galle en inoculant un champignon, puis broute le mycélium qui pousse. Quand j'ai compris ça, j'ai voulu savoir de quel champignon il s'agissait.

N. M.: Prenez-vous beaucoup de notes sur lesquelles vous revenez ?

M.-A. S.: Non, à part pour mes livres de vulgarisation. Je prends des notes sur mon ordinateur, et quand je commence l'écriture, j'ai déjà huit ou dix pages sur un fichier Word que je réorganise. Je retrouve là le mécanisme de l'écriture de mes dissertations quand j'étais en terminale. Il m'arrive également, lorsque je suis dans une conversation et que j'explique quelque chose à quelqu'un, de me dire que c'est bien comme cela qu'il faut expliquer cette chose-là et de sortir mon téléphone pour m'envoyer un e-mail à moi-même pour la mémoriser.

N. M.: Diriez-vous que votre raisonnement est plutôt inductif ou déductif ?

M.-A. S.: Je dirais les deux, mais c'est une question difficile. Ce sont en tout cas deux outils que je n'opposerais pas. Je suis peut-être un peu plus déductif parce que j'ai toujours été dans l'observation. Mon côté naturaliste et l'envie d'arriver à des généralités me rendent peut-être aussi inductif.

N. M.: L'usage de l'analogie est-il quelque chose d'utile dans votre travail de recherche ?

M.-A. S.: Dans le travail pédagogique, c'est évident. Un peu aussi dans celui de la recherche. En écologie ou en sciences de l'évolution, nous utilisons très souvent des mots tirés du vocabulaire quotidien. Dans une interaction mutualiste – dans un ensemble de structures qui réunissent des espèces à bénéfices réciproques – peuvent apparaître des individus qui utilisent ces mécanismes sans réciprocité, et qui sont donc des parasites. Ils sont ce que nous appelons les « tricheurs ». Par opposition, nous appelons « altruistes » ceux qui jouent le jeu et

7. Les Diptères sont un ordre d'insectes caractérisé par la présence de deux ailes, fonctionnelles, atrophiées ou ayant disparu.

sont effectivement mutualistes. Bien sûr, il y a un risque d'anthropomorphisme. Mais il y aurait un anthropocentrisme à ne pas utiliser le même mot pour décrire ce qui se produit quand l'homme ou une autre espèce agit. Il y a donc des champignons mycorhiziens qui trichent en mangeant du carbone sur les plantes sans rien leur apporter en échange. Il faut arrêter l'analogie quand elle n'est plus heuristique, qu'elle ne permet pas la découverte ou quand elle bride la compréhension. Quand j'entends parler de l'intelligence des plantes, par exemple, je trouve qu'on prend les gens pour des idiots. Avant d'essayer de saisir en quoi les plantes ressemblent à l'homme en ce qui concerne l'« intelligence », il y a des choses plus importantes à comprendre sur elles. L'analogie peut donc être la pire et la meilleure chose du monde.

N. M.: Quelle est chez vous la part d'intuition et de rationnel ?

M.-A. S.: Il y a quand même des intuitions issues de l'observation. Mais elles ne sont pas toutes couronnées de succès. En regardant des Gentianacées à petites graines du genre *Gentianella*, je me souviens avoir été à peu près convaincu que j'allais trouver des plantes qui germaient avec l'aide de ressources venues de champignons colonisant la plantule. C'est ce qui se passe dans les orchidées, qui ont aussi de petites graines. Nous avons fait l'expérience pour savoir si c'était valable aussi pour ces Gentianacées. Et nous n'avons rien trouvé. Même si elles se révèlent fausses, toutes les intuitions me guident et ne m'empêchent pas de faire des déductions. L'intuition est peut-être plus importante que le raisonnement logique. Mais il m'arrive aussi, dans des articles, d'utiliser des raisonnements logiques pour exclure des hypothèses auxquelles je ne crois pas. J'aime bien souligner les incohérences.

N. M.: L'émotion parasite-t-elle le travail de recherche ? Ou faut-il au contraire être en prise avec une part d'émotion et de subjectivité ?

M.-A. S.: Il y a deux sortes d'émotions. Celle qui est liée à la beauté du vivant ou au sentiment esthétique. Il faut savoir raison garder, il ne suffit pas de raconter que c'est beau. Quand nous publions un article, les rapporteurs nous rappellent souvent que ce n'est pas la peine de dire « *superb* » ou « *exciting* ». Nous sommes donc ramenés au calme. L'autre émotion, c'est celle de la compétition, quand on a des collègues qui nous jouent des sales tours, qui éreintent nos travaux, ou qui ne les citent pas – ce qui est encore plus ulcérant. Il faut réussir à transformer cette émotion-là en quelque chose de positif, qui donne envie d'aller plus loin. Ne pas se laisser déborder par elle. Ne pas être entendu, avoir des compétiteurs injustes ou cruels suscite des sentiments qui nous accompagnent. Il y a aussi l'émotion que l'on ressent quand on découvre brutalement qu'un article publié donne un léger coup de vieux à nos travaux. Ces émotions tristes doivent devenir des vecteurs de travail. J'ai toujours rebondi dessus. Mais je comprends qu'on puisse ressentir de la frustration. Quand Marcel Bouché[8], un grand spécialiste des vers de terre, éreinte les gens qui font de l'écologie parce qu'ils l'ont déçu, je me dis qu'il ferait mieux de se concentrer sur la beauté de son sujet. Il est capable d'être un passeur d'émotions. Je vois aussi comment Claude Bourguignon[9], cet éminent connaisseur du sol qui a inspiré mon envie d'explorer ce qui s'y passait au-delà des champignons, a claqué la porte de l'INRA. Il était agacé par des collègues qui n'écoutaient pas ce qu'il disait sur le fait que le sol est vivant. Il ne faut pas se laisser déborder par cette émotion. Il y a des collègues à qui j'en veux très fortement, mais lors des colloques, j'ai toujours mis les rieurs de mon côté. J'ai transformé ces griefs en sujets de rigolades pour en faire une vengeance heureuse. J'emploie le mot « vengeance » pour dire les frustrations inhérentes à ce milieu. Ce sont des blessures et des émotions parfois plus aiguës que l'émotion procurée par le réel et la nature. La nature diffère parce que sa fascination est continuelle. Elle n'est pas une succession de piques.

N. M.: Vous est-il difficile de penser en dehors du cadre, de contourner un consensus établi pour faire émerger une idée nouvelle ?

M.-A. S.: Il m'est arrivé de publier des articles en décalage avec les idées ou les mécanismes connus. Par exemple en 2004, sur

8. Marcel Boucher, jardinier, chercheur et directeur de recherche à l'INRA, s'est spécialisé dans l'étude des vers de terre.

9. Claude Bourguignon (1951) est un ingénieur agronome français. Il dénonce dès les années 1970 l'appauvrissement des sols et la dégradation de la biomasse.

le microbiote végétal. C'est un peu notre lot à tous: ce doit être séduisant parce que c'est neuf. On ne publie que si c'est nouveau. J'appartiens au comité éditorial de *New Phytologist*, une très bonne revue de biologie des plantes. Bien que non écrite, notre devise est la suivante: ce doit être *new* (nouveau) et *phyto* (sur les plantes). Pour faire du neuf, il faut être un peu en dehors des clous. Tout est question de dosage... Ensuite, il y a l'idée de trouver des choses inattendues. Je suis très fier des travaux de mes étudiants en thèse. Ce que nous avons fait sur l'écologie de la truffe, par exemple, était nouveau: elle n'est pas seulement mycorhizienne sur les arbres, mais colonise aussi les racines des plantes herbacées voisines. Avec des collègues italiens, nous avons montré que c'étaient les invertébrés qui maturaient les spores de truffes lors du passage dans leur tube digestif, plutôt que les vertébrés. L'affirmation selon laquelle les truffes seraient des champignons dispersés par les sangliers, les souris et autres rongeurs est peut-être trop rapide. Ces derniers sont sans doute les parasites ou les opportunistes d'une dissémination plutôt réalisée par des invertébrés.

N. M.: Quel est votre premier réflexe quand vous vous trouvez confronté à une anomalie?

M.-A. S.: Si cette anomalie va contre mon intuition, j'essaie de voir s'il n'y a pas une erreur. Si je n'ai pas d'idées préconçues, je vais être aux aguets pour voir s'il s'agit de quelque chose de nouveau. Quels que soient les cas, j'essaie de rester objectif. Il m'est arrivé de ne pas publier des séries de données parce que le résultat était très loin de ce que je pensais. D'ailleurs, nous avons tous dans nos cahiers des tas de données dont on ne sait que faire. Récemment, avec une collègue, nous avons montré que les orchidées sont plus riches en phosphore que les autres plantes. Cela peut s'expliquer par le fait qu'elles n'ont pas les mêmes champignons mycorhiziens que les autres. Ou peut-être est-ce aussi parce que certaines d'entre elles mangent la matière organique issue de leurs champignons. Ce n'est pas bien clair, nous ne savons pas l'expliquer. Mais c'est une observation que nous faisons. Nous avons donc décidé de publier un article dans lequel il n'y a absolument aucune interprétation nette à donner. C'est un fait, point. Nous proposons quelques hypothèses. Ce sont des hypothèses incertaines, qui ne soulèvent pas l'enthousiasme et n'expliquent pas vraiment ce qui se passe. Il y a donc des données dont je ne sais pas quoi faire parce que ce n'est tout simplement pas racontable, voire incompréhensible tant elles sont disparates. Notre regard sur une activité de recherche est biaisé, car on ne voit pas toute cette matière noire qui n'est jamais publiée... Certains disent qu'il faudrait faire des revues pour publier les résultats bruts, même peu explicatifs. Leur mérite serait de les rendre disponibles. Pourquoi pas ? Pour ma part, je préfère passer du temps sur un jeu de données qui amènent une conclusion, portée par une démonstration et une narration.

N. M. : Pour penser, avez-vous besoin d'errance, de silence et d'isolement ?

M.-A. S. : Ah non ! Je travaille dans le train. J'aime aussi écrire dans un café. Mon fils peut hurler, ma femme me parler, je n'entends parfois absolument rien. Il y a deux choses que je peux faire partout et dans toutes les circonstances : m'endormir dix minutes, ou me concentrer. Il n'y a que l'écriture et la relecture de certains passages difficiles qui nécessitent un peu de silence, mais c'est rarissime. Je suis un peu tout-terrain. Le bruit ne me gêne pas. Quand je travaille, je mets un casque à conduction osseuse pour garder un contact avec la réalité... Et j'écoute de la musique classique. Il est hors de question de travailler sans un fond de musique classique. Plutôt musique orchestrale, musique symphonique, voire musique de chambre. Pas de voix humaine : j'ai une collection de près de cinq mille CD à la maison...

N. M. : La nuit est-elle propice au sommeil ou à la réflexion ?

M.-A. S. : Je dors bien. Je ne suis tourmenté que par des échecs personnels. Ce sont des choses qui peuvent me réveiller, me torturer ou m'empêcher de m'endormir. Récemment, un collègue m'a remis un article qui avait nécessité deux ans de travail sur un sujet passionnant. Mais il était totalement impubliable. Deux nuits d'affilée, j'ai eu du mal à trouver le sommeil car c'était un désastre intellectuel et financier. Voilà un exemple de déception profonde qui peut avoir un effet sur mon sommeil. La pensée scientifique, elle, ne provoque jamais cela. En revanche, il m'est déjà arrivé de me réveiller le matin avec l'envie d'écrire quelque chose, sans savoir d'où cela provenait. C'est le syndrome de Friedrich August Kekulé[10], qui dit avoir rêvé de la structure du benzène : il a découvert le cycle aromatique en rêvant d'un serpent qui se mordait la queue. Le matin, au réveil, il avait compris comment ça marchait. Cela m'est arrivé deux fois. C'est donc assez rare. Sinon, je pense en toutes circonstances, surtout en allant aux toilettes, où je ne suis pas trop pris par la tâche à accomplir. (Rires.)

N. M.: Où alors en nageant, comme vous le disiez tout à l'heure ?

M.-A. S.: Oui ! Alors ça, c'est autre chose. La nage fonctionne surtout pour la vulgarisation. En nageant, je rassemble mes idées. L'exercice physique est un moment idéal pour penser. Le drame est que je finis par essayer d'apprendre par cœur une liste de sept ou huit points qu'il me faut absolument noter en sortant de l'eau. C'est agaçant, parce qu'à la fin je ne pense plus, je ne fais plus que réviser la liste pour être sûr de me souvenir des items. Je n'arrête jamais de penser et de travailler. Chez moi, il y a une porosité totale entre le travail et la vie.

N. M.: Justement, quel serait le lieu, ou le moment idéal, pour penser librement ?

M.-A. S.: Je dirais que c'est le temps des vacances. Je peux travailler sur ce que je veux et je suis plus détendu. Je nage, je profite de ma famille, et je fais de gros et beaux châteaux de sable, parce que j'adore ça. Avec un petit de deux ans et demi, ça devient plus dur

10. Friedrich August Kekulé (1829-1896) est un chimiste allemand, reconnu pour avoir découvert les liaisons tétravalentes du carbone et la formule du benzène.

de faire des châteaux parce que l'activité de destruction l'emporte souvent sur l'activité constructrice. (Rires.) Sinon, le train, le bus ou la marche sont des moments propices à la réflexion. Il m'arrive même, pendant mes conférences, de penser à autre chose. C'est très embêtant, car je ne peux pas prendre de notes.

N. M.: Quelle place accordez-vous au hasard ou à ce qu'on appelle la « sérendipité » ?

M.-A. S.: Une place énorme. Nous avons renommé *Serendipita* un des genres de Sébacinales[11] parce qu'ils avaient été découverts par hasard. Nous observons des choses nouvelles. Nous découvrons des choses inattendues. C'est comme ça que j'ai contribué à montrer à quel point le groupe des Sébacinales était écologiquement important. Dans mon travail de recherche sur les racines des plantes, je suis tombé dessus de façon répétée. C'est aussi par hasard que j'ai découvert les tannins. J'en ai fait un livre pour montrer combien ils sont présents dans nos vies, comment un petit nombre de leurs propriétés ont construit notre monde. Ça, c'est dû au hasard. Rien ne me prédisposait à écrire un livre sur les tannins, ni à y être sensible. L'avantage, c'est que ce livre m'a permis d'aller dans de grands domaines et de goûter des vins que je n'aurais jamais goûtés sinon, comme le Liber Pater! Un bon chercheur, c'est quelqu'un qui est préparé à récupérer quelque chose qu'il a découvert par hasard, pour en faire du sens.

N. M.: Avez-vous eu des routines de travail ?

M.-A. S.: Je maudis la routine. Ça me casse les pieds de refaire deux fois de suite la même séance de travaux pratiques. J'ai la chance, dans mon métier, de ne pas avoir de routine. Chaque jour, je me lève pour faire quelque chose de différent. Les jours ne se ressemblent pas. Il y a des jours de recherche, des jours de vulgarisation, d'enseignement.

11. Les Sébacinales sont un ordre de champignons, qui comprend neuf genres répartis entre deux familles, suite aux travaux de Marc-André Selosse. Ses espèces vivent dans les sols ou dans les racines des plantes avec lesquelles elles entretiennent des relations mycorhiziennes.

Des jours où j'ai un peu de temps libre pour emmener mon fils au zoo ou pour lire.

N. M.: L'évolution de la technologie a-t-elle modifié considérablement votre façon de travailler et de réfléchir?

M.-A. S.: Pour ce qui est de la manière de travailler, totalement! L'évolution des techniques de biologie moléculaire nous a permis de savoir lister les microbes d'un milieu. Avec le séquençage haut débit, on peut facilement identifier 10 000 champignons dans un échantillon. La chimie isotopique m'a permis de lever des questions, faire des marquages et d'autres trucs sympas. Aujourd'hui, envoyer des e-mails est une part intrinsèque du travail dans la diffusion ou la quête d'informations. Pour ce qui est de la façon de réfléchir, c'est plus compliqué. Aujourd'hui, nous avons de plus en plus de méthodes haut débit en métabolomique, en transcriptomique ou en barcoding[12]. Nous n'arrivons plus tellement à voir les choses, et nous sommes obligés de passer par des pipelines. De fait, j'ai l'impression de moins réfléchir. Avant, je regardais moi-même mes données. C'est désormais impossible, il y a des milliers de lignes et de colonnes que nous sommes obligés d'analyser de façon informatique. Les données sont beaucoup plus filtrées avant d'arriver à ma réflexion. C'est pertinent par rapport à la complexité et à la diversité du réel, notamment des écosystèmes microbiens que nous étudions, mais cela empêche de saisir l'objet que nous observons et sur lequel nous réfléchissons. Des programmes bio-informatiques nous synthétisent l'information. Entre la fin du XIXe siècle et maintenant, la théorie endosymbiotique[13], par exemple, a été tantôt acceptée, tantôt rejetée, selon les outils qu'on y appliquait. Je pense que les outils nous imposent une façon de penser et de voir le monde. C'est quelque chose que j'ai constaté dans les évolutions rapides des méthodes.

12. La métabolomique, la transcriptomique et le barcoding sont des études ou des techniques qui analysent globalement les informations contenues dans un échantillon (les métabolites ou les ARN messagers) en identifiant des marqueurs spécifiques *via* du séquençage massif à haut débit.

13. La théorie endosymbiotique est l'hypothèse selon laquelle les mitochondries, les « centrales énergétiques » des cellules, seraient le fruit d'une symbiose entre les ancêtres de nos cellules et une bactérie.

N. M.: Qu'est-ce qu'un obstacle? Comment l'appréhendez-vous? Comment vous y prenez-vous pour le contourner?

M.-A. S.: Il y a les obstacles vraiment nuls: ceux qui sont à la paillasse, sur la table du laboratoire, par exemple, lorsque nous n'arrivons pas à faire une manipulation routinière comme une PCR[14]. C'est du temps perdu à faire des vérifications et des mises au point, sans savoir quand ça s'arrêtera. Certes, je rencontre moins ce type de problèmes, mais je vois mes étudiants ou mes collègues les éprouver. Et il y a les obstacles liés au processus de la recherche. Par exemple, un jeu de données qui ne répond pas du tout à la question, ou donne une réponse complètement contre-intuitive, voire complètement contradictoire avec d'autres choses qu'elle indique.

N. M.: On en vient à l'anomalie dont nous parlions tout à l'heure.

M.-A. S.: Oui. Puis nous tombons sur du non-sens, ou en tout cas sur une impuissance à donner du sens à des données. Il y a aussi les obstacles liés à l'activité de recherche, dans sa diffusion ou son financement. Le meilleur exemple, c'est quand nous manquons d'argent. Nous pouvons contourner les obstacles de paillasse. On a vu, en ce qui concerne les obstacles de compréhension, tout ce qu'on peut délaisser. Cela donne des informations qui restent non publiées, des échecs de recherche. Mais le dernier obstacle, celui propre aux financements, nous oblige à tout recommencer. C'est une question de ténacité. Nous devons financer le laboratoire, publier les articles. Il faut remettre l'ouvrage sur le métier.

N. M.: Revenons au deuxième type d'obstacles: à quel moment vous dites-vous que vous faites fausse route? Est-ce facile? Ou est-ce qu'au contraire vous êtes têtu et vous accrochez longtemps?

M.-A. S.: Ce n'est pas une démarche facile. Souvent, nous avons investi du temps en amont. Il y a les cas où il faut faire d'autres tests, d'autres observations, mais c'est rattrapable. À d'autres moments, il faut tout simplement abandonner: ça n'est pas clair, pas interprétable. Du coup, cela ne sert à rien de s'enferrer. Jeune chercheur, cette situation m'a beaucoup coûté. Je n'avais que mes mains pour

14. Polymerase Chain Reaction: réaction de polymérisation en chaîne permettant de reproduire rapidement *in vitro* des segments d'ADN à partir d'une séquence initiale.

faire les manipulations. C'était du temps précieux qui disparaissait. Aujourd'hui, je suis plus facilement résigné. Cela me coûte moins personnellement. Comme j'organise mieux la recherche de mes jeunes collaborateurs, j'ai aussi la possibilité de les mettre sur d'autres jeux de données. Ils vont être auteurs d'autres articles, et n'auront donc pas tout perdu avec leur propre jeu de données.

N. M.: C'est un déchirement de constater l'échec ?

M.-A. S.: Avant, c'était un déchirement pour le temps perdu. À présent que je ne fais plus les manipulations, d'autres résultats exigent que je consacre du temps à l'écriture. Je suis donc plus facilement consolable. En revanche, je suis triste pour mes jeunes collaborateurs qui ont perdu un temps important et peu compensable. Le problème est donc surtout lié au temps. En termes d'idées, j'ai toujours été très résigné. Si l'idée ne tient pas face à l'expérimentation ou à l'observation, c'est qu'elle est pourrie. Et il faut avancer positivement par rapport à cela. Mais il existe une compétition et un besoin de publier régulièrement. Le temps perdu est donc pénalisant. Quand nous devons jeter trois ou six mois de travail, c'est une catastrophe. Surtout en début de carrière.

N. M.: Diriez-vous que la recherche est génératrice d'anxiété ou de sérénité ? L'une est-elle plus féconde que l'autre ?

M.-A. S.: Il y a clairement plus d'anxiété en début de carrière. On a du mal à avoir de l'argent, du mal à publier. On a besoin de publier beaucoup dans le but d'avoir un poste. J'ai eu la chance d'avoir le mien rapidement. Pour mes jeunes post-doctorants, je constate que c'est un enchaînement d'étapes, chacune devant s'achever par un succès, sans quoi les chances de trouver un poste diminuent. Oui, il y a cette anxiété. Plus jeune, quand j'ouvrais mes fichiers de séquences ADN, je me demandais bien ce que j'allais trouver. J'étais traversé par l'excitation et l'impatience. J'étais aussi angoissé. Est-ce que ça allait marcher ? Il faut quand même dire que l'administration ne fait pas son boulot pour diminuer l'anxiété des chercheurs. J'en veux beaucoup à ceux qui administrent la recherche, comme Antoine Petit[15], qui n'a rien compris à la théorie de l'évolution, et propose une théorie évolutionniste de la recherche, régie par la compétition. Ce management est néfaste et ne fait que stresser les gens. Or stresser ne permet pas de donner le meilleur de soi-même. Au contraire, nous devrions aider les scientifiques à se concentrer et à travailler au calme. Certains collègues vont très mal.

N. M.: Est-ce que faire de la recherche apporte quand même une certaine forme de sérénité?

M.-A. S.: Quand ça marche, la recherche procure de grandes joies paisibles. Je me rappelle la première fois où j'ai trouvé que certaines orchidées étaient associées à des truffes. C'est parce qu'elles étaient rattachées aux arbres voisins par des filaments mycéliens qu'elles pouvaient recueillir du carbone de ceux-ci. Quelle sensation de bonheur! Oui, la recherche peut apporter la sérénité. Pour ma part, je l'ai d'ailleurs plus éprouvée en fin de carrière qu'au début. Dans mon équipe, il y a toujours quelqu'un pour accomplir quelque chose de formidable. L'accompagner, être présent à ses côtés est une immense satisfaction. Quand je vois un de mes collaborateurs peiner ou souffrir sur un sujet, j'en souffre avec lui.

N. M.: Quelle est la place de l'autocritique? Est-ce facile?

M.-A. S.: Bien qu'il soit difficile de se juger, je pense en être capable et m'en enrichir. Récemment, un agriculteur m'a fait remarquer que je faisais un contresens avec le terme «culture dérobée» en l'utilisant comme un synonyme de «culture intermédiaire». Les «cultures dérobées» sont un type de culture intermédiaire, non l'inverse. Les cultures dérobées sont récoltées; les cultures intermédiaires ne le sont pas forcément. J'ai pris ça avec plaisir. Un jour, une de mes collègues m'a affirmé que le beurre était un aliment fermenté. Je lui ai expliqué que non, et que ce n'était pas à un microbiologiste qu'elle allait apprendre ça. Elle avait raison. Je cite souvent cette anecdote

15. Antoine Petit (1960), P-DG du CNRS nommé en 2018, avait souhaité pour la recherche «une loi ambitieuse, inégalitaire – oui, "inégalitaire", une loi vertueuse et darwinienne, qui encourage les scientifiques, équipes, laboratoires, établissements les plus performants à l'échelle internationale, une loi qui mobilise les énergies».

pour montrer mon erreur. C'est le propre de la recherche que de rejeter certaines idées. On peut d'ailleurs en être victime. J'ai la chance de n'avoir jamais vu une seule de mes conclusions invalidées. Or cela ne signifie pas qu'elles sont toutes bonnes.

N. M.: Accordez-vous beaucoup de place au doute?

M.-A. S.: Oui. J'ai toujours douté de tout: à commencer par moi et ma capacité à faire les choses. Le doute est un moteur pour mieux faire. C'est un aiguillon d'exigence. Aujourd'hui, ma portion de doute demeure, tout en coexistant avec l'assurance d'être capable de faire certaines choses. Auparavant, je doutais de ma capacité à intéresser les gens par mon discours. Maintenant, je suis à peu près certain que je peux y arriver. Mais quand j'écris mes livres, je suis encore dans les affres d'un doute total. Ce que je suis en train d'écrire va-t-il intéresser les gens? Là encore, le doute est un moteur, il induit une exigence.

N. M.: Quelle est la découverte dont vous êtes le plus fier? Celle qui a marqué votre carrière?

M.-A. S.: C'est la mixotrophie: le fait que certaines plantes mangent leurs champignons mycorhiziens pour compléter leur photosynthèse. C'est ce qui permet à bien des plantes de survivre à l'ombre des sous-bois! Nous avons été plusieurs à la découvrir en même temps. En fait, nous étions deux: un collègue allemand qui, je dois le dire, est devenu un ennemi intime et qui, par la suite, n'a pas cessé de critiquer mes travaux et ceux de mes étudiants. Un peu comme Pasteur et Koch: je suis le Français qui n'aime pas l'Allemand et *vice versa*... Même si nous avons été plusieurs, j'ai découvert la mixotrophie indépendamment. C'était fantastique. L'élucidation de l'écologie de la truffe vient tout de suite après. Ça en fait un champignon moins mystérieux qu'avant. Nous l'avons, en quelque sorte, fait rentrer dans le rang. Une chose importante: ce ne sont en aucun cas des découvertes isolées. D'autres chercheurs étaient sur la voie. Certains ont même publié des idées similaires en même temps.

N. M.: Quel est votre plus grand échec?

M.-A. S.: Il est humain. Sur tous les doctorants avec qui j'ai travaillé, il y en a deux avec qui j'ai profondément échoué. C'était il y a quinze ans. Je voulais tester le rôle écologique de ces plantes mixotrophes. Elles exploitent des champignons qui forment eux-mêmes des mycorhizes sur d'autres plantes qui les nourrissent. Je voulais planter, dans des zones où ces plantes sont présentes et dans des zones où elles sont absentes, différentes germinations d'arbres qui s'associent à ces champignons mycorhiziens. Je souhaitais le faire de façon répétée dans la nature. La première post-doc a failli me faire un procès, car elle pensait qu'elle allait être attaquée par des ours dans les Cévennes. En fin de compte, elle n'a intenté aucune action et nous avons perdu le financement sur un an. Le deuxième post-doctorant n'a absolument pas travaillé. Du coup, nous n'avons pas élucidé une question qui reste encore ouverte: que font les mixotrophes aux autres plantes? À ce jour, rien n'a été publié là-dessus. À ce stade de ma carrière, je n'ai pas envie de reprendre ces manipulations. Je ne me suis sans doute pas assez investi. Tout jeune prof arrivé à Montpellier, il m'était très difficile de concilier mes cours et ma recherche. C'est un échec partagé. Malgré tout, j'en suis en partie responsable.

Mon autre échec, c'est de ne pas m'être engagé plus tôt et plus activement dans la défense de l'environnement. Aujourd'hui, je réalise à quel point c'est le vrai sens à donner à son existence. Nous menons aussi un combat au sein de la Fédération BioGée[16], que je préside, pour la promotion d'une éducation aux sciences du vivant et de l'environnement. Face à l'urgence écologique, j'aurais dû sortir du laboratoire bien avant.

N. M.: Diriez-vous que votre domaine de recherche a radicalement changé la façon dont vous percevez le monde et le réel?

M.-A. S.: Totalement. À présent, j'ai une représentation – même si ce n'est qu'une image et pas la réalité – de la vie microbienne dans le

16. http://www.biogee.org

monde qui nous entoure. Elle est assez précise, diversifiée, et s'étend bien au-delà des champignons. Cette vision n'aurait pas été possible sans des outils nouveaux comme l'ADN, et sans les travaux de dizaines, voire de milliers de collègues. Aujourd'hui, mon travail de vulgarisation consiste à diffuser cette vision nouvelle et différente. Dans *Jamais seul*[17], je montre ces microbes qui « construisent les plantes, les animaux et les civilisations ». Des lecteurs m'ont dit qu'ils n'avaient jamais vu le monde comme ça auparavant. Les microbes ont révolutionné ma vision du monde. Je suis fier de cette reconstruction du visible autour de l'invisible. Je rejoins l'idée de Gaston Bachelard : la science doit être une révolution, elle doit nier une histoire passée[18]. C'est quand elle se renouvelle que la science a du sens. Elle est en revanche dangereuse quand elle conforte les idées reçues, quand elle nous signifie que nous pensons bien d'emblée. Or on ne pense pas bien d'emblée. Il arrive aussi qu'on se plante, et que la réalité soit encore plus belle.

N. M. : Cette perception du monde microbien a-t-elle changé votre vie quotidienne ?

M.-A. S. : Aujourd'hui, je vois les microbes. Quand des gens parlent sans masque autour de moi, je vois très bien les possibles virus se déplacer. J'ai une vision qui, à défaut d'être la réalité, peuple, habite et emplit le réel de microbes, mais aussi de leurs fonctions et, souvent, de leur utilité vitale. Je répondais récemment à une question pour *Science et Vie* : peut-on manger un aliment qui est tombé par terre ? La réponse est oui... sauf s'il y a un produit chimique de désinfection sur le sol. C'est vraiment ma vie quotidienne qui a changé, notamment les éléments de mon alimentation par rapport au microbiote. J'ai envie de transmettre d'autres visions de l'agriculture et de la gestion des sols. Ce sont des thèmes que je porte dans la rédaction des programmes de l'enseignement secondaire. Cela m'a conduit au

17. *Jamais seul. Ces microbes qui construisent les plantes, les animaux et les civilisations*, Actes Sud, 2017.

18. « Accéder à la science, c'est spirituellement rajeunir, c'est accepter une mutation brusque qui doit contredire un passé », in *La Formation de l'esprit scientifique*, Vrin, 1938.

comité scientifique de la Fondation pour le lait cru. Je vais jusqu'à reconstruire mes engagements sociétaux.

N. M.: Pensez-vous que le temps des grandes découvertes dans votre discipline est révolu ou bien qu'il est à venir ?

M.-A. S.: De ce que je peux imaginer, tout a été découvert. Si je connaissais le déclencheur, la nouvelle méthode ou la perspective qui permettrait de voir ailleurs, j'irais dans cette direction. Aujourd'hui, je ne vois pas très bien la révolution qui va venir, mais je ne doute pas que d'autres nous attendent. L'histoire n'est pas finie ; il est possible que moi, en revanche, je le sois. Je pourrais voir du neuf si je m'y efforçais, mais j'en ai marre. J'ai été chercheur, mais c'est fini. Mon boulot, mon urgence, c'est de déclencher la prise de conscience chez les autres que la science est un outil pour tous.

Bibliographie

La Symbiose. Structures et fonctions, rôle écologique et évolutif, Vuibert, 2000.

Jamais seul. Ces microbes qui construisent les plantes, les animaux et les civilisations, Actes Sud, 2017.

Les Goûts et les Couleurs du monde. Une histoire naturelle des tannins, de l'écologie à la santé, Actes Sud, 2019.

L'Origine du monde. Une histoire naturelle du sol à l'attention de ceux qui le piétinent, Actes Sud, 2021.

Petites Histoires naturelles. Chroniques de la Terre au carré, Actes Sud, 2021.

Sous Terre (avec M. Burniat), Dargaud, 2021.

Yves AGID
Neurologie et médecine
Grand prix de l'INSERM

Comment échapper à l'éclair de malice dans les yeux clairs d'Yves Agid, lorsqu'il rappelle qu'étudiant il conduisait une Méhari rouge, qu'il égratigne le mandarinat empesé de la recherche médicale, ou qu'il vous dévoile son âge au détour d'une conversation, sachant pertinemment qu'il paraît vingt ans de moins ?

Yves Agid mène une carrière scientifique à l'INSERM avant de fonder en 2010 avec son comparse de toujours, Olivier Lyon-Caen, et Gérard Saillant, l'Institut du cerveau, un centre de recherche fondamentale et clinique, qui emploie aujourd'hui plus de 800 chercheurs, ingénieurs et techniciens. Une grande partie de son activité scientifique a été consacrée à identifier les mécanismes de la mort cellulaire et les bases neuronales de maladies neurodégénératives, comme la maladie de Parkinson et la maladie d'Alzheimer.

« Les bons scientifiques sont émotifs. »

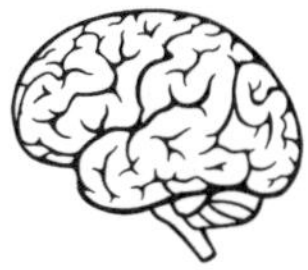

NICOLAS MARTIN: À quel moment, à quelle expérience ou à quels souvenirs liez-vous l'apparition de ce qui pourrait être une vocation dans votre enfance?

YVES AGID: Il y a la prédisposition et puis il y a l'environnement. La prédisposition vient de ma famille. Ma mère était une artiste reconnue en Suède, une designer, donc elle était créative. Mon père était médecin et a dirigé un institut de recherche du CNRS. J'ai un jeune frère qui est peintre aussi. Il y a probablement un humus favorisant la créativité. Ensuite, j'ai été élevé dans un milieu relativement favorisé, disons un milieu «bourgeois intellectuel». Par exemple, mes parents étaient liés à Roger Martin du Gard, et surtout à Romain Gary. J'ai eu aussi la chance de rencontrer des camarades de qualité, qui sont devenus des amis chers: le génial Éric Lehman, mathématicien; Pierre-André Picon, un autre mathématicien; Olivier Lautman; et bien d'autres qui m'ont influencé. Après le bac, je ne savais pas quoi faire. Mes parents voulaient que j'aille faire des études à Harvard pour devenir diplomate. Je ne sais pas pourquoi, quelle idée? J'ai toujours été un politique désastreux.

Ensuite, j'ai voulu faire de la science, comme par hasard! J'ai fait médecine parce que j'avais des idées sociales et je pensais que ce serait utile pour tout le monde. Mon père lisait de la philosophie, il faisait de la science, il m'avait emmené dans son laboratoire, l'Institut de biologie, rue Pierre-Curie à Paris. Un jour, j'ai lu l'article d'un chercheur suédois qui s'appelait Hyden[1] et ce monsieur pensait avoir trouvé le peptide de la mémoire. En réalité, c'était une erreur, il avait fait une expérience très simple. Il avait appris à un rat à parcourir un labyrinthe pour trouver de la nourriture. Ensuite, il avait tué l'animal, il avait broyé le cerveau, puis il en avait fait un extrait qu'il avait injecté dans le cerveau d'un autre animal. L'autre animal trouvait plus rapidement le chemin du labyrinthe. En analysant cet extrait, il a trouvé un peptide, donc il en a conclu que c'était le peptide de la mémoire. C'est complètement naïf comme idée, mais enfin, moi, j'avais trouvé que c'était marrant, cette « chimie du cerveau ».

Et puis au cours de mes études, j'ai commencé à m'intéresser aux choses de l'esprit. Je n'avais jamais rien fait en philosophie, mais avec les études de médecine, je me suis intéressé à la psychologie. J'ai hésité un moment, j'ai failli faire de la chirurgie, plus particulièrement de la neurochirurgie, mais j'ai compris qu'il serait difficile de faire de la recherche. Je voulais faire quelque chose de nouveau. À un moment, ça a été clair : je voulais comprendre les mécanismes des fonctions mentales. Voilà, ça s'est passé comme ça. J'ai eu beaucoup de mal parce que j'étais nul, j'ai eu du mal à passer le concours de l'internat, c'était une horreur pour moi qui étais plutôt paresseux de nature. J'ai commencé à faire de la recherche tard, à 31 ans. Je cherchais des formations, j'enseignais même, j'étais assistant de biochimie pour les étudiants de première année de médecine. J'errais, je ne trouvais pas.

Puis un jour, une jeune collègue m'a dit : « Il y a un type qui vient de s'installer au Collège de France, et il travaille sur des choses qui vous intéressent. » Ce monsieur, c'était Jacques Glowinski[2]. C'était un jeune homme, il revenait des États-Unis et il avait travaillé sur le

1. Holger Hyden (1917-2000) est un médecin suédois connu pour ses travaux précurseurs en neurochimie.

2. Jacques Glowinski (1936-2020), chercheur en biologie, spécialisé dans la neurobiologie, est considéré comme l'un des fondateurs en France de la neuropharmacologie. Il a été récompensé par un prix d'honneur de l'INSERM en 2005.

métabolisme des neurotransmetteurs, c'est-à-dire les substances chimiques qui permettent le passage des impulsions électriques d'une cellule nerveuse à une autre. Je suis allé le voir au Collège de France. Je vois un type dans le couloir, à qui je dis: «Bonjour, je voudrais voir le professeur Glowinski.» Je m'attendais à voir un vieux barbon. Il me dit que c'est lui. Je lui dis que justement je veux venir travailler dans son laboratoire, et il me dit que ce n'est pas possible. Je lui réponds que je suis désolé mais que je suis interne et que je veux vraiment faire ça, donc il faut m'aider. Là, il me dit: «Bon, d'accord, venez dans mon bureau.» Je pensais y rester trois minutes et je suis resté deux heures. Ça a été le démarrage. J'ai fait une thèse de sciences chez lui au Collège de France.

N. M.: En quoi diriez-vous que ce milieu socioculturel, familial, dans lequel vous avez évolué a été un atout, un adjuvant vers cette carrière dans la recherche?

Y. A.: Vous savez, ces choses-là, ce sont des choses dont on n'a pas conscience. Jamais je ne me suis dit: «Mes parents font ci, donc je vais faire ça.» Ce n'est pas parce que ma mère était artiste que j'avais le talent d'un artiste. Vous savez, c'est comme l'expérience des petits pois de Gregor Mendel[3]. À l'époque, on pouvait penser que le papa et la maman donnaient à leur enfant chacun la moitié du caractère, puis à la génération suivante ce n'était plus qu'un quart, puis un huitième, etc. En fait, ce n'est pas du tout ça. Il y a des supports génétiques qui font qu'un caractère peut se révéler plusieurs générations après. C'est l'histoire des gènes. Quant à moi, je ne peux m'empêcher de penser qu'il y a une petite part d'hérédité dans tout ça: avec mon frère qui est un peintre génial, avec mon père qui était chercheur et qui avait toujours des idées, avec ma mère ex-championne d'athlétisme, devenue designer célèbre. Alors, est-ce qu'on est déterminé? Non, on ne l'est pas, en revanche je pense qu'on a des prédispositions.

3. Gregor Mendel (1822-1884) est un moine catholique autrichien, reconnu comme étant le père de la génétique suite à son expérience sur les caractères transmis de souches de petits pois.

N. M.: Dans ce contexte de début de carrière, diriez-vous qu'il y a une œuvre visuelle, musicale, littéraire, cinématographique, qui a pu jouer ou vous influencer d'une manière ou d'une autre dans ce choix de carrière dans la recherche?

Y. A.: Comme ça, à chaud, c'est difficile de répondre à cette question. J'adorais le cinéma, les films qui m'ont frappé, *À bout de souffle* de Godard, *Les Enfants du paradis* de Carné. La peinture évidemment, car nous recevions à la maison des jeunes peintres suédois comme Bengt Olson, Bengt Lindström. Mais, vous voyez, aujourd'hui, je suis plus intéressé par l'observation de la nature que par la visite des musées. Sans doute la prise d'âge...

Quelles sont les raisons qui font qu'on a envie de faire des découvertes? Il faut avoir des qualités particulières. La première, c'est l'élan vital. Si vous êtes apathique, distrait, déprimé, vous ne pouvez rien faire. Il faut avoir un peu d'intelligence, des qualités de raisonnement, une culture, pas seulement scientifique. Pourtant, certaines personnes ont de la logique mais elles sont inertes parce que le raisonnement est linéaire. D'autres savent faire de bonnes synthèses, mais c'est parfois bloquant. L'idéal est d'avoir une pensée «à côté», celle qui ne prend pas le chemin qui paraît le plus logique. Mais, pour moi, avant tout, le découvreur doit avoir de l'imagination. Il faut qu'il soit capable d'inventer. Un artiste, en somme.

N. M.: Avez-vous eu un mentor, c'est-à-dire quelqu'un qui a vraiment eu un rôle déterminant dans la structuration de votre imaginaire scientifique et dans votre désir de faire de la recherche?

Y. A.: Quand j'étais externe en chirurgie, le patron, qui s'appelait Lucien Léger, m'a repéré sans que je sache pourquoi et m'a demandé de faire un exposé. Je l'ai fait, et il m'a pris à part pour me dire qu'il fallait que je prépare l'internat. Je n'avais jamais pensé pouvoir être interne, cela me paraissait inabordable. Je pensais qu'il n'y avait qu'une élite qui pouvait faire ça. En fait, ce sont des gens comme les autres, mais je l'ai appris plus tard.

Puis il y a eu un deuxième médecin, Marcel Legrain, un grand néphrologue, qui m'a abonné à l'*American Journal of Medecine* alors que je venais d'être nommé interne. Tout à coup, j'ai eu la révélation qu'il y avait des médecins qui faisaient de la recherche en médecine différemment de ce qu'était la pratique d'internat que je suivais comme une machine.

N. M.: Vous diriez que ce sont des personnes dont les travaux, la pensée, vous ont marqué? Est-ce que cela vous a donné un cadre intellectuel?

Y. A.: En sciences, celui qui est intervenu pour beaucoup, c'est Jacques Glowinski. Lui m'a appris le b.a.-ba de la science, ce que les médecins ne savent pas. Aujourd'hui, c'est différent, les internes sont devant un ordinateur, ils mettent des croix dans un tableau et ils croient qu'ils font de la recherche. Je me souviens, pendant trois mois j'ai purifié une substance utilisée pour faire de la chromatographie[4]. Je faisais ça pendant cinq heures par jour. Jacques Glowinski m'a obligé à revenir aux principes élémentaires de la chimie et de la méthode scientifique. C'est dans son laboratoire que j'ai découvert la soif de découvrir, la vie démocratique...

En médecine, c'était différent, presque l'inverse. Un milieu très hiérarchisé, mandarinal comme on dit, mais avec cette qualité inestimable: le compagnonnage. Mes patrons, Paul Castaigne et François Lhermitte, m'ont soutenu. François Lhermitte, justement une personnalité qui pensait autrement, était entouré par des gens talentueux, comme Jean-Louis Signoret dont j'étais proche. Ces gens-là faisaient de la neuropsychologie en prenant les malades un par un et ils observaient, mais je n'ai jamais vraiment accroché à leur méthode. De plus, j'étais contre ce système hiérarchisé, je voulais décloisonner, démocratiser. Ce n'est que plus tard, avec Olivier Lyon-Caen, que nous l'avons fait. Nous avons été les premiers à faire une fédération, puis un département de neurologie où le chef du service était désigné par les praticiens. Cependant, encore interne, travaillant nuit et jour à l'hôpital, j'ai découvert ce qu'était l'enseignement, donc l'université. L'astuce a été de comprendre immédiatement que pour faire de la bonne médecine, et donc former de bons médecins, il fallait proposer un enseignement de

4. La chromatographie est une technique physico-chimique qui permet de décomposer les différentes substances présentes dans un mélange à des fins d'analyse.

haut niveau, et que pour dispenser un enseignement de qualité, il fallait mettre en place une recherche d'excellence. Et d'abord, comprendre le mécanisme des grandes maladies neurologiques. Or, à l'époque, les neurologues travaillaient exclusivement en comparant les données cliniques à celles observées sous microscope. Rien dans le domaine du chimique. C'est là qu'il fallait aller...

N. M.: Comment jugez-vous aujourd'hui votre début de carrière? Est-ce que vous diriez que vous réfléchissiez, que vous travailliez de la même façon qu'aujourd'hui ou que votre pratique a nettement évolué?

Y. A.: Je n'y ai pas réfléchi, mais je suis stupéfait de voir que la plupart des étudiants – il y a des exceptions, mais je n'en connais pas beaucoup – entrent dans ce métier de la recherche ou de la médecine sans savoir pourquoi. Comme s'ils n'avaient pas réfléchi. En ce qui me concerne, j'y suis entré un peu en tâtonnant et progressivement, avec la volonté de faire autrement et mieux que ce qui se faisait.

Je pense que ce qu'il faudrait faire, à la limite, c'est un petit manuel du découvreur pour les étudiants. C'est idiot. Vous pensez bien qu'Einstein ou Bohr, si on leur demandait s'ils ont bien lu ce petit manuel, ils trouveraient ça niais! Mais je pense qu'on manque d'enseignement. Les philosophes ne connaissent rien à la science, ce qui fait qu'ils font des contresens ou disent des naïvetés en se référant à la science du passé. Quant aux scientifiques, quand ils commencent à parler de philosophie, j'ai remarqué que ça faisait souvent sourire les philosophes...

N. M.: Quel conseil donneriez-vous aujourd'hui au Yves Agid de 30 ans?

Y. A.: Je crois que j'aurais aimé être plus intelligent.

N. M.: Mais un conseil pratique?

Y. A.: Lire! Lire, non pas seulement dans son domaine, mais dans d'autres domaines, notamment l'histoire des sciences, ce que je n'ai jamais fait. Je le fais maintenant. Je suis obligé pour ne pas raconter des choses trop triviales dans mes petits bouquins. Je regarde donc ce qui a été fait avant. Lire de l'histoire, donc. Quand même, l'histoire des sciences, et notamment des neurosciences, c'est vraiment formidable. C'est très intéressant pour un étudiant de comprendre comment Einstein ou, dans mon domaine, comment Darwin ou Claude Bernard ont fait ce qu'ils ont fait. Ne pas avoir eu cette culture scientifique historique, je le regrette. Peut-être aussi le fait de ne pas avoir eu une culture philosophique plus importante, non pas de la philosophie au sens de ce que sont les notions de conscience, de mort ou ce genre de choses. Plutôt autour de la manière de penser des philosophes. Ils ont des modes de pensée différents des nôtres.

En médecine, on a un objectif, c'est «finaliste». Le chirurgien qui ouvre un ventre ne peut pas dire qu'il reviendra dans huit jours pour le refermer. Le scientifique, c'est plus «déterministe». Il est libre, il a une perspective de recherche mais pas d'obligation immédiate de résultat. C'est difficile de concilier les deux. Comme j'ai fait les deux, à la fois de la recherche et de la médecine, c'était parfois un peu difficile. J'avais tendance à vouloir arriver à mes fins en science. En médecine, j'étais trop rigoureux. L'autre risque, c'était d'être trop superficiel. C'est probablement ce qui est arrivé car, en plus de voir des malades, j'enseignais et je faisais beaucoup de recherches biologiques et cliniques.

N. M.: Quelle était pour vous, sur ce début de carrière, la part de compétition et de collaboration et qu'est-ce qui était le plus stimulant?

Y. A.: Alors là, ça, c'est très clair. J'ai toujours été «en contre» et on m'a laissé faire. Quand j'étais chez Glowinski, à un moment j'ai eu une idée, je l'ai développée tout seul et ça a donné un papier dans *Nature* qui m'a fait une petite réputation. Ils se sont dit: «Celui-là, il est quand même un peu bizarre.» En médecine, j'étais quelqu'un qui n'était pas du tout dans l'axe. J'avais une Méhari rouge décapotable, je n'avais pas de cravate, etc. J'étais mal considéré, et d'ailleurs il est vrai que je n'étais pas assez instruit par rapport aux autres. Donc j'étais en contre, mais sans agressivité. C'est un peu comme ma mère ou mon frère, qui sont comme ça, en dehors. Penser à côté, c'est fondamental pour la recherche.

N. M.: Il y a cette phrase d'Einstein qui dit quelque chose d'assez éclairant sur ce que peut être le début d'une vocation pour la recherche. Il dit que, très jeune, il avait la conviction qu'il y avait

« *something deeply hidden behind things* », c'est-à-dire qu'il y avait quelque chose de profondément caché, qui devait être découvert. Est-ce que c'est quelque chose auquel vous pouvez vous identifier ou pas du tout ?

Y. A. : Oui, c'est clair. Quand nous avions une douzaine d'années, mon ami Éric Lehman m'avait fait comprendre que quand on regardait un verre posé sur la table, ce n'était qu'une représentation du verre qu'on voyait. Ça m'avait frappé. À un point tel que c'en est devenu ma faiblesse, la neuropsychologie.

J'ai fondé mon labo seul, en 1978, et quand je suis parti, en 2005, nous étions une centaine. C'était quelque chose de nouveau que de faire de la médecine fondée sur les mécanismes des maladies. Comprendre les mécanismes, c'est le meilleur moyen pour trouver des médicaments. J'avais quatre groupes : un groupe clinique pur, qui essayait d'inventer une sémiologie fine et de trouver des moyens thérapeutiques ; un groupe de physiologie sur les troubles du comportement, notamment moteurs ; un groupe de biologie cellulaire sur les mécanismes biochimiques des maladies ; et un groupe de biologie moléculaire axé sur la composante génétique de ces maladies. Bref, une approche fondamentalement scientifique pour aborder les maladies du cerveau du type Parkinson et Alzheimer. C'était aussi une manière de contrer diverses interprétations qui n'étaient pas fondées. Je pense en particulier à ces mouvements « anti-psychiatriques » de l'après-guerre. C'est aussi, pour moi, l'erreur de la psychanalyse. Un Freud génial, évidemment, et un grand mouvement de pensée philosophique et littéraire, mais que d'erreurs dans le domaine de la psychologie et de la médecine. Il me paraissait urgent de se fonder sur une compréhension de l'échelle moléculaire, cellulaire et physiologique pour comprendre le comportement normal et pathologique. Aujourd'hui, ce sont d'autres armes qu'il faut utiliser, comme la physico-chimie et l'intelligence artificielle.

N. M.: Comment diriez-vous que naît chez vous une idée nouvelle et à quel moment ? Comment se présente-t-elle ? Est-ce que vous croyez à l'*eurêka*, à cette idée immanente, qui tombe du jour au lendemain, ou au contraire est-ce que c'est de la maturation ? Est-ce que c'est progressif ?

Y. A.: D'abord, il faut observer. Par exemple, Galilée observe Jupiter, voit des points qui se déplacent devant et en déduit qu'il y a des satellites qui tournent autour de la planète, et qu'il en est probablement de même pour la Terre qui tourne autour du Soleil. Puis il s'étonne. Pourquoi ça a bougé ? Il faut trouver une explication. C'est là que commence la recherche, souvent laborieuse. Comme l'ont bien observé les mathématiciens, la recherche, c'est rarement en pleine conscience, c'est le plus souvent non conscient, sans qu'on y prête attention, sans même s'en rendre compte. C'est « subconscient » (pour ne pas utiliser le terme « inconscient », qui a une connotation psychanalytique). Consciemment, on se pose la question, mais entre le moment où on s'est posé la question et celui où on a la solution, il s'est déroulé une phase de raisonnement non conscient qui a permis de résoudre le problème. Alors qu'on pensait à tout autre chose, soudain l'illumination vient, de manière inattendue.

N. M.: Pour vous, cette idée de l'« *eurêka*, j'ai trouvé » est-elle pertinente ?

Y. A.: Oui, ça arrive. Ça dépend de la question qu'on se pose. Plus elle est fondamentale, plus c'est difficile. C'est par exemple Poincaré qui trouve la solution de son fameux théorème en montant dans l'omnibus à Coutances. Aujourd'hui, cela ne se passe plus comme ça. La recherche, surtout dans le domaine de la biologie, est devenue beaucoup plus collective. Des petits bonds dialectiques dans des expériences successives, des résultats tirés de la littérature, des discussions ici et là font que, au bout d'un certain temps, tout à coup, quelqu'un fait la synthèse. Je crois que c'était le cas de Pasteur, qui a fait des découvertes absolument prodigieuses grâce à son sens de la synthèse.

N. M.: Comment se formule votre travail de réflexion? Est-ce que vous avez une voix intérieure, une voix extérieure? Ce sont des images, des concepts, des images en mouvement?

Y. A.: Il y a eu beaucoup de choses écrites là-dessus. Par exemple, Einstein qui disait que la découverte c'est «comme un regard». C'est comme la reconnaissance d'un visage. Quand je vous ai vu arriver tout à l'heure, je me suis dit: «C'est Nicolas Martin.» Je ne me suis pas dit: «Tiens, il est là-bas, il a une moustache, il a les yeux marron, il a ceci ou cela.» C'est instantané. Maintenant, si je ferme les yeux et qu'on me demande de vous décrire, j'en suis incapable. Si je l'écris, personne ne vous reconnaîtra. Donc c'est une vision d'ensemble, globale. Le responsable, c'est le cerveau, capable de reconnaître d'emblée une structure complexe alors qu'il n'en discerne pas les détails. Un exemple pathologique, «prosopagnosie», un trouble qui fait que les patients ne reconnaissent pas les visages. J'ai eu une malade comme ça, lorsque son mari entrait dans sa chambre, elle disait: «Mais qui êtes-vous?» Dès qu'il disait un mot, elle disait: «Ah! c'est toi.» Elle le reconnaissait à la voix. Sa lésion se trouvait dans la région temporo-occipitale du cerveau.

Pour moi, ce qui est essentiel dans l'idée de découverte, c'est la partie subconsciente. C'est un peu comme dans le rêve, un chaos d'images, de raisonnements, de logique, de mots, de phrases, d'émotions. On n'est pas conscient puisqu'on dort, mais comme il y a eu une question au départ, il y a une sorte de «sélection darwinienne des idées», comme dit Jean-Pierre Changeux[5], qui fait que, à la sortie du chaos, la solution émerge brusquement à la conscience. Le questionnement ne donne pas la réponse tout de suite, elle émerge plus tard. C'est l'image d'Andrew Wiles, un mathématicien anglais qui a redémontré la conjecture de Fermat, mais trois cents ans après[6].

5. Jean-Pierre Changeux (né en 1936) est un neurobiologiste français. Il a contribué au début des années 1970 à l'émergence du modèle dit du «darwinisme neuronal», selon lequel le système nerveux au cours de son développement élimine les synapses les moins efficaces, sur le modèle de la théorie de l'évolution, développée par Charles Darwin.

6. Le théorème de Fermat, énoncé par Pierre de Fermat au XVIIe siècle (il n'existe pas de nombres entiers strictement positifs *x*, *y* et *z* tels que: $x^n + y^n = z^n$ dès que *n* est un entier strictement supérieur à 2), a fini par être démontré par le mathématicien britannique Andrew Wiles, en 1995, après plus de huit ans de travaux, dont sept dans le plus grand secret.

Il disait : lorsque vous entrez dans une pièce noire, vous tâtonnez, vous vous faites une idée de l'endroit ; puis quelqu'un allume la lumière et vous vous rendez compte que ce n'est pas comme vous le pensiez, c'est autrement. C'est ça l'illumination.

N. M.: Quelle est la part de l'écrit dans votre recherche ? Est-ce que vous revenez à vos notes ?

Y. A.: Alors moi, je suis un tout petit peu particulier, parce que je suis distrait et je fais souvent plein de choses en même temps. J'ai toujours besoin d'écrire. Je n'ai pas une mauvaise mémoire, mais je ne suis pas un hypermnésique, donc je suis obligé de noter. C'est souvent en écrivant que je trouve des réponses.

Il faut donc chercher l'inattendu, en fouillant, en observant. Du reste, c'est comme cela qu'ont été découverts les principaux médicaments : les antibiotiques, et dans mon domaine les neuroleptiques, les anxiolytiques, les antidépresseurs, le traitement substitutif de la maladie de Parkinson.

N. M.: On va revenir sur cette question de l'anomalie. Mais avant cela : est-ce que vous diriez que votre raisonnement est plutôt inductif ou déductif ?

Y. A.: Je ne suis pas sûr d'avoir bien compris la différence. Vous savez, vous ? J'ai regardé dans les dictionnaires, ce n'est pas clair. Pour moi, déductif, c'est quand j'ai plusieurs observations ou idées, et j'en déduis une chose. L'inductif, c'est le contraire : une idée ou une observation au départ et plusieurs hypothèses ou conclusions à l'arrivée. Donc, comme tous les chercheurs, je crois, je fais les deux. Plus la question est importante, plus c'est difficile. C'est même très angoissant. Il n'y a pas seulement le raisonnement logique qui intervient, mais probablement beaucoup de sensibilité. Les mathématiciens insistent là-dessus. Je crois que c'est vrai, les bons scientifiques sont émotifs.

N. M.: C'est exactement ma question suivante : quelle est la part de l'intuition ? du rationnel ?

Y. A.: L'illumination, ce n'est pas tout à fait l'intuition. L'intuitif, c'est être face à un indice. C'est le médecin qui voit un bouton sur la langue et deux ou trois autres signes pour conclure: « Tiens, ça, c'est la rougeole. » Il peut se tromper, mais il a des indices et c'est immédiat. L'illumination, c'est une réponse retardée en principe à une question fondamentale. Cela étant, on peut avoir une illumination lorsqu'on voit un malade et une intuition en présence d'une question scientifique non résolue. C'est là qu'intervient le doute. Le doute est nécessaire en science, parce qu'on peut se tromper, il faut refaire les expériences, etc. Mais le doute c'est aussi utile pour avoir des idées. On s'est trompé, donc il y a d'autres perspectives.

N. M.: Chez vous, dans votre parcours de recherche, vous diriez que vous avez laissé volontairement une grande place aux émotions ou qu'au contraire vous avez essayé de les mettre de côté et de ne pas les laisser parasiter votre travail intellectuel?

Y. A.: Je ne sais pas répondre à cette question. Je ne sais pas qui peut répondre. Ce sont des choses auxquelles on ne pense pas. Il faut certainement être curieux, être motivé..., ce qui n'est pas tout à fait une émotion. Anxiété quand on ne trouve pas. La joie de trouver! Il y a tout simplement la joie de faire de la recherche.

Est-ce qu'il y a des pensées sans émotion? En fait, non. On sait maintenant, d'après des travaux effectués dans le domaine de la science cognitive, que toute décision résulte d'une conjugaison entre des activités intellectuelles et émotionnelles (dans le cortex frontal). De plus, toute pensée entraîne une émotion et toute émotion invite à penser...

N. M.: Même quand on est au contact de malades? Il y a une part d'humain et donc j'imagine que ça fait vibrer une corde émotionnelle plus fortement que si on est sur un travail purement théorique.

Y. A.: Je ne crois pas. Avec les malades, on a l'habitude de la souffrance, tout en ayant de la compassion. Une condition nécessaire pour faire ce métier. Dans le cas du médecin-chercheur, il y a un paradoxe. Il y a le malade qu'on veut soulager, et là on ne pense pas à la recherche, et il y a le malade comme objet de recherche. Il y a compassion pour les deux, il ne faut pas l'oublier, mais dans le deuxième cas cette autre partie de notre intellect l'emporte. C'est la raison pour laquelle, dans mon groupe, avec Olivier Lyon-Caen, nous avons interdit la recherche dans les secteurs hospitaliers, au profit d'un centre d'investigation clinique destiné à la recherche clinique. Le malade y est considéré comme un objet de recherche pour trouver un nouveau mécanisme de maladie ou un traitement nouveau. D'ailleurs, le malade est dans la même disposition d'esprit. Il est là pour rendre service à la recherche, pour lui et pour les autres. Même s'il sait qu'il n'y a pas de solution miracle, ce sera utile pour les autres. De toute façon, ces patients volontaires, nous les prenons en charge comme les autres, en respectant soigneusement les dispositions réglementaires et l'éthique médicale. Avec compassion. Et la compassion, c'est l'amour.

N. M.: Alors on en revient à des choses que vous avez déjà un peu abordées. Est-ce qu'il est difficile pour vous de penser en dehors du cadre, c'est-à-dire de contourner un consensus établi pour faire émerger une idée nouvelle?

Y. A.: Alors moi, c'est clair, dès que quelque chose est linéaire, je m'en vais! Ce qui fait la qualité des scientifiques, c'est de penser à côté. Dans le domaine de la médecine, c'était penser en contre, parce que je trouvais que la prise en charge des malades à l'hôpital ne se faisait pas de manière correcte et que l'organisation hospitalière n'était pas bonne. Je continue à le penser d'ailleurs, mais bon... Et en science? C'est la même chose!

Après, il ne faut pas non plus exagérer. Quand un scientifique a un résultat inattendu, il y a une décision à prendre. D'un côté, j'ai des arguments pour continuer et, de l'autre, des arguments pour arrêter. Qu'est-ce que je fais? Alors là, la partie émotionnelle joue. Il m'est souvent arrivé dans mon labo de dire qu'on arrête. C'est difficile à faire, car c'est quelque chose de terrible pour un étudiant. Pour être un bon scientifique, il faut être à la fois flexible et tenace, froid et enthousiaste... Tout est en contradiction, c'est comme dans la vie.

N. M.: Justement, quel est votre premier réflexe lorsque vous êtes confronté à une anomalie?

Y. A.: S'il y a une anomalie, en médecine, quelque chose qu'on ne comprend pas (c'est fréquent, les gens ne le savent pas, en particulier dans le domaine de la neuropsychiatrie), il faut aller jusqu'au bout, revoir le malade, éventuellement refaire les examens. Mais, *in fine*, il faut bien s'occuper de lui jusqu'à ce qu'il guérisse… ou qu'il meure.

En science, ce n'est pas tout à fait pareil. Quand le chercheur voit quelque chose d'étrange, qui ne colle pas avec ce qu'on sait, il peut lâcher en se disant que c'est un artefact. Je me souviens qu'un jour, chez mon patron de l'époque, Jacques Glowinski, j'avais fait une belle courbe, puis il y avait un point apparemment aberrant au-dessus de la courbe. Je lui montre les résultats. Il me demande ce que c'est, ce point. Je lui réponds que c'est un artefact, et lui me dit: «Il faut comprendre pourquoi il est là.» Ça, c'est le truc. Il avait raison. Dans mon cas, je dois avouer que les meilleures avancées scientifiques tenaient toujours de l'inattendu. L'erreur en recherche médicale aujourd'hui, c'est de ne pas réfléchir assez. Par exemple, mettre des séries de malades dans des machines et regarder ce qui se passe. L'autre erreur, c'est de tout mélanger. Par exemple, créer de grandes cohortes d'individus différents les uns des autres, examinés par des médecins différents dans des centres différents. Pour faire de la recherche médicale, il faut examiner les gens, les écouter, chercher où le bât blesse, chasser le petit détail qui remet tout en cause. Par exemple, là, je vous vois, je peux dire que vous êtes normal. (Rires.)

N. M.: Est-ce que vous avez besoin d'errance, de silence, d'isolement ou au contraire de discussions, de musique, de gens autour de vous pour réfléchir?

Y. A.: Les deux, mais j'aime bien être seul. C'est en écrivant les livres ou les articles pour les revues que j'ai des idées. Ce que je faisais, et que je fais toujours, c'est de partir deux ou trois jours, tout seul. Là, je travaille de 7 heures du matin jusqu'à 8 heures du soir, et le midi, je pars me promener pendant une ou deux heures avec un papier et un crayon en poche. C'est là que j'ai les idées, et je les note. C'est comme ça que j'écris les articles importants et les revues. Si je reste immobile à ma table de travail, il arrive parfois qu'une fatigue s'installe, une sorte d'asthénie intellectuelle. Dans ce cas, je m'arrête, je vais faire un tour, boire un café, lire un bout de journal ou regarder ce qu'il se passe à la fenêtre pendant quelques minutes. Vous partez regarder la nature et soudain les idées viennent sans qu'on sache pourquoi. Ça peut être des idées toutes petites, ça peut être des idées fortes – là, on en revient à l'illumination. Malheureusement, c'est souvent des erreurs de pensée ou des banalités…

N. M.: La nuit est-elle dévolue au sommeil ou à la réflexion ? Vous travaillez la nuit ?

Y. A.: Quand les gens sont très excités par l'activité intellectuelle, ils dorment peu. Tous les chercheurs vous le disent, les idées viennent la nuit. Ils se réveillent et les idées viennent parce qu'ils ont rêvé. Des questionnements ou des tourments trouvent une solution. L'histoire de Thomas Edison est formidable. Il se mettait dans un fauteuil et il s'assoupissait. C'est souvent pendant la phase de sommeil paradoxal, celle des rêves, qu'il se passe des choses. Il gardait une boule dans sa main et plaçait une casserole en dessous. Quand il s'endormait, paf! la boule tombait dans la casserole, ça le réveillait et c'est à ce moment-là qu'il avait des idées. Je n'ai jamais essayé ce truc. Il y a un concept absolument essentiel en psychologie dont personne ne parle : un cerveau, ça fait un peu moins d'un kilo et demi, ça consomme dix fois plus d'énergie que tous les autres organes, et ça marche en permanence, nuit et jour. Or, un cerveau est fait pour penser et avoir des émotions, sans arrêt. Donc on a des pensées et des émotions nuit et jour sans en avoir conscience ! Parmi celles-ci, certaines émergent dans la conscience qui seront des idées de recherche.

N. M.: Vous, vous êtes un gros dormeur ou un petit dormeur ?

Y. A.: Quand je travaillais beaucoup et que je prenais les avions, je dormais parfois peu. Autour de cinq ou six heures, mais jamais trois heures, comme on disait pour Napoléon. Quand j'étais interne, il m'arrivait de passer une nuit sans dormir. Ce n'est pas quelque chose qui se rattrape d'ailleurs, c'est assez bizarre. Aujourd'hui, je peux dormir sept ou huit heures. Je suis banal, comme tout le monde. D'ailleurs, cette question n'a pas beaucoup de sens parce que, quand on fait des enregistrements du sommeil, on se rend compte que les gens qui disent qu'ils ne dorment pas dorment en fait très bien. Le problème, c'est qu'ils ont des dizaines de micro-réveils qui leur donnent l'illusion de ne pas dormir.

N. M.: Quels sont le lieu et le moment idéals, pour penser librement?

Y. A.: Je vois deux choses. D'abord, la collectivité, le staff dans le laboratoire, les discussions le soir, quand tout le monde est parti. Au milieu des histoires de tous les jours, tout à coup, quelqu'un pose la question inattendue, on ne sait pas répondre, on discute, l'idée est dans l'air. Ensuite, la réflexion personnelle. Pour moi, c'est la promenade et la nature, ou alors l'écriture tout seul, au milieu des publications scientifiques, des pages et des pages d'écrits qui vont dans tous les sens et qu'après je reprends pour en faire une synthèse.

N. M.: Quelle place accordez-vous au hasard?

Y. A.: Il n'y a pas de hasard. Prenez l'histoire de la découverte des manuscrits de la mer Morte. On dit que le Bédouin les a trouvés par hasard, alors qu'en réalité il cherchait des objets antiques. Sans cela, il n'aurait jamais trouvé. Il y a donc une intention. Il est vrai que parfois l'idée de la question vient quand on a la réponse! Tous les chercheurs le disent: vous ne pouvez pas trouver une réponse s'il n'y a pas de question. Sinon, c'est la magie, donc un leurre. Par conséquent, si vous avez une illumination, c'est qu'il y avait un questionnement.

N. M.: Est-ce que vous avez une routine de travail? Est-ce que la répétition est importante?

Y. A.: Les routines, ce sont des comportements automatiques, par exemple quand je passe l'aspirateur, que je pèle les pommes de terre ou que je marche. Ces comportements sont intellectuels et émotionnels, mais ils se traduisent par de la motricité. Ils sont gérés par des structures très anciennes du cerveau qu'on appelle les «noyaux gris centraux» et qui se trouvent à la base du cerveau. C'est une structure cérébrale petite, environ 1/50e du poids du cerveau, qui est connectée au cortex cérébral, c'est-à-dire à l'enveloppe du cerveau, responsable de tous nos comportements non automatiques, comme le jugement, la créativité, la conscience. Si vous avez des routines, vous faites travailler vos noyaux gris centraux, responsables des comportements automatiques, ce qui permet de désengager votre cortex cérébral, qui peut alors flâner, avoir des réflexions non automatiques, donc des idées. Autrement dit, la routine favorise l'idée. À condition d'avoir l'envie d'en avoir…

N. M.: Est-ce que l'évolution de la technologie a modifié en profondeur votre façon de travailler et donc de réfléchir ?

Y. A.: Ah oui, absolument. Par exemple, j'ai rapidement compris que si je faisais de la biochimie des neurotransmetteurs, comme je l'avais fait pour ma thèse au Collège de France, j'allais devenir prisonnier d'une méthode expérimentale. Or, la méthode, c'est un moyen, pas une fin. Donc, avec des gens remarquables (France Agid, Merle Ruberg, Étienne Hirsch, Alexis Brice, Rita Raisman et d'autres), nous avons développé les techniques d'immuno-cyto-chimie, de biologie cellulaire, de biologie moléculaire, d'étude du comportement, etc. Bref, depuis le comportement jusqu'à la molécule. L'idée était que pour comprendre les comportements anormaux caractéristiques de la discipline de neuropsychiatrie, qu'ils soient moteurs, intellectuels ou émotionnels, il fallait comprendre les mécanismes de la souffrance nerveuse à tous les étages : comportemental, physiologique, cellulaire et moléculaire. Il y avait des biais dont j'étais bien conscient : la dispersion et donc la superficialité, la prééminence de la technique sur la réflexion. Ce n'est pas parce qu'on travaille qu'on trouve. Le risque est de croire qu'il suffit de travailler pour trouver. Un bon exemple est celui de l'imagerie cérébrale, et plus particulièrement de l'IRM, qui permet de localiser des activations ou des dysfonctionnements de différentes parties du cerveau. C'est nouveau, c'est cher, c'est spectaculaire. De manière caricaturale, lorsque cette méthode est placée dans les mains de chercheurs compétents, essayant de comprendre le fonctionnement du cerveau ou son dysfonctionnement, les résultats sont magnifiques. Si, au contraire, ces machines sont utilisées par des médecins qui ont une formation scientifique insuffisante (la plupart veulent bien faire), les résultats sont attendus : nuls.

C'est mieux, me direz-vous, que de faire de la recherche en utilisant des techniques obsolètes. Certes. La technique n'est qu'un moyen, pas une fin en soi.

N. M.: Qu'est-ce qu'un obstacle pour vous ? Comment est-ce que vous l'appréhendez et comment est-ce que vous réussissez ou non à le contourner ?

Y. A.: Le problème avec moi qui suis un être faible, comme la plupart des êtres humains, c'est que devant un trop grand obstacle je m'en vais. Il y en a qui s'accrochent, comme Katalin Karikó qui a découvert le vaccin ARN, avec les résultats que vous savez pour le Covid-19[7]. Si c'est un obstacle trop grand, je trouve que ce n'est pas la peine. J'ai vu des gens travailler pendant des dizaines d'années pour démontrer des choses qui parfois ne pouvaient pas être démontrées avec les méthodes qu'ils utilisaient. Aujourd'hui, il y a encore des laboratoires dont les techniques sont dépassées. Ils ne peuvent pas être compétitifs. Avec une charrue, vous ne pouvez pas faire comme avec un tracteur. Par exemple, dans notre institut de recherche, l'ICM, une grande partie des crédits va dans le renouvellement des techniques (et dans le recrutement des meilleurs chercheurs de la planète !). Ce qui pose problème, ce n'est pas tant le prix de ces machines. Une fois la machine achetée, il faut la faire fonctionner, il faut donc du personnel technique. L'argent est un moteur fondamental de la recherche.

N. M.: Qu'est-ce qui vous fait rebrousser chemin ou arrêter ? À quel moment vous dites-vous que vous faites fausse route, que c'est un échec et qu'il faut changer de direction ?

Y. A.: C'est difficile pour moi de répondre à cette question parce que je suis devenu le manager d'un grand groupe de recherche, donc, rapidement, je n'étais plus à la paillasse moi-même. Le secret, c'est d'avoir des bons chercheurs et de bonnes techniques. Si on n'a pas la technologie, ce n'est pas la peine de s'acharner. Mais on peut chercher des collaborations pour travailler avec des scientifiques

7. Katalin Karikó (1955) est une biochimiste hongroise, qui a commencé dès le début des années 1990 à travailler sur la technologie de l'ARN messager, qui conduira, trente ans plus tard, à l'élaboration des premiers vaccins contre le Covid-19.

qui disposent des techniques manquantes. Mais le plus important, c'est le talent des investigateurs. Il y a des gens qui sont accrocheurs. Ma personnalité est telle que, si c'est trop difficile, j'ai tendance à contourner l'obstacle. Je reconnais que c'est par paresse intellectuelle. J'aime bien faire travailler les autres! Je crois savoir bien emmener les gens. C'est mon truc. C'est une faiblesse, mais c'est aussi une qualité. Comme je n'aime pas trop les efforts, j'ai tendance à laisser de côté les aspects techniques, l'administration. Tout ça, je ne sais pas bien le faire, mais j'ai réussi à m'entourer de personnes suffisamment exceptionnelles qui l'ont fait. Je comprends que l'on ne trouve pas cela très glorieux.

N. M.: Est-ce que vous diriez que la recherche est génératrice d'anxiété ou de sérénité? Laquelle des deux est pour vous la plus féconde?

Y. A.: C'est compliqué, comme question. L'anxiété est une condition nécessaire à l'action, mais elle peut être bloquante si elle est trop grande. La sérénité, on peut l'avoir quand on a les moyens psychologiques et qu'on se connaît suffisamment soi-même. Il y a plusieurs types de scientifiques. Il y a des gens comme moi, qui n'ont pas nécessairement confiance en eux, parce qu'ils connaissent leurs limites. J'ai bien conscience d'être un nain à côté des grands scientifiques de l'Histoire. Il est essentiel d'avoir un regard objectif sur soi-même, de façon à être soi-même. Puis il y a une autre catégorie de scientifiques qui ont un regard très exagéré sur leur propre valeur. Je connais des gens qui ont démontré des trucs idiots qui sont extrêmement contents et se trouvent géniaux. Souvent, ils sont déçus parce qu'ils ne sont pas reconnus ou n'ont pas eu le prix Nobel. Il y en a qui ont une confiance tellement excessive que c'en est vraiment comique, mais parfois cette confiance est tellement forte qu'ils finissent par bien faire. Ça veut dire une chose sur la personnalité du découvreur, c'est qu'il n'y a pas un profil unique de chercheur. On a le méticuleux, l'obsessionnel, l'ingénieux, l'ahuri, le mégalomane, etc. J'ai interrogé une cinquantaine de scientifiques et cinq de mes amis philosophes, pour savoir quelles étaient selon eux les qualités requises pour être un bon scientifique, un bon découvreur. Il y en a un qui m'a répondu:

« Moi, je peux te dire des banalités, mais en fait je ne sais pas. » C'est marrant, mais c'est vrai que c'est très compliqué.

N. M. : Vous diriez que la recherche vous a plutôt apporté de l'anxiété dans votre vie ou de la sérénité ?

Y. A. : Pour moi, c'est de la sérénité, parce que je me sens à l'aise avec ça. Avant, je n'avais vraiment aucune confiance en moi, et pire, je n'avais pas conscience que je n'avais pas confiance. Crétin, mais comme il faut ! On pourrait dire que cette sérénité, je l'ai trouvée dans la recherche et la médecine, dans l'activité intellectuelle et pratique. À ma mesure, sans vouloir faire de découvertes, mais plutôt en cherchant à modifier le système, en formant des médecins avec de bons enseignements. Je le dis sincèrement : c'est ma seule satisfaction.

N. M. : Quelle est la place pour l'autocritique ? C'est quelque chose que vous faites facilement ou est-ce que c'est un exercice difficile pour vous ?

Y. A. : C'est très facile pour moi. Je suis tout le temps en train de me critiquer. Pendant mon activité professionnelle jusqu'à l'âge de 50 ans, j'étais vraiment les mains dans le cambouis et je travaillais beaucoup. Je ne me rendais pas compte. Après 50 ans, c'est le moment où on se penche sur son passé et où on a un regard critique. Ainsi, je me dis que c'est vraiment stupide de ne pas avoir eu la réflexion que j'ai maintenant au tout début de ma carrière médicale et scientifique. J'aurais probablement été meilleur. Peut-être pas. En tout cas, le doute, qui fait partie de soi, est essentiel. Mais, attention, il ne faut pas qu'il soit bloquant, ce qui suppose beaucoup d'élan vital et de motivation.

N. M. : Quelle est la découverte ou la chose dont vous êtes le plus fier dans votre carrière aujourd'hui ?

Y. A.: Oh, la vache! Ce que j'ai fait de mieux, c'est unir la science, la médecine et la réflexion au sens large. C'est ce qui a donné lieu à une certaine école de neurologie, en fondant l'approche clinique sur la physiopathologie, et d'une certaine manière, nous y sommes arrivés. Pas moi, l'équipe (comme disent tous les scientifiques). L'ICM[8] en est la finalité: c'est la copie conforme de mon labo, de la biologie moléculaire au comportement, mais multipliée par huit.

Maintenant, comme découverte personnelle? J'ai fait plein de petits trucs avec nos équipes, mais jamais de grandes découvertes, comme celle d'Alain Aspect, qui vient d'avoir le prix Nobel de physique. Je vous en donne un exemple. Nous mettions des électrodes dans le cerveau de certains malades parkinsoniens avec un certain succès d'amélioration. Un post-doctorant libanais (Paul Bejjani) est venu me voir parce qu'il avait modifié légèrement les paramètres de stimulation de l'électrode. Aussitôt, la patiente s'est mise à pleurer en disant qu'elle voulait mourir. Il a immédiatement arrêté, évidemment. Nous aurions pu nous dire que c'était un artefact, mais je me suis dit qu'il devait avoir stimulé un circuit neuronal jouant un rôle dans les émotions, à l'origine de cette dépression. Alors que je pensais que la dépression dépendait du cortex cérébral, la partie la plus élaborée du cerveau, nous avons démontré que ça se situe dans la partie la plus ancienne du cerveau. Autrement dit, nous avions mis en évidence des circuits de neurones qui jouent un rôle dans l'émotion et plus particulièrement dans le déclenchement d'un trouble de l'humeur. C'était inattendu, mais un bon raisonnement et une prise de risque ont permis de montrer le rôle de structures cérébrales élémentaires et anciennes dans les troubles de l'humeur. Avec les questions pharmacologiques qui s'ensuivent...

N. M.: Votre plus grand échec?

Y. A.: Le plus grand échec, c'est de n'avoir jamais trouvé un médicament permettant de ralentir l'évolution d'une maladie neurodégénérative. Pourquoi n'a-t-on jamais trouvé de médicaments pour

8. L'Institut du cerveau (ICM) est un centre de recherche fondamentale et clinique sur les maladies neurologiques fondé le 24 septembre 2010 sur le site de l'hôpital de la Pitié-Salpêtrière, notamment par Yves Agid, Gérard Saillant et Olivier Lyon-Caen.

une maladie neurodégénérative? Pourquoi n'a-t-on jamais trouvé de médicaments pour ralentir le vieillissement des cheveux? Vous, vous n'avez pas beaucoup de cheveux blancs, mais vous commencez à en avoir un ou deux.

N. M.: C'est qu'ils sont rasés de très près, sinon j'en ai partout.

Y. A.: Ah bon? (Rires.) Eh bien, on ne sait même pas ralentir le blanchissement des cheveux. Alors, vous pensez, pour le vieillissement général et pour les maladies neurodégénératives! Beaucoup de mécanismes biologiques ont été décrits pour comprendre le vieillissement de la peau, de l'intestin et d'autres organes, mais ça, on ne sait toujours pas le ralentir. Donc c'est un échec, mais je ne suis pas le seul. Le jour où quelqu'un arrivera de manière nette à démontrer qu'on parvient à ralentir l'évolutivité d'une maladie neurodégénérative, ne serait-ce qu'un tout petit peu, ce sera le jackpot! D'ailleurs, ça va se produire.

N. M.: Est-ce que vous diriez que votre domaine de recherche a transformé profondément votre façon de percevoir le monde et les autres?

Y. A.: Je ne sais pas. Quand vous me posez la question, je me demande ce qui se serait passé si je ne l'avais pas fait. Et je ne sais pas ce que j'aurais fait d'autre. On me disait que j'aurais dû devenir acteur ou diplomate (ce n'est pas la même chose!). Moi, je crois que j'aurais fait n'importe quoi, mais toujours à ma mesure, en fonction de ce que je suis, pas mal mais pas très bien. Pour répondre plus précisément à votre question, la réponse est oui, évidemment. La science m'a appris la rigueur, la médecine à mieux juger, les deux à penser plus. Il me semble.

N. M.: Est-ce que votre travail sur le cerveau fait que vous ne percevez plus tout à fait de la même façon les autres êtres humains?

Y. A.: Oui, là, vous avez raison. Compte tenu de ce que je fais, j'ai une expérience des hommes et des femmes parce que je les vois en consultation. Quand j'essaie de comprendre les comportements pathologiques, je ne peux pas le faire sans essayer de savoir qui est la personne. C'est le charme de ce métier, sa valeur universelle. Permettre de mieux comprendre les autres.

N. M.: Si vous deviez choisir un grand scientifique ou une grande scientifique en dehors de votre discipline dont vous vous sentiriez proche ?

Y. A.: Il y a tellement de génies, même s'il y en a peu. Je vais choisir quelqu'un pour qui j'ai la plus grande admiration, qui me frappe d'autant plus qu'il est mort jeune. C'est Alan Turing. Plein d'humour, très intelligent, un génie complet. Je ne sais pas qui il était au fond. Un type génial, qui était homosexuel, qui a été obligé de subir des traitements hormonaux et qui s'est suicidé. C'est horrible. Génial et opprimé ! Non seulement il a pratiquement créé l'informatique (peut-être même sauvé la marine anglaise !), mais en plus il était polyvalent. C'est ainsi que j'ai appris qu'il avait fait des travaux sur la morphogenèse.

N. M.: Pourquoi une sympathie particulière pour Alan Turing ? Qu'est-ce qui vous touche chez lui ?

Y. A.: D'abord l'intelligence extrême. Il est vrai qu'il y a beaucoup de gens intelligents, en particulier chez les scientifiques. C'est peut-être le fait qu'il ait souffert et qu'on l'ait maudit. La compassion médicale peut-être, je ne sais pas. Pour rire, j'ai l'habitude de classer les scientifiques en trois catégories : les gros connards, les moyens, puis il reste environ un tiers de scientifiques exceptionnels – pas forcément toujours très sympathiques. Vous m'avez posé une question, je vous ai donné un nom, maintenant vous avez aussi le fond de ma pensée.

N. M.: Une toute dernière question. Est-ce que vous pensez que, dans votre discipline, le temps des grandes découvertes est révolu ou est-ce qu'il est à venir ?

Y. A.: C'est la plus grande question qui soit ! Dans mon domaine, qui est celui des maladies mentales et des maladies du cerveau, je pense que le grand défi sera de savoir si on pourra stopper l'évolution d'une sclérose latérale amyotrophique[9] ou d'une maladie de Parkinson par exemple, qui sont des modèles de maladie neurodégénérative. Pour toutes ces maladies, mais il en est de même pour le

9. La sclérose latérale amyotrophique (SLA), également appelée maladie de Charcot, est une maladie neurodégénérative des motoneurones de l'adulte. Elle provoque une paralysie progressive de l'ensemble de la musculature squelettique. Le physicien Stephen Hawking était atteint d'une SLA.

vieillissement dit normal du cerveau, nous ne savons rien faire, sauf soulager les malades. Mais, pas guérir. Il faut dire qu'un cerveau, c'est un milliard de fois plus compliqué qu'un foie ou qu'une prostate. Le jour où on aura réussi à ralentir le blanchissement des cheveux, on commencera à espérer pour le cerveau qui vieillit ou qui dégénère.

D'un autre côté, les découvertes en neurosciences s'accumulent et s'accélèrent de façon exponentielle. Est-ce qu'on va s'arrêter ? Est-ce qu'on va tendre vers une limite ? Est-ce que l'intelligence humaine et les moyens dont on disposera seront suffisants pour continuer à faire des découvertes ? Les techniques progresseront, c'est sûr. Des scientifiques remarquables, il y en a. Le contexte socio-économique et politique est incertain. Pour ce qui concerne le cerveau humain, j'ai bon espoir, mais la complexité de cet organe est telle… La question qui se pose est celle du transhumanisme. À mon avis, pour tous les organes au-dessous du cou, les innovations seront spectaculaires. Pour le cerveau, c'est tellement complexe que je ne suis pas sûr. Les progrès à venir s'accumuleront de façon exponentielle, mais jusqu'où ? C'est comme aller se balader dans l'univers. Les mathématiciens peuvent concevoir de vivre dans un espace en *n* dimension(s), mais y aller c'est autre chose. Je ne sais pas, et personne ne sait. Il y a peut-être des individus dans l'univers qui sont un milliard de fois plus intelligents que nous et qui ont déjà tout compris, mais nous, nous avons nos limites.

Bibliographie

***L'Homme subconscient*, Robert Laffont, 2013.**
***L'Homme glial* (avec P. Magistretti), Odile Jacob, 2018.**
***Je m'amuse à vieillir*, Odile Jacob, 2020.**
***Subconsciousness*, Columbia University Press, New York, 2021.**
***Je marche, donc je pense* (avec R.-P. Droit), Albin Michel, 2022.**
***Le Cerveau, machine à inventer*, Albin Michel, 2023.**

Laurence DEVILLERS
Informatique et intelligence artificielle

Laurence Devillers a la parole franche et le verbe haut. Un ton qui détonne dans le milieu policé de la recherche française. Une femme « puissante » qui a tracé son sillon intellectuel et professionnel dans un monde extrêmement masculin, celui de l'informatique. Dès la fin des années 1990, avec l'augmentation de la puissance des ordinateurs, elle réalise le potentiel immense et encore à défricher de l'informatique affective, pour développer notre manière d'interagir avec les machines. Elle se passionne pour la coévolution homme-machine, de la modélisation des émotions et du dialogue homme-robot aux impacts éthiques pour la société et aux risques et bénéfices de l'intelligence artificielle (IA).

Professeure en intelligence artificielle à Sorbonne Université, directrice de l'équipe de recherche Dimensions affectives et sociales dans les interactions parlées avec les (ro)bots : enjeux technologiques et éthiques au CNRS-LISN à Saclay, elle dirige également la chaire interdisciplinaire (comprenant des économistes, des linguistes et des informaticiens) sur l'IA et le nudge numérique : HUMAAINE : HUman-MAchine Af-fective INteraction & Ethics au CNRS.

« L'informatique a gagné en rapidité, pas le cerveau humain. »

```
(function(){n=s},t[1^e][2].disable,t[2][2]
,n=h.call(arguments),r=n.length,i=1!==r||
),l=Array(r);r>t;t++)n[t]&&b.isFunction(n[
<table></table><a href='/a'>a</a><input
agName("input")[0],r.style.cssText="top:1p
```

NICOLAS MARTIN : Y a-t-il un souvenir d'enfance ou un événement qui est à l'origine de votre vocation et de votre curiosité scientifique ?

LAURENCE DEVILLERS : Je suis née dans une famille de scientifiques, ma mère était chercheuse et mon père ingénieur au CEA[1] et ensuite directeur délégué chargé de la sûreté des déchets à l'Institut de protection et de sûreté nucléaire (IPSN). En famille, nous parlions de recherche, d'éthique et de principe de précaution sur le nucléaire, mais aussi de l'esprit et du substrat de la pensée. Du coup, vers l'âge de 8 ou 10 ans, je me suis mise à poser tout le temps des questions. Je voulais comprendre plus de choses. Ma vocation scientifique n'a donc pas été déclenchée par un moment en particulier, mais par le milieu dans lequel j'ai grandi. Par leur activité, mes parents ont nourri cela chez moi.

1. Le Commissariat à l'énergie atomique et aux énergies alternatives (CEA) est un organisme de recherche public français, dans les domaines de l'énergie, de la défense, des technologies de l'information, des sciences de la matière, de la vie et de la santé. Il a été fondé en 1945.

N. M.: Einstein très jeune avait le sentiment «qu'il y avait quelque chose de profondément caché qu'il fallait découvrir» («*Something deeply hidden had to be behind things*»). Est-ce quelque chose que vous partagez?

L. D.: Ah oui! J'ai eu ce sentiment aussi, mon moteur était celui de comprendre plus. Pas seulement par curiosité, mais pour essayer de préserver ce que j'aimais... C'est un sentiment étrange et douloureux lié à l'idée de la perte: la perte de l'esprit ou la perte de l'autre après la mort. Au lieu d'aller dans la douleur, moi je me demandais comment on pouvait mieux comprendre la conscience d'être - sans parler de religion.

N. M.: À quel moment votre famille, composée de scientifiques donc, vous a-t-elle encouragée à aller vers l'informatique et les questions de traitement du langage?

L. D.: Mes parents ont été très exigeants sur la maîtrise des fondamentaux. Il fallait être très bon en mathématiques, s'intéresser à la physique, au français, etc. Ces aspects de la science fondamentale étaient très importants. L'informatique, à l'époque, était quasiment inconnue.

N. M.: Qu'est-ce qui a attisé votre curiosité pour ce secteur?

L. D.: Le design. C'est d'ailleurs la première chose que j'ai découverte dans ce domaine: pouvoir façonner des objets sur un écran, pour ensuite les construire. J'ai toujours dessiné et j'avais en tête de pouvoir le faire avec un pinceau plus rapide. J'avais envie de le faire à l'aide de ces outils informatiques. C'était à l'époque quelque chose de balbutiant, on commençait à peine à en parler. L'intérêt pour le traitement de la langue est arrivé un peu après. Il répondait à des questions que je me posais: Qu'est-ce que la conscience? Comment raisonnons-nous? Le substrat est le langage que nous partageons tous, donc c'est très riche à comprendre. C'est infini.

N. M.: Au collège et au lycée, étiez-vous aussi douée en physique qu'en philosophie?

L. D.: J'aimais bien le français et les mathématiques. La philosophie est arrivée trop tardivement. C'est dommage. Je pense qu'elle devrait être enseignée dès la sixième ou la cinquième, quand on commence à appréhender les mathématiques, plus conceptuelles. Comment, par exemple, parler de l'éthique de l'IA (intelligence artificielle) à l'école sans avoir recours à la philosophie ?

N. M. : Est-ce que quelqu'un a joué le rôle de mentor ? Ou a été déterminant dans l'orientation de votre carrière ?

L. D. : Oui, Joseph Mariani[2] a été mon mentor, c'est d'ailleurs grâce à lui que j'ai intégré le comité d'éthique du numérique de la CERNA (Commission de réflexion sur l'éthique de la recherche en sciences et technologies du numérique d'Allistene). Pendant très longtemps, il a été le directeur du LIMSI (Laboratoire d'informatique pour la mécanique et les sciences de l'ingénieur) du CNRS. Sa porte était toujours ouverte. Grâce à lui régnaient dans le laboratoire cette curiosité, cet esprit de mutualisation, l'envie de progresser… Tous les ingrédients qui rendent la recherche fascinante. Le mécanisme de réflexion pour arriver à comprendre un peu plus quelque chose m'a toujours plu. Là, je le trouvais servi par une méthodologie. Il fallait réfléchir seul, mais également en équipe. Très vite, j'ai eu accès au monde international de la recherche, qui est tout aussi captivant. À peine ma thèse commencée, j'ai pris part à des projets européens. J'ai tout de suite baigné dans l'idée que nous travaillions tous dans le même sens.

N. M. : Dans ces débuts de la recherche en informatique, quand est-ce que vous vous intéressez au traitement du langage ?

L. D. : Je n'ai pas choisi mon stage au hasard. Je suis allée dans un laboratoire de recherche dirigé par Jean-Sylvain Liénard, qui travaillait sur l'analyse du langage. C'était extraordinaire, car on décortiquait la sémantique et la syntaxe, la phonétique et la production de la parole. C'était un mélange pluridisciplinaire, avec à la fois des neurosciences, de la linguistique, mais aussi de la psychologie, voire de la philosophie.

2. Joseph Mariani (1950) est un informaticien français, pionnier dans le domaine du traitement du langage.

La théorie de l'information a permis de formaliser le processus de communication. La question était de savoir comment modéliser et représenter l'information sur une machine et comment donner aux machines la capacité d'«apprendre» à partir de données. Et de savoir également ce que ce type de machine est capable de faire. J'ai travaillé pour ma thèse sur la reconnaissance de la parole à l'aide de réseaux de neurones, champ d'étude de l'intelligence artificielle (IA). L'idée des réseaux de neurones consistait à aller vers une imitation de la façon dont on apprend dans notre cerveau. La modélisation d'un neurone formel datait de 1943 par McCulloch et Pitts. Mais c'est seulement en 1987 avec l'algorithme d'apprentissage machine de rétropropagation du gradient que l'on a pu entraîner un réseau multicouches pour résoudre des problèmes non linéairement séparables. Cela a été une grande source d'inspiration. Je vais ensuite partir sur l'exploration de ces réseaux de neurones et notamment des TDNNs (*Time Delay Neural Networks*) du professeur Alex Waibel, brillant précurseur des architectures neuronales actuelles. À l'époque, ces programmes tournaient pendant des mois; il n'y avait pas la puissance de calcul d'aujourd'hui. C'étaient les balbutiements du *deep learning*, l'apprentissage profond (la profondeur étant le nombre de couches cachées).

N. M.: Avec le recul, comment jugez-vous votre début de carrière? Est-ce que votre approche de votre discipline a beaucoup évolué?

L. D.: Dès le début de ma carrière, j'ai emprunté une voie très prometteuse qui a bien sûr énormément évolué, mais les fondamentaux sur l'apprentissage machine et les réseaux de neurones sont cependant les mêmes. À partir de 1987, le développement d'idées et de nouveaux algorithmes devient fabuleux. À l'époque, nous avons tous été nourris du livre de Douglas Hofstadter, *Gödel, Escher, Bach. Les Brins d'une guirlande éternelle*[3]. Ce livre culte faisait le pont entre la question de savoir qui nous sommes (les neurosciences, la philosophie, etc.) et des applications sur la musique, le langage et la vision. Après un hiver assez long de l'IA pendant lequel j'ai travaillé sur les

3. Paru en anglais en 1979, prix Pulitzer 1980, traduit en 1985 chez Dunod.

dialogues homme-machine et les *chatbots* ancêtres de ChatGPT, les réseaux de neurones reviennent en fanfare en 2010 avec le *deep learning* (apprentissage profond). Je me suis donc rendu compte *a posteriori* que nous étions très en avance mais qu'il nous manquait la puissance de calcul. Il y avait quelques laboratoires qui commençaient à faire des machines qui parallélisaient les calculs matriciels nécessaires dans ces algorithmes. Au CNRS, nous n'avions pas ce genre de machines. Il n'y en avait d'ailleurs à l'époque que deux dans le monde. Ce qui change vraiment, à l'heure actuelle, c'est une possibilité de calcul décuplée ; à Saclay, nous avons d'ailleurs le supercalculateur Jean Zay, un des plus puissants en Europe. Une autre différence lors de ma thèse était de tout coder soi-même. Nous avons aujourd'hui des librairies à disposition, cela permet aux étudiants de jouer encore plus avec tous ces systèmes. Ils sont capables de monter très vite sur un système complet, qui pouvait demander des mois de programmation.

N. M.: Quel conseil donneriez-vous aujourd'hui à la toute jeune Laurence Devillers qui commence son parcours de recherche et sa thèse ?

L. D.: J'aurais très envie de recommencer avec ce que je sais maintenant, parce qu'on n'a pas fini de parler de l'imprédictibilité, de l'approximation mais aussi de l'émergence de comportements des systèmes d'IA comme l'IA générative et les transformeurs (2017). J'irais sûrement faire des neurosciences avec de l'intelligence artificielle. À l'époque, personne n'en parlait. Aujourd'hui, avoir une vision pluridisciplinaire holistique des avancées de l'IA est nécessaire. Nous sommes en train d'imiter le langage humain, avec les conséquences sociétales et philosophiques que cela implique. Les changements pour l'individu et la société qui peuvent être amenés par ces outils sont énormes. Les systèmes d'IA sont des outils sociotechniques non conscients, sans émotion et sans intention. Il faut arrêter de faire du marketing autour de la nature de ces objets. Ce sont des objets mathématiques qui peuvent être utiles pour mieux comprendre qui nous sommes, nos biais cognitifs et comment cette production de langage fonctionne. Nous avons encore tellement de choses à découvrir! Plus on progresse en neurosciences pour comprendre le codage de la pensée, plus on se rend compte de la grande complexité du système humain. Nous sommes très loin de savoir le modéliser. C'est une imitation de surface. Avoir cette vision holistique (qui combine les neurosciences, l'intelligence artificielle, les grandes lignes de la philosophie, l'interaction entre les humains et les machines) est fondamental et motivant. Je suis prête à refaire des thèses!

N. M.: Dans ce début de carrière, quelle était la part de compétition et de collaboration? Laquelle des deux était la plus stimulante pour vous?

L. D.: J'aime beaucoup le travail en équipe. Or je me suis vite rendu compte que ce milieu était aussi concerné par la compétition. Il faut publier, faire des dossiers, etc. Quand on fait de la recherche, on est toujours évalué. Aujourd'hui, j'encourage mes étudiants à publier vite. À mon époque, il fallait avoir fait ses preuves et que le travail soit parfaitement terminé. Il y avait une exigence de perfection qui est peut-être moins présente actuellement. Aujourd'hui, nous sommes en compétition, avec l'envie d'aller le plus vite, d'être les premiers, sans avoir forcément examiné tous les aspects de la question. Il y a une compétition qui est saine et une autre qui ne l'est pas. Il serait très utile de revenir à quelque chose d'un peu plus construit. Un exemple: il y a eu pendant longtemps une compétition sur la reconnaissance de la parole, avec la DARPA[4]. L'armée américaine confiait à des laboratoires des données à traiter. Les laboratoires les plus en vue le faisaient, malgré le temps de calcul monumental et l'immense charge de travail. Contrairement aux laboratoires américains, les laboratoires en Europe n'étaient pas rémunérés. Dans le mien, les chercheurs participaient à ces compétitions internationales pour prouver que nous étions meilleurs que les autres. Après, il y avait un partage des informations pour parvenir à des systèmes encore meilleurs. Il y avait donc à la fois compétition et collaboration. C'est toujours un

4. La Defense Advanced Research Projects Agency est une agence du département de la Défense des États-Unis, en charge de la recherche et du développement de nouvelles technologies à usage militaire.

peu cela dans nos milieux de recherche. On ne fait que des petits pas, on travaille tous dans la même direction, mais en faisant cela on oublie qu'on pourrait revoir les choses de façon drastiquement différente et reconcevoir autrement. Il faut laisser une part très large à la recherche fondamentale pour que ce ne soit pas seulement de la compétition de performance liée à l'industrie.

N. M.: Diriez-vous que le fait d'être une femme dans ce milieu de recherche a plutôt été un atout ou un handicap?

L. D.: Au départ, être une femme est un atout, parce que nous ne sommes pas nombreuses. Mais il est clair qu'on nous confie moins de responsabilités dans le milieu de la recherche, comme partout ailleurs. Il y a une espèce de considération bienveillante de la femme pour sa féminité – là encore, comme partout. Mais il n'y a pas égalité de traitement. Alors qu'on gagnerait beaucoup avec une vraie mixité dans ces domaines, d'autant plus dans le monde de l'IA, à 80 % masculin. Ce sont des métiers moins prisés par les femmes, où les femmes sont moins encouragées à aller. Alors que ce sont des métiers cognitifs où il est extrêmement intéressant de construire ces mécaniques. Je pense que leur imagination, leur sens de l'abstraction et leur raisonnement seraient largement aussi précieux que ceux des hommes. Ça le serait sans doute d'une manière différente sur certains aspects et on y gagnerait en diversité de points de vue. Quand je vois par exemple que 80 % des codeurs sont des hommes et que 80 % des objets qui nous parlent sont féminisés, je trouve cela vraiment dommage… Il n'est pas normal que ces systèmes renforcent les stéréotypes féminins. J'évolue dans ce domaine très particulier de l'IA que sont le traitement du langage et l'interaction humain-machine avec des *chatbots* et des robots. Pour nous, l'anthropomorphisation est naturelle. Nous projetons sur ces machines des capacités qu'elles n'ont pas. Pour cette raison, nous devons apprendre ce qu'est ce nouvel univers qui s'ouvre à nous. Et avec lequel nous allons de plus en plus discuter. Nous le voyons aujourd'hui avec ChatGPT. Cela pose plein de questions éthiques. *Idem* avec les systèmes LaMDA ou Replika. Ces systèmes à base de traitement automatique de la parole marchent de mieux en mieux grâce au *deep learning* (2010) et aux transformeurs (2017) qui permettent d'accumuler des contextes sémantiques. Il faut aussi faire attention : on projette sur ces machines un genre et une humanité qu'elles n'ont pas.

```
(function(){n=s},t[1^e][2].disable,t[2][2]
,n=h.call(arguments),r=n.length,i=1!==r||
),l=Array(r);r>t;t++)n[t]&&b.isFunction(n[
<table></table><a href='/a'>a</a><input
agName("input")[0],r.style.cssText="top:1p
```

N. M. : Comment une idée nouvelle naît-elle chez vous ?

L. D. : Une idée nouvelle naît pour moi d'un travail de réflexion, de lecture et de questionnement. Tout d'abord, il faut comprendre l'avancement des recherches sur la question précise, puis peut-être faire des pas de côté, se nourrir de sujets connexes, faire des parallèles d'un domaine à un autre. C'est une sorte de gymnastique qui consiste à abandonner les présupposés que nous avions pour ouvrir à d'autres possibles. Quand les chercheurs vous disent qu'une idée a émergé d'un coup, il faut avoir conscience qu'ils étaient tout le temps immergés dans leur domaine de recherche. Il est aussi vrai que lorsque vous dormez, votre cerveau va continuer à travailler. Le lendemain, vous pouvez vous réveiller en vous disant : « Mais oui, je n'avais pas vu cette partie-là ! Je vais revoir, relire et peut-être trouver. » Et ça peut arriver de trouver une bonne idée au réveil, mais au préalable, il y a d'abord eu un énorme travail. Le chercheur est quelqu'un qui travaille intensément, qui est en immersion et est capable de prendre une grande distance par rapport à l'objectif visé. Il sait regarder autrement, zoomer, ou au contraire prendre de la hauteur. Quand on dit que les chercheurs sont dans leur bulle, il y a un peu de cela. Nous sommes dans un environnement très particulier, dans lequel nous réfléchissons à des sujets précis un peu en dehors du temps. C'est valable également pour le chercheur en philosophie ou dans toutes les sciences.

N. M. : Comment diriez-vous que se formule votre travail de réflexion ? Pensez-vous avec une voix intérieure, est-ce un dialogue avec vous-même ? Pensez-vous en images, en images en mouvement, peut-être en concepts ?

L. D.: J'écris beaucoup. J'ai des tas de calepins partout sur lesquels je dessine, note des idées, des concepts, élabore des schémas. Mais le questionnement en équipe est également fondamental et naît de discussions avec des collègues chercheurs ou avec mes étudiants. Nous lançons des idées, faisons émerger des problématiques de recherche, puis nous élaborons des méthodologies d'expérimentations. S'il s'agit de créer des programmes d'analyse ou des systèmes d'apprentissage machine, il faut ensuite les expérimenter et les évaluer. Il est important d'avoir des hypothèses de travail et de les valider ou invalider. Il y a plusieurs champs de réflexion : la réflexion purement algorithmique, la réflexion de champs de recherche et d'autres de plus haut niveau sur les conséquences éthiques et sociétales de ces systèmes d'IA. Le fait de parler avec les étudiants et de les faire parler, de les écouter et d'essayer de développer leur capacité de compréhension et de propositions, est un travail très intéressant. Ensuite, pour aller moi-même au-delà, il faut que je travaille à l'écrit. Les choses n'arrivent dans ma tête que de manière fragmentaire. Cela forme un puzzle que j'ai besoin de remettre sur papier. De temps en temps, j'ai aussi besoin de le schématiser. Faire des schémas aide à construire une réflexion.

N. M.: Vous revenez à vos notes ou est-ce simplement un besoin de coucher votre pensée sur papier ?

L. D.: Je ne les relis pas forcément. Comment savez-vous cela ? (Rires.) J'en relis très peu. C'est une forme de mémorisation par le geste. Cela ne marche pas aussi bien en tapant des notes sur mon ordinateur. J'aime aussi dessiner, schématiser, regarder comment les concepts vont aller ensemble, les équations, etc. Pour les réflexions conceptuelles, sémantiques, j'ai besoin d'écrire à la main.

N. M.: L'usage de l'analogie est-il pertinent selon vous ?

L. D.: Bien sûr, nous élaborons des raisonnements analogiques et des métaphores. Nous travaillons même beaucoup grâce à des analogies et des raisonnements déductifs. Mais nous utilisons également l'abduction, plus intuitive, ou l'induction à partir de quelques données particulières. Bien comprendre les raisonnements logiques des humains est capital pour différencier le fonctionnement des systèmes d'IA tels que les IA génératives.

N. M.: Puisque vous parlez d'induction, diriez-vous que votre raisonnement est plutôt inductif ou déductif?

L. D.: C'est un mélange des deux. Daniel Kahneman, Prix Nobel d'économie en 2002, explique que nous prenons des décisions à partir d'un système double système 1 / système 2, l'un intuitif à partir de quelques données, l'autre déductif à partir de connaissances et de règles logiques. Comme tous, je ne fais pas l'un ou l'autre, mais sciemment les deux. Travaillant sur l'apprentissage machine par réseaux de neurones depuis une trentaine d'années, je me rends bien compte de la puissance de travailler avec d'énormes corpus. La machine peut trouver des signaux faibles que nous ne pouvons pas percevoir.

N. M.: Du coup, quelle est la part d'intuition dans votre raisonnement et quelle est la part de rationnel? Privilégiez-vous l'un ou l'autre?

L. D.: Je pense être plutôt rationnelle, mais l'imagination et la créativité ont toujours été un moteur pour moi. Au départ, le design m'a attirée pour la créativité artistique. J'avais aussi un grand-père artiste peintre. L'odeur de la peinture, le dessin, l'esthétique sont des sujets qui sont pour moi très importants. J'ai été bercée par tout cela dans l'enfance. J'ai besoin de plus que la seule rationalité. En fait, j'ai besoin des deux: la raison et l'intuition. Je suis fondamentalement tournée vers le raisonnement objectif et le travail scientifique. Et en même temps, j'ai une attirance très forte vers les milieux artistiques.

N. M.: Un parcours de recherche doit-il laisser une part à l'émotion? Ou est-ce que cette dernière est plutôt un parasite dont il faut essayer de s'éloigner pour tendre vers un raisonnement objectif?

L. D.: Bien sûr que non, l'émotion n'est pas un parasite! L'émotion, c'est le moteur de tout. C'est aussi le moteur de votre enthousiasme pour aller plus loin. C'est le moteur qui vous pousse à essayer de comprendre. Je pense que les émotions sont fondamentales dans tout ce que nous faisons, dans notre façon d'apprendre, de restituer et pour la recherche aussi. J'ai d'ailleurs travaillé sur la détection des émotions dans le langage et la voix. La rationalité, c'est par exemple se rendre compte que nous ne pouvons pas aller plus loin parce que nos hypothèses ne sont pas suffisamment ouvertes pour trouver une solution. Il faut donc imaginer d'autres solutions pour faire mieux. Les personnes qui excellent aux échecs ou au jeu de go arrivent à anticiper de nombreux coups d'avance mais, comparées aux machines, elles sont très limitées. Pour contrebalancer ces limites de puissance de calcul et de temps, ainsi que de mémoire, les humains se servent énormément de leurs intuitions. Comme toujours, c'est un mélange. Les émotions sont fondamentales, il faut en jouer et les apprivoiser. La peur étant pour moi la plus difficile à dompter.

N. M.: Comment vous représentez-vous mentalement votre objet d'étude ? Par exemple, les réseaux de neurones ?

L. D.: Vous me demandez de partager mes représentations mentales… (Rires.)

N. M.: C'est ce que j'essaie de vous demander.

L. D.: Si on veut travailler sur la visualisation des paramètres d'apprentissage des réseaux de neurones, il est nécessaire de se représenter les choses dans des dimensions assez impossibles. Je suis donc face à une abstraction que je dois réduire à des formes mentalement exploitables. Je fais des projections sous forme de paysages montagneux à minimas locaux. En effet, j'ai mes propres représentations des espaces de recherche appris par les machines.

N. M.: Vous pourriez essayer de les décrire ou c'est trop compliqué ?

L. D.: Ce n'est pas un exercice facile. Je ramène les modélisations dans des espaces géographiques dans notre univers 3D. Mais, dans ma façon de raisonner, je suis toujours sur quatre ou cinq dimensions. Pour la quatrième, il suffit de rajouter le temps. Une cinquième dimension, ce serait un empilement des choses. Il existe des hiérarchies avec des sous-mondes, des sur-mondes, etc. Quand vous voulez faire un système qui permette de résoudre, ou de tenter de résoudre, la compréhension du langage dans toute sa diversité, vous êtes obligé de construire un méta-modèle hiérarchique avec des sous-modèles qui sont à différents niveaux de précision et temporalité. Tout peut appartenir à une architecture globale commune.

N. M.: Est-ce que vous vous êtes construit des outils invisibles qui n'appartiennent qu'à vous?

L. D.: Peut-être. Quand je parle de réseaux de neurones et que j'essaie de travailler sur des architectures avec les étudiants, je réduis à peu de dimensions. Lorsque nous travaillons ensemble sur des concepts abstraits, nous avons tous besoin d'une représentation commune, même simpliste. Mais nous avons tous nos façons de représenter les concepts abstraits. Et cette diversité est intéressante. C'est d'ailleurs ce qui me plaît dans la richesse des individus. Il faut admettre qu'il y a plusieurs points de vue, plusieurs représentations mentales des concepts... Le tout est de comprendre un maximum de ces diversités.

N. M.: Vous est-il difficile de penser en dehors du cadre? Ou est-ce qu'au contraire vous pensez mieux à l'intérieur de ce paradigme pour essayer d'en trouver d'éventuelles issues?

L. D.: Je pense que je sors assez facilement du cadre. Tous les chercheurs disent qu'ils doutent. Moi aussi, évidemment, je suis toujours en train de douter, mais je réfléchis mieux en ayant cette possibilité de m'adapter à différents cadres. Je sors souvent du cadre par l'intérêt que je porte aux points de vue d'autres disciplines. Je travaille avec un philosophe pour faire des normes qui pourraient être appliquées à une IA qui détecte vos émotions et peut vous inciter à changer d'avis, ce qu'on appelle le *nudge*[5] bien décrit par Richard Thaler, Prix Nobel d'économie en 2017. En détectant vos émotions, je peux facilement trouver par quel biais je peux vous convaincre d'aller dans

5. La théorie du *nudge* est une théorie des sciences du comportement qui fait valoir que des suggestions indirectes peuvent, sans forcer, influencer les motivations et inciter à la prise de décision de manière au moins aussi efficace que l'instruction directe.

un sens ou dans un autre. En ajoutant des frictions, je peux, par certains biais, vous empêcher de faire des choses. Vous comprenez bien l'utilité que pourrait tirer de tout cela le *nudge* numérique appliqué à la vente. Nous essayons de trouver quelles sont les tensions éthiques et de cartographier la charge morale embarquée dans de tels systèmes multi-agents (humains et IA). Nous nous basons sur la théorie de l'information et voulons trouver comment il est possible de résoudre ces problèmes de monitoring, d'audit et de vérification de systèmes informatiques développés par les entreprises. Il faut donc arriver à proposer un cadre méthodologique de normalisation qui permette aux entreprises de déployer leurs systèmes en conformité avec la future loi européenne sur l'IA (IA Act) pour aller vers une IA de confiance. Je travaille aussi en recherche avec des linguistes et économistes du comportement sur le *nudge* pour l'éducation. Nous avons montré que les enfants sont plus facilement *nudgés* par des machines que par des humains en faisant des tests à l'école avec des robots et *chatbots*. J'ai monté également dans le cadre de ma chaire sur l'IA au CNRS «HUMAAINE: Human-Machine Affective Interaction & Ethics» un partenariat avec le collège des Bernardins afin de discuter également les questions philosophiques et théologiques.

N. M.: Quel est votre premier réflexe quand vous vous retrouvez confrontée à une anomalie?

L. D.: Une anomalie est un sujet intéressant. Je pense qu'il y en a partout, surtout avec l'IA. Je suis très contente de trouver une anomalie, car ne pas la repérer serait grave. Dans mon domaine qu'est l'informatique, les anomalies sont généralement des bugs. Si ce n'est pas le cas, c'est un effet de bord, c'est-à-dire une façon de ne pas avoir conçu en comprenant assez bien les conséquences et les frontières du système. L'émergence de comportements dans les IA génératives est une sorte d'anomalie à la fois étonnante et peu stable. Elle génère des incertitudes dans le comportement des systèmes. Les IA génératives sont des systèmes dont on ne maîtrise pas parfaitement le fonctionnement et que nous ne sommes pas capables de décrire totalement. Les anomalies font partie de la vie de ces systèmes. De la même manière que nous générons des erreurs, ces systèmes produisent des anomalies. Comment les encadrer est un sujet très actuel.

```
(function(){n=s},t[1^e][2].disable,t[2][2]
,n=h.call(arguments),r=n.length,i=1!==r||
),l=Array(r);r>t;t++)n[t]&&b.isFunction(n[
<table></table><a href='/a'>a</a><input
agName("input")[0],r.style.cssText="top:1p
```

N. M.: Avez-vous besoin d'errance et de silence pour réfléchir ? Ou, au contraire, préférez-vous l'agitation, le bruit, la discussion ?

L. D.: J'ai besoin de discuter, voire de débattre, mais j'ai aussi souvent besoin de silence. J'aime beaucoup travailler la nuit, qui est un moment privilégié pour les chercheurs. Nous n'avons pas l'impression de prendre du temps aux autres et il y a du silence. C'est un moyen de poser à nouveau toutes les questions plus clairement. J'aime beaucoup ce type de moments. Le monde actuel ne nous accorde pas beaucoup de moments seuls.

N. M.: Justement, quels seraient le lieu idéal et le moment idéal pour penser librement ?

L. D.: On peut penser librement un peu partout, dès l'instant où nous n'avons pas de stimuli extérieurs trop forts. Je suis très spinoziste, pensant l'intelligence de l'esprit et du corps ensemble et également avec un lien à la nature. J'aime bien penser dans la nature. Pour réfléchir, j'irai plutôt marcher dans un parc. La marche est sûrement ce qui engendre le moins de dépenses d'énergie ; en même temps, il y a un environnement assez calme, donc c'est propice à la prise de distance. Nager peut aussi offrir un moment pour réfléchir. En plongée sous-marine, par exemple, c'est très bien ! (Rires.) Mais on n'a pas toujours le moyen de faire ça, donc aller faire une promenade dans un bois, c'est pas mal. C'est assez sain et ça permet aussi de recadrer la réflexion. Après, ce n'est pas là que tout se passe. Ce sont seulement certains niveaux de réflexion.

N. M.: Quelle place accordez-vous au hasard ?

L. D.: On utilise beaucoup le hasard en mathématiques. C'est aussi utile pour la modélisation à partir de réseaux de neurones.

Au départ, c'est un tirage à de petites valeurs au hasard des poids d'apprentissage. En fonction de cette initialisation, on obtient des modèles un peu différents après la phase d'apprentissage. Dans les systèmes comme ChatGPT, il y a aussi un paramètre lié au hasard qui permet de générer des phrases différentes avec un même *prompt* d'entrée. J'aime le hasard des rencontres et des opportunités. La recherche est un métier qui permet de rencontrer beaucoup de gens très différents. Au hasard de ces rencontres, on accède à cette richesse de créativité et d'enthousiasme. C'est quelque chose que j'apprécie beaucoup dans la vie.

N. M.: Une question dont la réponse est évidente, mais qui est intéressante : L'évolution de la technologie a-t-elle changé votre manière de réfléchir ?

L. D.: L'évolution de la technologie change effectivement la manière de travailler et permet d'accélérer certains processus de production. Les avancées technologiques vont très vite pour produire de plus en plus d'assistance à nos vies (traduction, résumé...), mais a-t-on accéléré notre manière de réfléchir ? Elle change parce que nous avons tout à disposition, par exemple des librairies de programmes sur des étagères sans besoin de réfléchir pour les recréer, bientôt des outils comme ChatGPT pourront programmer pour nous. Nous avons trop d'informations et d'outils à disposition, cela peut tuer la recherche fondamentale et les véritables avancées. On publie de plus en plus la même chose, parfois cela s'apparenterait presque à du copier-coller. Nous perdons beaucoup de temps avec une multitude de choses qui se ressemblent. Voilà la grande différence par rapport à ce qui se faisait avant : un gain et une perte de temps grâce à ces outils ! De la même façon qu'il y a de l'information en continu dans les médias, la science souffre aussi des publications redondantes. Cette accélération du temps n'a pas entraîné notre cerveau à marcher plus vite. C'est l'informatique qui a gagné en rapidité, pas le cerveau humain. Il est encombré d'informations, ce qui ne l'aide pas à trouver les ressorts nécessaires à la découverte. On parle d'infobésité, ce nombre incalculable de papiers arrivant d'un peu partout, et qui fait que nous n'avons plus de pépites mais bien plutôt une grande masse de redondances venant polluer le temps consacré à chercher ce qui est vraiment intéressant. Souvent, les papiers actuels ne sont pas des recherches de fond, mais de petites améliorations. Il faut publier et tout est mis sur la même ligne. C'est regrettable pour la qualité des publications, sans parler du temps passé à faire des choses redondantes.

N. M.: Qu'est-ce qu'un obstacle pour vous? Comment l'appréhendez-vous et le contournez-vous?

L. D.: Je suis plutôt opiniâtre. Quand il y a d'autres personnes que moi qui sont impliquées, je ne vais pas forcément les obliger à aller dans mon sens. En revanche, je suis déterminée lorsque je suis quasiment certaine qu'on pourrait y arriver. Je vais essayer d'adapter encore et encore jusqu'à trouver une solution. Je n'abandonne pas souvent. En revanche, si je candidate à quelque chose que je n'obtiens pas, j'abandonne sans problème et trouve autre chose. Ce qui n'est pas le cas des obstacles d'ordre théorique ou applicatif. Pourquoi les abandonner?

Si je me rends compte qu'un algorithme ne marche pas pour telle ou telle raison, je vais en prendre un autre. Je vais savoir comment l'améliorer ou comment trouver une autre façon de faire. Je devrais continuer à travailler avec des robots sur l'assistance aux personnes âgées avec un nouveau projet. Je me suis rendu compte des limites et de ce qu'il fallait encore pour progresser vers des outils utiles. Comment utiliser ce genre de technologie tout en élaborant des règles éthiques est un sujet qui me tient à cœur malgré les obstacles.

N. M.: Diriez-vous que la recherche est plutôt génératrice d'anxiété ou de sérénité?

L. D.: De sérénité. Je ne suis pas très anxieuse.

N. M.: Il y a des gens pour qui le travail de recherche est une intranquillité permanente.

L. D.: Je n'appelle pas ça l'« anxiété ». Ce n'est ni de l'anxiété ni de la sérénité. C'est stimulant intellectuellement, la recherche. Personnellement, cela me met dans une humeur positive.

N. M.: Quelle est la place de l'autocritique? Est-ce un exercice simple et courant chez vous? Ou est-ce au contraire quelque chose de plutôt difficile et assez rare?

L. D.: L'autocritique est un exercice important, mais il ne faut pas pour autant se détruire. Dans la vie en général et quand on est scientifique, je pense qu'il faut être capable de se dire qu'à un moment on n'a pas été bon et qu'il faut faire marche arrière, prendre une autre direction. Et tout cela peut se faire sans en retirer un effet négatif. Pour moi, l'autocritique est positive.

N. M.: Le doute est-il un compagnon nécessaire ou un parasite?

L. D.: C'est un compagnon nécessaire, très utile et enthousiasmant. Si je ne doute pas, je suis perdue. Nous avons besoin de déséquilibre. Il faut être déséquilibré pour être toujours en action. Et ce n'est pas anxiogène. Le doute peut être un catalyseur pour trouver autre chose.

```
(function(){n=s},t[1^e][2].disable,t[2][2]
,n=h.call(arguments),r=n.length,i=1!==r||
),l=Array(r);r>t;t++)n[t]&&b.isFunction(n[
<table></table><a href='/a'>a</a><input
agName("input")[0],r.style.cssText="top:1p
```

N. M.: Parmi vos découvertes, quelle est celle qui a marqué votre carrière et dont vous êtes le plus fière?

L. D.: J'ai travaillé sur l'étude des émotions spontanées dans la voix quasiment avant tout le monde. J'ai eu la chance de travailler sur des dialogues au téléphone dans des interactions réelles. Nous mettions en œuvre des systèmes automatiques pour répondre. Sans prise en compte des émotions, quand l'appelant se mettait en colère, le système pouvait répondre: « Je ne vous ai pas bien compris, veuillez répéter votre question », car la phrase énoncée sous l'emprise de la colère n'avait pas été comprise par le système. Je me suis dit qu'il devait être possible de détecter les émotions dans la musique (la prosodie) de la voix. J'ai monté un groupe et commencé ces travaux dans les années 2000. En 1997, Rosalind Picard[6] avait écrit un livre,

6. Rosalind Picard (1962) est une professeure d'arts des médias et sciences au Massachusetts Institute of Technology (MIT), directrice du groupe de recherche en informatique affective.

Affective Computing. Elle se demandait ce que la détection des émotions pouvait apporter dans le dialogue. La majorité des chercheurs ont commencé par travailler sur des émotions jouées par des acteurs. J'ai pu démontrer que les émotions naturelles étaient bien plus complexes. D'ailleurs, ce ne sont pas exactement les émotions que nous pouvons capter avec une machine, mais l'expression émotionnelle. Le ressenti reste caché ! Pendant que je vous parle, peut-être suis-je un peu énervée, mais en même temps contente parce que j'aime bien discuter, etc. Je vais donc avoir ce mélange d'expressions émotionnelles qui est le propre de la vraie vie. C'est ce que j'ai étudié et ce dont j'étais le plus fière dans ma carrière. Cette voie a ensuite été un peu suivie. Elle commence à l'être de plus en plus maintenant. J'ai par exemple travaillé sur les données du SAMU, où l'on trouve de fortes émotions. Vous pouvez vivre un drame terrible, ressentir de l'anxiété, de la peur, de la douleur et, en même temps, dire : « Merci de m'aider. » Il ne faut pas croire que la machine en face va être capable pour l'instant de détecter à la fois des influences positives et négatives. Il faut faire très attention avec ces technologies. Nous avons encore d'énormes progrès à faire et énormément besoin d'encadrer ces systèmes pour éviter trop de manipulation.

N. M.: À l'inverse, quel est votre plus grand échec ?

L. D.: J'aurais voulu monter un observatoire de ces technologies émotionnelles pour détecter les limites et potentiels d'utilisation par les industriels. J'aurais aimé qu'il soit possible de travailler sur l'éthique appliquée en mutualisant des informations. C'est quelque chose que j'ai essayé de promouvoir auprès du gouvernement. Je participe au débat public en écrivant des livres et en participant à des conférences et interviews. Le dernier essai que j'ai écrit était un manifeste lors de la dernière élection présidentielle, pour alerter sur le fait que ces sujets ne sont pas assez abordés et que nous nous faisons manipuler par ces outils d'IA. La question n'est pas que philosophique. Certains concepts sur les enjeux éthiques de l'IA devraient être enseignés à l'école. Je suis présidente de la fondation Blaise Pascal, fondation de médiation culturelle sur les mathématiques et l'IA. En ce moment, j'ai embauché des jeunes étudiants pour créer des capsules d'apprentissage pour le cycle trois, c'est-à-dire les CM1, CM2 et sixième. L'objectif est de leur montrer les biais de confiance qu'on peut avoir dans ces outils. L'idée est de faire des capsules de deux minutes, de les donner à l'école, à qui voudra bien les prendre, accompagnées d'un texte d'appui pour que l'enseignant puisse animer une discussion et un débat en classe. Beaucoup de ces systèmes d'IA sont à haut risque et ne sont pas du tout catégorisés comme tels par l'Europe. Mon grand échec, c'est que je n'ai pas réussi à faire, à l'instar du cybercampus, un campus sur l'éthique du numérique, dans lequel on aurait expérimenté différents outils tout en procédant à de l'apprentissage et de l'éducation autour de ces objets qui manipulent et qui nous répondent, comme les *chatbots*, les robots sociaux, les robots affectifs, etc.

N. M.: Votre travail dans ce domaine de l'informatique et de l'informatique émotionnelle fait-il que vous n'avez pas le même rapport au réel qu'avant?

L. D.: Quand en 2017 l'IA débarque après AlphaGo[7], des gens sont invités sur tous les plateaux de télévision pour s'exprimer, qu'ils soient experts ou pas. L'IA devient un concept à la mode que tout le monde s'approprie en disant des choses vraies et d'autres qui le sont moins. La frontière entre l'humain et la machine est en train d'être abolie. Pourquoi? Parce que nous essayons de faire le plus possible de machines qui nous ressemblent, nous parlent et vont amalgamer toutes nos données. Quand j'entends quelqu'un dire que les machines, demain, auront des émotions, je lui réponds que ça ne sera pas du tout le cas, du moins pas comme les humains. Le vivant fonctionne avec une complexité qui n'est absolument pas la même. Le sujet de l'IA est devenu incroyablement présent dans la société. Mais les questions restent toujours les mêmes: les robots vont-ils un jour prendre le travail des humains? Devrions-nous avoir peur de cette super-intelligence?

7. AlphaGo est un programme informatique développé par l'entreprise DeepMind et conçu pour jouer au jeu de go. Il est le premier programme à battre un joueurprofessionnel humain, en 2015.

N. M.: Y a-t-il un autre chercheur ou une autre chercheuse qui ne soit pas dans votre discipline mais dont vous vous sentiriez proche ?

L. D.: Si je ne devais en choisir qu'un, je dirais Lionel Naccache[8]. Il est brillant dans sa façon d'expliquer à tout le monde ce qu'est le cerveau à la fois avec une grande pédagogie et une présence incroyable.

N. M.: La réponse peut sembler évidente, mais je vous pose quand même la question : le temps des grandes découvertes dans votre discipline est-il révolu ou est-il à venir ?

L. D.: Plus il y a de capacités de calcul, de regards, de métaphores et d'analogies avec toutes les données qui sont constituées, plus il sera possible de faire avancer les choses. Peut-être pas dans tous les domaines, mais dans certains domaines, ce sera très certainement le cas. Je pense qu'il faut effectivement s'attendre à de grandes révolutions grâce à l'IA.

Bibliographie

Des robots et des hommes. Mythes, fantasmes et réalité, Plon, 2017.

Les Robots émotionnels. Santé, surveillance, sexualité... et l'éthique dans tout ça ?, Éditions de l'Observatoire, 2020 – Grand Prix du jury Vudailleurs.com (juillet 2022).

Souveraineté numérique dans l'après-crise, Éditions de l'Observatoire, 2020.

« Des émotions et des machines » (tribune), *Le Monde*, mars 2020.

Vague IA à l'Élysée, Éditions de l'Observatoire, 2022.

« Les robots sociaux et affectifs en santé », *Bulletin de l'Académie nationale de médecine*, 206(8), 2022.

« Communication, les deux visages de l'IA : Elle favorise la désinformation, et offre un moyen de lutter contre », *Pour la Science*, hors-série, n° 115, mai 2022.

« Bien vivre avec les machines : Entre les machines et nous, il y a de l'émotion. Et là, gare ! », *Pour la Science*, hors-série, n° 115, mai 2022.

« ChatGPT : "Saluer l'avancée technologique, mais comprendre les limites de ce type de système" » (tribune), *Le Monde*, 20 janvier 2023

« ChatGPT : "Il faut apprendre à débattre sur les usages des outils numériques" » (interview), *Sciences et Avenir*, février 2023.

8. Lionel Naccache (1969) est un neurologue français, spécialiste des neurosciences cognitives. Il est membre du Comité consultatif national d'éthique.

Arnaud FONTANET
Épidémiologie

Il reste dans le bureau d'Arnaud Fontanet à l'Institut Pasteur où il dirige l'unité d'Épidémiologie des maladies émergentes les souvenirs d'une époque, celle des French doctors *et de missions humanitaires en Asie et en Afrique, à travers quelques photos d'enfants souriants et de visages qui sont autant de vies sauvées. Mais depuis cette époque, le Covid est arrivé, et avec lui une épidémie d'une ampleur nouvelle, avec des responsabilités écrasantes au Conseil scientifique auprès du gouvernement français de mars 2020 à juillet 2022.*

Arnaud Fontanet est également professeur au Conservatoire national des arts et métiers. Il est spécialisé en épidémiologie des maladies infectieuses et tropicales. Il a été en 2018-2019 le premier titulaire de la chaire de Santé publique nouvellement créée au Collège de France.

«Je ne suis pas dans un esprit de compétition. L'important, pour moi, c'est que quelqu'un trouve.»

NICOLAS MARTIN: Y a-t-il un moment ou un événement dans votre enfance qui serait le point de départ de votre vocation?

ARNAUD FONTANET: On raconte dans ma famille que j'ai commencé à parler de médecine à l'âge de 9 ans. Mon grand-père maternel était médecin et véhiculait l'image forte d'une pratique humaniste. Ça a marqué mon enfance. Il était de la première promotion de ce qu'on appelle le Pharo[1], la formation des médecins tropicaux à Marseille. Il était parti exercer à Madagascar, au Sénégal, en Tunisie et en Polynésie française. Il a eu huit enfants qui ont été trimballés dans tous ces pays. Pour l'anecdote, il y a une photo à Madagascar où ils sont en train de partir en caravane à cheval, comme dans les westerns, parce que l'endroit où il était posté était à trois semaines d'Antananarivo. Quand j'ai eu mon internat, j'ai tout de suite voulu exercer en Afrique et en Asie, dans le cadre humanitaire. Je suis parti six mois avec Médecins du monde à la frontière entre la Thaïlande et la Birmanie chez les réfugiés karens. Puis j'ai fait mon service militaire

1. L'école du Pharo est une école militaire française, située dans le parc du palais du Pharo à Marseille, spécialisée dans l'enseignement et la recherche en médecine tropicale.

avec Médecins sans frontières, à la frontière entre la Thaïlande et le Cambodge.

Ma vocation scientifique est née d'une rencontre en mai 1989, à Bangkok, avec Nicholas White[2], une très grande figure de la lutte contre le paludisme. Je me souviens d'un séminaire qu'il avait donné sur un nouveau traitement, l'halofantrine. Il expliquait comment il menait ses recherches en Asie, notamment en Thaïlande. Je comprenais les enjeux de la prise en charge de patients dans ces camps de réfugiés. Je me suis mis à me demander si nous avions le meilleur traitement, et s'il n'était pas également possible d'agir en amont, de garantir une prévention plus efficace, et pourquoi pas d'imaginer un vaccin contre le paludisme. J'ai alors réalisé que c'était ce que je voulais faire. C'est une vocation assez tardive, je devais avoir environ 28 ans.

N. M.: Est-ce que vous dissociez la curiosité pour la médecine de celle pour la recherche ?

A. F.: Oui. Au début, j'étais animé par la volonté de soigner et de soulager les souffrances. Je trouvais ça fantastique. Il y a un côté investigation dans le diagnostic, où on essaie de comprendre ce dont souffre le patient à l'échelle individuelle. Puis je me suis rendu compte, notamment dans ces camps de réfugiés, du fardeau que représentaient ces maladies infectieuses et tropicales pour des populations démunies. En parallèle, j'étais en train de faire un internat en rhumatologie, aux antipodes de cela, puisqu'on y soigne des patients atteints de maladies chroniques, plutôt âgés, dans des pays industrialisés. Et bascule ainsi des problématiques de santé individuelle à celles de santé populationnelle, et pars à Harvard pour faire une maîtrise en santé publique. Et je retourne dans les camps de réfugiés à la frontière Thaïlande-Cambodge pour mon doctorat, afin de mettre en place des protocoles de recherche sur un nouvel antipaludéen, la méfloquine. Là, j'ai acquis des compétences en méthodologie, épidémiologie et biostatistique, et j'ai pu faire mes premières études d'évaluation de l'efficacité d'un traitement.

2. Nicholas White (1951) est un médecin-chercheur britannique, spécialisé dans la médecine tropicale, et connu pour avoir développé une polythérapie à base d'artémisinine contre le paludisme.

N. M.: En dehors de votre grand-père, avez-vous baigné dans un milieu familial et socioculturel scientifique ou artistique ?

A. F.: Mon père, Joseph Fontanet, était un homme politique. Il a notamment été ministre de la Santé publique sous de Gaulle. C'est un autre contexte, celui d'une figure paternelle très forte, même s'il était peu présent parce qu'il était pris par ses activités au gouvernement. C'était un homme qui avait le sens du devoir et cette volonté d'améliorer les conditions de vie en société. Avoir une figure que l'on admire et qui vous raconte tout le temps à quel point il est important de travailler pour rendre la société meilleure, c'est forcément marquant pour un enfant. Derrière mes choix, il est certain qu'on retrouve une influence paternelle.

N. M.: Avez-vous eu une ou plusieurs personnes que vous identifiez comme des mentors ?

A. F.: À Harvard, j'ai pu assister à des séminaires de Kenneth Rothman[3], qui a été en épidémiologie celui qui a le mieux traduit la pensée d'Olli Miettinen, un épidémiologiste finlandais créateur de l'épidémiologie moderne. Kenneth Rothman a été pour moi l'épidémiologiste le plus influent. Il y a à peu près vingt ans, quand je me suis mis à enseigner et qu'il a fallu que j'écrive mes cours, je suis reparti de son livre pour voir comment il expliquait les concepts, et les adapter à mon public. En épidémiologie, c'est lui qui serait la figure la plus impactante. Certes, c'est de la méthodologie, mais c'est vraiment très important dans notre discipline.

N. M.: Avec le recul, comment jugez-vous aujourd'hui votre début de carrière ?

A. F.: Avoir été sur le terrain a été déterminant. En temps cumulé, j'ai passé trois ans en Thaïlande et cinq ans en Éthiopie à faire de la recherche. J'ai appris à monter des programmes de recherche dans les conditions spécifiques des pays tropicaux, à des stades différents de leur évolution. Aujourd'hui, où j'ai beaucoup moins le temps d'aller sur le terrain, ce que j'ai appris dans ces pays, quelquefois dans la douleur, m'est encore utile. C'est le cas en ce qui concerne la façon de réfléchir avec les chercheurs locaux, de poser les problématiques

3. Kenneth Rothman (1945) est un épidémiologiste américain. Il a notamment fondé la revue *Epidemiology* en 1990.

de recherche, d'identifier les moyens de monter des études, notamment dans les conditions très difficiles propres aux pays très pauvres, comme l'Éthiopie au sortir de la guerre.

Je considère que j'ai eu beaucoup de chance à chaque étape. Je suis parti avec Médecins sans frontières en Thaïlande et au Cambodge, dans un endroit qui était à la fois très touché par les maladies tropicales, mais où il était possible de travailler dans de bonnes conditions, parce que les camps de réfugiés existaient depuis dix ans. Il y avait une infrastructure solide, et la recherche a besoin d'une certaine forme de stabilité. Ensuite, j'ai eu la chance de partir aux États-Unis, où j'ai côtoyé des professeurs d'excellent niveau. Durant les cinq ans que j'ai passés en Éthiopie, j'avais énormément de moyens pour monter un programme de recherche alors que j'étais relativement jeune. Mon retour s'est fait grâce à une opportunité assez unique à l'Institut Pasteur, puisqu'ils proposaient de créer leur première unité d'épidémiologie. J'ai postulé pour être le responsable de cette unité et j'ai eu le job. Je dirais que ma vie a quand même été une succession d'événements heureux.

N. M.: Comment diriez-vous qu'a évolué votre rapport à l'épidémiologie?

A. F.: Certains types d'études peuvent apporter une gradation dans le niveau de preuve. Certaines enquêtes transversales relèvent un peu de la méthode de cow-boy: vous prenez des échantillons sur le terrain, vous regardez ce qu'il y a dedans et vous en tirez des conclusions dont vous savez que la valeur scientifique est faible. Ensuite, il y a l'étude cas-témoin. Elle est un peu plus structurée et vous fait grimper dans l'échelle du niveau de preuve. Vous prenez des cas dans la population, vous comparez avec un groupe témoin équivalent, et vous constatez les différences d'exposition. C'est ce type d'étude qui montre, par exemple, que les cancéreux (cas) fument plus que les bien-portants (témoins). Puis arrive le gros bulldozer: l'étude de cohortes. Il faut recruter parfois des milliers de personnes à suivre pendant des années, pour mettre en évidence que les fumeurs (exposés) développent plus de cancers que les non-fumeurs (non-exposés). Certes, on construit une évidence scientifique plus forte, mais c'est très fastidieux et lourd à faire tourner. Enfin, il y a l'essai clinique, quand il est possible, par exemple pour des traitements ou des vaccins, où c'est l'équivalent de la Rolls-Royce. Vous traitez après tirage au sort un groupe et pas l'autre, en aveugle grâce à un placebo, et vous avez un niveau de preuve très élevé.

Selon moi, l'étude cas-témoin est celle dans laquelle on s'amuse le plus. Elle permet d'obtenir des résultats rapides (pratique dans un contexte d'urgence, comme celui des virus émergents). Ces quinze dernières années, c'est devenu mon activité principale. En revanche, il y a des risques de biais importants, et cela demande de la jugeotte pour les neutraliser. Récemment, j'ai pu faire des études cas-témoin sur deux épidémies. La première concerne Zika. En Polynésie française, c'est la première à avoir montré l'association entre le syndrome de Guillain-Barré[4] et le virus Zika. Puis j'ai fait un travail de modélisation avec Simon Cauchemez[5] sur les anomalies congénitales, toujours en Polynésie française. Il était un peu plus exploratoire, mais ce fut le premier à montrer une association entre les microcéphalies et Zika. Ces études n'avaient pas le niveau de preuve requis pour asseoir les évidences dans la communauté scientifique. Mais elles ont bien marqué un début, et ça m'a plu.

Ce fut la même chose avec le Covid : nous avons monté cette étude cas-témoin, appelée ComCor, sur les lieux de transmission et les activités à risques. Là aussi, ce sont des études empreintes de biais, difficiles à interpréter. Mais on avait besoin de résultats rapides et elles furent les premières à défricher le terrain.

N. M.: Quelle était la part de compétition et de collaboration au début de votre carrière ?

A. F.: Très tôt, j'ai reçu une très bonne leçon de collègues néerlandais pour qui je travaillais à Addis-Abeba. C'était un gros groupe de recherche, collaboratif et multidisciplinaire. Ils avaient une cohorte très connue dans le domaine du VIH à Amsterdam, avec

4. Le syndrome de Guillain-Barré est une maladie auto-immune inflammatoire aiguë du système nerveux périphérique.

5. Simon Cauchemez (1978) est un chercheur français en épidémiologie à l'Institut Pasteur, spécialisé dans la modélisation mathématique et l'analyse de données épidémiques complexes.

un épidémiologiste, Roel Coutinho, le virologue Jaap Goudsmit, l'immunologiste Frank Miedema et le clinicien Joep Lange. Jeune, face à ces grands professeurs néerlandais au sommet de leur vie professionnelle, j'avais peur de me faire écraser. Puis j'ai vite compris que ce travail collaboratif permettait au contraire d'être beaucoup plus productif. Parfois, il s'accompagnait de bonnes surprises : je me retrouvais associé à des travaux dans lesquels je n'avais pas eu une contribution si importante. Puis d'autres, au contraire, où j'avais l'impression d'être un peu lésé. Mais le bilan était évidemment positif.

J'ai par la suite adopté cette approche en montant beaucoup de projets collaboratifs multidisciplinaires. Quand vous arrivez en deuxième partie de carrière, et que vous êtes plus détendu par rapport à vos propres ambitions, le partage des données devient de plus en plus évident. Surtout dans un contexte de crise sanitaire, où l'urgence fait qu'il n'est pas possible d'attendre. Plus ça va, plus je suis dans cette volonté de partager, de mettre en commun et d'échanger.

N. M.: Comment diriez-vous que naît chez vous une idée nouvelle ?

A. F.: Aujourd'hui, je travaille beaucoup sur les virus émergents. Quand un virus émerge, tout est à décrire, à la différence d'autres domaines où notre contribution consiste à rajouter une toute petite brique dans un corpus de connaissances déjà bien fourni. Quand Zika est arrivé, un article du *New England Journal of Medicine* décrivait des infections bénignes dans une île de Micronésie. La publication datait de 2009. Le virus surgit en Polynésie française en 2013. Des collègues du centre de neurologie de Papeete racontent qu'en même temps qu'ils ont l'épidémie, ils se retrouvent avec des syndromes de Guillain-Barré. La corrélation spatio-temporelle et écologique semblait évidente, mais il fallait établir le lien. Dans mon domaine de recherche, il y a une partie descriptive et observationnelle où nous apprenons des tout premiers cas. Ils sont très informatifs. Lors du SRAS[6], en 2003, les vendeurs des marchés d'animaux faisaient partie des premiers cas, et vous mettent sur la piste du réservoir animal du virus. L'histoire naturelle, c'est la même chose. Les premières manifestations cliniques vont vous apprendre beaucoup sur le pathogène probable et les modes de transmission. Ensuite, il faut passer à une démarche plus analytique qui nécessite de comparer les malades à la population générale. C'est là que la méthodologie d'épidémiologie entre en jeu. Au début, il y a tellement à décrire que ne se pose pas tellement la question de savoir quelle est la pièce qui manque dans le puzzle. Ça arrive un peu plus tard…

N. M.: Dans ce type de travail d'enquête, comment vous orientez-vous dans une direction plutôt qu'une autre?

A. F.: Tout l'intérêt réside dans la confrontation de plusieurs disciplines. À Pasteur, je rencontre beaucoup de virologues, d'immunologistes, etc. Cela me permet de croiser beaucoup d'informations. Ces regards croisés et les convergences font qu'il est possible de commencer à construire une histoire qui a un peu de sens.

Une histoire qui m'a marqué. C'est celle d'une épidémie d'encéphalite pédiatrique apparue dans une province du nord du Vietnam, en même temps qu'on introduisait des plantations de lychees. De façon très claire, ces épidémies survenaient au moment de la récolte, chaque année, entre la fin des années 1990 et le début des années 2000. Nos collègues de l'Institut Pasteur de Hanoï, le National Institute of Hygiene and Epidemiology, nous contactent et nous demandent de les aider. Nous partons avec un biais cognitif sur les infections virales: les encéphalites sont souvent dues à des virus. Nous montons un projet multidisciplinaire avec les vétérinaires pour la partie animale, des épidémiologistes, des cliniciens que nous faisons venir pour analyser avec nos collègues vietnamiens les caractéristiques cliniques de ces encéphalites chez les enfants. Il y a aussi des virologues qui analysent le liquide céphalo-rachidien des malades et un anthropologue qui vient pour essayer de comprendre comment est perçue cette nouvelle

6. Le SRAS, ou syndrome respiratoire aigu sévère, est une infection respiratoire à coronavirus (SARS-CoV ou SARS-CoV-1) apparue pour la première fois en Chine en 2003, qui s'est répandue dans 29 pays, a infecté officiellement plus de 8 000 personnes et causé la mort de 916 personnes.

maladie auprès des familles. Finalement, nous arrivons à mettre en évidence des entérovirus qui donnent des méningo-encéphalites, mais ce n'était jamais le même virus. Cela ne collait pas avec le tableau global.

La confrontation de toutes ces disciplines nous a fait comprendre que nous étions sur une fausse piste. Tous les soirs, je cherchais «*lychee encephalitis*» sur Google, et j'ai fini par tomber sur une épidémie exactement similaire en Inde. Je contacte des collègues indiens, tout en me documentant. Deux d'entre eux, le virologue T. Jacob John et le toxicologue Mukul Das, font le parallèle avec une maladie aux Antilles qui s'appelle la *Jamaican vomiting sickness*, où la consommation de l'aki, un fruit qui accommode beaucoup de plats, donnait des syndromes comme des vomissements, avec quelquefois épilepsie, convulsions et coma. Il se trouve que l'aki est de la même famille que le lychee, les Sapindacées, et contenait une toxine responsable d'hypoglycémies, l'hypoglycine A.

En remontant le fil, on comprend ce qu'il s'est passé. Les lychees représentaient pour les enfants du nord du Vietnam une source facile de nourriture pendant les récoltes. Or, certains enfants étaient malnutris et en absence de dîner, ils développaient pendant la nuit des hypoglycémies profondes aggravées par l'hypoglycine contenue dans les lychees. Les Vietnamiens appelaient cette maladie «cauchemar»: les enfants se réveillaient la nuit en criant. Comme les gens vivent dans une seule pièce, ils voient leur enfant en train de se débattre et pensent qu'il fait un cauchemar. Alors que c'est une crise de grand mal épileptique, suivie d'un état de confusion post-critique, puis de coma. Un tiers des enfants décédaient, un tiers avaient des séquelles importantes et un tiers récupéraient.

Grâce à cette approche multidisciplinaire, on a réalisé que nous ne parvenions pas à tout faire coller. Finalement, c'est un collègue indien qui a fait le lien avec la *Jamaican vomiting sickness*. Ils ont dosé la toxine chez les enfants en même temps que nous; puis ils ont publié leur article en 2016; nous avons publié le nôtre en 2017. Cette histoire montre que ce questionnement est vraiment important.

N. M.: Arriveriez-vous à quantifier la part d'intuition et de rationnel chez vous?

A. F.: L'intuition, ce sont les moments où les connexions se font. Ce qui est intéressant, ce sont les découvertes fortuites que j'arrive à relier entre elles. Je trouve ensuite dans la littérature un article qui confirme que je suis sur une piste intéressante. À la fin, je mets en évidence des phénomènes nouveaux. Ce genre de mécanisme fonctionne. Il m'arrive d'avoir des informations concernant différents pans de la biomédecine qui, tout d'un coup, se connectent ensemble et créent un lien logique entre des faits pourtant disparates. C'est peut-être ce phénomène inconscient que certains appelleraient l'« intuition ».

N. M.: Et l'*eurêka* ?

A. F.: C'est lorsqu'une hypothèse apparaît pour relier tout ça. On est alors capable de dire : « Voilà ce qui explique le tout. » Cela survient rarement, car je ne suis ni immunologiste, ni virologue, ni spécialisé en biologie cellulaire. J'arrive à créer des ponts. Mais il faudra toujours qu'il y ait un spécialiste du sujet qui s'en empare et aille jusqu'au bout.

N. M.: Comment se formule votre travail de réflexion ? Est-ce une voix intérieure, réfléchissez-vous en images ou en concepts ? Comment vous représentez-vous votre sujet de travail ?

A. F.: J'aime bien construire sur un tableau, faire des flèches et des diagrammes, relier des choses, créer des modèles. En épidémiologie, nous avons une méthodologie assez structurée. Nous regardons des associations à l'échelle populationnelle et nous nous assurons de leur validité. C'est très complémentaire de ce que vont faire des biologistes. Eux vont trouver, à l'échelle de la cellule ou de l'organe, des relations entre des agents infectieux et des processus physiopathologiques.

Lorsque nous analysons les résultats d'une étude épidémiologique, la première étape consiste à évaluer le rôle des fluctuations d'échantillonnage dans l'association retrouvée entre une exposition et la maladie. Pour ce faire, on calcule la probabilité d'observer une association aussi forte que celle qu'on a vue, simplement du fait de variations aléatoires d'échantillonnage. Si cette probabilité est faible, on rejette cette possibilité. Après, il y a les biais : les biais de classement, quand on a mal catégorisé les exposés ou les malades; les biais de sélection également, lorsque la population recrutée n'est pas représentative de celle que l'on voulait étudier; puis le biais de confusion, où il existe une surreprésentation de facteurs de risque de la maladie dans un groupe, créant une fausse association entre ce groupe et la maladie.

Ensuite, on quantifie l'impact en population d'une exposition (tabac, alcool, nutrition, environnement, etc.) sur une maladie donnée. Et on regarde si, dans le monde de la biologie, il existe un mécanisme qui permette de l'expliquer. Quand on retrouve association statistique populationnelle et mécanisme biologique, on commence alors à s'approcher de la causalité. En parallèle des analyses épidémiologiques, je regarde la littérature pour voir comment la biologie progresse, parce que je sais qu'une association populationnelle qui n'est pas assise sur un mécanisme biologique restera spéculative.

N. M.: Ça ressemble vraiment à un travail d'enquête...

A. F.: J'appliquerais ce terme d'« enquête » aux tout débuts de l'investigation d'épidémie. Comme avec cette histoire des lychees où nous essayions de trouver l'agent pathogène. Là, on est dans ce qu'on peut appeler une « enquête épidémiologique ». Mais il y a tout un tas de livres pour vous aider à cadrer cette réflexion. Dans ma bibliothèque, j'ai par exemple le bouquin de Rothman qui m'a longtemps accompagné, comme vous pouvez le voir. Il y a aussi plein de livres sur la méthodologie, qui sont les seuls documents papier que je garde. Tout le reste est dématérialisé.

N. M.: Direz-vous que votre travail est essentiellement un travail déductif plus qu'un travail inductif?

A. F.: Je suis plutôt dans un travail de déduction. Mon boulot, c'est de construire des schémas de recueil de données qui répondent à des critères de méthodologie qui rendront la déduction possible. L'épidémiologie nous a donné une façon de structurer l'enquête pour recueillir des données et être capables d'en tirer une information qui sera scientifiquement valide.

N. M.: Quelle est la part de l'écrit? Vous dites donc que vous vous mettez au tableau avec votre équipe, mais avez-vous aussi besoin de prendre des notes personnelles?

A. F.: Quand je prends un papier, c'est plutôt pour des schémas. Par exemple, lors de mon dernier brainstorming, nous avons essayé de relier des facteurs cognitifs à des comportements et des infections par le SARS-CoV-2, en utilisant les éléments de la théorie des jeux. Ce sont des questions qui permettent de savoir si les gens préfèrent des gains immédiats ou plus lointains, ou encore s'ils ont une approche individuelle ou communautariste. Il y avait ensuite une partie sur les comportements pendant la pandémie: est-ce que les gens fréquentaient des lieux à risque? Se sont-ils fait vacciner? Etc. Puis on en estimait le risque d'être infecté ou pas par le virus du Covid. Là, nous essayons de faire des flèches pour relier les éléments cognitifs, les comportements que les personnes ont eus, et les infections. C'est avec ces flèches que l'on choisit les variables qui iront dans les modèles statistiques qui permettront ensuite de répondre aux questions suivantes: quel lien peut exister entre un facteur cognitif et le fait d'être infecté? Cela passe-t-il par des comportements? Si c'est le cas, comment cela fonctionne-t-il?

N. M.: Vous est-il difficile de penser en dehors du cadre et du consensus scientifique?

A. F.: Ma démarche est de sans cesse remettre en question les acquis. Il y a un corpus de connaissances qui fait qu'aujourd'hui tout le monde pense que tel virus se transmet d'une certaine manière, que la part de tel mode de contamination est plus importante qu'une autre. Moi, je passe ma vie à challenger le consensus, et encore plus mes propres papiers! Je suis toujours en train de me demander si je ne me suis pas trompé. Je me réveille en me disant: «Et si je m'étais planté?» Puis je cherche quelle expérimentation je pourrais faire pour prouver que j'ai commis une erreur. Et je la fais. Si elle répond par la négative, alors je me dis que j'ai toujours raison (du moins jusqu'à aujourd'hui). Le fait de passer sa vie à se challenger et challenger les autres fait que notre approche nous rend extrêmement vulnérables aux promoteurs de fake news et de désinformation. Ce sont des gens qui arrivent avec des certitudes inébranlables qu'ils vous balancent au visage. Alors que ma première réaction, quand on me pose une question, est de me demander si la personne en face a raison, et si c'est moi qui me suis trompé. Je me remets tout de suite en question. Assez vite, je rassemble quelques idées et je réponds que ce n'est vraisemblablement pas le cas. Je ne dirais jamais « certainement pas ». Je dirais « vraisemblablement pas », ce qui est déjà un tic de langage. Cela nous rend extrêmement fragiles dans les débats sur les plateaux télé, par exemple. Nous apparaissons comme ceux qui ne savent pas trop et qui ne sont pas sûrs d'eux. Pourtant, je persiste à penser que c'est une bonne chose.

N. M.: Le doute est-il vraiment le point de départ?

A. F.: Il est au cœur de la démarche. Je passe mon temps à remettre en question tous nos résultats pour pouvoir vraiment dire, à la fin, que nous ne voyons vraiment pas ce qui pourrait faire que ce que nous disons n'est pas vrai.

N. M.: Quel est votre premier réflexe lorsque vous êtes confronté à une anomalie?

A. F.: La vérification des données. Pour nous, cela consiste à nous demander si la variable a été mal codée, par exemple. Il y a toute une étape de vérification qui remonte jusqu'au point de départ, sur des éléments très basiques. C'est le plus banal. Ensuite, si cette anomalie est confirmée, cela ouvre une nouvelle piste qu'il va falloir explorer, ce qui est intéressant. C'est là que nous montons l'étude suivante qui va permettre d'essayer d'expliquer le pourquoi de cette anomalie.

N. M.: Diriez-vous que vous avez plutôt besoin de silence, d'errance et d'isolement ou, au contraire, de confrontations, de discussions et de bruit pour travailler?

A. F.: Quand j'ai besoin de poser une hypothèse, il me faut du silence. Je peux même devenir un peu irritable à ce sujet. Ça peut arriver à la maison. Mes proches me connaissent et lorsqu'ils me voient un peu concentré, ils marchent sur la pointe des pieds. Mais cela ne dure jamais longtemps. Au moment du démarrage d'une enquête, je suis toujours très preneur de confrontation. J'ai quelques collègues de confiance à qui je peux demander ce qu'ils pensent de certaines de mes hypothèses. Je me sens très à l'aise pour faire apparaître mes lacunes, car c'est comme ça qu'on avance. J'aime bien être dans l'échange. J'ai l'habitude de dire que je m'entoure d'étudiants qui sont plus «cortiqués» que moi. Avec le temps, j'ai compris que mon expérience et ma culture sur un certain nombre de sujets étaient un atout dont je pouvais faire profiter les plus jeunes. Du coup, je les choisis pour qu'ils soient capables de faire des choses que je n'aurais pas été capable de faire au même âge, voire aujourd'hui. Je ne trouve jamais déplaisant de me retrouver dans une situation où je dois leur demander de me réexpliquer ce qu'ils ont fait parce que je ne comprends pas.

N. M.: Quels sont le lieu idéal et le moment idéal pour penser librement?

A. F.: Pour le moment, c'est le soir. La journée, malheureusement, est faite de sollicitations continuelles. C'est très rare que j'arrive à me dégager une plage de temps. Donc c'est plutôt à partir de 22 heures que j'ai quelques espaces de liberté où je peux faire une lecture approfondie. La façon dont l'emploi du temps d'un chercheur en épidémiologie est structuré aujourd'hui est telle que nous passons notre vie à faire de l'interaction. Elle porte ses fruits, elle est nécessaire. En revanche, elle nous empêche de nous poser et de réfléchir.

N. M.: La nuit est-elle dévolue au sommeil ou, au contraire, est-elle propice à la réflexion?

A. F.: La nuit est dévolue au sommeil. Je m'endors comme une souche. Je peux me réveiller tôt. Il y a une période où le réveil a plutôt été associé à une chose stressante. Pendant la période du Covid, le réveil était lié à l'urgence d'avancer sur des sujets. Je me réveillais à 5 ou 6 heures du matin parce qu'il fallait que j'aille bosser et que j'avance sur des urgences vraiment pressantes. Parfois, c'était pour travailler sur des protocoles et voir comment il nous était possible de construire très rapidement certaines études.

N. M.: Avez-vous besoin d'une routine de travail ?

A. F.: Je travaille beaucoup sur des situations de crise sanitaire, donc je suis à l'aise dans des situations de désordre général, où il faut mettre en place des études dans des contextes complexes et prendre des décisions très vite. Il faut être capable de partir à cent quatre-vingts degrés s'il le faut, s'adapter, être flexible. Là, je m'y retrouve. Ce n'est pas du tout un obstacle pour moi, au contraire. Après, j'utilise quand même des méthodes qui restent les mêmes et sont assez rigoureuses.

Je ne voudrais pas faire un travail où tout serait complètement lissé. Quand tout est une question de temps et de logistique, ça ne m'intéresse pas. J'aime plutôt le protocole que nous montons vite et dans un contexte d'urgence, dans une situation difficile où il n'y a pas à portée de main tout ce dont nous aurions besoin. Il faut alors trouver des solutions, faire des arbitrages, etc. Ce sont les périodes de crise qui sont les moments les plus exaltants de notre travail. Heureusement pour nous tous, il y a des grandes périodes plus calmes pendant lesquelles nous nous organisons. On rêve tous de pouvoir se dire que nous allons juste avoir du temps pour la lecture et la réflexion... Dans la pratique, c'est extrêmement difficile de le faire.

N. M.: L'évolution de la technologie a-t-elle changé votre façon de réfléchir ?

A. F.: Oui, surtout les capacités d'échange, comme avec Internet et les mails. Plus jeune, j'écrivais très facilement à des grands pontes de l'épidémiologie, parce que je trouvais leur adresse mail sur un article et je pouvais leur demander leur avis sur un sujet. Plus récemment, ça a été Twitter. Pendant la crise Covid, je me gardais trois heures par jour pour être sur Twitter. Je ne twittais pas, mais je lisais une heure et demie le matin et une heure et demie le soir, en suivant cinquante scientifiques de dix disciplines différentes. Il y avait le clinicien, l'épidémiologiste, l'immunologiste, le virologue, le modélisateur, etc. Dans chaque domaine j'en avais sélectionné quatre ou cinq qui me permettaient de faire de la veille scientifique dans une période où ça publiait énormément. C'est comme ça que je me tenais au courant. Eux faisaient le *digest* de tout ce qui avait été publié dans leur discipline. Ils indiquaient les prépublications[7] intéressantes. Ça nous a permis d'être au courant en temps réel de toutes les dernières évolutions. C'est d'autant plus vrai avec ce système de prépublication et de critique de la part des meilleurs experts de l'information disponible du moment. Dans ma façon de réaliser ma veille scientifique, c'est une révolution. Ça a même fini par rendre les conférences, réunions ou séminaires de haut niveau assez obsolètes, parce que grâce à l'abondance de ces prépublications, nous savons déjà tout en temps réel. Ces grands rassemblements ont beaucoup perdu de leur pertinence en ce qui concerne la diffusion de la science. Ça reste une opportunité de contact entre personnes, mais le fait que le monde ait été paralysé pendant deux ans avec la crise Covid a été compensé par un accès direct et en temps réel à l'information grâce à Twitter. C'était assez fondamental.

N. M.: Qu'est-ce qu'un obstacle pour vous ?

A. F.: Il y a plusieurs difficultés pour nous. C'est toujours assez complexe de mettre en place nos études sur le terrain. Les conditions de sécurité ne sont pas toujours réunies. Nous souffrons d'une réglementation qui, si elle est nécessaire dans son principe de protection des droits des personnes, nous ralentit énormément. Nous n'avons pas encore trouvé le bon équilibre entre la recherche en santé humaine et les obstacles juridiques et réglementaires. Il y a de la bonne volonté de part et d'autre, mais la législation est telle que nous sommes extrêmement freinés.

7. Une prépublication est un article scientifique publié sur un site spécialisé, comme arXiv pour la physique ou bioarXiv pour la biologie, avant d'avoir été accepté par une revue à comité de lecture (comme *Nature* ou *The Lancet*). Cela permet aux chercheurs d'avoir des premiers retours sur leurs travaux et des commentaires d'autres chercheurs de la même discipline. Ces prépublications n'ont pas la même valeur scientifique qu'un article revu par les pairs et publié dans une grande revue.

N. M.: Quand vous avez le sentiment de faire fausse route, lâchez-vous rapidement en vous disant que vous avez dû vous tromper ? Ou, au contraire, est-ce que vous vous entêtez ?

A. F.: Je suis plutôt de caractère tenace, mais je me rends compte quand nous commençons à tourner en rond. Lorsqu'on a épuisé tout ce qu'une étude pouvait nous apporter, je commence à sentir qu'il est temps d'arrêter. Tout le monde sait qu'il y a un moment où on a fait le tour de la question. En revanche, si c'est un obstacle de nature méthodologique ou technologique, je ferai tout pour trouver l'appareil qui permettrait de faire la mesure que nous ne sommes pas capables de faire, ou l'équipe qui maîtrise la méthode qui permettrait d'analyser.

N. M.: Diriez-vous que la recherche est génératrice de sérénité ou d'anxiété ?

A. F.: C'est en période de stress que je suis le plus productif. C'est une question de tempérament. Je peux tout à fait concevoir que dans d'autres disciplines ça se passe différemment, mais, pour nous qui travaillons dans le domaine de la crise sanitaire, le stress est un élément moteur très fort.

N. M.: Y a-t-il un moment où vous arrivez à vous en départir, ou est-ce vraiment une composante essentielle de votre travail depuis le début de votre parcours de recherche ?

A. F.: Je pense que j'ai toujours aimé ces moments où il y a tout à découvrir. Ça devient très excitant de se dire que nous ne savons rien sur une pathologie qui a un impact potentiel fort. J'ai un peu tiré sur la corde avec le Covid parce que ça a duré deux ans et demi, avec en prime des fonctions au Conseil scientifique qui demandaient un niveau d'exigence en temps réel très élevé. Là, j'ai besoin d'une bonne petite période réfractaire avant la prochaine. (Rires.) Ça ne m'était jamais arrivé auparavant de me dire cela, c'est peut-être une question d'âge. Je ne vous cache pas que si nous apprenions demain que le SARS-CoV-3 débarque, je dirais qu'il faut trouver quelqu'un d'autre que moi !

Ce qui m'intéresse maintenant vis-à-vis du Covid, c'est de profiter de ce temps un peu plus calme pour revenir en arrière et refaire tout ce que je n'ai pas pu faire parce que nous étions dans l'urgence. Décortiquer tout ce qui peut être utile pour la prochaine fois, parce que je pense malheureusement qu'il y aura une prochaine fois. Il faut tirer parti de cette crise qui a été extrêmement meurtrière et impactante d'un point de vue sociétal pour être mieux préparés la prochaine fois.

N. M.: Quelle est la découverte que vous avez faite qui a marqué votre carrière et dont vous êtes le plus fier?

A. F.: Je pense que le travail que nous avons fait sur Zika en Polynésie française est un de ceux que j'ai trouvés les plus emblématiques de notre capacité à répondre rapidement à des questions extrêmement pressantes.

N. M.: Et votre plus grand échec?

A. F.: Il y a énormément de sujets sur lesquels nous n'avons pas abouti, mais de là à dire que je le vis comme un échec...

N. M.: Votre plus grande déception ou votre plus grand regret alors?

A. F.: Je ne me suis jamais posé la question comme ça. Je ne sais pas si ce que je vais dire va être crédible, mais j'arrive à me nourrir des découvertes des autres. Ce qu'ils vont trouver avant moi ne me laisse aucune amertume. J'ai parlé tout à l'heure des lychees: ce sont des pédiatres indiens qui ont trouvé les premiers. Le fait qu'ils aient publié avant nous ne m'a absolument pas affecté. Je leur suis très reconnaissant d'avoir permis de tourner cette page. Ça m'aurait énervé de garder ce problème derrière nous, en me disant que nous étions passés à côté du résultat. Je ne suis pas dans cet esprit de compétition. L'important, pour moi, c'est que quelqu'un trouve. Prenez par exemple ce qui s'est passé avec le vaccin du Covid. Nous avons beaucoup entendu: «Comment se fait-il que l'Institut Pasteur n'ait pas trouvé le vaccin ? » L'essentiel, c'est qu'il y ait eu cent vingt candidats vaccin qui aient démarré dans le premier semestre 2020, pour avoir à la fin de l'année 2020 deux vaccins efficaces à 95 % – ce que personne ne pensait possible. C'est ça qui est important. Si ça avait pu être à l'Institut Pasteur, j'aurais évidemment eu une fierté institutionnelle très forte. Mais ce qu'il nous fallait surtout, c'était un vaccin. Nous avions un vecteur rougeole qui aurait très bien pu marcher, comme le vecteur adénovirus[8] a marché avec Oxford pour le vaccin AstraZeneca, mais il se trouve que l'ARN messager était la meilleure technologie. Personne n'aurait parié sur l'ARN messager en février 2020. Heureusement qu'il y avait toute cette gamme de candidats vaccins. C'est un peu comme ça que je vis les échecs. Je n'ai pas d'amertume.

N. M.: Diriez-vous que votre domaine de recherche a profondément modifié la façon dont vous percevez le monde ?

A. F.: Oui. Simplement parce que je passe ma vie à réfléchir en termes de causalité entre les événements. Je me rends compte combien nous nous trompons par rapport à nos intuitions, hypothèses ou *a priori*, quand il s'agit de vérifier par les données. Peut-être est-ce parce que j'ai de mauvaises intuitions et de mauvaises hypothèses, je peux l'accepter. Mais je reste toujours réservé quand j'entends des gens faire certaines affirmations. Je leur demande où sont les données et comment ils parviennent à établir une causalité dans leur discours. Combien de fois, en regardant des données, mon intuition m'a fait penser que ça allait partir dans une certaine direction, alors que c'est parti en sens inverse ? Ça m'a rendu humble par rapport à ces raccourcis intellectuels. Et ça imprègne mon quotidien.

N. M.: Pensez-vous que le temps des grandes découvertes dans votre discipline est révolu ou est-il à venir ?

A. F.: Je pense qu'un énorme champ de découvertes va arriver. Je travaille sur les maladies infectieuses, mais il y a un domaine très complexe dans lequel on commence vraiment à avoir de plus en plus

8. Les vaccins à « vecteur viral » sont des vaccins qui utilisent un virus (rougeole, adénovirus) dont un fragment du code génétique a été remplacé par celui codant pour l'enveloppe du pathogène contre lequel on souhaite vacciner.

de données intéressantes : l'épidémiologie génétique. Les maladies, ce sont des rencontres entre un terrain génétique et des expositions environnementales. Tant que nous n'avions pas le génome humain séquencé en grand nombre, il était difficile de faire des parallèles. Dans ce domaine, les outils commencent à arriver. Mais la discipline est beaucoup plus complexe que ce que nous aurions pu espérer. Les déterminants génétiques des maladies sont très polygéniques. Si vous ajoutez à cela la faible amplitude des risques, l'épigénétique, etc., cela fait énormément de paramètres. Nous allons donc avoir besoin d'outils basés sur le traitement des données en grand nombre et sur la science du *big data*, avec des approches d'intelligence artificielle, pour appréhender la complexité de ces jeux de données. De nouveaux capteurs de données, qui ne sont pas encore disponibles aujourd'hui, vont apparaître. Ce sera utile pour faire des mesures, notamment environnementales, qui sont extrêmement difficiles à réaliser parce que notre exposition à l'environnement peut être fluctuante. Cela permettra de faire la part des choses entre telle ou telle exposition. Quand ces capteurs de données deviendront disponibles, je pense qu'il y aura de tout nouveaux chantiers pour l'épidémiologie. Je vois encore beaucoup d'avenir à la discipline.

Bibliographie

Avec R. Grant, T. Charmet, L. Schaeffer, « Impact of SARS-CoV-2 Delta Variant on Incubation, Transmission Settings and Vaccine Effectiveness : Results from a Nationwide Case-control Study in France », *The Lancet Regional Health. Europe*, vol. 13, 2022 (https://doi.org/10.1016/j.lanepe.2021.100278).

Avec R. Grant, M. Greve-Isdahl et D. Sridhar, « Covid-19 : Keeping Schools as Safe as Possible », *BMJ*, vol. 372, n° 524, 2021 (https://doi.org/10.1136/bmj.n524).

Avec B. Autran, B. Lina, M. P. Kieny, S. S. A. Karim et D. Sridhar, « SARS-CoV-2 Variants and Ending the Covid-19 Pandemic », *The Lancet*, vol. 397, 2021, p. 952-954.

Avec S. Cauchemez, « Covid-19 Herd Immunity : Where are We, and How Do We Reach It Safely ? », *Nature Reviews Immunology*, vol. 20, n° 10, 2020, p. 583-584.

Avec S. Cauchemez, C. Tran Kiem, J. Paireau, P. Rolland, « Lockdown Impact on Covid-19 Epidemics in Regions across Metropolitan France », *The Lancet*, vol. 396, 2020, p. 1068-1069.

Avec B. Hoen, B. Schaub, A. L. Funk, « Pregnancy Outcomes after Zika Infection in the French Territories of America », *The New England Journal of Medicine*, vol. 378, 2018, p. 985-994.

Avec S. Cauchemez, M. Besnard, P. Bompard et H. P. Mallet, « Association between Zika Virus and Microcephaly in French Polynesia, 2013-15 : a Retrospective Study », *The Lancet*, vol. 387, 2016, p. 2125-2132.

Avec V. M. Cao-Lormeau, A. Blake, S. Mons, J. Neil, F. Ghawché, *et al.*, « Guillain-Barré Syndrome Outbreak Associated with Zika Virus Infection in French Polynesia : a Case-control Study », *The Lancet*, vol. 387, 2016, p. 1531-1539.

Avec M. Thursz, « HCV Transmission in Industrialized Countries and Resource-constrained Areas », *Nature Reviews Gastroenterology & Hepatology*, vol. 11, 2014, p. 28-35.

Avec R. Breban et J. Riou, « Interhuman Transmissibility of Middle East Respiratory Syndrome Coronavirus : Estimation of Pandemic Risk », *The Lancet*, vol. 382, 2013, p. 694-699.

Gilles BOEUF
Biologie et écologie

Gilles Boeuf est animé d'une passion pour le vivant. Une passion tangible. Bavard impénitent, le verbe haut, il délivre sa parole partout où il le peut, avec un objectif en tête : se battre pour éveiller les consciences, pour faire bouger les lignes, pour éduquer les jeunes générations dans l'espoir que nous arrivions, un jour, à nous harmoniser avec notre planète.

Après avoir passé vingt ans à l'IFREMER à Brest à étudier les populations de saumons, il devient professeur des Universités (Pierre & Marie Curie, Sorbonne Université) et prend la direction du laboratoire Arago à Banyuls-sur-Mer dans les Pyrénées orientales (CNRS/Université) durant sept ans, puis en 2009 la présidence du Muséum national d'histoire naturelle, où il restera sept ans. En 2013, il rejoint en tant que professeur invité le Collège de France sur la chaire Développement durable, environnement, énergie et société, afin de transmettre, toujours transmettre, son obsession. Il passe deux ans au ministère de l'Environnement, de l'Énergie et de la Mer comme conseiller scientifique en 2015-2016 pour accompagner les travaux de la COP21. Il est actuellement président du Centre d'étude et d'expertise du biomimétisme et de la bio-inspiration et de l'association Ethic Ocean, dédiée à une consommation durable des produits de la mer. Il préside l'association de gestion de la forêt de la Massane dans les Pyrénées orientales, classée en 2021 au patrimoine mondial de l'humanité par l'UNESCO. Il est élu conseiller régional de la Nouvelle-Aquitaine, en charge du programme « Une seule santé ».

« Le postulat selon lequel "on veut trouver, donc on va trouver" doit être l'ennemi de tout bon scientifique. »

NICOLAS MARTIN : À quel moment apparaît votre vocation ?

GILLES BOEUF : À 8 ans, je savais déjà que je voulais faire de la recherche, globalement dans la biologie. Je ramenais toutes sortes d'animaux à la maison, au grand dam de ma mère. J'élevais des vipères, des lézards, j'avais beaucoup d'insectes. Toutes sortes de choses malheureusement interdites aujourd'hui. C'est de cette façon, en scrutant les animaux au plus près, que naît le vrai naturalisme. Or ce ne sont pas les enfants à l'école qui font disparaître les grenouilles. Ce sont toutes les saletés qu'on a mises dans les mares, et les mares elles-mêmes qu'on fait disparaître.

Je me suis aussi pris de passion pour l'archéologie, je lisais les travaux d'Heinrich Schliemann[1] sur la découverte du site de Troie ; d'Arthur John Evans[2] sur la Crête ; ou de John Lloyd Stephens[3] sur

1. Heinrich Schliemann (1822-1890) est un homme d'affaires allemand, archéologue autodidacte. On lui doit la découverte du site de Troie.

2. Arthur John Evans (1851-1941) est un archéologue anglais qui a notamment découvert le site de Cnossos, en Crète.

3. John Lloyd Stephens (1805-1852) est un explorateur et diplomate américain. Le récit de ses expéditions en Amérique du Sud a permis au grand public de découvrir la civilisation maya.

l'Amérique centrale. En quatrième, je faisais des exposés sur les civilisations précolombiennes, une période dont on ne parlait pas du tout à l'époque en France. J'ai aussi la chance d'avoir une mémoire extraordinaire, ainsi qu'une grande faculté de travail, ce qui m'a beaucoup aidé à l'école. Je ne dors que quatre heures par nuit – Jacques Weber, mon grand ami qui était économiste au CIRAD[4], me disait: « Tu me voles un livre par jour », ce qui était vrai. Je suis issu d'une famille très modeste. Nous sommes cinq enfants, deux garçons, trois filles. Mes parents ne m'ont pas poussé vers un métier en particulier. En revanche, ils m'ont laissé libre de mes choix. Aujourd'hui disparus, ils n'ont pu assister à ma réussite intellectuelle et scientifique; je le regrette. À l'époque, je ne savais même pas ce qu'était une classe préparatoire. Après le bac, je me suis inscrit à l'université. Comme c'était à Brest, j'ai choisi l'océanographie. Alors que j'étais passionné par les venins de serpents, j'ai passé dix-huit ans de ma vie sur les migrations des saumons!

N. M.: Ce choix de l'océanographie était donc contextuel? S'il y avait eu, par exemple, un centre d'herpétologie, d'études des serpents, à Brest, vous auriez continué sur votre idée d'enfant?

G. B.: Oui, peut-être, mais vous savez, dans la vie, il faut savoir saisir les opportunités. À Brest, c'étaient les prémices du CNEXO, qui deviendra l'IFREMER[5]. Ils essayaient d'élever des saumons, sans parvenir à les adapter à l'eau de mer. J'ai commencé par lire tout ce qui avait été écrit sur le sujet. Puis j'ai découvert qu'aux États-Unis un chercheur avait réussi à prévoir le moment où les saumons pourraient s'adapter à l'eau salée. En France, le professeur Pierre Lasserre[6] avait mis au point des techniques sur des mulets qui migraient dans les réservoirs à poissons du bassin d'Arcachon – de la mer à l'eau douce, et de l'eau douce à la mer. Du coup, j'ai migré aussi de Brest à Arcachon, dans la station de biologie marine. Trois ans durant, j'ai

4. Le CIRAD, Centre de coopération internationale en recherche agronomique pour le développement, est un institut de recherche public, fondé en 1984. Sa mission est de contribuer au développement rural des pays tropicaux et subtropicaux.

5. L'IFREMER (ex-CNEXO: Centre national pour l'exploitation des océans) est l'Institut français de recherche pour l'exploitation de la mer. C'est un institut de recherche public, fondé en 1984 et basé à Plouzané, près de Brest.

6. Pierre Lasserre (1940) est un océanographe français. Il a notamment dirigé la station de biologie marine de Roscoff.

travaillé sur la partie scientifique de ma thèse. J'avais 25 ou 26 ans. J'y ai aussi appris le fonctionnement du système universitaire de publications, où tout se fait en anglais. À cette époque-là, dans les années 1980, il y avait beaucoup de moyens: on comptait de nombreux sites de recherche en Scandinavie, en Amérique du Nord. Un pays comme le Chili – où j'irai poursuivre mon travail – a eu l'idée d'amener des animaux de l'hémisphère nord, norvégiens ou canadiens, dans l'hémisphère sud, pour voir s'ils pouvaient s'adapter. Ça sera une grande réussite économique, plus discutable au plan écologique. Le Chili se hissera ainsi au deuxième rang mondial pour l'élevage de saumons.

N. M.: Y a-t-il un mentor qui a été déterminant dans votre goût pour la science, votre approche de la recherche?

G. B.: À cette époque, je n'ai pas vraiment eu de mentor. J'étais normalement encadré, comme doit l'être un étudiant, mais avec beaucoup de liberté – ce qui me convenait bien. J'ai eu la chance de rencontrer une personne incroyable: Chico Mendes[7], le grand homme d'Amazonie. Alors que je suis tout jeune, il me saisit le bras et me dit qu'il ne vivra pas longtemps. Peu de temps après, il est assassiné par des gens qui déforestent. Il a eu ces mots qui sont maintenant gravés dans le musée d'écologie du Grand Christ du Corcovado à Rio, à la Maison du parc national de la Tijuca: «Jeune, je défendais mon métier (je travaillais sur les hévéas pour chercher le caoutchouc). Un peu plus âgé, je voulais sauver l'Amazonie. Maintenant, je veux sauver l'humanité.» Et ça, c'est tellement fort. Ça m'a beaucoup ému parce que, lorsque je l'ai rencontré, je n'avais pas encore conscience de ces enjeux. Plus tard, je rencontrerai des personnes que j'admirerai beaucoup, qui vont me guider, par exemple dans le champ de l'écologie (Robert Barbault, qui participera à mon jury de recrutement à l'université à Paris) et de l'économie (Jacques Weber). Au fil de ma carrière, je vais petit à petit m'intéresser à des questions de sciences sociales. À mon avis, une grande partie de tout ce qu'on peut faire et changer dans le monde aujourd'hui viendra d'elles. C'est dans ce contexte, à la COP 21, que j'ai

7. Francisco Alves Mendes Filho, dit Chico Mendes (1944-1988), est un militant syndicaliste brésilien, qui s'est notamment battu pour défendre la forêt amazonienne et les populations autochtones contre les propriétaires terriens.

rencontré Edgar Morin, qui deviendra mon ami. Comme Boris Cyrulnik. Tous les deux ont marqué ma pensée.

N. M.: Est-ce qu'une œuvre artistique en particulier va être déterminante dans votre parcours ?

G. B.: Complètement. C'est quelque chose que je dis souvent à mes étudiants : l'âge auquel vous êtes touché par un film, un livre, de la poésie ou une œuvre d'art est très important. Lorsque j'étais en seconde, la lecture du *Dracula*, de Bram Stoker, m'a énormément marqué. J'ai toujours eu un goût très prononcé pour le fantastique. Un autre auteur dont la poésie m'a bouleversé est Lautréamont, avec *Les Chants de Maldoror*. Au cinéma, c'est *2001, l'Odyssée de l'espace*, de Kubrick. Ce film a tout changé. L'histoire de ces hominidés qui transforment un outil en arme, c'est celle de la naissance de l'humanité, lorsqu'elle commence à s'émanciper de la nature qui est autour ! Il y avait aussi des héros de romans ou bandes dessinées, comme Bob Morane, bien avant la sortie de la chanson par Indochine. Et puis il y a eu les livres des grands environnementalistes, avant les écologistes, comme *Silent Spring*, de Rachel Carson[8] ; je l'ai lu vers 17 ou 18 ans. À l'époque, je lisais plusieurs livres par jour. Entre 16 et 20 ans, j'éteignais la lumière à 3 heures du matin, je ne dormais pas beaucoup, et j'avais lu quatre livres dans la journée.

N. M.: Quel conseil donnerait le Gilles Boeuf d'aujourd'hui au Gilles Boeuf de l'époque ?

G. B.: « Fais ce que tu as envie de faire, passionne-toi pour quelque chose ! Et si tu ne trouves pas, demande de l'aide. Fais des rencontres. Et ne t'occupe pas de savoir s'il y aura du boulot ou pas derrière. » Il faut guider les jeunes, les aider à savoir saisir les opportunités. Je vais prendre un exemple tout récent. Un jour, mes étudiants à AgroParisTech se sont révoltés[9]. Ils l'ont fait les premiers. Dans la

8. Rachel Carson (1907-1964) est une biologiste marine et militante écologiste américaine. Son livre *Silent Spring* (*Printemps silencieux*) alerte l'opinion publique sur les ravages des pesticides sur les populations d'insectes et d'animaux.

9. Au mois de mai 2022, huit jeunes diplômés de l'école AgroParisTech ont critiqué, lors du discours de remise des diplômes, la nature de leur formation, et ont encouragé leurs camarades à abandonner leur carrière pour privilégier des parcours compatibles avec la préservation de l'environnement.

foulée, ils ont été suivis par plusieurs écoles d'ingénieurs. Ils ont raison ! Révoltez-vous ! Utilisez dix ans d'études et vos neurones pour changer le système – mais ne devenez pas éleveur de moutons dans le Larzac ! Je vais parfois dans les CFA[10] agricoles : ils ont tout juste 18 ans et sont bien meilleurs pour élever des moutons que les étudiants d'AgroParisTech après dix ans d'études. Autre chose : à mon époque, il n'y avait pas de compétition entre les étudiants comme aujourd'hui. J'ai vu des choses qui m'ont horrifié, comme des concours de médecine où un étudiant va aller donner de fausses informations à un collègue pour qu'il rate son examen.

En 2009, Romain Troublé et des amis de Roscoff ont démarré sur le voilier *Tara*[11] la première campagne de collecte. Les articles qu'ils ont publiés en 2015 parlent du plancton, de l'origine du vivant, des bactéries, des virus et des protistes qui produisent la moitié de l'oxygène de la Terre. Ils nous expliquent qu'il y a dans ce plancton infiniment plus d'entraide, de mutualisme, de commensalisme, de symbiose et de coopération que de compétition. Tel est le vivant. Et voilà pourquoi j'aime le biomimétisme, qui consiste à y chercher des solutions. Nos systèmes de concours et de jurés ne sont pas adaptés. Bien que je comprenne la compétition, je constate qu'elle fait beaucoup de mal au système ; elle a engendré cette situation complexe que connaît le monde de la recherche. En outre, les salaires ne suivent pas.

N. M. : La théorie darwiniste de l'évolution démontre pourtant la compétition des niches écologiques, et la survie du plus apte…

G. B. : Du plus apte… Heureusement, vous n'avez pas dit du plus fort ! Darwin, pour moi, c'est le penseur fabuleux. Son seul défaut, c'est de ne pas avoir travaillé au Muséum national d'histoire naturelle, puisqu'il était britannique. (Rires.) Un lion qui tue un impala, c'est violent. Mais il y aura toujours plus d'impalas que de lions, sinon le système ne marche pas. La compétition n'est pas toujours aussi exacerbée qu'on pourrait le croire et, contrairement à ce qu'on pense, ce n'est pas toujours le plus fort qui gagne, mais souvent le plus malin.

10. Centre de formation des apprentis.

11. *Tara* est un voilier français dédié à la recherche scientifique et à la protection des océans.

Dans les populations « premières », les hommes qui avaient accès aux femmes n'étaient pas les plus forts du groupe mais ceux qui, grâce à leurs gènes, leur caractère et leur faculté de compréhension de l'environnement, étaient capables de sortir la tribu d'un mauvais pas. Dans la compétition aiguë telle qu'on l'a imaginée, ce n'est pas le plus gros qui gagne. C'est bien plus subtil que ça. Sinon, comment expliquer que des créatures incroyablement fortes, agressives, dotées de grandes dents ou de gros piquants ne réussissent pas mieux que des créatures plus discrètes qui ont compris que, pour vivre heureux, il fallait vivre caché ? C'est toute l'histoire des dinosaures face aux petits rongeurs mammifères. Vivons cachés ! C'est ce que font les femelles chez les insectes : elles sont moches et ternes. Les mâles, eux, sont colorés, paradent mais se font manger par les prédateurs. Aujourd'hui, c'est à cette aune qu'il faut considérer la question de l'humanité. L'humain a assis sa réussite sur la destruction de son environnement et sur le fait qu'on allait éliminer ceux d'à côté. Or, si l'humanité n'est pas capable de coopérer face aux deux grands défis que sont le climat et la préservation du vivant, nous ne nous en sortirons pas.

N. M. : Albert Einstein a beaucoup écrit sur le processus créatif : « Très jeune, j'avais le sentiment qu'il y avait quelque chose de profondément caché derrière les choses[12]. » Partagez-vous ce point de vue ?

G. B. : Pour un physicien, oui. Les lois de la physique sont là depuis les origines de l'Univers, bien avant la vie. La loi d'Ohm[13], par exemple, ou n'importe laquelle des formules fondamentales, comme $E = mc^2$. *Idem* pour le tableau périodique des éléments de Mendeleïev. L'hydrogène représente les trois quarts de la matière baryonique de l'Univers. Quand il apparaît, le vivant se construit sur ces lois fondamentales. Il doit tenir compte de la pression osmotique, de la salinité de l'eau, de la présence d'oxygène et de la température. C'est fabuleux de comprendre comment le vivant est apparu, s'est

12. « *Something deeply hidden had to be behind things* », *in* « Autobiographical notes », *op. cit.*

13. La loi d'Ohm ($U = R \times I$) est une loi physique qui lie l'intensité d'un courant électrique traversant un dipôle à la tension à ses bornes. Elle permet de déterminer la valeur d'une résistance.

perpétué, et comment, aujourd'hui, il réagit face aux agressions. On évoque beaucoup la résilience des écosystèmes, mais on ne peut pas résilier une fois qu'on est mort... Cela signifie qu'il y a une philosophie sous-jacente extraordinaire. Je ne pense pas du tout à un « dessein intelligent[14] » ; et Einstein non plus n'a jamais cru à ça. Mais il y a un ordre physique qui est comme ça depuis que l'Univers existe, et sur lequel le vivant s'est construit. Dans l'ordre caché derrière les choses qu'évoque Einstein existent des lois physiques qu'il faut découvrir. Une fois qu'elles ont été découvertes, on peut comprendre comment le système du vivant s'est organisé. Il est d'ailleurs passionnant de croiser l'évolution biologique avec tout ça. En évolution, ce que nous appelons la « contingence » est le fait qu'un événement bouleversant – comme une éruption volcanique, un tsunami, une chute de météorite – aurait très bien pu ne pas se produire. Or, une fois qu'il s'est produit, on ne peut pas revenir en arrière. J'entends parfois dire que l'on va « recréer » des espèces disparues, mais ça n'a aucun sens si l'on veut obtenir des populations viables. Commençons par préserver celles qui sont encore parmi nous ! De même, on ne peut pas imaginer qu'une espèce disparue réapparaîtra, car il faut des conditions précises, à un moment précis, dans un environnement précis, ainsi qu'une capacité génétique à y faire face.

N. M. : Comment se passe la naissance d'une idée nouvelle ?

G. B. : Une idée ne surgit pas d'un coup. Elle vient au fil du temps. Pour ma part, tout découle des lectures. Avant toute recherche, il faut faire ce qu'on appelle l'« état de l'art ». C'est amusant que cette expression renvoie à la création artistique, d'ailleurs. Une fois qu'on a tout lu sur un sujet précis, on peut se poser les questions suivantes : Partant de là, qu'est-ce que je construis ? Que puis-je apporter ? On peut aussi avoir des intuitions, à condition de les valider scientifiquement.

14. Le dessein intelligent est une théorie pseudo-scientifique selon laquelle certaines observations de l'Univers sont mieux expliquées par une cause « intelligente » que par des processus non dirigés, tels que la sélection naturelle.

Il ne faut pas chercher à faire coller à tout prix la réalité à une idée préconçue. Le postulat selon lequel « on veut trouver, donc on va trouver » doit être l'ennemi de tout bon scientifique. Une idée peut également naître d'une rencontre. Lors des congrès internationaux, on apprend rarement des choses fondamentales (tout ce qui s'y dit a en général été publié dans une grande revue la semaine qui précède). En revanche, les discussions de couloir sont très précieuses. On raconte souvent l'histoire du prix Nobel d'Eric Kandel[15]. Il travaillait sur les cerveaux de mammifères. Au café, un collègue lui dit : « La limace de mer n'a pas de cerveau mais un plexus de neurones. » Kandel lui répond : « Comment est faite ta limace ? Apprend-elle des choses ? » En construisant à la suite de cela un modèle informatique beaucoup plus simple, Kandel va comprendre les bases moléculaires de la mémoire à court terme et à long terme. Ses travaux vont lui valoir un prix Nobel ! À l'origine, il y a des lectures, des connaissances profondes, des discussions avec des collègues et des rencontres au café.

N. M. : Croyez-vous au moment *eurêka* ? À l'éclair de génie qui fait tout basculer ?

G. B. : Je ne l'ai pas vécu avec cette force-là, mais pourquoi pas ? On raconte souvent l'histoire de la pomme de Newton[16], même si j'ignore si elle est authentique. Quand il a reçu son prix Nobel, Niels Bohr[17] avait un énorme fer à cheval sur le mur de son bureau. Un journaliste venu l'interviewer lui demanda : « Monsieur le professeur, vous qui êtes prix Nobel de physique, vous ne croyez tout de même pas à ça ? » Bohr lui répond : « Je n'y crois absolument pas. Mais il paraît que ça marche, même pour ceux qui n'y croient pas ! » Je trouve ça merveilleux. Il faut sans arrêt être critique de soi-même.

15. Eric Kandel (1929) est médecin psychiatre et chercheur en neurosciences. Il obtient le prix Nobel de médecine en 2000 pour ses travaux sur la mémoire.

16. La légende raconte qu'Isaac Newton aurait eu l'idée de sa théorie de la gravitation après avoir reçu une pomme sur la tête, alors qu'il était assis sous un arbre.

17. Niels Bohr (1885-1962) est un physicien danois ; il a notamment modélisé la structure de l'atome et contribué au développement de la mécanique quantique. Il est récompensé par le prix Nobel de physique en 1922.

N. M.: Comment s'organise votre pensée? Avez-vous une voix intérieure? Est-ce que vous pensez à voix haute? En images fixes, en images en mouvement? En concepts?

G. B.: J'ai toujours eu beaucoup d'imagination. Il m'arrivait souvent, petit, de parler tout seul. Bien sûr, je ne parle pas à voix haute dans le métro, mais je garde en permanence mon esprit éveillé. C'est ce que j'appelle la «vigilance». Au fond, je crois que c'est une maturation générale, le fait de repenser à ses lectures, surtout celles qui ne relèvent pas de son domaine. Je me souviens d'une controverse, il y a un certain temps en France, avec des physiciens qui avaient écrit dans plusieurs articles que l'évolution était trop sérieuse pour que les biologistes la comprennent. C'est évidemment absurde! Néanmoins, pour un biologiste, avoir de bonnes connaissances en thermodynamique aide à se forger une vision différente des mécanismes. Si on veut comprendre la marche du monde, il faut une capacité à la transversalité et, pour cela, un profond respect des autres disciplines.

N. M.: Quel est le schéma intellectuel qui vous permet de poursuivre, de développer une idée?

G. B.: *Via* l'expérimentation et les protocoles. Un protocole bien fait va permettre d'aller beaucoup plus vite. On gaspillera beaucoup moins d'efforts et de matériel biologique. C'est aussi important d'un point de vue éthique. Il n'y a aucune raison scientifique de coudre les yeux d'un bébé macaque, de le retirer à sa mère à la naissance pour le remplacer par une peluche. Rien ne justifie ce type de pratique. Vous ne vous en souvenez certainement pas, mais il y a encore quarante ans, en France, on opérait les bébés sans anesthésie, sous prétexte qu'«un bébé, ça ne souffre pas». Méfions-nous de ces oukases! La réflexion part avant tout d'une expérimentation. Je prends un exemple: comment résoudre la question de l'adaptation d'un jeune saumon à l'eau de mer? Il faut regarder quelles sont les bases moléculaires et cellulaires de la régulation de l'eau salée quand le saumon a quitté sa rivière pour partir en mer. On établit des protocoles, comme immerger le saumon dans une eau de plus en plus salée, à une certaine époque de l'année, etc. Ainsi, on découvre qu'il y a des fenêtres de migration liées à une maturation, en amont, de sa physiologie et de ses hormones. Et que ces « fenêtres favorables » sont liées à des facteurs comme la longueur du jour ou la température de l'eau. Voilà de l'expérimentation bien faite, qui conduit à des résultats, donc à des idées nouvelles et à de nouveaux niveaux de compréhension du vivant. Au bout d'un certain temps, nous sommes arrivés à mettre des saumons en mer sans qu'ils meurent ! Ils y grandissaient même beaucoup plus vite. Pour répondre à votre question, prenons le cas d'Ératosthène[18]. Deux cents ans avant Jésus-Christ, il calcule la circonférence de la Terre ainsi que sa masse grâce à de la géométrie pure ! À ce moment-là, ça ne servait absolument à rien ; c'est pour cela que c'est génial !

N. M.: Pensez-vous que la théorie peut contredire l'expérience ?

G. B.: Certainement, tout comme l'inverse. Et c'est ce qui me plaît encore plus. La théorie est une maturation intellectuelle de la lecture, des phénomènes physiques, chimiques, biologiques. J'adore quand elle n'est pas validée effectivement. Telle est la structure de la science : des théories établies puis validées ou non par l'expérimentation. Pendant le confinement, Étienne Klein parlait de « science en marche » (la recherche) et de « science établie ». Ce sont en effet deux choses différentes. Sur le Covid, on a raconté beaucoup de bêtises qui ont fait du mal à la crédibilité scientifique. Revenons au système de base : oui, les théories peuvent être battues en brèche, il faut sans arrêt les confronter à la réalité. C'est le cas des modèles mathématiques qui doivent être affinés en permanence. On fait des modèles superbes, mais revenons quand même aux scientifiques capables d'identifier les arbres sur le terrain ! Plus on confronte le modèle à la réalité, plus ça marche. Le système physique du vivant est effroyablement complexe.

N. M.: Quelle est la part de l'écrit dans votre travail ?

G. B.: La vie d'un scientifique n'a pas de sens s'il n'écrit pas. Imaginez un poète qui n'écrirait pas de poésie ! Néanmoins, ça a

18. Ératosthène (276 av. J.-C.-194 av. J.-C.) est un astronome, géographe, philosophe et mathématicien grec, inventeur de la discipline de la géographie, et connu pour avoir mesuré géométriquement la circonférence de la Terre en comparant les angles des ombres formés par les rayons du soleil en deux lieux différents espacés d'une distance connue.

beaucoup changé. À l'époque de ma thèse, j'écrivais à la main et une secrétaire dactylographiait. Aujourd'hui, lorsque je me mets devant mon ordinateur, j'ai pensé à mon article pendant deux semaines et j'écris d'un seul jet. Pour un chercheur, l'écrit est la façon la plus logique, la plus normale, de divulguer son travail.

N. M.: Vous avez besoin de prendre des notes?

G. B.: Assez peu. En revanche, lorsque j'enseigne l'expérimentation à mes étudiants, je leur apprends dès le départ à noter. C'est la seule façon rigoureuse de valider leur travail. Nous avions des cahiers de manip très sophistiqués, qui ont disparu aujourd'hui à cause de l'informatique. L'histoire des sciences est remplie de cas de scientifiques importants qui ont fait de grandes avancées en retrouvant des résultats qui étaient passés entre les lignes d'articles ou de manip. Donc il faut garder ces carnets.

N. M.: Quelle est, dans votre parcours scientifique, la part d'intuition et de rationnel?

G. B.: Il ne faut pas nécessairement les opposer. L'intuition va être validée par des expériences rationnelles. Le rationnel est nécessaire en science parce qu'il faut être rigoureux. L'intuition est là pour «lever un lièvre», avoir envie de faire quelque chose. Elle sera ensuite validée ou non. Je reviens à mes saumons: sur les 35 espèces de poissons salmonidés, pourquoi une partie a besoin d'aller en mer quand une autre reste en rivière? Au départ, n'ont-elles pas toutes été des espèces marines? Toutes peuvent plus ou moins s'adapter à l'eau de mer. Je voulais comprendre pourquoi, chez des poissons de la même rivière et dont on pensait qu'ils étaient génétiquement identiques, une partie allait en mer et une autre restait en eau douce. Ce que j'adore dans tout ça, c'est une forme de poésie. On sait depuis la nuit des temps que les saumons reviennent à la rivière où ils sont nés. Mais parallèlement, il y a quelques rares saumons qui explorent, sont en recherche comme des aventuriers.

N. M.: C'est Bob Morane?

G. B.: Oui, peut-être. (Rires.) Ceux-là sont la clé des systèmes. La vraie question est de savoir s'ils sont prédestinés. Portent-ils dans leur génome quelque chose de particulier? Ou est-ce le fait du hasard? On a vu des saumons femelles revenir dans une rivière très polluée, et repartir chercher ailleurs. Et d'autres, au contraire, qui reviennent mourir dans des rivières très polluées. C'est ce que raconte Rachel Carson.

N. M.: Quel est votre premier réflexe de chercheur quand vous êtes confronté à une anomalie?

G. B.: J'adore les anomalies. Certains Prix Nobel appartiennent à la catégorie des gens qui n'ont pas «jeté» le point anormal, et qui ont fait de grandes découvertes scientifiques. En biologie, j'ai souvent été confronté à ces points-là (une fois qu'on a vérifié que ce n'est pas un artefact ou une erreur qui a été commise). Ils donnent souvent quelque chose d'intéressant. La biologie a des secrets proches de l'expression «c'est l'exception qui confirme la règle». Comme le cas du saumon qui divague. D'ailleurs, cela gêne beaucoup les physiciens.

N. M.: Plus que les biologistes?

G. B.: Oui! Parce que nous sommes habitués à ça! Et je dirais même qu'il n'y a pas que moi, mais que tous les biologistes adorent les anomalies.

N. M.: Est-il difficile de penser en dehors du cadre?

G. B.: Malheureusement pour moi, je crois que oui. Une grande partie de cette difficulté est liée à la financiarisation de la recherche. Aujourd'hui, le plus grand drame est l'immédiateté du résultat. Une expression anglaise résume parfaitement cela: *publish or perish* (publier ou mourir). Je ne veux pas citer de noms, mais quand on voit en France certains scientifiques publier des centaines de papiers par an, je suis désolé, ce n'est pas possible! Il faut assumer six à dix publications solides dans des revues contrôlées et validées sur le plan scientifique, plutôt que de faire une multitude d'articles avec des étudiants corvéables à merci. Ce modèle-là doit être combattu.

N. M.: Pour penser, avez-vous besoin de silence ? Ou au contraire de musique, de présence, de discussions ?

G. B.: C'est variable. En plein travail, je peux oublier de manger, ou ne dormir que deux heures par nuit. Parfois, il m'arrive de ne pas répondre lorsqu'on me parle, ce qui est très impoli. Depuis longtemps, mon cerveau archive ce qu'il considère comme important, et le stocke à vie. Il s'agit d'un article, d'une remarque, d'une découverte fantastique… Si c'est moyennement intéressant, je le garde une semaine. Quant au reste, je m'en moque complètement : comment s'appelle la petite cousine, j'en ai rien à cirer, ce qui peut être mal pris par ma famille… (Rires.) Dès le départ, je fais un tri. Cela m'a permis d'avoir cette mémoire-là. Je ne prends pas de notes, même lorsque je donne une interview ou une conférence. La veille, je peux noter trois ou quatre points clés, comme la mortalité de l'été 2022 en France ou le nombre de départements où le moustique-tigre s'est installé cette année. Je conserverai ces informations une semaine, voire deux. La musique, comme le silence, ne me gêne absolument pas. Je me souviens d'un collègue qui a eu le prix Nobel et qui imposait à son épouse un silence total dans la maison. Cette pauvre femme vivait un enfer. Le bruit m'est parfaitement égal. Si un de mes petits-enfants vient me tirer par la manche pour me dire : « Gilou, raconte-moi l'histoire de la petite cellule », je le fais volontiers. Puis je reprends mon travail la nuit, pendant que tout le monde dort. Je suis capable de passer du sommeil à la résolution d'équations horriblement complexes en quelques secondes. Et je ne suis pas routinier. J'aime bien changer, être en éveil permanent, sans arrêt en alerte pour essayer de tester des choses nouvelles. Je suis aussi sensible aux lectures et aux rencontres, parce qu'elles peuvent faire basculer une vie.

N. M.: Est-ce qu'il y a un lieu ou un moment idéal pour penser librement ?

G. B.: Pour moi, cela consiste à revenir à la nature. Que ce soient des artistes, des écrivains, des scientifiques, beaucoup disent que se promener dans la nature, aller voir les champignons, faire des photos de papillons ou observer les oiseaux est très, très important. On sait maintenant qu'il y a des pathologies graves pour lesquelles la récupération est bien meilleure si le patient a en face de lui un arbre et non un mur de béton. Par ailleurs, c'est aussi un facteur de diminution des inégalités sociales pour ceux qui ne peuvent pas échapper à la ville pour aller prendre des vacances, donc c'est très important.

N. M.: Quelle place accordez-vous au hasard, ou à ce qu'on appelle la « sérendipité » ?

G. B.: Il est évident que ça joue un rôle important. Alexander Fleming[19], lorsqu'il laisse ses bactéries avec les spores de champignons qui amèneront la pénicilline, doit beaucoup au hasard. Or le hasard seul ne suffit pas. Il faut avoir la capacité de le reconnaître. Contrairement à l'immense majorité des gens, qui auraient jeté les échantillons, Fleming a regardé cette anomalie en face. Il en va de même pour les rencontres qu'on fait ou qu'on ne fait pas. Pourquoi, tout à coup, quelqu'un nous plaît, et inversement ? Je vais vous donner un exemple précis. Nous sommes à la fin des années 1990. Paul Crutzen[20], Prix Nobel de chimie, a identifié le trou dans la couche d'ozone et popularisé le terme « anthropocène ». Ce concept me transperce. Je lis tout sur le sujet et je me rends compte que le plus puissant moteur des changements sur la Terre, c'est la présence de l'humain ! Lui et ses 23 milliards de poulets, 1,3 milliard de vaches, 4 milliards de cochons. J'avais passé ma vie à étudier la longueur du jour, la température, le sel de l'océan, qui ont toujours été les moteurs de l'évolution du vivant. Et tout serait battu en brèche par la présence d'une seule espèce sur les 2,4 millions qu'on dénombre aujourd'hui ? Ma vie en a été bouleversée. J'ai arrêté tout ce que je faisais et suis devenu beaucoup plus transversal, mû par un profond respect pour les sciences humaines et sociales. Je suis devenu humaniste. En 2007, le Muséum national d'histoire naturelle m'a contacté, puis le Collège de France. J'ai commencé à y parler de biodiversité et du vivant en général. Et cela a tout changé. Comme la rencontre avec le

19. Alexander Fleming (1881-1955) est un médecin et pharmacologue britannique. Il découvre « par hasard » la pénicilline en 1928 et est récompensé par le prix Nobel de médecine en 1945.

20. Paul Crutzen (1933-2021) est météorologue et chimiste de l'atmosphère. Il est récompensé par le prix Nobel de chimie en 1995 pour ses travaux sur la décomposition de l'ozone dans la haute atmosphère.

chef Raoni, rendu célèbre par sa lutte pour la préservation de l'Amazonie. Aujourd'hui, on sait que le vivant disparaît moins rapidement dans les territoires gérés par les populations autochtones. Ce qui signifie qu'il est possible de changer nos façons de faire. Le consumérisme doit être effectivement rejeté ! Apprenons à imaginer qu'il y a d'autres choses que la finance, et que nous sommes faits des mêmes matériaux que n'importe quel autre être vivant. Ces rencontres sont extrêmement importantes. Elles suscitent du respect, de l'envie. Ce sont des gens qu'on a envie de suivre. Comme ces fois où l'on m'a dit : « Vous avoir comme prof a changé ma vie. » Pour un enseignant, il n'y a pas de meilleure récompense. Il faut en permanence procurer de l'émerveillement. Il n'y a pas d'âge pour tomber amoureux !

N. M. : L'évolution de la technologie a-t-elle modifié votre façon de travailler ou de réfléchir ? Quelle innovation technologique a vraiment été un tournant dans votre carrière ?

G. B. : Je ne pense pas qu'une innovation en particulier ait changé ma façon de réfléchir. La frénésie technologique nous a rendu d'immenses services. Sans le numérique, comment aurions-nous archivé les milliards de bases génétiques issues du séquençage environnemental ? Pour autant, cela ne change pas la philosophie inhérente à tout cela. Comme l'écrivait Rabelais : « Science sans conscience n'est que ruine de l'âme. » Nous en sommes toujours là. Ce qui me heurte le plus, c'est l'utilisation de ces connaissances et de ces technologies pour des choses horriblement futiles. Qu'on arrête de vendre des billets d'avion Londres-Malaga à 5 euros pour aller s'alcooliser le week-end. Les avions n'ont pas été inventés pour ça ! Nous assistons à une destruction massive de l'environnement pour des choses qui n'en valent pas la peine. Les mentalités doivent changer. Les rapports hommes-femmes aussi. Aucune espèce ne maltraite les femelles comme la nôtre. Je suis furieux quand on qualifie une horreur humaine de « comportement animal ». Non, les animaux ne font pas ça, ce sont des comportements humains !

N. M. : Vous est-il arrivé d'être dans une impasse ? Comment est-ce que vous appréhendez la notion d'échec ?

G. B.: En général, je m'arrête pendant un moment. Je n'ai certainement pas le bon mode de pensée ni les bons outils pour, à cet instant précis, faire ce travail. Je le laisse de côté, j'y reviendrai plus tard. J'ai toujours quatre ou cinq sujets en même temps dans la tête. Pour autant, l'impasse ou l'échec ne m'empêchent pas de dormir. Quelqu'un d'autre résoudra le problème plus tard. On revient toujours au même constat: est-ce que le jeu en vaut la chandelle? Dès le départ, tout bon chercheur doit se demander: «Est-ce que j'ai des chances raisonnables de réussir?»

N. M.: La recherche est-elle source de sérénité ou d'anxiété?

G. B.: Cela dépend des moments. Pour moi qui ne suis pas anxieux, mais optimiste de nature, la recherche est pourvoyeuse de sérénité. Avancer petit à petit dans un parcours de recherche ne génère pas d'anxiété. C'est aussi une question de génération. Quand j'étais jeune, nous n'avions pas l'angoisse de ne pas trouver de travail ni de ne pas gagner notre vie. Cette réalité change beaucoup de choses.

N. M.: Quelle place accordez-vous à l'autocritique?

G. B.: L'autocritique est viscéralement inscrite dans le parcours du chercheur qui fera des bonnes choses. Personnellement, je l'ai toujours pratiquée. Il faut toujours garder à l'esprit que la science, c'est une construction et que personne ne peut dire avoir trouvé un résultat ou fait une découverte entièrement seul. Ce qui est compliqué aujourd'hui, c'est qu'il y a trop d'articles qui sortent chaque jour et trop de revues scientifiques qui publient des résultats qui ne sont pas validés. Et puis parfois, il y a des types qui ont fait de la très bonne recherche et qui commencent à disjoncter: ils ont écrit des choses merveilleuses et, d'un coup, ils disent tout et n'importe quoi sans aucune validation scientifique. C'est la mentalité d'*Homo sapiens*...

N. M.: Quelle est la découverte que vous avez faite qui a marqué votre carrière durablement et encore aujourd'hui?

G. B.: C'est la découverte des fenêtres migratoires des saumons. Je travaillais sur l'Allier, un affluent de la Loire, un fleuve de mille kilomètres s'étendant de l'Ardèche à Saint-Nazaire. Pourquoi un saumon d'eau douce a-t-il l'envie irrépressible d'aller en mer, qu'il ne connaît pourtant pas ? Nous avons découvert les niveaux d'hormones de la thyroïde, celles du cerveau comme l'hormone de croissance de la prolactine. Ainsi que des enzymes dans les branchies lui permettant de réguler les sels. J'ai beaucoup travaillé là-dessus. Ensuite, j'ai consacré ma carrière aux questions d'horloge biologique. En 2007, nous avons fait un très beau travail sur la truite qui a été repéré par les médecins et appliqué à la physiologie humaine. Il concernait le rôle de la mélatonine. Je le dois à Jack Falcon, qui m'avait accompagné à Banyuls. Par la suite, j'ai fait des rédactions de synthèses. *Quel est le rôle de la lumière sur la croissance des poissons ?* a été publié il y a vingt ans, et est encore cité un peu partout. Lorsque ces synthèses sont bien rédigées, elles aident les autres chercheurs.

N. M.: Et votre plus grand échec ?

G. B.: L'échec est là, en permanence. Dans mon cas, il s'agit plus d'une répartition de petits essais successifs qui échouent. Un grand échec après avoir passé dix ans à travailler sur un sujet sans rien conclure, ça ne m'est pas arrivé, parce que j'aurais abandonné bien avant ! C'est pour ça que je ne suis pas prix Nobel, je crois. (Rires.) J'ai eu des échecs sans arrêt. Par exemple, sur un aspect très technique : je stocke des organes dans de l'azote liquide pendant des mois. Un jour, il n'y a plus d'azote dans le récipient. Toute l'expérience est perdue. Il y a aussi ce cas où des prestataires avaient mis des truites dans un bassin où il n'y avait pas d'eau parce qu'ils faisaient ça de nuit et qu'ils étaient épuisés après un long trajet en camion. Le lendemain, les truites n'allaient pas très bien, quoi… (Rires.)

N. M.: Est-ce que votre domaine de recherche a changé durablement la façon dont vous percevez le monde ?

G. B.: Complètement. Je lis plus maintenant qu'à 20 ans. Avec le temps qui passe, je suis devenu de plus en plus humaniste. C'est un paradoxe, car j'ai du dégoût pour des comportements humains et, en même temps, je veux aider à sauver le système. Je fais une grosse différence entre écologie et écologisme. Ce n'est pas la même chose. En ce moment, je milite pour qu'on enseigne l'écologie scientifique aux enfants dès l'école maternelle. Je n'aurais jamais fait ça à 30 ans. La biologie a modifié ma vision du monde et m'émerveille encore un peu plus chaque jour. C'est chouette, c'est beau, ça marche. Et cela me procure beaucoup d'émotions.

N. M.: Et aucun découragement?

G. B.: Je n'y suis pas enclin. D'abord parce que je n'en ai pas le droit vis-à-vis des jeunes qui m'entourent. Comme tout le monde, je suis inquiet. Je vais vous dire la vérité, sans sévérité accrue, mais avec un énorme espoir. Comme le dit Edgar Morin: « Le pire n'est jamais certain. » Quand, après une conférence, quelqu'un vous confie qu'il garde malgré tout le sourire en vous écoutant, c'est une victoire. Mais pour combien de temps? C'est une course contre la montre.

N. M.: De quel autre grand chercheur ou de quelle autre grande chercheuse, dans une autre discipline, vous sentiriez-vous le plus proche?

G. B.: Il y en a plusieurs. Outre Edgar Morin, je pense à Françoise Héritier[21]. Le Collège de France l'a remplacée par un homme, ce qui n'est pas heureux quand on voit le faible nombre de femmes qui y sont représentées. Ce qui m'a profondément changé, c'est d'être venu aux sciences humaines et sociales. Je ne serai jamais sociologue, ce n'est pas mon boulot. Mais j'admire ce que font des collègues. Et puis il y a aussi des auteurs non scientifiques. Nous parlions tout à l'heure de poésie, il y a des œuvres qui m'ont émerveillé et profondément marqué, comme *2001, l'Odyssée de l'espace*, de Stanley Kubrick, ou encore *La Nuit des temps*, de René Barjavel.

N. M.: Le temps des grandes découvertes dans votre discipline est-il révolu? Ou devant nous?

21. Françoise Héritier (1933-2017) est une anthropologue, ethnologue et militante féministe française.

G. B.: Il n'est certainement pas révolu. Est-il à venir? Tout va dépendre de notre intelligence vis-à-vis de la technologie et de l'éthique. J'insiste là-dessus parce qu'on peut tout imaginer. Pourquoi met-on autant d'argent dans la recherche spatiale? En dehors de l'aspect militaire, cette question m'a toujours fasciné. Quand on demande aux gens dans la rue quelle science il faut maintenir, ils répondent médecine et astronomie. Pourquoi l'astronomie?

N. M.: Vous n'allez pas vous faire des amis! (Rires.)

G. B.: Je pose la question avec beaucoup de tendresse. L'astronomie fait rêver les gens. Mais ils devraient nommer aussi la biologie. Je suis un endocrinologue: pour moi, la chimie et la physique sont essentielles. Une hormone, c'est une petite et subtile molécule qui agit à dose très faible. Elle est issue d'éléments du tableau de Mendeleïev et a un rôle incroyable au niveau du vivant, parce que le vivant l'a sélectionnée pour un emploi particulier et qui évolue dans le temps. La mélatonine n'avait pas du tout le même rôle chez des êtres, vertébrés comme invertébrés, apparus antérieurement. C'est génial! Pourquoi la vie, pour les hormones thyroïdiennes, est-elle allée chercher de l'iode dans l'océan? Comme le disait un vieux professeur: «Gilles, en biologie, ne te demande pas trop souvent pourquoi. Demande-toi comment.»

Bibliographie

«Salmonid Smolting: a Pre-adaptation to the Oceanic Environment», *in* J. C. Rankin et F. B. Jensen (dir.), *Fish Ecophysiology*, Chapman and Hall, Londres, 1993.

«Quel avenir pour la biodiversité?», *in* J.-P. Changeux et J. Reisse (dir.), *Un monde meilleur pour tous, projet réaliste ou rêve insensé?*, Collège de France – Odile Jacob, 2008.

«Quelle Terre allons-nous laisser à nos enfants?», *in* P.-H. Gouyon et H. Leriche (dir.), *Aux origines de l'environnement*, Fayard, 2010.

***Biodiversité, de l'océan à la cité*, Collège de France – Fayard, coll. «Leçons inaugurales du Collège de France», 2014.**

«Pourquoi les activités humaines font-elles disparaître des espèces?», *in* É. Heyer (dir.), *Une belle histoire de l'Homme*, Éditions du Muséum national

d'histoire naturelle – Flammarion, 2014 ; nouv. éd., Musée de l'Homme – Flammarion, coll. « Champs Sciences », 2017.

« L'Homme ne peut nier son animalité », *in* Y. de La Bigne (dir.), *L'animal est-il l'avenir de l'Homme ?*, Larousse, 2017.

Avec B. Swynghedauw et J.-F. Toussaint (coord.), *L'Homme peut-il accepter ses limites ?*, Éditions Quæ, 2017.

« Ode à la biodiversité », postface à Yann Arthus-Bertrand, *La Terre vue du ciel*, rééd., Éditions de La Martinière, 2021.

Hélène LŒVENBRUCK

Linguistique

Médaille de bronze du CNRS

Vous ne vous entendrez plus penser pareil après avoir rencontré Hélène Lœvenbruck et ses travaux. Son exploration de notre discours intérieur, de cette petite voix avec laquelle nous entretenons ou non une relation, apaisée ou obsessionnelle, ouvre une fenêtre vertigineuse sur notre intériorité. Ses travaux portent sur trois fonctions essentielles du langage : la fonction sociale de communication, la fonction cognitive d'élaboration de la pensée et la fonction métacognitive d'autonoèse, ou de conscience de soi dans le temps. Elle cherche à mieux comprendre les mécanismes neurobiologiques qui sous-tendent la production et la réception du langage, dans ses différentes manifestations.

Hélène Lœvenbruck est directrice de recherche CNRS au Laboratoire de psychologie et neurocognition (LPNC), UMR 5105 CNRS et Université Grenoble-Alpes. Elle est responsable de l'équipe Langage et membre du Babylab.

«J'en suis convaincue: les artistes sont aussi des chercheurs.»

जीवनमभिनन्दत

NICOLAS MARTIN: Avez-vous un souvenir ou y a-t-il un événement de votre enfance lié à votre vocation scientifique?

HÉLÈNE LŒVENBRUCK: L'un de mes premiers souvenirs est ma collection de mots. J'avais 10 ans. Elle s'est enrichie le jour où j'ai lu *La Gloire de mon père*, de Marcel Pagnol. Lui aussi avait un carnet où il notait des mots comme «manivelle», «damasquiné» et d'autres mots très beaux... Je me suis dit que ce n'était peut-être pas si honteux de faire ça. J'étais attirée par les mots, leur étymologie, leur son. Mes deux parents, professeurs d'anglais, nous ont fait baigner dans l'univers de la langue. Il y avait tout le temps des anglophones à la maison, des assistants, des collègues ou des copains qui parlaient tous anglais. J'ai eu cet intérêt pour les langues assez tôt.

N. M.: Votre curiosité pour le langage vient donc de la profession de vos parents?

H. L.: Oui. Très tôt, j'ai compris que les concepts et les émotions pouvaient se dire différemment en fonction des langues. Et qu'il n'y avait pas toujours de bonnes intersections entre elles. Certaines choses se disent bien dans une langue, moins bien dans une autre.

J'ai toujours eu ce goût pour les jeux avec les mots, les contrepèteries, les traductions bizarres. Mes parents nous ont appris l'anglais très tôt et, grâce à ça, en entrant au collège, j'ai pu choisir le russe comme première langue et l'allemand comme seconde. J'ai donc été amenée très jeune à découvrir un autre alphabet et des langues avec d'autres systèmes phonologiques, morphologiques et syntaxiques que le français. J'ai aussi fait du latin. Cela m'a fait accéder à d'autres façons d'exprimer ou de concevoir le monde. J'ai eu la chance d'avoir une professeure de russe merveilleuse, passionnée de poésie. Elle nous a initiés à cette façon de dire les choses avec des mots puissants et chargés sémantiquement. Cela continue d'être une de mes questions : quel est le lien entre pensée et langage ? Qu'est-ce qui est véhiculé par les mots et qu'est-ce qui ne peut pas l'être ?

N. M.: Outre Pagnol, y a-t-il une autre œuvre qui a éveillé votre curiosité scientifique ?

H. L.: Il y en a beaucoup, il y en a trop. (Rires.) Mais, en particulier, pour l'éveil de mon intérêt pour le langage intérieur, je dirais *L'Éducation sentimentale*, de Gustave Flaubert. Il y a eu un avant et un après la lecture de cette œuvre. Justement par la précision de la description de la vie intérieure, des désirs et des cheminements personnels. Une espèce de justesse, d'authenticité... *Anna Karénine*, de Tolstoï, a aussi été une lecture très intense.

N. M.: L'avez-vous lu en russe ?

H. L.: D'abord en français, puis en édition bilingue. Notre professeure de russe s'appelait Yvette Lambert. Elle nous a fait lire des passages entiers en russe. La langue, l'écriture de Tolstoï, outre le fait qu'elle est très belle, parvient à rendre compte de la vie intérieure des personnages au plus près de la réalité, sans trop la transformer. Il y a notamment ce passage, à la fin de la septième partie, où Anna Karénine est en plein désarroi et ses pensées passent du coq à l'âne en fonction de ce qu'elle voit dans la rue, et de ce qu'elle a en tête. Sa colère est mêlée à de la déception amoureuse ainsi qu'à une forme d'orgueil. Tous ces sentiments sont très bien exprimés, et ils le sont comme nous les vivons, c'est-à-dire en passant d'une idée à l'autre, puis en y revenant, en ruminant. Parmi les œuvres sur l'intériorité qui m'ont marquée, il y a aussi Rimbaud, avec son jeu sur les mots, sur les voyelles et les sensations, son évocation des visions et des voix intérieures, des hallucinations.

N. M.: Einstein a beaucoup écrit sur le processus créatif et l'émergence de la curiosité scientifique. Très jeune, il avait le sentiment qu'il y avait quelque chose de profondément caché derrière les choses[1]. Est-ce quelque chose que vous partagez?

H. L.: Oui, complètement. Depuis l'enfance, j'ai eu cette quête de vouloir comprendre le monde et les humains. Au départ, je ne voulais pas être linguiste mais physicienne. Comprendre l'humain et comprendre le monde vont de pair. Einstein a cette formule sur la nécessité de chercher profondément, mais Giacometti l'exprime aussi très bien: «Si on s'accroche à vouloir saisir le mieux possible ce qu'on voit, qu'on fasse de la science ou de l'art, la démarche est la même. Un savant qui se spécialise dans n'importe quel domaine, plus il en connaît, plus il a à connaître, et il ne doit jamais y avoir d'espoir non plus d'arriver à une connaissance totale. D'ailleurs, la connaissance totale, ce serait la mort même. L'art et la science, c'est tâcher de comprendre.» Les artistes, comme les chercheurs, veulent comprendre ce qu'il y a derrière, ce qu'il y a au fond. Ils creusent. C'est vraiment ça.

N. M.: Vous avez parlé de votre professeure de russe. Y a-t-il quelqu'un ou plusieurs personnes qui ont eu à votre égard un rôle de mentor?

H. L.: Ma professeure de littérature française au lycée, Françoise Maréchal, a elle aussi joué un grand rôle. Je l'ai revue il y a un mois pour lui apporter mon premier livre publié. C'était un grand moment. Au lycée, elle m'a sensibilisée à différentes formes de littérature. Elle m'a aussi encouragée à écrire; je n'osais pas. Elle m'a donné confiance en moi. Après le lycée, j'ai eu un échange épistolaire avec elle qui a duré quelque temps et qui était profond, qui a scellé cette relation de mentorat littéraire. Une professeure de physique, je crois

1. «*Something deeply hidden had to be behind things*», *in* «Autobiographical notes», *op. cit.*

qu'elle s'appelait Mme Auvray, a également eu beaucoup d'influence sur ma curiosité. Elle faisait plein d'expériences qui partaient dans tous les sens. C'était une femme hyper-énergique. Elle montrait qu'il était possible d'aller vers des domaines différents et d'avoir cette quête de compréhension et d'expérimentation. C'est déjà pas mal… (Rires.)

N. M.: Pourquoi avez-vous choisi la branche littéraire et linguistique, plutôt que la physique et les sciences dites dures?

H. L.: En fait, je n'ai pas vraiment choisi. J'ai beau appartenir à une section sciences du langage au CNRS, tout mon parcours est hybride et bâtard. J'ai commencé par une prépa scientifique, puis une école d'ingénieurs en électronique et en informatique, qui ont un peu émoussé ma curiosité pour les sciences dures. Mais j'ai eu un coup de bol: l'année où je finissais mon école d'ingénieurs, le premier DEA (l'équivalent du master) de sciences cognitives a été créé à Grenoble. Les sciences cognitives associent les sciences de l'ingénieur – physique, traitement du signal, réseaux de neurones artificiels – à la philosophie, la linguistique et la psychologie. C'était absolument ce que je devais faire. Ce DEA a été l'ouverture à la transdisciplinarité et à la multidisciplinarité. Derrière, j'ai fait une thèse, toujours en sciences cognitives. Après, je me suis dit qu'il me manquait une formation en linguistique. J'ai donc refait un DEA, cette fois en linguistique, puis un post-doc dans un département de linguistique aux États-Unis. Ce parcours, je l'ai toujours fait avec cette idée qu'il fallait mélanger toutes ces sciences ensemble.

N. M.: Quels sont les points communs, ou les grandes différences, entre ce début de carrière et votre parcours de recherche dans les sciences cognitives et les sciences du langage ensuite?

H. L.: Le point de jonction, c'est la parole. Quand j'étais en école d'ingénieurs, il y avait quand même déjà des cours et travaux sur les technologies vocales, la synthèse et la reconnaissance de la parole. J'avais d'ailleurs choisi cette école, l'ENSERG, pour cet angle-là. En son sein, un enseignant a été important: Pascal Perrier. Il était prof de traitement du signal. Il est devenu ensuite mon directeur de DEA, puis de thèse. C'est quelqu'un d'ouvert, un très bon pédagogue. Il dénotait parmi les profs de l'école, car il avait des cheveux hirsutes, une belle moustache fournie, et ressemblait un peu à Georges Brassens. Il se trouve qu'il chantait lui-même très bien Brassens! Ses cours étaient passionnants. Mon sujet de recherche à l'époque était en lien avec la synthèse de la parole. Il fallait essayer de comprendre comment l'être humain parle, articule, et modéliser le contrôle de l'articulation en utilisant un simulateur, un robot. Le lien entre sciences de l'ingénieur et sciences cognitives se jouait là.

N. M.: Réfléchissez-vous et travaillez-vous de la même façon que quand vous avez commencé à travailler dans les sciences du langage?

H. L.: Non. C'est plus ouvert maintenant. Je m'autorise beaucoup plus à aller creuser des questions de philosophie, de psychologie et d'autres domaines que celui des sciences du langage. Je vais aussi creuser les questions scientifiques sur la mémoire ou sur la vision, par exemple. Je crois que je m'autorise plus de liberté et de pas de côté qu'au début.

N. M.: Quel conseil donneriez-vous à la jeune Hélène Lœvenbruck?

H. L.: Je ne lui conseillerais pas de faire une école d'ingénieurs mais plutôt d'aller directement à l'université pour apprendre, lire et s'ouvrir l'esprit. J'ai l'impression que ça formate moins. L'université est beaucoup plus curieuse. Et je lui dirais d'y aller avec la même détermination et le même souci de bosser à fond que si elle faisait une prépa scientifique pour entrer dans une école d'ingénieurs. La prépa m'a donné cette rapidité, cette constance et cette efficacité dans le travail. En revanche, ça m'avait formaté l'esprit, ça m'avait un peu enfermée dans un cadre. Dans mon champ de recherche actuel, le cadre s'est ouvert. Il y a bien sûr toutes les connaissances issues des disciplines scientifiques, sciences humaines et sciences dures, mais il y a aussi tout ce qu'ont fait les artistes. J'en suis convaincue: les artistes sont aussi des chercheurs. Les peintres, les sculpteurs, les danseurs, les musiciens et bien sûr les écrivains ont des choses à apprendre aux chercheurs. Il y a certains textes de littérature que je ne lis que maintenant, mais si je m'étais penchée dessus avant, j'aurais fait des bonds dans ma recherche bien plus tôt.

N. M.: Par exemple?

H. L.: Prenez la poésie du Moyen Âge. Notamment celle de Marie de France ou de Christine de Pizan. Il y a des choses incroyables. Des textes des XIVe-XVIIe siècles, pas forcément très connus, révèlent des avancées sur l'intériorité et la pensée humaine. Je n'ai découvert que tardivement des textes de philosophie que j'aurais dû lire plus tôt, Empédocle, saint Augustin, et puis, bien sûr, Husserl, Bergson, Wittgenstein, Weil, Beauvoir, Merleau-Ponty, entre autres.

N. M.: À vos débuts, quelle était la part de collaboration et de compétition? Laquelle des deux était la plus stimulante?

H. L.: La collaboration, bien sûr. Je déteste la compétition. Ça me stresse au plus haut point. J'ai raté plein de concours à cause de la peur d'être jugée et comparée aux autres. Par contre, j'adore collaborer et travailler avec d'autres personnes. Je chéris ces moments où nous sommes plusieurs à réfléchir à des idées, où ça fermente collectivement. C'est ce qui nous fait avancer.

N. M.: Vos sources littéraires semblent très féminines. Avez-vous évolué dans un milieu plutôt féminin ou masculin? Le fait d'être une femme a-t-il été un atout ou un handicap?

H. L.: J'ai d'abord évolué dans un milieu très masculin. En prépa scientifique, il y a 10 % de femmes. À l'école d'ingénieurs, 10 % aussi. J'ai choisi une option commune ENSERG-ENSIMAG où j'étais la seule fille de ma promo. J'ai détesté ça. Je trouve vraiment néfaste qu'il n'y ait pas cet équilibre entre les hommes et les femmes. En France, le milieu des sciences dures est encore très masculin. En sciences du langage où j'évolue aujourd'hui, c'est au contraire beaucoup plus féminin. Maintenant, je suis dans un laboratoire de psychologie beaucoup plus équilibré de ce point de vue, et c'est vraiment génial. Nous avons besoin de la diversité en genre. Je me sens une fibre féministe, mais je pense qu'il y a des différences entre les cerveaux masculins et féminins. Je suis convaincue qu'il y a des façons différentes d'appréhender le monde selon qu'on est un homme ou une femme. Mélanger ces approches est donc enrichissant. Être une femme a donc été une gêne ou un handicap à un moment donné. Quand il y a peu de personnes qui vous ressemblent dans une discipline, cela crée un sentiment d'illégitimité, de ne pas faire vraiment partie du club. Longtemps, je me suis sentie non légitime. Quand vous êtes la seule femme, vous craignez d'être valorisée pour le quota de femmes plus que pour vos qualités. Et ce n'est pas agréable. Il y a donc eu des moments difficiles et des rapports avec les enseignants ou collègues pas toujours très aisés.

जीवनमभिनन्दत

N. M.: Comment naît une idée nouvelle chez vous?

H. L.: C'est souvent après une énorme phase d'incubation sur une question particulière, pendant laquelle je lis beaucoup, creuse nombre d'idées et fais des schémas dans ma tête ou sur mon ordinateur. Les textes que je lis font eux-mêmes des ramifications et m'entraînent à lire d'autres textes, d'autres articles, d'autres ouvrages... Il y a d'abord une phase d'exaltation, puis une autre un peu dépressive où je me dis qu'il y a trop à lire et que je n'y arriverai jamais. Je coince, la question résiste. Après cette phase de découragement, il peut y avoir une nuit agitée, remplie de pensées qui vont dans tous les sens et ne sont pas maîtrisées. Ce n'est pas vraiment de la rumination, plutôt un mélange de pensées bizarres. Cela peut déclencher la bonne idée pendant la nuit ou au réveil. Voire dans la journée du lendemain ou celles qui suivent. Très souvent, je ne sais pas d'où provient cette idée. Mais elle vient. On ne peut pas dire qu'elle advienne seule car il y a eu au préalable cette phase d'incubation, de maturation et même de découragement.

N. M.: D'une certaine manière, croyez-vous au mythe de l'*eurêka*?

H. L.: Plus ou moins. L'*eurêka* d'Archimède s'est aussi produit après avoir buté sur un problème et y avoir réfléchi. Je suis d'accord pour dire qu'il y a des petits moments d'*eurêka*. Les meilleures idées sont souvent hyper-simples. Je me demande pourquoi je n'ai pas pensé à ça avant, tellement c'est simple. Il y a une sorte d'émerveillement lorsqu'une idée simple ouvre sur un champ très large d'explications. Ce sentiment de n'en être pas responsable… Ça vient, c'est tout.

N. M.: C'est presque de l'immanence?
H. L.: Oui, exactement.

N. M.: Comment diriez-vous que se formule votre réflexion? Est-ce une voix intérieure ou extérieure? Des images, des concepts?
H. L.: C'est un mélange de tout ça. Il n'y a pas beaucoup d'images. Ce sont plus des mots, sous forme de voix sonore dans ma tête. Ce sont aussi des concepts abstraits qui ne passent pas par des mots, des phénomènes amodaux. C'est-à-dire que ce sont des idées qui n'ont pas toujours la forme de mots, qui sont des prémices de mots. Parfois, ça passe par des représentations mentales sous forme d'images ou de schémas. Cette formation d'ingénieure m'a quand même donné une façon de penser avec des boîtes, des flèches, des diagrammes, qui est utile pour modéliser, donner des explications à un phénomène.

N. M.: Quelle est la part de l'écrit? Avez-vous besoin de prendre beaucoup de notes? Relisez-vous vos notes ou les abandonnez-vous?
H. L.: Je suis une tarée des notes. À une époque, je commençais tout le temps des carnets. À une autre, c'était sous forme de répertoires, par thèmes de recherche. J'avais aussi un petit carnet mémento qui est ensuite devenu un classeur, puis plusieurs, tellement il y avait de choses à retenir. Je pense enfin tenir le bon bout grâce à une application qui s'appelle Evernote et qui me permet de tout stocker et de hiérarchiser mes notes dans des carnets et même des piles de carnets de notes, informatisées et stockées sur une plateforme en ligne. Ce système est assez génial parce qu'il me permet d'avoir accès à mes notes partout. Pour travailler, j'ai besoin d'écrire, de revenir sur mes notes. J'ai des notes avec mes différents projets, d'autres avec des questions, un carnet que j'appelle «*Big Questions*», sur des sujets qui ne sont pas forcément en lien direct avec ma

recherche... Celui-là, il est un peu intime, personnel, je m'y retrouve. De temps en temps, je l'alimente, et quand je reviens dessus, je vois que je progresse. Aujourd'hui, avec cet outil, le fait d'avoir des notes informatisées et de pouvoir faire des liens d'une note à l'autre m'aide beaucoup parce qu'en vieillissant ma mémoire est moins bonne, et ça me permet de retrouver des choses, de me remémorer des faits, des lieux, des endroits, des citations, des personnes, des réflexions et des avancées théoriques. J'ai aussi des notes avec mes petits bouts de modèles théoriques, et ça me permet de fixer comment ils évoluent. Les notes sont cruciales. Elles font partie du cheminement.

N. M.: Quelle est la part de l'oral? Avez-vous besoin de parler à voix haute, toute seule ou avec des gens?

H. L.: Seule, je ne parle pas trop à voix haute, sauf si je suis fatiguée ou si je dois gérer trop de tâches à la fois. Parler à voix haute m'aide alors à me concentrer. En revanche, échanger avec des étudiants, des collègues ou avec les gens à l'issue de conférences permet aussi d'avancer. Le fait de formaliser les choses pour autrui et d'avoir le retour des autres, d'écouter comment ils perçoivent ce que je leur raconte et comment ils sont éventuellement en avance sur certains points, est bénéfique, parfois inspirant. C'est ce que disent souvent les enseignants: «On ne maîtrise jamais mieux un sujet que quand on l'a enseigné.» Le fait de devoir expliquer aux autres permet de voir les endroits où l'on est soi-même faible dans sa conception ou son explication.

N. M.: L'usage de l'analogie est-il pertinent pour vous?

H. L.: Oui, assez pertinent, par exemple, pour comprendre la question de l'intentionnalité dans le langage, et notamment les formes de langage intérieur qui sont non intentionnelles et qui sont parfois perçues comme provenant d'une source externe. C'est ce qui se passe dans l'hallucination, que l'on peut expliquer comme une forme de voix intérieure. La voix est autoproduite mais attribuée à une source externe parce qu'il y a un dysfonctionnement dans le contrôle du déclenchement de cette production intérieure. Il est difficile de comprendre cela si nous n'avons pas nous-mêmes eu une hallucination, ou si nous n'avons pas été conscients d'en avoir eu une. Pour l'expliquer, je prends donc l'analogie du rêve. Dans un rêve, nous hallucinons en permanence, nous parlons et entendons les autres nous parler. Pourtant, nous avons créé tout cela nous-mêmes. C'est une des analogies que je peux utiliser pour éclairer certaines questions.

N. M.: L'analogie peut-elle également être un outil pour mieux cerner un concept, et avancer dans votre réflexion?

H. L.: Oui. Par exemple, l'analogie de la trace m'est utile pour essayer d'expliquer la supramodalité ou l'amodalité[2] des représentations mentales. Une question importante en linguistique et en sciences cognitives porte sur la façon dont nous nous représentons les choses et comment nous les mémorisons. Le souvenir est-il mémorisé dans son entièreté, avec tous les événements physiques et sensoriels associés? Dans ma mémoire d'une madeleine, y a-t-il le goût, la consistance et la vision de la madeleine? Tout cela est-il mémorisé, encodé dans ma tête avec tous les détails? Ou est-ce que ma mémoire contient une sorte d'abstraction supramodale ou même amodale, qui devient le concept de la madeleine, qui pourra être redéployée avec des sensations concrètes lorsque j'évoquerai le souvenir de cette madeleine? Pour l'expliquer, j'utilise la notion de trace laissée, sous une forme très condensée, de l'événement physique réel (comme une trace de pas dans la terre). Ça m'aide ensuite à avancer sur cette réflexion. Donc j'utilise l'analogie, en effet.

N. M.: Quelle est pour vous la part de l'intuition face au rationnel?

H. L.: Le travail de rationalisation amène à des hypothèses. Mais derrière ces hypothèses, je le sens, il y a en plus une sorte de connotation émotionnelle. Cela me donne envie d'aller plus loin. Parfois, dans mes interactions avec des étudiants ou des collègues, je sens, chez certains, des renoncements. Ils pensent, raisonnablement, que ce n'est pas la peine de continuer un projet, une expérience, parce qu'ils estiment que cela n'aboutira pas. Moi, parfois, je m'obstine pourtant, car j'ai cette intuition et cette émotion forte qui me persuadent de

2. Les termes « supramodalité » et « amodalité » désignent la propriété d'un objet perçu qui ne l'est pas par les modalités sensorielles, telles la vue ou l'ouïe.

continuer, qui me déterminent à aller chercher plus loin, à refaire l'expérience autrement, jusqu'à trouver. La raison dirait qu'il faut arrêter parce que ça ne marche pas, ou qu'il y a trop d'obstacles. Derrière le rationnel vibre quelque chose qui ne l'est pas.

N. M.: Justement, l'émotion est-elle un moteur ou un parasite?

H. L.: L'émotion fait partie de l'objectif, de l'envie d'aller chercher. Il est d'ailleurs difficile de décrire cela comme une émotion. À mon avis, c'est l'émotion primordiale du bébé de 6 mois qui se met à explorer le monde. Ou celle du bébé de 8 mois quand il essaie de faire rentrer des cubes les uns dans les autres. Ça ne rentre pas, mais il va recommencer inlassablement, je ne sais pas combien de fois. Observer un jeune enfant nous montre cette caractéristique des humains à vouloir tenter des choses jusqu'à ce que ça marche. Cette envie obstinée d'explorer le monde est ce qui motive ma recherche.

N. M.: Diriez-vous que la théorie peut contredire l'expérience?

H. L.: Ah, oui! Complètement. Et à ce moment-là, soit l'expérience a été mal menée, soit la théorie doit être revisitée. J'ai un exemple récent. J'ai été éduquée dans le cadre théorique de la cognition incarnée, avec cette contestation de la notion de représentation mentale amodale. Reprenons l'exemple de la mémoire et des souvenirs. Nous ne gardons pas en tête tous les événements qui nous sont arrivés. Sinon, nous aurions un cerveau infernal. Nous en gardons un concentré. Quand nous revivons un souvenir, il est re-simulé, revécu mentalement et réincarné, avec le son, la vision, les sensations qui lui sont associés. La théorie de la cognition incarnée explique la remémoration comme étant une simulation interne avec une incarnation. C'est-à-dire une re-simulation physique de l'événement, avec ses corrélats sensoriels. En linguistique, en phonologie et phonétique, il existe un débat sur la représentation mentale des phonèmes, les unités du langage: en gros, les voyelles et les consonnes. Selon certains phonologues et phonéticiens, les représentations mentales des phonèmes sont sous forme acoustique et articulatoire: elles intègrent le son mais aussi les gestes articulatoires nécessaires pour produire le son. Le phonème [b] du langage, c'est à la fois le son qu'il fait et le geste de fermeture labiale. Les phonèmes, ce sont des représentations incarnées. Dans mon cheminement, je suis partie de ces hypothèses théoriques. Puis je suis tombée sur un cas qui contredit tout ça. Il concernait des personnes avec une aphantasie, qui n'ont pas la possibilité de visualiser mentalement une scène ou d'imaginer volontairement un son. Si on leur demande de visualiser un chat et d'imaginer qu'il miaule, ces personnes rapportent qu'elles ne voient rien ni n'entendent rien dans leur tête. Elles savent ce qu'est un chat, peuvent y penser, mais disent qu'elles ne peuvent ni le voir mentalement ni entendre son miaulement. Il semble que l'aphantasie totale concerne toutes les modalités: la vision, le son, le goût, l'odorat, le toucher, la motricité. Pourtant, les personnes avec ce type d'aphantasie ont des souvenirs. Ces souvenirs ne sont pas sensoriels mais factuels. Ces personnes peuvent se représenter ce qu'est le son [b] par exemple, mais il semble qu'elles ne peuvent le revivre mentalement et l'expérimenter à nouveau avec toutes ses qualités physiques et sensorielles. Là, ça coince parce que, théoriquement, il y a cette hypothèse que notre cognition, notre mémoire, nos raisonnements et notre production de langage intérieur reposent sur des simulations physiques incarnées. Or nous avons ici une donnée subjective qui indique que ce ne serait pas le cas chez certaines personnes. Soit l'expérience est mauvaise (ces personnes décrivent mal comment ça se passe dans leur tête), soit c'est la théorie qui n'est pas bonne. Cette dernière décrit très bien 90 ou 95 % de la population, mais il reste entre 5 et 10 % de personnes qui ne lui correspondent pas...

N. M.: Diriez-vous que vous vous êtes construit des outils invisibles qui n'appartiennent qu'à vous et une méthode qui serait vraiment totalement personnelle?

H. L.: Je ne sais pas si ce n'est que la mienne, mais j'ai un côté collectionneur. Au départ, c'étaient les mots, mais je l'ai appliqué à plein d'autres objets: je collectionne les éléphants, les notes et plein d'autres choses. Quand je commence à m'intéresser à un domaine, une question de recherche, je vais me mettre à accumuler, collectionner tout ce qui est en lien avec cette question, même si ça n'a pas un intérêt fondamental. Je m'autorise cette méthode, bien qu'elle soit un peu fouillis et dispersée, parce que je sais qu'à la fin cette accumulation de textes, de données, d'explications va m'être utile et me permettre de réfléchir différemment. Ce que j'ai collecté peut aussi ne pas me servir tout de suite, mais dans dix ou vingt ans, ça m'est déjà arrivé. C'est la méthode de l'amassement de connaissances inutiles.

N. M.: Quel est votre premier réflexe quand vous vous retrouvez confrontée à une anomalie?

H. L.: Mon premier réflexe est de ne pas y croire. Je vérifie dans tous les coins que je ne me suis pas trompée sur l'anomalie. Surtout si ce que j'observe est contraire à tout mon modèle explicatif du moment – sachant que les modèles explicatifs évoluent en permanence. Je vais mettre du temps à accepter le fait qu'il y a une anomalie. Quand elle est bien là, elle va me déranger, me faire ruminer. Mais aussi me faire avancer. Il n'y a rien de mieux que les anomalies pour faire avancer la science.

जीवनमभिनन्दत

N. M.: Pour travailler, avez-vous besoin de silence, d'errance ou au contraire de compagnie et de bruit?

H. L.: Pour réfléchir profondément et écrire, j'ai besoin de silence et de solitude. Pas de musique, parce que je la vis trop intérieurement, je dis dans ma tête les notes de musique ou les paroles et ça ne devient plus possible de travailler, ça interfère avec la pensée. S'il y a du bruit autour de moi, je vais mettre des boules Quies ou un casque antibruit. J'ai vraiment besoin d'être dans une espèce d'isolement et de concentration. Ça, c'est pour les phases intenses. Mais il y a d'autres phases où, au contraire, échanger avec les autres et réfléchir en brassant les idées me sera profitable.

N. M.: Quels sont le lieu idéal et le moment idéal pour penser librement?

H. L.: Pour penser librement, il me faut un lieu calme, sans personne. J'aime être dans mon bureau ou chez moi, dans ma véranda, d'où j'ai une très belle vue sur la chaîne de montagnes de Belledonne.

C'est un endroit méditatif. Pour les pensées ou les idées incongrues, qui surviennent à l'improviste, ça peut être n'importe où. J'aime aussi la randonnée pour ça, j'ai souvent des idées qui viennent en marchant.

N. M.: La nuit est-elle plutôt un moment réservé au sommeil ou est-elle propice à la réflexion?

H. L.: La nuit, c'est super! J'aime beaucoup ce moment avant l'endormissement, cet état second. Ces phases entre le sommeil et l'éveil sont intéressantes parce qu'on a l'impression que le cerveau est dans un état particulier, propice à l'émergence des idées inconscientes... De bonnes idées peuvent éclore à ce moment-là. *Idem* pour cette période qui précède le réveil et peut aussi apporter de petites fulgurances. Ensuite, quand je suis dans une phase de réflexion intense, obsédée, il y a une idée qui galope sans cesse en arrière-plan, et dans ces phases-là, l'endormissement est difficile. Là, ça turbine et ça fuse dans tous les sens. C'est l'insomnie, et ça, ça m'arrive plutôt dans les phases de réflexion scientifique les plus denses.

N. M.: Laissez-vous prise au hasard ou, au contraire, suivez-vous plutôt une routine organisée qui est propice à la réflexion?

H. L.: J'aime bien le hasard, ainsi que les rencontres avec des gens différents qui vont m'ouvrir de nouvelles pistes de réflexion. Le laboratoire auquel j'appartiens est vraiment propice à cela: on y trouve des personnes qui travaillent sur le langage, mais aussi sur la vision, la mémoire, le développement de l'enfant, la motricité, les émotions... Une simple conversation peut déboucher sur un projet formidable – ou pas. *Idem* pour les échanges avec d'autres collègues lors de congrès ou de conférences. Ou les rencontres avec des artistes. C'est le cas des n+1, un groupe de comédiens avec lequel j'ai beaucoup échangé. Au départ, cette rencontre était due au hasard. Puis elle m'a menée plus loin. Ces bouts de hasard m'ont conduite à réfléchir différemment.

N. M.: Avez-vous une routine de travail?

H. L.: Je suis malheureusement très mauvaise en termes de routine. La conséquence est que je suis très désorganisée et souvent en retard. J'ai poussé ma manie des collections jusqu'à collectionner les envies de projets. Quand un projet m'intéresse, je ne sais pas lui dire non. Je vais m'en croire capable et capable de le cumuler avec les autres. En fait, ça ne marche jamais et je suis tout le temps débordée. Tout ça n'est pas très scientifique. (Rires.)

N. M.: Diriez-vous que la technologie a changé votre façon de réfléchir?

H. L.: L'outil informatique de prise de notes a modifié les possibilités de faire des liens entre les projets ou les notions. Pour la bibliographie, l'informatique a aussi changé beaucoup de choses. Quand j'ai commencé à travailler, on allait encore en bibliothèque chercher physiquement les livres, ou on les commandait. Aujourd'hui, le fait d'avoir à disposition tous les ouvrages du monde sous forme numérique et de pouvoir y faire des recherches de mots, de mots-clés, de phrases et de citations, a considérablement ouvert un champ de réflexion et pas mal modifié ma façon de travailler. Ensuite, il y a évidemment la neuro-imagerie, notamment l'IRMf, l'imagerie par résonance magnétique fonctionnelle. Quand j'ai démarré, c'était vraiment balbutiant, avec beaucoup d'artefacts et de données non utilisables. Et puis il a été possible de recueillir des données d'imagerie cérébrale très propres, en moyennant les enregistrements IRMf d'une quinzaine ou d'une vingtaine d'individus. Il est désormais possible de décrire les réseaux cérébraux qui sont sollicités par différentes tâches cognitives ou linguistiques. Cela m'a permis notamment de confirmer que, lorsque des personnes disent qu'elles entendent leur voix intérieure quand elles parlent dans leur tête, il y a bien une perception de voix, puisque le cortex auditif est effectivement activé. Maintenant, avec le *deep learning* et tous les outils d'analyse de signaux qui deviennent de plus en plus robustes, on gagne en rapidité de traitement des données. La technologie nous fait donc faire des bonds extraordinaires.

N. M.: Qu'est-ce qu'un obstacle pour vous?

H. L.: Un obstacle, c'est par exemple un résultat d'expérience qui n'est pas conforme à ce que j'attendais. Par exemple, pour la parole intérieure, on fait l'hypothèse qu'en prononçant mentalement quelque chose, en simulant cet acte de prononcer, on va activer les muscles nécessaires à cette prononciation. Donc si vous devez dire « baba » dans votre tête, comme ce sont des sons qui vont recruter les lèvres, vous allez avoir une activité dans les muscles des lèvres. C'est une hypothèse qui a été vérifiée assez tôt, dans les années 1930, avec des mesures en électromyographie, en insérant des capteurs dans les muscles des lèvres de quelques participants. À l'époque, on utilisait des aiguilles. Il était donc carrément possible d'aller dans le muscle et d'en tirer une mesure. C'est très invasif, donc j'ai essayé de le refaire en utilisant des capteurs qui se collent sur la peau, comme un petit pansement, et qui permettent de recueillir l'activité électrique des muscles, à la surface. Or ça ne permet pas d'obtenir un signal musculaire de très bonne qualité, on recueille aussi du bruit parasite. Et, de fait, ce n'est pas très rigoureux. Cela marche dans certains cas et pas dans d'autres. Dans cette phase d'obstacle où ça ne marche pas, je vais aller consulter d'autres personnes qui utilisent ce type de capteurs, et d'autres encore qui sont expertes en traitement du signal, pour voir comment je pourrais nettoyer mon signal et obtenir un résultat plus net. Je vais aussi aller discuter avec d'autres chercheurs en psycholinguistique pour voir comment ils s'assurent que leurs participants effectuent bien la tâche. Car il arrive aussi que certains participants vous disent qu'ils parlent dans leur tête, alors qu'en fait ils font autre chose. Je vais donc creuser par d'autres moyens, en m'associant avec d'autres personnes, parler de cet obstacle, essayer de le contourner.

N. M. : À quel moment décidez-vous que vous faites fausse route ?

H. L. : C'est super-douloureux. Dans mon domaine, ce genre de manipulation ne se fait pas seul. On embarque avec nous des étudiants pour les former et leur donner un bagage théorique et expérimental. Si l'expérience ne fonctionne pas, ils vont se retrouver avec un mémoire, un manuscrit de thèse peu concluant ou un article qui risque de ne pas être publié parce que le résultat escompté n'est pas là. Il y a donc une responsabilité énorme, car ne pas aboutir au résultat revient à mettre en situation délicate des étudiants, des collègues et tout un laboratoire qui a parfois investi de grosses sommes, notamment s'il s'agit de neuro-imagerie. Cette dernière coûte très cher également pour l'environnement. Ce sont des dépenses énergétiques folles. J'ai la conscience que faire de la recherche est coûteux pour la société et l'environnement, et ne pas aboutir au résultat escompté est donc très pénible. Dans mon cas, cela passe d'abord par une phase d'insistance, avant de renoncer complètement.

N. M.: La recherche est-elle pour vous une source d'anxiété ou de sérénité ? Et laquelle des deux est la plus féconde ?

H. L.: Ce sont deux bonnes questions. Ce n'est pas vraiment de la sérénité, ni de l'anxiété. C'est un mélange des deux. Une sorte de...

N. M.: D'intranquillité ?

H. L.: Oui, d'intranquillité ! Pessoa[3] a décidément trouvé le bon concept. C'est amusant d'ailleurs, parce que le terme en portugais, *desassossego*, n'est pas exactement celui-là, ce n'est pas un néologisme. C'est vraiment l'inquiétude, ou plutôt la non-quiétude, l'agitation, la nervosité. Quand je cherche, je ne suis pas dans un état de quiétude absolue, mais je ne suis pas non plus anxieuse. Ça ne marche pas en étant sereine. Il faut avoir cette quête, cette intranquillité pour continuer et avancer. La recherche va d'ailleurs nourrir l'intranquillité, puisqu'elle peut nous apporter de nouvelles questions, de nouvelles anomalies. Elle va nourrir le sentiment qu'il faut aller plus loin. En effet, le bon terme est vraiment « intranquillité ».

N. M.: Et la sérénité ?

H. L.: Il y a des petits moments gorgés d'une sorte de joie. Quand une expérience bien construite donne le résultat attendu, c'est une jubilation. Ce n'est pas vraiment de la sérénité non plus, parce que c'est explosif ! Je parlerais donc plus d'« intranquillité » et de « jubilation » pour qualifier ces états. Je passe de l'un à l'autre.

N. M.: Quelle est la place de l'autocritique ? Est-ce quelque chose de simple à faire ?

H. L.: Je suis en permanence en autocritique. C'est un état d'être. Je suis en doute, en crainte de ne pas faire ce qu'il faut, de ne pas

3. « Intranquillité » est un néologisme qui fait référence à un ouvrage de Fernando Pessoa, *Le Livre de l'intranquillité* (Christian Bourgois, 1988).

être légitime ou de ne pas faire comme il faut. De ne pas avoir fait assez, de ne pas avoir assez creusé, etc. Comme j'évolue dans un champ pluridisciplinaire qui demande des compétences en sciences de l'ingénieur, en traitement du signal, en philosophie, en linguistique, en psychologie, en psychiatrie, en neurologie, il n'est évidemment pas possible de tout maîtriser. J'ai cette espèce d'envie et d'idéal d'atteindre le minimum requis dans ces différents champs. À chaque fois que je vais dans un milieu beaucoup plus disciplinaire, par exemple celui de la linguistique, de la philosophie ou de la psychiatrie, je me sens très « inconfortable ». Je vais sans cesse m'autoévaluer, m'autocritiquer ou avoir l'impression de dire une bêtise.

N. M.: Est-ce que le doute paralyse ou, au contraire, est un carburant qui motive ?

H. L.: C'est un carburant qui motive tout le temps. Je ne supporte pas les gens qui sont sûrs d'eux. Ni les théoriciens qui assènent des choses comme si c'étaient des vérités absolues. En réalité, c'est une bonne chose que ces personnes-là existent parce qu'elles vont créer le débat, et en inciter d'autres à montrer qu'elles ont tort ou raison. Affirmer des positions fortes peut être bénéfique, mais j'en suis pour ma part incapable. Je doute en permanence.

जीवनमभिनन्दत

N. M.: Quelle est la découverte qui a marqué votre carrière et dont vous êtes le plus fière ?

H. L.: C'est probablement notre modèle de la production de parole intérieure. Ce n'est pas vraiment une découverte, c'est une conceptualisation de la parole intérieure, avec ses trois dimensions qui sont la condensation, la dialogalité et l'intentionnalité. Nous pouvons parler dans notre tête de façon très variée. Depuis les fondements du béhaviorisme[4] au début du xxe siècle, il y a eu énormément de débats

4. Le béhaviorisme, ou comportementalisme, est une branche de la psychologie scientifique basée sur l'observation empirique de phénomènes comportementaux et selon laquelle le comportement observable est conditionné soit par des mécanismes de réponse réflexe à un stimulus, soit par l'histoire de l'interaction d'un individu avec son environnement.

pour savoir si la parole intérieure était plutôt condensée ou déployée, audible ou non audible, accompagnée de sensations articulatoires ou non, sous forme de monologue ou de dialogue, etc. Ces débats sont dus au fait que le format de la parole intérieure dépend finalement des situations et des individus. J'ai essayé d'expliquer toutes ces variantes de format par un modèle qui inclut trois dimensions de variations. En premier lieu, la condensation: la parole intérieure est parfois très condensée, concentrée, juste des bribes de mots, et, au contraire, parfois, elle est très déployée, avec des phrases entières bien développées. Ensuite, la dialogalité: on peut passer d'une situation de monologue pur à des situations où l'on rejoue des dialogues, voire où l'on imagine des conversations à venir ou bien des conversations fictives. Le troisième continuum est l'intentionnalité. Il y a des moments où nous décidons de parler dans notre tête et des moments où c'est non intentionnel. J'ai intégré ces trois dimensions dans un modèle inspiré de la cybernétique et des modèles de contrôle moteur. Ce modèle décrit les différentes étapes du processus de production de la parole intérieure. Il indique aussi les réseaux neuronaux qui sont associés à chacune des différentes étapes. C'est certainement la chose dont je suis le plus fière, parce que ce modèle permet aujourd'hui d'expliquer des formes atypiques de langage intérieur, comme les hallucinations auditives verbales, l'entente de voix, ou bien comme l'aphantasie auditive verbale, l'absence de voix dans la tête quand on se parle. Il permet aussi de décrire ce qui se passe dans l'aphasie, quand des personnes ne peuvent plus parler à voix haute mais ont encore une parole intérieure. Et puis, aussi, il aide à la compréhension des troubles du développement du langage chez l'enfant. Il est donc puissant pour éclaircir de nombreux phénomènes en lien avec le langage. Il a aussi des limites, puisqu'il y a des cas où il ne fonctionne pas encore bien, notamment pour expliquer le langage dans les rêves. Mais il me donne une sorte de guide pour mieux explorer d'autres facettes du langage intérieur.

N. M.: Quel est votre plus grand échec?

H. L.: J'ai en tête un échec récent, en lien avec l'hypothèse selon laquelle, quand nous parlons dans notre tête, cela recrute les muscles du visage de façon spécifique. C'est quelque chose qui avait été trouvé auparavant chez un petit nombre de participants, et qui est aujourd'hui utilisé par des équipes qui font des interfaces de parole silencieuse. Ces chercheurs placent des capteurs adhésifs sur le visage d'une personne pour recueillir son activité musculaire pendant qu'elle dit des mots dans sa tête, et ils affirment qu'ils peuvent convertir ces signaux musculaires en mots. Ils prétendent ainsi pouvoir faire de la reconnaissance de parole silencieuse, de façon tout à fait fiable. Je n'y crois pas vraiment, mais je pense qu'il y a quand même des signaux électromyographiques[5] qu'on peut capter quand quelqu'un verbalise intérieurement, en tout cas dans certaines situations. Pour l'instant, nous n'avons nous-mêmes jamais été capables de montrer clairement qu'on mesure systématiquement une activité différente dans les capteurs quand la personne prononce dans sa tête le son [i] ou le son [u], par exemple. Nous sommes encore en train de creuser, donc pour l'instant ce non-résultat n'est pas encore validé comme un échec. C'est une résistance. Un obstacle!

N. M.: Diriez-vous que votre domaine de recherche a changé votre façon de percevoir le monde?

H. L.: Je pense qu'il m'a rendue beaucoup plus attentive à la diversité mentale. En m'intéressant aux hallucinations, je me suis par exemple rendu compte qu'elles ne concernent pas uniquement les personnes présentant un trouble psychiatrique, une schizophrénie, un trouble bipolaire, ou bien les personnes qui ont une maladie neurodégénérative comme la maladie de Parkinson. Certaines personnes ont des hallucinations, entendent des voix, alors qu'elles vont bien. Et les voix sont gentilles et parfois aidantes, de bon conseil, prévenantes, même. Je me demande pourquoi on doit considérer l'hallucination comme une pathologie si la personne n'en souffre pas. Il y a aussi l'aphantasie, qui montre que beaucoup de personnes n'ont pas de voix dans leur tête. Je travaille sur la parole intérieure depuis plus de quinze ans, et en particulier sur sa forme sonore, et j'ai démarré avec l'*a priori* que c'est un phénomène universel. Or c'est un sujet qui ne concerne pas tout le monde, finalement. Certaines personnes ne pensent pas, ou très peu, en utilisant le langage et certaines personnes n'ont pas de sensation

5. Électromyographique: du système nerveux musculaire.

sonore quand elles se parlent, ce sont des mots purs, dépourvus de voix. Je travaille aussi sur le développement du langage chez l'enfant, notamment chez l'enfant sourd. La surdité aussi est une situation intéressante pour comprendre le langage intérieur. Qu'est-ce que le langage intérieur chez une personne qui n'entend pas de son et qui utilise la langue des signes ? Des signes visuels ? Des sensations dans les mains ? Globalement, ce domaine de recherche m'incite à être plus attentive à ce que vivent les autres et à redéfinir ce que je considère comme étant la norme ou la typicité. À être plus inclusive. Et à essayer de réfléchir en intégrant dans mes explications une plus grande partie de personnes. J'ai en moi plus de diversité que quand j'ai démarré.

N. M.: De quel autre grand chercheur ou grande chercheuse en dehors de votre discipline vous sentiriez-vous proche ?

H. L.: Émilie du Châtelet. Elle était mathématicienne et physicienne. Elle a cherché, a fait des découvertes et a avancé parce qu'elle a été obstinée. Elle me fait penser que je vais y arriver même si je ne suis pas légitime. Car elle a persévéré, même si au XVIIIe siècle les femmes n'étaient pas encore acceptées dans les institutions de recherche. Je me retrouve dans cette sorte de ténacité, malgré le fait de ne pas forcément me sentir à ma place.

N. M.: Pensez-vous que le temps des grandes découvertes dans votre discipline est révolu, ou est-il à venir ?

H. L.: Il est à venir ! On progresse en technologie de neuro-imagerie. Il y a les scanners IRM qui évoluent et l'électroencéphalographie intracrânienne qui devient de plus en plus précise, avec la possibilité d'analyser des signaux chez des patients qui ont des électrodes très fines implantées directement dans des régions du cerveau bien définies. Je pense aussi aux méthodes de traitement du signal, de filtrage, de convolution, de *machine learning* qui vont permettre d'obtenir des données plus interprétables, en s'appuyant sur des bases de données de neuro-imagerie. Et toutes les évolutions des techniques de neuro-imagerie de diffusion et de connectivité entre les différentes régions cérébrales aussi ! Ce sont des technologies et des outils que nous n'avions pas il y a dix ans et qui explosent aujourd'hui.

Bibliographie

Avec L. Rapin et M. Dohen, « Les Hallucinations auditives verbales », *in* S. Pinto et M. Sato (dir.), *Traité de Neurolinguistique : du cerveau au langage*, De Boeck Supérieur, coll. « Neuropsychologie », 2016, p. 347-370.

Avec M. Perrone-Bertolotti, R. Grandchamp, L. Rapin, M. Baciu, J.-P. Lachaux, « Langage intérieur », *in* S. Pinto et M. Sato (dir.), *Traité de Neurolinguistique*, *op. cit.*, p. 109-123.

Avec L. Nalborczyk, M. Perrone-Bertolotti, C. Baeyens et R. Grandchamp, « Un cas d'incarnation linguistique : implication du système moteur orofacial dans les ruminations mentales », *in* J. Dokic et D. Perrin (dir.), *La Cognition incarnée*, Vrin – Recherches sur la philosophie et le langage, n° 33, 2017, p. 297-324.

Avec R. Grandchamp, L. Rapin, L. Nalborczyk, M. Dohen, P. Perrier, M. Baciu et M. Perrone-Bertolotti, « A Cognitive Neuroscience View of Inner Language : to Predict, to Hear, to See and to Feel », *in* P. Langland-Hassan et A. Vicente (dir.), *Inner Speech : New Voices*, Oxford University Press, Oxford, 2018, p. 131-167.

Avec R. Grandchamp, L. Rapin, M. Perrone-Bertolotti, C. Pichat, C. Haldin, É. Cousin, J.-P. Lachaux, M. Dohen, P. Perrier, M. Garnier, M. Baciu, « The ConDialInt Model : Condensation, Dialogality and Intentionality Dimensions of Inner Speech within a Hierarchical Predictive Control Framework », *Frontiers in Psychology*, vol. 10, 2019.

Le Mystère des voix intérieures, Denoël, 2022.